Wechselstrommeßtechnik

unter besonderer Berücksichtigung
des mechanischen Präzisionsgleichrichters

Von

Dr.-Ing. F. Koppelmann

Wissenschaftlicher Mitarbeiter am Forschungsinstitut
der Allgemeinen Elektricitätsgesellschaft Berlin-Reinickendorf

Mit 192 Abbildungen

Springer-Verlag Berlin Heidelberg GmbH
1956

ISBN 978-3-642-49089-7   ISBN 978-3-642-99857-7 (eBook)
DOI 10.1007/978-3-642-99857-7

Vorwort.

Das vorliegende Buch gibt eine zusammenfassende Darstellung der Anwendungsmöglichkeiten des mechanischen Meßgleichrichters, der auch unter dem Namen „Vektormesser" bekannt ist [1]. Sie sind auf das Gebiet der stationären Niederfrequenz beschränkt. Hier bietet der Meßkontakt eine Reihe von Möglichkeiten, die in willkommener Weise Lücken der sonstigen Meßtechnik ausfüllen, wie beispielsweise die Messung kleiner Wechselspannungen. In anderen Fällen ermöglicht er eine Vereinfachung bisheriger Verfahren, beispielsweise des Kurzschlußversuchs von Umspannern, oder ersetzt Spezialgeräte, beispielsweise Wandler-Prüfeinrichtungen. In wiederum anderen Fällen kann er ebensogut wie sonstige Geräte oder als Aushilfe benutzt werden. Seine Vielseitigkeit ermöglicht es, eine Wechselstrommeßtechnik allein auf ihm als tragendem Meßgerät aufzubauen. Dies ist im vorliegenden Buch geschehen; aber nicht, um den Leser zu veranlassen, für jede Meßaufgabe unter allen Umständen den Meßkontakt zu verwenden, auch wenn ein gutes anderes Verfahren zur Verfügung steht, sondern weil sich nach Meinung des Verfassers durch die gewählte Art der Darstellung der beste Überblick über die Möglichkeiten des Meßkontaktes geben läßt.

Im ersten Teil des Buches findet man demgemäß der Reihe nach die Lösung der Grundaufgaben der Wechselstrommeßtechnik mit Hilfe des mechanischen Meßgleichrichters beschrieben. Auf andere Verfahren wird dabei jeweils kurz hingewiesen, vor allem da, wo sie besser am Platze sind als der Meßkontakt. Den einzelnen Abschnitten sind „Überblicke" vorangestellt, in denen die Grundlagen des betreffenden Gebietes, soweit sie für die Messungen interessieren, angegeben sind. In den Kapiteln § 43 und § 65 sind dabei die „Magnetischen Grundbegriffe" und das „Maßsystem" etwas abweichend von der gebräuchlichen Art dargestellt. Der zweite Teil des Buches beschäftigt sich mit der Beschreibung, Handhabung und Theorie des Meßkontaktes selbst. Für Leser, die ihn nicht kennen, empfiehlt es sich daher, zunächst die Kapitel 70, 79, 85, 86, 87 dann 71, 74, 88, 89, 90, 95, 98 bis 101 zu lesen.

---

[1] Die DIN-Normen empfehlen statt des Wortes „Vektor" für Wechselstromgrößen das Wort „Zeiger". In vorliegendem Fall konnte auf die Bezeichnung „Vektormesser" nicht gut verzichtet werden.

Der Inhalt des Buches ist zum großen Teil in der Literatur schon bekannt, wenn auch verstreut und uneinheitlich. Der Verfasser erhebt auch da, wo versehentlich kein Schrifttum angegeben sein sollte, keinen Anspruch, Neues zu beschreiben. Abgesehen von Ausnahmen werden nur Verfahren angegeben, die vom Verfasser selbst oder von anderer Seite schon ausgeführt worden sind. Bei der Neuartigkeit seines Gegenstandes kann man von dem Buch billigerweise nicht verlangen, daß es so ausgeglichen wie Lehrbücher über ältere und schon öfter bearbeitete Gebiete ist.

Bei der Lektüre wird man finden, daß die Benutzung des Meßgleichrichters in Halbwellenschaltung bevorzugt wird, da der Verfasser der Meinung ist, daß diese einfache Schaltung trotz einiger Nachteile gegenüber der Vollwellenschaltung in vielen praktischen Fällen den Vorzug verdient. Um aber die angegebenen Formeln ohne weiteres auch für andere Schaltungen benutzen zu können, ist in manche Formeln der Umrechnungsfaktor $\pi\,\varepsilon_0$, der für Halbwellenschaltungen gleich eins ist, aufgenommen. Einen Überblick über oft gebrauchte Bezeichnungen wie ,,I_{eff}``, $\varepsilon_{nTk}$, $S$ findet man am Anfang des Buches. Es ist eine Neubearbeitung des 1948 im Eigenverlag der AEG erschienenen Buches ,,Die Meßtechnik des mechanischen Präzisionsgleichrichters (Vektormesser)``.

Berlin, im Januar 1956.

F. Koppelmann.

Inhaltsverzeichnis.

Liste einiger wiederholt vorkommender Bezeichnungen.

I, U = Meßgröße allgemein

I_{eff} = Effektivwert

$I_{(t)}$ = Augenblickswerte, zeitlicher Verlauf

I_{max} = Scheitelwert

I_m = Halbwellenmittelwert symmetrischer Meßgrößen (§ 5)

I_1, I_n = Grundwelle, $n$te Oberwelle

α_1, α_n = von Grundwelle bzw. $n$ter Oberwelle herrührender Anteil des Instrumentausschlages (§ 14)

I_W, α_W = Wirkkomponente der Meßgröße bzw. des Instrumentausschlages

I_B, α_B = Blindkomponente der Meßgröße bzw. des Instrumentausschlages

„I_{eff}" = 1,1107 I_m = äquivalenter Effektivwert, §§ 1 und 5. (Bei Schaltungen, die Scheitelwerte messen, auch „I_{eff}" $= \dfrac{I_{max}}{\sqrt{2}}$ Tab. 19 C und D S. 201). Bei Sinusform ist „I_{eff}" $= I_{eff}$

„$I_{eff(\tau)}$" = Anzeige eines in äquivalenten Effektivwerten geeichten Instrumentes bei beliebiger Kontaktphase τ (§ 18)

u_{gl} = vom Drehspulinstrument (bzw. Kompensator) angezeigte Gleichspannung

$u_{gl\,max}$ = Gleichspannung des Drehspulinstrumentes bei auf Maximum des Ausschlags gedrehter Kontaktphase

$I_{voll}, u_{gl\,voll}$ = Anzeige des Instrumentes bei Vollausschlag (Meßbereich)

α_{voll} = Skalenteile des Instrumentes bei Vollausschlag

c = Gleichspannungskonstante des Drehspulinstrumentes in V/Sktl ($u_{gl} = c\,\alpha$)

r_{gl} = ohmscher Widerstand des Drehspulinstrumentes

τ, τ^0 = Kontaktphase, d. h. Mitte der Schließzeit, in Bogenmaß bzw. Winkelgraden (§ 71)

T_k = Schließzeit des Kontaktes je Periode

t_{ein}, t_{aus} = Ein- bzw. Ausschaltzeitpunkt des Kontaktes

I_{ein}, I_{aus} = Augenblickswerte im Zeitpunkt t_{ein} bzw. t_{aus}

T = $\dfrac{1}{f}$ = Dauer einer vollen Periode der Grundwelle

ω = $2\pi f$ = Kreisfrequenz der Meßkontaktbewegung, d. h. der Grundwelle der Meßgröße

$\varepsilon_{n T_k}$ = Oberwellenempfindlichkeit (§ 71)

$\varepsilon_{n T_k \beta_1 \beta_2}$ = Oberwellenempfindlichkeit bei Mehrfachmessungen (§ 72)

$\varepsilon_{n T_k Diff}$ = Oberwellenempfindlichkeit der Differenzierschaltungen (§ 74)

ε_n = Oberwellenempfindlichkeit allgemein (§ 96)

ε_0 = Gleichrichterkonstante (§ 71), bei Halbwellenschaltungen: $\pi \varepsilon_0 = 1$

S = Schaltungskonstante ohmscher Schaltungen (§§ 71 und 73)

S_{Diff} = Schaltungskonstante der Differenzierschaltungen (§ 74, 96)

S_n = Schaltungskonstante allgemein (§ 96)

δ bzw. δ^0 = kleine Winkel in Bogenmaß bzw. Winkelgraden (z. B. Fehlwinkel)

r_n, R, r = fehlwinkelarme Präzisionswiderstände (z. B. regelbare Stöpsel- oder Kurbelwiderstände)

ϱ = ohmscher Widerstand von Wicklungen (Kupfer)

K = Gleichstromkompensator (auch Schalter)

M = Gegeninduktivität (auch Meßkontakt)

NE = Weston-Normalelement (§ 89)

$\mu_0 = \dfrac{4\pi}{10} 10^{-8} = 1{,}257 \cdot 10^{-8} \dfrac{\text{Vs}}{\text{A cm}}$ = Induktionskonstante (§ 65)

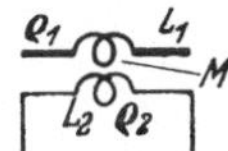

Gegeninduktivität M. L_1 bzw. L_2 = Induktivität der Primär- bzw. Sekundärwicklung, ϱ_1 bzw. ϱ_2 = ohmscher Widerstand der Primär- bzw. Sekundärwicklung.

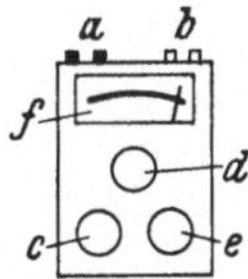

Vielfachmesser mit Sperrschichtgleichrichter. a = Stromanschluß, b = Spannungsanschluß, c = Strombereichwähler, d = Meßstellenwähler, e = Spannungsbereichwähler, f = Instrumentskala.

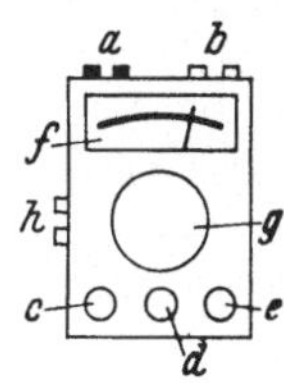

Meßkontakt mit eingebautem Instrument und eingebauten Strom- und Spannungsbereichen („Vektormesser"). a = Stromanschluß, b = Spannungsanschluß, c = Strombereichwähler, a = Meßstellenwähler (Strom oder Spannung; in Abb. 33b auch noch für eine dritte bzw. in Abb. 159 auch noch für weitere Meßstellen), e = Spannungsbereichwähler, f = Instrumentenskala, g = Meßkontakt, h = Anschlüsse für Erregung. Das Zeichnungsschema lehnt sich an die Konstruktion Abb. 158 an, gilt sinngemäß aber auch für andere Vektormesser, z. B. das Ferrometer § 58.

———•——— Abzweig ohne besondere Sorgfalt.

———○——— genau definierter Potentialabgriff.

Einleitung.

Überblick über Meßgrößen und Meßgeräte. Physikalisch und daher auch meßtechnisch ist der Wechselstrom komplizierter als der Gleichstrom. Dementsprechend sind die Meßgeräte bei Wechselstrom differenzierter als bei Gleichstrom, wo als Zeigerinstrument das Drehspulinstrument das Feld beherrscht, neben ihm für Präzisionsmessungen der Kompensator. Eine Erschwerung liegt außerdem darin, daß die Meßgrößen bei Wechselstrom im allgemeinen zeitlich nicht so konstant sind wie bei Gleichstrom, wo im Akkumulator eine für Meßzwecke fast ideale Stromquelle zur Verfügung steht.

Tab. 1 gibt einen Überblick, welche Geräte zur Messung der hauptsächlichen Wechselstromgrößen in Frage kommen. Die vorletzte Spalte enthält den ungefähren Preis des betreffenden Gerätes (bezogen auf das Gleichrichterinstrument $= 1$), die letzte Spalte eine Maßzahl für die Umständlichkeit seiner Handhabung (bezogen auf das Gleichrichterinstrument $= 1$). Nach Tab. 1 ist der Meßkontakt von allen Wechselstrominstrumenten das vielseitigste, eine Tatsache, auf der das vorliegende Buch aufgebaut ist.

Grundregeln. Zum vollen Verstehen gehört überall in der Naturwissenschaft quantitatives Verstehen, d. h. Messen. Dabei soll man auch der Messung kleiner und kleinster Effekte Aufmerksamkeit widmen, da folgenschwere neue Erkenntnisse ihren Anfang oft von Beobachtungen nehmen, die zunächst hart an der Grenze der Meßbarkeit liegen. Nicht alles, was ein Meßinstrument anzeigt, ist genau oder richtig. Viel eher gilt die Regel: Jede Messung ist zuerst falsch! Nur in dem Maße, in dem sie bei Variation des Meßverfahrens (ausgetauschte Instrumente, neuer Schaltungsaufbau usw.) das gleiche Ergebnis liefert, gewinnt sie an Wahrscheinlichkeit. Vor der Messung versuche man, das Ergebnis vorauszuberechnen oder abzuschätzen. Schätzung, Messung und kritische Nachrechnung sollen sich gegenseitig kontrollieren! Jedes überraschende Meßergebnis versuche man physikalisch zu verstehen. Fertig zusammengebaute Apparaturen sind zuverlässiger als fliegende Aufbauten. Im Laboratorium wird man letztere nicht immer vermeiden können, man muß dann besonders vorsichtig messen. Schwierigkeiten und Fehlermöglichkeiten einer Messung wachsen stark mit der geforderten Genauig-

Tabelle 1. *Vielseitigkeit des Meßkontaktes im Vergleich zu anderen Wechselstrommeß-geräten.*

Meßgröße \ Meßgerät	Gleichr.-Instr.	Dreheisen-Instr.	Dynamometer	Elektrostat.-Instr.	Thermo.-Umformer-Instr.	Vektormesser	Kompensatoren	Brücken	Oszillograph	Vibrat. Galvanometer	Telephon	Zungenfrequenzmesser	cos φ-Messer	Oberwellenmesser
Effektivwert		●	●	●	●	○								
Phasenwinkel			○			●	●	●	○				●	
Leistung			●	●	○	○								
Wirk- u. Blindkomponente			○			●	●	○	○					
Kleine Ströme u. Spannungen (10^{-3} A bzw. V)	●		○	○	●	●	●		●	●	○			
Kleinste Ströme u. Spannungen	○					●	●			●	○			
Kurvenform						●			●					
Scheitelwerte	●					●			●					
Grundwelle						○	●			●				●
Oberwellen						●			○	○				●
Mittelwert	●		○			●								
Frequenz						○	●		○	○	○	●		
Induktion	●					●								
Feldstärke	●					●								
Nullinstrument	●					●			○	●	●			
Wandlerprüfung						●	●	●						
Wechselstromwiderstände						●	●	●	○					
Eichungen		●	●	●		●	●	○						
Einmalige Vorgänge									●					
Genauigkeitsklasse	1,5	0,2	0,2		1,5	0,2	0,1	0,01				0,5	1	1
Preis	1	3	3	6	4	10	30	25	5*/100	5	0,1	1	2	20
Schwierigkeit d. Handhabung	1	1	1	3	2	3	4	4	2*/3	3	1	1	2	3

● direkte Messung   ○ indirekte Messung   * Kathoden- bzw. Lichtstrahloszillograph („Gleichr.-Instr." = übliche Vielfachmesser mit Sperrschichtgleichrichter)

keit. Für viele Laboratoriumsmessungen genügt eine Genauigkeit von 1%; nur in Sonderfällen hat es Sinn, die Fehlergrenze weiter herabzudrücken, da mit der geforderten Genauigkeit der notwendige Aufwand an Geräten, Zeit und Umsicht erheblich ansteigt. Je gründlichere physikalische, elektrotechnische und meßtechnische Kenntnisse man besitzt, um so größere Aussicht hat man, auch mit beschränkten Hilfsmitteln richtig zu messen. Man achte darauf, daß die Meßgrößen der angestrebten Meßgenauigkeit entsprechend genau definiert sind. Beispielsweise ist es sinnlos, die Anfangspermeabilität eines Eisenkernes auf 1% genau zu messen, wenn sein mechanischer Spannungszustand nicht eindeutig bestimmt ist! Nicht nur mit Hochspannung, sondern auch mit Hochstrom gehe man vorsichtig um.

Wenn eine konstante Spannungsquelle nicht zur Verfügung steht, messe man gegebenenfalls in den Abendstunden oder nachts, da dann die Spannung öffentlicher Netze am ruhigsten ist. Ist man auf ein unruhiges Netz angewiesen, muß man sich durch Wiederholung und Mittelung der Ablesungen oder durch Ausregeln der Netzschwankungen zu helfen suchen. (Übliche Spannungsgleichhalter sind ungeeignet, da sie die Kurvenform verzerren.) Oberwellen der Speisespannung lassen sich manchmal durch Vorschalten von Drosseln oder Widerständen und Parallelschalten von Kondensatoren vermindern (Abb. 29 oder 65). Ein Maschinenaggregat ist nur zu gebrauchen, wenn es besonders für Sinusform gebaut ist. Für Hochstrommessungen genügt in vielen Fällen ein Umspanner $1 \cdots 10$ V und $1000 \cdots 10\,000$ A. — Dem Grundplan dieses Buches entsprechend benötigt man an Instrumenten vor allem einen Meßkontakt, dazu Drehspulinstrumente verschiedener Empfindlichkeit, beispielsweise ein (schwirrfreies) „Normalinstrument" 60 mV 20 Ohm, ein Millivoltmeter 10 mV 100 Ohm, ein Lichtmarken- und ein Spiegelgalvanometer; daneben einen Zungenfrequenzmesser, einen Vielfachmesser und einige übliche Dreheisen-Schalttafel-Instrumente. Zum Aufbau von Meßbereichen sind Präzisionswiderstände erforderlich, sofern diese nicht im Meßkontakt eingebaut sind, und zwar Kurbelwiderstände oder „Technische Dekadenwiderstände"; Genauigkeit und Fehlwinkelfreiheit letzterer reicht in vielen Fällen aus. An Schiebewiderständen und vor allem an Meßschnüren sollte man nicht sparen. Für letztere haben sich NGA-Leitungen $(1,5 \cdots 4 \text{ mm}^2)$ mit (soliden!) Bananensteckern bewährt. Sie können zusammen mit kleinen Kabelschuhen für Ströme bis 20 A benutzt werden. Mangel an geeigneten Schnüren macht den Aufbau von Meßschaltungen zur Qual! Die in Verbindung mit dem Meßkontakt außerordentlich nützlichen Gegeninduktivitäten kann man notfalls selbst herstellen, ebenso auch induktivitätsarme Nebenwiderstände aus gefaltetem Manganinblech.

I. Strom und Spannung.

1. Überblick über Strom und Spannung. Bei Wechselstrom sind folgende Kenngrößen zu unterscheiden:

Die *Grundwelle* ist — abgesehen von Sonderfällen — für die Arbeitsweise elektrischer Maschinen und Geräte von grundlegender Bedeutung. Die *Oberwellen* spielen daneben — abgesehen von Sonderfällen — nur die Rolle von unerwünschten Störenfrieden.

Der *Effektivwert* (Gesamteffektivwert) ist definiert als quadratischer Mittelwert:

$$T\, I_{eff}^2 \equiv \int\limits_0^T I_{(t)}^2\, dt; \qquad \text{bei Sinusform: } I_{eff} = \frac{1}{\sqrt{2}}\, I_{max}\,. \tag{1}$$

Der Name „Effektivwert" rührt daher, daß er überall da für die Leistung maßgebend ist, wo die Augenblickswerte der Spannung denen des Stromes proportional sind, also bei konstanten ohmschen Widerständen Gl. (17.18). Der Effektivwert ist auch dann maßgebend für die Leistung, wenn Strom und Spannung gegeneinander phasenverschoben, *aber beide* sinusförmig sind [Gl. (17.5a)]. Übliche Zeigerinstrumente (Dynamometer, Dreheiseninstrumente, Thermoumformer, statische Spannungsmesser) zeigen den Gesamteffektivwert[1]:

$$I_{eff} = \sqrt{I_{1\,eff}^2 + I_{2\,eff}^2 + I_{3\,eff}^2 + \cdots}\,. \tag{2}$$

Nach Gl. (2) ist bei kleinem Oberwellengehalt $I_{eff} \approx I_{1\,eff}$. Diese Instrumente sind also bei kleinen Verzerrungen angenähert Grundwellenmesser, was ihnen ihre Bedeutung gibt (§ 12).

Der *Scheitelwert* des Stromes spielt beispielsweise bei der mechanischen Beanspruchung von Wicklungen durch elektrodynamische Kurzschlußkräfte oder bei der Aussteuerung der Hystereseschleife eine Rolle, der Scheitelwert der Spannung bei Sprühentladungen oder beim Überschlag bei Hochspannung.

Der *Halbwellenmittelwert* ist für symmetrische Wechselstromgrößen (kein Gleichstromglied und keine geradzahligen Oberwellen) folgender-

---

[1] ARNOLD: Wechselstromtechnik Bd. 1 S. 237. Springer 1922. — KÜPFMÜLLER: Theoret. Elektrotechnik S. 265. Springer 1941.

maßen definiert:

$$\frac{T}{2}\,I_m \equiv \int\limits_{t_0}^{t_0+\frac{T}{2}} I_{(t)}\,dt;\qquad \text{bei Sinusform: } I_m = \frac{2}{\pi}\,I_{max} = \frac{2\sqrt{2}}{\pi}\,I_{eff} = \frac{I_{eff}}{1{,}1107}\,.\tag{3}$$

Dabei bedeutet t_0 den Zeitpunkt des Nulldurchgangs der Meßgröße. Der Halbwellenmittelwert wird von Drehspulinstrumenten in Verbindung mit dem Meßkontakt gemessen, wenn die Schließzeit des letzteren mit der Zeit der Halbwelle zusammenfällt. Nach Gl. (3) kann man dabei das Instrument in „äquivalenten Effektivwerten" eichen:

$$\text{„}I_{eff}\text{"} \equiv \frac{\pi}{2\sqrt{2}}\,I_m = 1{,}1107\,I_m;\qquad \text{bei Sinusform: „}I_{eff}\text{"} = I_{eff}\,.\tag{4}$$

Der Halbwellenmittelwert ist u. a. maßgebend zur Berechnung des Scheitelwertes der Induktion aus der induzierten Spannung (§ 47). — Ventilgleichrichter messen statt des durch Gl. (3) definierten *elektrolytischen* Mittelwertes einen *arithmetischen* Mittelwert (vgl. § 5).

Folgende Kennzahlen werden als Abkürzung verwendet: (Leistungsfaktor und Verschiebungsfaktor s. § 17)

Formfaktor:
$$f_e \equiv \frac{I_{eff}}{I_m}\qquad \text{bei Sinusform: } f_e = \frac{\pi}{2\sqrt{2}} = 1{,}1107\tag{5}$$

Scheitelfaktor:
$$f_s \equiv \frac{I_{max}}{I_{eff}}\qquad \text{bei Sinusform: } f_s = \sqrt{2} = 1{,}414\tag{6}$$

Verzerrungsfaktor:
$$g \equiv \frac{I_{1\,eff}}{I_{eff}} = \sqrt{1-k^2}\qquad \text{bei Sinusform: } g = 1{,}0\tag{7}$$

Klirrfaktor:
$$k \equiv \frac{\sqrt{I_{2\,eff}^2 + I_{3\,eff}^2 + \cdots}}{I_{eff}}\qquad \text{bei Sinusform: } k = 0\,.\tag{8}$$

Die Wechselstromgrößen sind nur selten rein sinusförmig. Stadtnetze haben oft Oberwellengehalte von der Größenordnung 1% der Grundwelle, Überlandnetze noch mehr, kleine Maschinenaggregate haben, wenn sie nicht besonders auf Sinusform gebaut sind, je nach der Belastung wechselnde Oberwellengehalte. Aus diesen Gründen gebe man sich vor der Messung einer Wechselstromgröße Rechenschaft über ihre Kurvenform. Ist sie verzerrt, muß man entscheiden, ob man ihren Effektivwert, ihre Grundwelle, ihren Scheitelwert oder ihren Mittelwert messen will und dementsprechend Meßgerät oder Meßverfahren wählen. Praktisch ist nicht der Gesamteffektivwert, sondern der Effektivwert der Grundwelle die wichtigste Wechselstromgröße.

2. Kurvenform von Strom und Spannung. Das bequemste Gerät zur Kontrolle der Kurvenform ist der Kathodenstrahl-Oszillograph. Mit dem Meßkontakt kann die Kurvenform nicht stetig wie mit Oszillo-

graphen, sondern nur punktweise ermittelt werden, und zwar nach drei
verschiedenen Verfahren[1]:

    A) In Differenzierschaltungen[2].

    B) Nach dem Kurzkontaktverfahren[3].

    C) Aus der Integralkurve[1].

Diese Verfahren sind unanschaulicher als Oszillographen und nur
möglich, wenn die Meßgröße etwa eine Minute lang ohne Schwankungen
zur Verfügung steht. Andererseits haben sie den Vorteil, daß sie keinen
zusätzlichen Aufwand verlangen und recht genau bzw. empfindlich sind,
so daß der Meßkontakt den Oszillographen in willkommener Weise ersetzt oder ergänzt.

A) Die Messung der Kurvenform in Differenzierschaltungen beruht darauf, daß eine Gegeninduktivität oder ein Kondensator die Meßgröße differenziert, d. h. $\dfrac{dI}{dt}$ bzw. $\dfrac{dU}{dt}$ bildet, und daß das Drehspulinstrument in Verbindung mit dem Meßkontakt integriert, d.h. die Differenziation aufhebt, so daß der Augenblickswert der Meßgröße angezeigt wird. Abb. 1 zeigt Schaltungen zur Kurvenformmessung, und zwar Abb. 1a zur Strommessung und Abb. 1b zur Spannungsmessung.

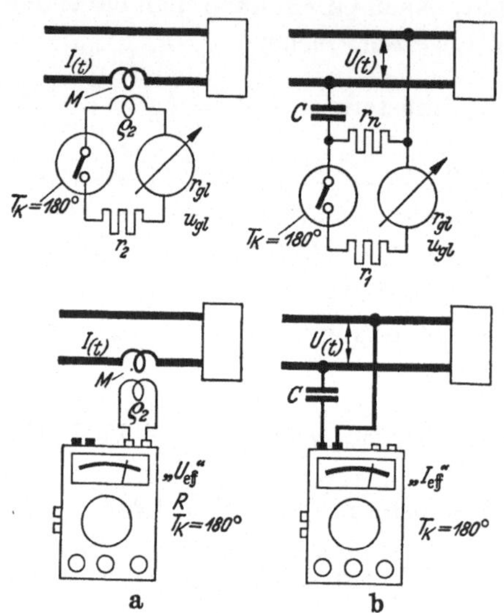

Abb. 1a u. b. Schaltungen zur Messung des zeitlichen
Verlaufs symmetrischer Meßgrößen.

messung. Nach § 74 gilt für diese Schaltungen bei 180° Schließzeit
und symmetrischen Meßgrößen [vgl. (9.2)]:

$$2\,I_{\left(\tau+\frac{\pi}{2}\right)} = \frac{r_2+\varrho_2+r_{gl}}{r_{gl}}\,\frac{1}{\mathfrak{f}\,M}\,u_{gl\,(\tau)} = \frac{R+\varrho_2}{R}\,\frac{„U_{eff}"_{(\tau)}}{2,2214\,\mathfrak{f}\,M}\,, \qquad \text{(Abb. 1a)} \quad (1)$$

$$2U_{\left(\tau+\frac{\pi}{2}\right)} = \frac{r_n+r_1+r_{gl}}{r_n\,r_{gl}}\,\frac{1}{\mathfrak{f}\,C}\,u_{gl\,(\tau)} = \frac{„I_{eff}"_{(\tau)}}{2,2214\,\mathfrak{f}\,C}\,. \qquad \text{(Abb. 1b)} \quad (2)$$

Dabei ist τ die Mitte der Schließzeit (§ 71). Der zugehörige Instrumentausschlag $u_{gl\,(\tau)}$ ergibt den Augenblickswert der Meßgröße im Zeitpunkt $\tau+\frac{\pi}{2}$, d. h. im Ausschalt- bzw. Einschaltzeitpunkt des Kontaktes. Das Verfahren ist sehr genau. Fehler können durch folgende Umstände auftreten: Bei Abweichungen der Schließzeit von 180° verringert sich die

[1] PFANNENMÜLLER: ATM V 3621—1 (Juli 1934) mit weiterer Literatur.

[2] BEDELL, F.: J. Franklin Inst. Bd. 176 (1913) S. 385.

[3] JOUBERT: J. de Physique Bd. 9 (1880).

Empfindlichkeit besonders für hohe Oberwellen, und zwar ist nach Gl. (78.3) der Amplitudenfehler, mit dem eine $n$te Oberwelle bei kleinen Abweichungen δ gemessen wird (δ in Bogenmaß, δ^0 in Bogengraden) für ungerade n:

$$F_n = 1 - \cos n \frac{\delta}{2} \approx n^2 \frac{\delta^{0\,2}}{26300} \qquad (n \text{ ungerade}). \qquad (3)$$

Bei $\delta = 1°$ wird z. B. für die neunte Oberwelle $F = 0,3\%$. Der Fehler wächst quadratisch mit der Ordnungszahl, d. h. Ecken und Spitzen der Meßgröße werden verrundet gemessen. Praktisch läßt sich die Schließzeit leicht auf $\pm 1°$ genau einstellen. — Fehler der Kontaktphase durch ungenaue Einstellung oder mangelnde Winkeltreue (§ 82) bringen eine entsprechende Verzerrung in die Messung. Praktisch kann die Kontaktphase bei guten Meßkontakten auf $\pm 0,1°$ genau eingestellt werden. — Ein weiterer Fehler kann durch den Fehlwinkel der Differenzierschaltungen entstehen. Er hat eine mit der Ordnungszahl wachsende Verschiebung der Oberwellen gegenüber der Grundwelle zur Folge und läßt sich durch Verwendung genügend empfindlicher Instrumente klein halten (§ 74).

Da die in einer Feldmeßspule (§§ 45 und 46) bzw. in einer Induktionsspule (§ 47) induzierte Spannung das Differential der Feldstärke bzw. der Induktion ist, benötigt man zur Messung des zeitlichen Verlaufs von Feldstärke bzw. Induktion aus der induzierten Spannung keine Differenzierschaltung.

Ein überlagerter Gleichstrom wird in den Schaltungen der Abb. 1 nicht mitgemessen. Geradzahlige Oberwellen werden nach Tab. 14, S. 155, ebenfalls nicht mitgemessen. Bei Vorhandensein solcher Oberwellen kann man in den Schaltungen des Bildes 1 statt mit einem einzigen mit zwei Meßkontakten in Reihe (§ 99) arbeiten. Nach Gl. (74.12) mißt man dann, wenn man einen der Kontakte in der Phase unverändert auf dem Zeitpunkt t_{ein} läßt, die Änderung des Augenblickwertes der Meßgröße gegenüber dem Festwert im Zeitpunkt t_{ein}, also den zeitlichen Verlauf ohne Gleichstromglied.

B) Der zeitliche Verlauf einschließlich Gleichstromglied und aller, auch geradzahliger Oberwellen läßt sich nach dem Kurzkontaktverfahren messen. In der Schaltung Abb. 4 ist nach Gl. (5.2):

$$U_{Tk} = \frac{T}{T_k} \frac{R + r_{gl}}{r_{gl}} u_{gl}, \qquad (4)$$

d. h. das Instrument mißt den Mittelwert U_{Tk} der Meßgröße während der Schließzeit T_k. Dieser nähert sich bei kleinem T_k dem Augenblickswert U_1 der Meßgröße $U_{(t)}$ im Zeitpunkt t_{aus}. Bei kleinem T_k wird aber nach Gl. (4) die Empfindlichkeit der Messung klein; außerdem schwankt sie bei Schwankungen von T_k. Man mißt daher besser nach dem Speicherverfahren Abb. 2. Hier lädt sich der Kondensator C während der Schließzeit T_k auf u_1, d. h. angenähert auf den Augenblickswert U_1 der Meßgröße im Zeitpunkt t_{aus} auf, während der Öffnungszeit sinkt $u_{(t)}$ über R exponentiell auf u_2 ab, der Mittelwert u_{gl} der Spannung $u_{(t)}$ bleibt aber proportional U_1. Der Schutzwiderstand r verhindert eine stoßartige Überlastung des Meßobjektes bzw. des Kontaktes. C und T_k wähle man so, daß

$$C\,r \ll T_k \quad \text{und} \quad C\,(R + r_{gl}) \geqq T \tag{5}$$

ist. Wenn diese Bedingungen nicht genügend erfüllt werden können, verwende man ein empfindlicheres Instrument (größeres $R + r_{gl}$, kleineres C). Praktisch kommen Schließzeiten $T_k \approx 10°$ in Frage. Zur Eichung legt

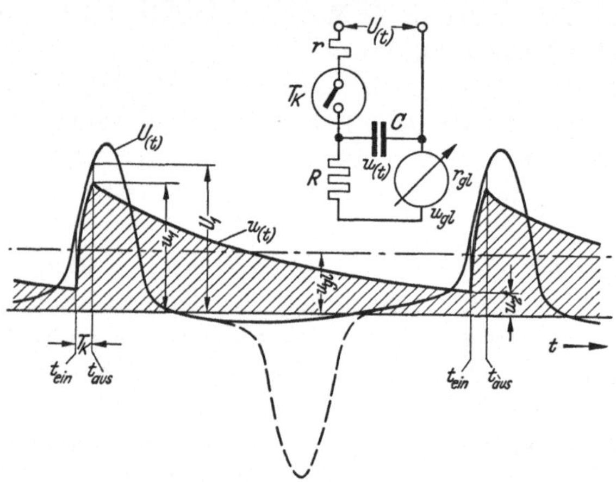

Abb. 2. Messung des zeitlichen Verlaufs beliebiger, auch unsymmetrischer Meßgrößen (Speicherverfahren).

man die Schaltung an eine bekannte Gleichspannung. Das Verfahren läßt sich beispielsweise zur Untersuchung des Spannungsabfalles und des Rückstromes von Sperrschichtgleichrichtern im Gleichrichterbetrieb benutzen. Fehler treten am ehesten in Spitzen und Ecken der Meßgröße auf[1].

C) An ohmschen Vor- und Nebenwiderständen mißt man nach § 71 nicht den zeitlichen Verlauf der Meßgröße, sondern ihre „Integralkurve". Aus der Integralkurve $u_{gl} = f(\tau)$ lassen sich rückwärts die Augenblickswerte berechnen. Bei symmetrischen Meßgrößen und $T_k = 180°$ ist [vgl. Gl. (18.5)]:

$$2\,U_{\left(\tau + \frac{\pi}{2}\right)}\,dt = \frac{S}{\pi\,\varepsilon_0}\,T\,du_{gl(\tau)}\;.$$

Mit $dt = \dfrac{T}{360°}\,d\tau^0$ wird daraus: (S und $\pi\,\varepsilon_0$ siehe §§ 71 und 73)

$$U_{\left(\tau + \frac{\pi}{2}\right)} = \frac{S}{\pi\,\varepsilon_0}\,180°\,\frac{du_{gl(\tau)}}{d\tau^0}\;. \tag{6}$$

---

[1] HOLLEUFER, W.: ETZ (1951) S. 199/200.

Verwendet man in „Effektivwerten" geeichte Meßbereiche, so wird mit
Gl. (71.14):

$$U\left(\tau + \frac{\pi}{2}\right) = \frac{180°}{2,22} \frac{d_{,,}U_{eff}{}^{,,}(\tau)}{d\tau^0}. \tag{7}$$

Dabei ist $\frac{du_{gl}(\tau)}{d\tau^0}$ bzw. $\frac{d_{,,}U_{eff}{}^{,,}(\tau)}{d\tau^0}$ die Steigung der Integralkurve. Das Verfahren ist ungenauer als die Messung mit Differenzierschaltungen, kann
andererseits aber bei sehr kleinen Meßgrößen angewendet werden, wo
Differenzierschaltungen zu unempfindlich sind (§ 8). Es ist frequenzunabhängig, aber beschränkt auf symmetrische Meßgrößen.

Oft besteht die Aufgabe, zu prüfen, ob bzw. inwieweit eine Meßgröße
sinusförmig ist. Diese Prüfung läßt sich mit dem Meßkontakt einfacher
und genauer als mit einem Oszillographen ausführen. Man stellt dazu
der Reihe nach verschiedene Werte τ ein und kontrolliert, ob die zugehörigen Instrumentausschläge α mit τ entsprechend der Sinusform
variieren. Am einfachsten wird diese Kontrolle, wenn man wie in Tab. 2
den Maximalausschlag α_{max} auf einen runden Betrag, am besten 100 Sktl,
bringt. Diese Prüfung kann sowohl in Differenzierschaltungen als auch
mit ohmschen Vor- oder Nebenwiderständen erfolgen. Im ersten Fall
ist sie wegen der größeren Oberwellenempfindlichkeit (§ 74 und § 71)
genauer. Stellt man statt 180° eine Schließzeit ein, die bestimmte
Oberwellen ausschaltet (Tab. 4, S. 31), so prüft das Verfahren, ob und
inwieweit abgesehen von diesen Oberwellen noch andere in der Meßgröße
enthalten sind (§ 12).

Tabelle 2. ($\alpha = 100 \sin \tau$)

$\tau =$	0	15°	30°	45°	60°	75°	90°	105°	120°	135°	150°	165°	180°
$\alpha =$	0	25,9	50,0	70,7	86,6	96,6	100	96,6	86,6	70,7	50,0	25,9	0 Sktl.

3. Effektivwert sinusförmiger Ströme und Spannungen. Bei Sinusform hängen Effektivwert, Halbwellenmittelwert und Scheitelwert nach
der Gleichung

$$I_{eff} = \frac{\pi}{2\sqrt{2}} I_m = \frac{1}{\sqrt{2}} I_{max} \qquad \frac{\pi}{2\sqrt{2}} = 1,1107 \tag{1}$$

eindeutig zusammen. Für Sinusform lassen sich also auch Instrumente,
die Halbwellenmittelwerte (oder Scheitelwerte) anzeigen, in Effektivwerten eichen [„I_{eff}" und „U_{eff}" in Gl. (1.4)], was bei Gleichrichterinstrumenten und beim Vektormesser üblich ist. Der kleine Eigenverbrauch und die hohe Empfindlichkeit der Drehspulinstrumente ermöglichen es dabei, vielfach umschaltbare Instrumente zu bauen, insbesondere auch für kleine Wechselspannungen. Die Berechnung von Meßbereichen für Sinusform wird in § 96 behandelt. Die Genauigkeit der
Messung ist dabei, wenn man den Meßkontakt benutzt, wegen seiner
idealen „Richtkennlinie" groß. Kleine Abweichungen δ der Schließzeit

vom Sollwert $T_k = 180°$ (bzw. Prellungen beim Öffnen und Schließen des Kontaktes während der Zeit δ) haben dabei nach Gl. (78.3) nur unbedeutende Fehler zur Folge. Die Gl. (78.3) erfaßt auch den Fall, daß die Kontaktphase um einen Winkel $\delta\tau$ falsch, d. h. von den Nulldurchgängen abweichend, eingestellt wird; es ist dann an die Stelle von δ der Winkel $2\,\delta\tau$ einzusetzen. Praktisch kann sowohl δ als auch $\delta\tau$ leicht in der Größenordnung $1°$ gehalten werden, so daß die Fehler sehr klein bleiben. Bei Sinusform ist daher der Meßkontakt mit einem guten Drehspulinstrument oder mit dem Gleichstromkompensator das genaueste und empfindlichste Wechselstrominstrument.

Praktisch sind Strom und Spannung nur in Ausnahmefällen vollkommen sinusförmig. Auch große öffentliche Netze haben in der Spannung Oberwellen von der Größenordnung 1%. Hier liegt die Grenze der Genauigkeit des Meßkontaktes für übliche Strom- und Spannungsmessungen. Denn bei diesen Messungen interessiert im allgemeinen nicht der vom Meßkontakt exakt gemessene Halbwellenmittelwert, sondern der Effektivwert der Grundwelle, der bei kleinen Verzerrungen mit dem Gesamteffektivwert übereinstimmt und daher nach Gl. (1.2) von Dreheiseninstrumenten[1], Dynamometern usw. angezeigt wird. Der Halbwellenmittelwert, d. h. „I_{eff}", ist je nach der Phase der Oberwellen größer oder kleiner als die Grundwelle, und zwar ist nach Gl. (12.2):

$$g\,I_{eff} = I_{1\,eff} = \text{„}I_{eff}\text{"} - \left(\frac{1}{3}\,A_{3\,eff} + \frac{1}{5}\,A_{5\,eff} + \cdots\right). \qquad (2)$$

(Bei mäßigen Verzerrungen ist $g \approx 1$.) $A_{3\,eff}$, $A_{5\,eff}$ usw. können positiv oder negativ sein. Sperrschichtgleichrichter haben grundsätzlich den gleichen „Kurvenformfehler" wie der Meßkontakt, können die Kurvenform ihrer Meßgrößen aber nicht selbst kontrollieren, während dies mit dem Meßkontakt auch ohne Oszillograph sehr einfach ist (Tab. 2, S. 9). Ist bei dieser Kontrolle die Differenz zwischen der Anzeige des Instrumentes und dem Sollwert für Sinusform an keiner Stelle der Halbwelle größer als $p\%$ der Meßgröße, so ist der Fehler der Effektivwertmessung $< p\,\%$ (vgl. Abb. 20 und Tab. 6, S. 35) — Wenn der Formfaktor bekannt ist, kann der Fehler der Effektivwertmessung auch nach Gl. (4.3) bestimmt werden. In manchen Fällen kann man die Meßgenauigkeit dadurch steigern, daß man die Spannungsquelle durch Siebmittel (wie in Abb. 29 oder 65) von Oberwellen reinigt. Die Wirksamkeit dieser Mittel läßt sich dann nach Tab. 2, S. 9 prüfen.

In der Regel wird man sinusförmige Meßgrößen mit ohmschen Vor- und Nebenwiderständen bzw. über Strom- und Spannungswandler messen. In besonderen Fällen kommen dafür aber auch Differenzierschaltungen in Frage, z. B. bei großen Strömen oder großen Spannungen

---

[1] PARTENFELDER, H.: AEG-Mitteilungen (1954) H. 3/4 S. 109/11.

(§§ 9 und 10), wo Gegeninduktivitäten bzw. Kondensatoren einfacher zu beschaffen sind als Strom- und Spannungswandler. Man muß in solchen Fällen den größeren Einfluß der Oberwellen in Kauf nehmen (§ 12).

4. Effektivwert verzerrter Ströme und Spannungen. Er ist nach Gl. (17.18) für die Stromwärme in strom- und spannungsunabhängigen Widerständen maßgebend. Thermoumformer, Dynamometer und elektrostatische Instrumente messen bis zu hohen Verzerrungen genau den Effektivwert, bis zu mittleren Verzerrungen auch gute Dreheiseninstru-

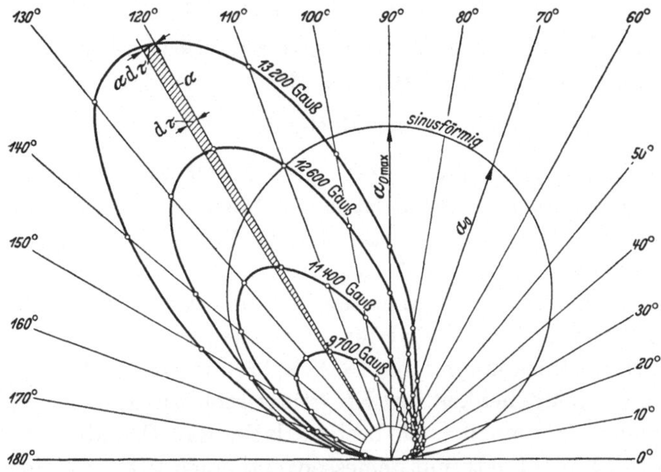

Abb. 3. Polardiagramm zur Bestimmung des Effektivwertes (Magnetisierungsströme von Siliziumeisen, angenähert sinusförmiger Induktionsverlauf). Bei unsymmetrischen Meßgrößen ist das Polardiagramm über 360° zu zeichnen.

mente. Durch Zwischenschaltung von Thermoumformern mit Gleichstromkreis können im Kompensationsverfahren Effektivwerte absolut, d. h. mit dem Normalelement gemessen werden, z. B. zur Eichung von Effektivwertmessern[1] (vgl. Abb. 6).

Mit dem Meßkontakt, der in ohmschen Schaltungen Mittelwerte mißt, läßt sich der Effektivwert nur indirekt messen. Die Verfahren dazu, die auch bei großen Verzerrungen brauchbar sind, sind umständlich, haben aber den Vorteil, daß sie bei Verwendung entsprechender Drehspulinstrumente sehr empfindlich sind und kleinen Eigenverbrauch haben. Nach der Definition des Effektivwertes Gl. (1.1)

$$I_{eff} \equiv \sqrt{\frac{1}{T} \int_0^T I_{(t)}^2 \, dt} = \frac{I_{(t)\,voll}}{\alpha_{voll}} \, \alpha_{eff}; \quad \alpha_{eff} \equiv \sqrt{\frac{1}{360°} \int_0^{360°} \alpha^2 \, d\tau^0} \tag{1}$$

kann man ihn aus den nach § 2 gemessenen Augenblickswerten berechnen. Statt dieser Rechnung kann man nach FLEMING[2] die gemessenen

---

[1] ANGERSBACH: ATM (1954) V 3412—3 und 4. — PARTENFELDER: Elektro-Post (1955) Nr. 26/27.

[2] ARNOLD: Wechselstromtechnik Bd. 1 S. 245. Springer 1922.

Augenblickswerte in einem Polardiagramm über τ auftragen. Abb. 3 zeigt als Beispiel die Polarkurven von Magnetisierungsströmen. Da die Fläche jedes Sektors proportional $\alpha^2 \, d\tau^0$ ist, ist die Gesamtfläche proportional dem Quadrat des Effektivwertes. Sinusförmige Halbwellen ergeben kreisförmige Polardiagramme. Zeichnet man einen Vergleichskreis α_0 von beliebigem Durchmesser in das Polardiagramm, so ist mit $\alpha_{0\,max} = \sqrt{2}\,\alpha_{0\,eff}$:

$$\alpha_{eff} = \sqrt{\frac{F}{F_0}}\,\alpha_{0\,eff} = \sqrt{\frac{F}{F_0}}\,\frac{\alpha_{0\,max}}{\sqrt{2}} \, . \tag{2}$$

Die Flächen F und F_0 der Kurve und des Kreises bestimmt man durch Planimetrieren oder andere Verfahren (§ 54). Zeichnet man (nach Augenmaß) den Vergleichskreis mit der Fläche $F_0 = F$, so ist $\alpha_{eff} = \dfrac{\alpha_{0\,max}}{\sqrt{2}}$. Die Messung $\alpha = f(\tau)$ geschieht in Differenzierschaltungen nach § 2. Wenn die Meßgröße zeitlich konstant ist und Fehlwinkel der Differenzierschaltung (§ 74) vermieden werden, läßt sich die Messung mit einer Unsicherheit von nur wenigen Promill ausführen, so daß sie beispielsweise zur Prüfung von Dreheiseninstrumenten bei stark verzerrter Meßgröße benutzt werden kann (§ 68). Ein mit dem Vorstehenden verwandtes Verfahren zur Effektivwertmessung ist in § 18 Abb. 35 und Gl. (11a) angegeben.

Eine andere Möglichkeit der Effektivwertmessung, die auch bei sehr kleinen Meßgrößen möglich ist, besteht darin, daß Grund- und Oberwellen nach §§ 12 bis 14 getrennt gemessen und gemäß Gl. (1.2) quadratisch addiert werden. Da gewöhnlich die Amplitude der Oberwellen mit zunehmender Ordnungszahl schnell abnimmt, kommt man (bei symmetrischen Meßgrößen) manchmal schon allein mit Grundwelle und dritter Oberwelle zu einer Genauigkeit von 1%. Beispielsweise erhöht eine dritte Oberwelle von 3% der Grundwelle den Effektivwert nur um etwa 0,05%.

Der äquivalente Effektivwert „I_{eff}" bzw. „U_{eff}", den der Meßkontakt normalerweise mit ohmschen Vor- und Nebenwiderständen mißt, kann nach Gl. (3.2) schon bei mäßigen Verzerrungen spürbar vom tatsächlichen Effektivwert abweichen. Eine negative, phasengleiche dritte Oberwelle von 10% der Grundwelle erhöht beispielsweise den tatsächlichen Effektivwert auf $\sqrt{1 + 0{,}1^2} = 1{,}005$ der Grundwelle, während sie den äquivalenten Effektivwert (d. h. den Mittelwert) auf $1 - \dfrac{1}{3}\,0{,}1 = 0{,}967$ der Grundwelle erniedrigt. Ist der Formfaktor bekannt (§ 6), kann man mit seiner Hilfe nach Gl. (1.4) den Effektivwert aus dem äquivalenten Effektivwert, den der Meßkontakt anzeigt, berechnen:

$$U_{eff} = \frac{f_e}{1{,}1107}\,\text{„}U_{eff}\text{"} \qquad I_{eff} = \frac{f_e}{1{,}1107}\,\text{„}I_{eff}\text{"} \, . \tag{3}$$

5. Mittelwerte von Strom und Spannung. Für ihre Messung gibt es kein besseres Verfahren als den mechanischen Meßkontakt mit Drehspulinstrument oder Gleichstromkompensator. Die vom Instrument angezeigte Gleichspannung ist nach Abb. 4 mit den Einschränkungen des § 92:

$$u_{gl} = \frac{1}{T} \int_{t_{ein}}^{t_{aus}} u \, dt = f \int_{t_{ein}}^{t_{aus}} u \, dt \qquad u = \frac{r_{gl}}{R + r_{gl}} U_{(t)} \, . \qquad (1)$$

Daraus berechnet sich der Mittelwert U_{T_k} der Spannung während der Meßzeit $T_k = t_{ein} - t_{aus}$:

$$U_{T_k} \equiv \frac{1}{T_k} \int_{t_{ein}}^{t_{aus}} U_{(t)} \, dt = \frac{T}{T_k} \frac{R + r_{gl}}{r_{gl}} u_{gl} \, . \qquad (2)$$

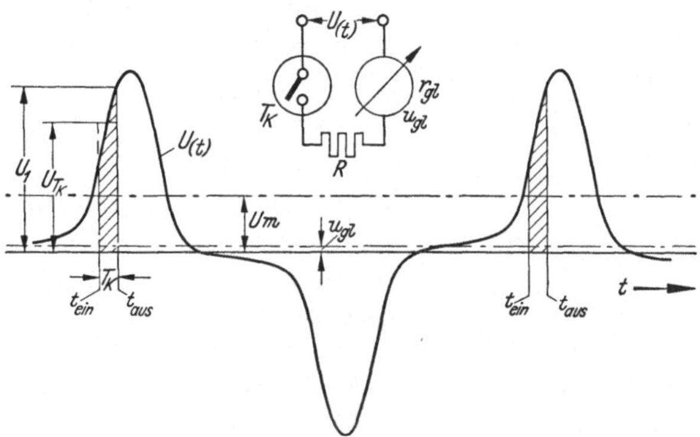

Abb. 4. Zur Messung von zeitlichen Mittelwerten.

Macht man T_k klein, so wird U_{T_k} angenähert gleich dem Augenblickswert U_1 der Spannung (§ 2). Macht man die Schließzeit gleich der Zeit einer Halbwelle $\left(T_k = \frac{T}{2}\right)$, so mißt man den in Gl. (1.3) für symmetrische Meßgrößen definierten Halbwellenmittelwert:

$$U_{180°} \equiv U_m = 2 \frac{R + r_{gl}}{r_{gl}} u_{gl} \qquad \text{(Halbwellengleichrichtung, } \pi \, \varepsilon_0 = 1) \qquad (3)$$

oder allgemein (§ 71):

$$U_m = 2 \frac{S}{\pi \, \varepsilon_0} u_{gl} \, . \qquad (4)$$

Ist die Meßgröße sinusförmig, hängt U_m mit U_{eff} und U_{max} nach Gl. (3.1) zusammen. Enthält die Meßgröße Oberwellen, so ist nach Gl. (71.13):

$$U_{180°} = \frac{2}{\pi} \left(U_{1\,max} \cos \varphi_1 + \frac{1}{3} U_{3\,max} \cos \varphi_3 + \frac{1}{5} U_{5\,max} \cos \varphi_5 + \cdots \right). \qquad (5)$$

Dabei ist $U_{n\,max} \cos \varphi_n$ diejenige Komponente der Teilwelle, die ihren Nulldurchgang im Zeitpunkt t_{ein} hat. (Die Komponenten $U_{n\,max} \sin \varphi_n$

geben ebenso wie alle geradzahligen Oberwellen keinen Beitrag). Den Halbwellenmittelwert U_m erhält man in Gl. (5), wenn t_{ein} auf den Nulldurchgang der Meßgröße eingestellt wird.

Hat die Meßgröße während der Meßzeit auch negative Werte, so werden diese vom Meßkontakt entsprechend ihrem Vorzeichen mitgemessen („elektrolytischer Mittelwert“), während ein Sperrschicht- oder Röhrengleichrichter bei symmetrischen Meßgrößen die negativen Werte als positiv mitmessen würde („arithmetischer Mittelwert“). Für eine Meßgröße nach Abb. 5 ist also bei Halbwellengleichrichtung:

Meßkontakt:

Sperrschichtgleichrichter:

$$u_{gl} = f \cdot (F_1 - F_2 + F_3)$$
$$u_{gl}' = f \cdot (F_1 + F_3 + F_2) = u_{gl} + 2 f F_2. \tag{6}$$

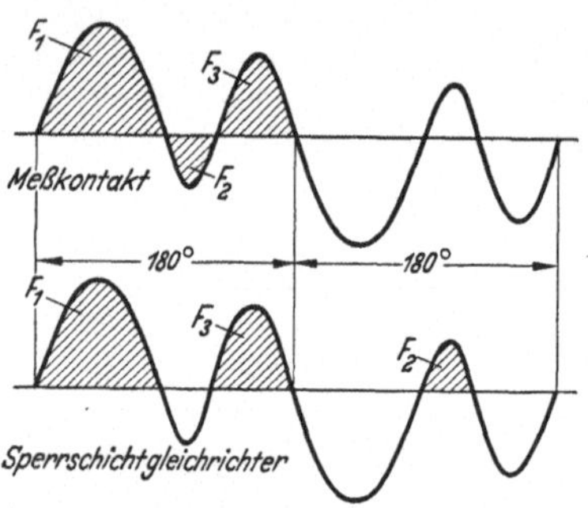

Abb. 5. „Elektrolytischer Mittelwert“ (Meßkontakt) und „Arithmetischer Mittelwert“ (Sperrschichtgleichrichter) einer symmetrischen Meßgröße.

Üblicherweise werden Gleichrichterinstrumente, auch solche mit Meßkontakten, nach Gl. (1.4) in äquivalenten Effektivwerten „U_{eff}“ geeicht, derart, daß bei Sinusform „U_{eff}“ $= U_{eff}$ ist. Bei beliebiger Kurvenform erhält man dann aus der bei $T_k = 180°$ angezeigten Spannung „U_{eff}“ den Halbwellenmittelwert:

$$U_m = \frac{\text{„}U_{eff}\text{“}}{1{,}1107} \qquad \frac{\pi}{2\sqrt{2}} = 1{,}1107 \ . \tag{7}$$

Die Mittelwertmessung ist frequenzunabhängig. Inwieweit bei verzerrter Meßgröße der Halbwellenmittelwert noch ein Maß für den Effektivwert bzw. die Grundwelle ist, wird in §§ 3, 4 und 12 untersucht. Statt mit dem Drehspulinstrument können Mittelwerte auch absolut mit dem Gleichstromkompensator gemessen werden (§ 89).

Der elektrolytische Mittelwert ist meßtechnisch überall da von Bedeutung, wo — z. B. nach dem Induktionsgesetz — die Differentiale der Meßgrößen auftreten. In solchen Fällen führt die Mittelwertbildung, d. h. die Integration, die ein Drehspulinstrument in Verbindung mit dem Meßkontakt ausführt, auf die Meßgröße selbst, d. h. auf deren Augenblickswerte bzw. zeitlichen Verlauf. (Differenzierschaltungen § 2, Feldstärke und Induktion §§ 44 bis 47, Breite der Hystereseschleife § 52, Frequenzmessung mit Sättigungswandler § 40, Maxwellsche Unterbrecherbrücke § 36).

6. Formfaktor. Der Formfaktor $f_e = \dfrac{U_{eff}}{U_m}$ spielt unter anderem bei der Ermittlung der Induktion aus dem Effektivwert der Spannung nach Gl. (47.6) eine Rolle. Bei Gleichrichterinstrumenten wird er nach

Gl. (4.3) zur Umrechnung der angezeigten Mittelwerte auf Effektivwerte gebraucht. Ermittelt man ihn durch getrennte Messung von Effektivwert und Mittelwert, so ist dabei fehlerfreie Absolutanzeige beider Instrumente Voraussetzung. Sie kann in einem Vorversuch mit sinusförmiger Spannung geprüft werden. Mißt man den Effektivwert nach § 4 oder nach Gl. (18.11) mit dem gleichen Instrument wie den Mittelwert, so entfallen die Absolutfehler des Drehspulinstrumentes.

Man kann auch nach §§ 12 bis 14 Grund- und Oberwellen und mit dem gleichen Instrument nach § 5 den Mittelwert messen; der Formfaktor ist dann, unabhängig von Absolutfehlern des Instrumentes nach Gl. (1. 2):

$$f_e = \frac{\sqrt{U_{1\,eff}^2 + U_{3\,eff}^2 + \cdots}}{U_m}. \qquad (1)$$

Von Absolutfehlern und Skalenfehlern der Instrumente unabhängig ist das Kompensationsverfahren Abb. 6. Hier wird die zu untersuchende Wechselspannung U_x in Stellung 1 auf Meßkontakt M_1 und Drehspulinstrument α gegeben und mit $R = R_1$ ein runder Ausschlag, z. B. $\alpha_1 = 100{,}0$ Sktl. eingeregelt. Gleichzeitig wird mit r an einem Thermoumformerinstrument ein runder Ausschlag, z. B. $\beta_1 = 100{,}0$ Sktl. eingeregelt. Darauf legt man in Stellung 2 statt U_x eine

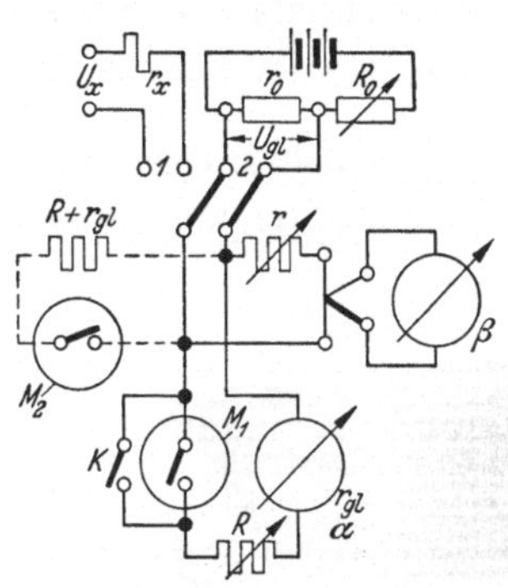

Abb. 6. Messung des Formfaktors einer symmetrischen Spannung U_x durch Kompensation mit Thermoumformer und Meßkontakt. ($T_k = 180°$)

Gleichspannung U_{gl} an das Thermokreuz und regelt bei unverändertem Widerstand r die Größe von U_{gl} mit dem Widerstand R_0 so, daß der Instrumentausschlag $\beta_2 = \beta_1$ wird. Es ist dann $U_{gl} = U_{x\,eff}$. In Stellung 2 macht man darauf mit $R = R_2$ den Instrumentausschlag $\alpha_2 = \alpha_1$. Dann ist:

$$\frac{U_{x\,eff}}{U_{x\,m}} = f_e = \frac{U_{gl}}{U_{x\,m}} = \frac{R_2 + r' + r_{gl}}{R_1 + r_x + r_{gl}} \qquad\qquad r' = \frac{r_0\,R_0}{r_0 + R_0}. \qquad (2)$$

Überbrückt man, um von Schließzeitungenauigkeiten bei der Gleichstrommessung unabhängig zu werden, bei letzterer M_1 mit K, so wird statt Gl. (2):

$$f_e = 0{,}5\,\frac{R_2 + r' + r_{gl}}{R_1 + r_x + r_{gl}}. \qquad (2a)$$

Absolutfehler und Skalenfehler der Instrumente gehen ebenso wie die Kennlinie des Thermoumformers in diese Messung nicht ein. Man kann für die Drehspulinstrumente α und β ein einziges, auf beide Kreise umschaltbares benutzen. Statt des Instrumentes kann (zur Erhöhung der Ablesegenauigkeit) der Gleichstromkompensator benutzt werden (§ 89). Hat die Spannung U_x merklichen inneren Widerstand r_x, muß mit Oppositionskontakt M_2 gearbeitet werden (§ 73). — Der Formfaktor hängt mit anderen Daten der Wechselspannung auf folgende Weise zusammen:

$$f_e \equiv \frac{U_{eff}}{U_m} = 1,1107\,\frac{U_{eff}}{\text{„}U_{eff}\text{“}} = \frac{1,1107}{g}\,\frac{U_{1\,eff}}{\text{„}U_{eff}\text{“}}$$

$$= \frac{1,1107}{g}\,\frac{U_{1m}}{U_m} = \frac{1,1107}{g}\left(1 - \frac{\varDelta\alpha}{\alpha}\right). \tag{3}$$

Dabei ist $\dfrac{\varDelta\alpha}{\alpha}$ die in Gl. (12.4) definierte Korrektur, die sich in der dort angegebenen Resonanzbrücke messen und daher zur Formfaktormessung benutzen läßt, wenn der Oberwellengehalt $< 5 \cdots 10\%$ und daher nach Gl. (11.1) der Verzerrungsfaktor $g \approx 1$ ist.

7. Scheitelwerte von Strom und Spannung. Den Scheitelwert liefern alle Verfahren zur Messung des zeitlichen Verlaufs (§§ 2, 9, 10, 44 bis 47).

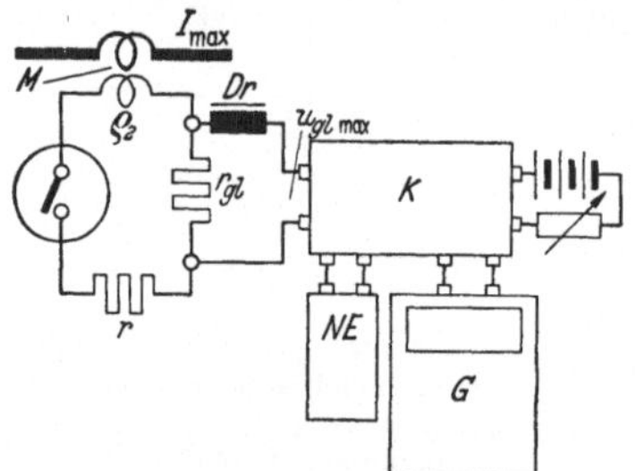

Abb. 7. Absolute Messung von Stromscheitelwerten mit Meßkontakt und Gleichstromkompensator.

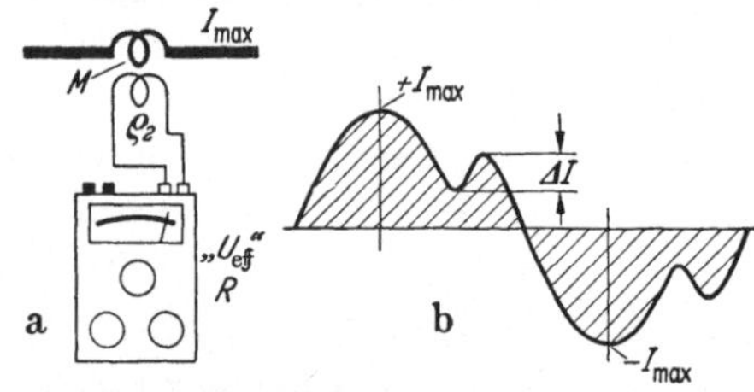

Abb. 8a u. b. Scheitelstrommessung mit Gleichrichterinstrument (Vielfachmesser) oder Vektormesser. Bei Verwendung von Gleichrichterinstrumenten wird bei Meßgrößen mit Satteln $I_{max} + \varDelta I$ angezeigt.

Für genaue absolute Messungen kann dabei statt des Drehspulinstrumentes der Gleichstromkompensator verwendet werden, wie es Abb. 14 zur Eichung einer Kugelfunkenstrecke oder Abb. 7 zur Messung von Stromscheitelwerten zeigt. Für Abb. 7 gilt, wenn die Kontaktphase bei 180° Schließzeit auf Maximum von u_{gl} eingestellt ist [Gl. (2.1)]:

$$2\,I_{max} = \frac{r + \varrho_2 + r_{gl}}{r_{gl}}\,\frac{1}{f\,M}\,u_{gl\,max}. \tag{1}$$

(M siehe § 32). Die Verfahren werden unabhängig von der Frequenz, wenn statt des Gleichstromkompensators die in § 42 beschriebene frequenzproportionale magnetische Normalspannung benutzt wird [vgl. auch Gl. (89.2)]. Im Scheitelwert der Meßgröße hat nach § 3 sowohl die Schließzeit T_k als auch die Kontaktphase τ nur geringen Einfluß auf die Messung, so daß hier die Genauigkeit des Kompensationsverfahrens voll zur Geltung kommt.

Bei geringeren Anforderungen an die Genauigkeit kann man den Meßkontakt durch Sperrschichtgleichrichter ersetzen. Die Notwendigkeit der Kontaktphasen-Einstellung entfällt dann. Mißt man z. B. nach

Abb. 8a die Sekundärspannung einer Gegeninduktivität M mit einem Vielfachmesser, so ist nach § 96 der Scheitelwert des Primärstromes:

$$2\,I_{max} = \frac{R+\varrho_2}{R}\,\frac{\text{,,}U_{eff}\text{''}}{2,2214\,f\,M}\,.\tag{2}$$

Die entsprechende Gleichung für Scheitelspannungsmessung ist Gl. (10.5). Diese Gleichungen gelten unverändert und genau auch dann, wenn statt des Sperrschichtgleichrichters ein in äquivalenten Effektivwerten „I_{eff}'', „U_{eff}'' geeichter, auf Maximum des Instrumentausschlages eingestellter Meßkontakt benutzt wird [vgl. Gl. (2.1) und (2.2)]. Die Verwendung von Sperrschicht- oder Röhrengleichrichtern bringt durch den Spannungsabfall bzw. Rückstrom der Ventile Unsicherheiten von 1% oder mehr in die Messung. Außerdem darf die Meßgröße keine Sattel wie in Abb. 8b haben, da Ventilgleichrichter (arithmetische Mittelwertzeiger) den Sattel ΔI mitmessen. Der Meßkontakt (elektrolytischer Mittelwertzeiger) mißt nach § 74 bei jeder symmetrischen Kurvenform, auch wenn sie Sattel enthält, eindeutig den Scheitelwert, bei unsymmetrischen Kurven statt $2\,I_{(t)}$ eindeutig die Differenz $I_{ein} - I_{aus}$ der Augenblickswerte im Ein- und Ausschaltzeitpunkt. — Kurzdauernde hochfrequente Spitzen ($< 10^{-4}$ s) lassen sich nicht mit dem Meßkontakt, sondern nur mit dem Kathodenoszillographen messen[1].

Maßgebliche Bedeutung hat der Scheitelwert der Induktion bei der Magnetisierung von Eisenkernen. Da nach dem Induktionsgesetz die Spannung durch $\frac{dB}{dt}$ gegeben ist, mißt der Meßkontakt ohne Differenzierschaltung direkt $B_{(t)}$ bzw. $H_{(t)}$, im Maximum also B_{max} und H_{max}. Dieses Verfahren ist (besonders mit dem Gleichstromkompensator) sehr genau und wird in §§ 43 bis 58 beschrieben.

8. Kleine Spannungen und Ströme. Ihre Messung spielt auch in der Starkstromtechnik eine erhebliche Rolle, z. B. bei Hochspannung die Messung der Ladeströme von Kapazitäten oder bei Hochstrom die Messung der magnetischen Umlaufspannung. Im Gegensatz zu Gleichstrom fehlt der Wechselstrommeßtechnik ein empfindlicher Spannungsmesser mit kleinem Eigenverbrauch (Tab. 3). Vibrationsgalvanometer und Telephon sind zwar empfindlich, aber eigentlich nur Nullinstrumente, Elektrometer und Wechselstromkompensatoren umständlich. Diese Lücke, die ihre Ursache darin hat, daß die Wechselstrominstrumente im Gegensatz zum Drehspulinstrument nicht fremderregt, sondern eigenerregt sind, wird ausgefüllt durch die Gleichrichterinstrumente[2]. Infolge ihrer Richtkennlinie (Anlaufspannung, Rückstrom, Alterung, Temperatureinfluß) sind dabei die Sperrschichtgleichrichter (Kupferoxydul, Germanium) für Meßzwecke nicht ideal, die Klassengenauigkeit wird durch sie

---

[1] Oder auch mit Thyratron, H.E.LINCKH: Phys. Zeitschr. Bd. 38 (1937) S. 105/11.

[2] GRAVE, H. F.: Gleichrichter-Meßtechnik. Leipzig: Akad. Verlagsges. 1950.

Tabelle 3. *Empfindlichkeit von Wechselstrommeßgeräten*[1].

Instrument	Meßbereich bzw. Spannungskonstante	Meßbereich bzw. Stromkonstante
Dynamometer (Zeiger)	20 V	$30 \cdot 10^{-3}$ A
Dreheisen	15 V	$20 \cdot 10^{-3}$ A
Statisch: Zeigerinstrumente	20 V	
Elektrometer	0,05 V/Skt	—
Thermoumformer	0,3 V	$1 \cdot 10^{-3}$ A
Gleichrichterinstrument (m. Wandler)	1,5 V (10 mV)	$1 \cdot 10^{-3}$ A
Meßkontakt	10^{-6} V/Skt	10^{-9} A/Skt
Wechselstromkompensator	10^{-5} V	10^{-8} A
Vib. Galvanometer	10^{-6} V/mm	$5 \cdot 10^{-9}$ A/mm
Telephon	10^{-6} Watt bei 50 Hz	
Verstärker	10^{-7} VA	
Kathodenoszillograph (m. Verstärker)	1 V/mm (10^{-3} V/mm)	

auf etwa 1,5% herabgesetzt und die Empfindlichkeit begrenzt. Im Gegensatz dazu bleibt in Verbindung mit dem mechanischen Gleichrichter die Genauigkeit und Empfindlichkeit der Drehspulinstrumente unverändert erhalten, außerdem können die charakteristischen Meßmethoden des mechanischen Gleichrichters, nämlich die Ermittlung von Phasenwinkeln, Wirk- und Blindkomponenten usw. auch bei kleinsten Wechselstromgrößen angewendet werden. Eine Zusammenstellung gebräuchlicher Drehspulinstrumente verschiedener Empfindlichkeit gibt Tab. 17, S. 189. Mit zunehmender Empfindlichkeit nimmt aber die Absolutgenauigkeit der Drehspulinstrumente selbst ab. Für genaue Messungen muß man sie daher gesondert eichen (§ 90) oder in Vergleichsschaltungen benutzen, in denen ihre Absolutgenauigkeit keine Rolle spielt (§ 97).

Die Anwendung empfindlicher Galvanometer setzt eine entsprechende Herabsetzung der Störspannungen bzw. Störströme voraus. Bei Instrumenten 60 mV 20 Ohm (also 3 mA) spielen die Störspannungen im allgemeinen noch keine Rolle. Dies ändert sich bereits bei Verwendung von Instrumenten 10 mV 100 Ohm. Die Ausschaltung dieser Störeinflüsse, die in § 102 behandelt wird, ist bei Galvanometern höchster Empfindlichkeit umständlich. Bis herab zu Spannungen von 10^{-5} V und Strömen von 10^{-8} A läßt sich aber noch gut messen.

Die Anwendung von Differenzierschaltungen zur Messung des zeitlichen Verlaufs bringt einen Verlust an Empfindlichkeit mit sich, der um so größer ist, je höhere Anforderungen an die Fehlwinkelfreiheit gestellt werden. Nach Gl. (74.14) muß z. B., um die dritte Oberwelle einer Spannung in der Differenzierschaltung Abb. 1 mit einem Fehlwinkel $\operatorname{tg} \delta_s \leq 0{,}0175$ (1°) zu messen, eine Einbuße an Empfindlichkeit von $\frac{,,U_{eff}``}{2{,}22\,u_{gl}} \geq 170$ in Kauf genommen werden. Bei der Strommessung kann

---

[1] Vgl. PFLIER, M.: Elektrische Meßgeräte und Meßverfahren S. 151/53. Springer 1951.

diese Einbuße durch große primäre Windungszahl w_1 vermindert werden, aber es steigt dadurch der primäre Spannungsverbrauch. Wenn die Meßgröße ergiebig genug ist, die Ladestöße des Kondensators zu liefern, ist unter Umständen mit dem Speicherverfahren Abb. 2 größere Empfindlichkeit zu erreichen. Der zeitliche Verlauf läßt sich auch aus der Integralkurve, deren Messung keinen Empfindlichkeitsverlust bedeutet, ermitteln [Gl. (2.6) und (2.7)], das Verfahren ist aber weniger genau und umständlich. Auch Oberwellen können nach § 14 aus der Integralkurve ermittelt werden. Hierbei sinkt die Empfindlichkeit mit wachsender Ordnungszahl der Oberwellen (§ 71).

9. Große Ströme. Übersetzungsfehler und Fehlwinkel guter Stromwandler sind für Grund- und Oberwellen so klein (§ 69), daß die Kurvenform nicht wesentlich verzerrt wird, so daß auf der Sekundärseite des Wandlers Mittelwert, Grundwelle, Wirk- und Blindkomponente und Phasenwinkel großer Ströme mit dem Meßkontakt in der üblichen Weise (§§ 5, 12, 13 und 15) gemessen werden können. Verwendet man wie in Abb. 9a einen abgeglichenen Strommeßbereich „$I_{2\,eff}$", so ist:

$$\text{„}I_{eff}\text{"} = \ddot{u}\ \text{„}I_{2\,eff}\text{"}\ . \tag{1a}$$

Für die Schaltung Abb. 9b wird nach Tab. 19B, S. 201 bei Halbwellengleichrichtung mit $T_k = 180°$:

$$\text{„}I_{eff}\text{"} = \ddot{u}\ 2{,}2214\ \frac{r_n + r + r_{gl}}{r_n\,r_{gl}}\ u_{gl}\ . \tag{1b}$$

Infolge seines kleinen Eigenverbrauchs bedeutet der Meßkontakt nur eine kleine Bürde für den Wandler. Zur Messung des zeitlichen Verlaufs und der Oberwellen verwendet man nach Abb. 9c eine Gegeninduktivität

im Sekundärkreis des Wandlers. Nach Tab. 19C; S. 201 ist dann bei Halbwellengleichrichtung und $T_k = 180°$:

$$2\,I_{\left(\tau + \frac{\pi}{2}\right)} =$$
$$\ddot{u}\ \frac{r + \varrho_2 + r_{gl}}{r_{gl}}\ \frac{1}{f\,M}\ u_{gl(\tau)}\ . \tag{2a}$$

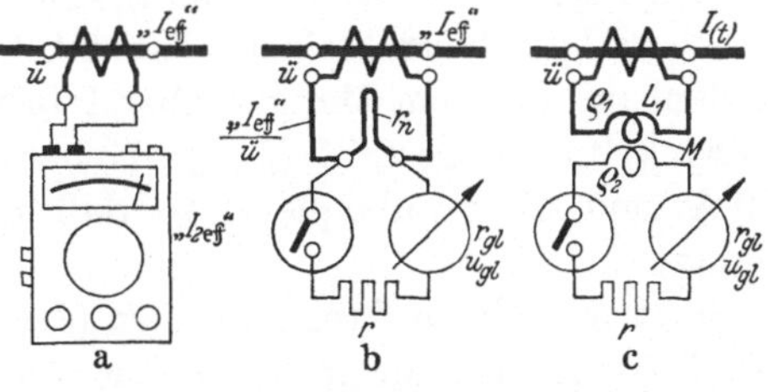

Abb. 9a—c. Messung großer Ströme mit Stromwandler und Meßkontakt.

Bürde des Wandlers ist in diesem Fall der primäre Widerstand ϱ_1 und die primäre Induktivität L_1 der Gegeninduktivität. Verwendet man in Abb. 9c einen in „U_{eff}" $= 1{,}1107\ U_m$ geeichten Vektormesserbereich, so ist statt Gl. (2a) nach Tab. 19A, S. 201:

$$2\,I_{\left(\tau + \frac{\pi}{2}\right)} = \ddot{u}\ \frac{R + \varrho_2}{R}\ \frac{\text{„}U_{eff}\text{"}(\tau)}{2{,}2214\,f\,M}\ . \tag{2b}$$

Verwendet man eine in „I_{eff}" $= \dfrac{1}{\sqrt{2}} I_{max}$ bei 50 Hz geeichte Gegeninduktivität (§ 33), so ist statt Gl. (2a):

$$2\, I_{\left(\tau + \frac{\pi}{2}\right)} = \ddot{u}\, 2\, \sqrt{2}\, \frac{50}{f}\, „I_{eff}"_{(\tau)}\,. \tag{2c}$$

Bei gewissen Messungen (z. B. Wirkkomponentenmessung bei großem Blindstrom) sind die Fehler des Wandlers zu berücksichtigen (§ 69). Für den Fehler der Wirk- bzw. der Blindkomponente ergibt sich dann[1]:

$$\left(\delta = \frac{\pi}{180 \cdot 60}\, \delta_{min} = \frac{\pi}{10800}\, \delta_{min} \approx \frac{1}{3440}\, \delta_{min}\right)$$

$$F_W \equiv \frac{(1+F)\, I \cos(\varphi-\delta)}{I \cos \varphi} - 1 \approx F + \delta \operatorname{tg} \varphi \approx F + \operatorname{tg} \varphi \frac{\delta_{min}}{3440} \tag{3}$$

$$F_B \equiv \frac{(1+F)\, I \sin(\varphi-\delta)}{I \sin \varphi} - 1 \approx F - \frac{\delta}{\operatorname{tg} \varphi} \approx F - \frac{1}{\operatorname{tg} \varphi} \frac{\delta_{min}}{3440}\,. \tag{4}$$

Dabei ist F der Übersetzungsfehler und δ der Fehlwinkel des Wandlers bei der betreffenden Bürde (Vorzeichen s § 69). Für Messungen des Gesamtstromes (nicht der Komponenten) ist in Gl. (3) zu setzen $\operatorname{tg} \varphi = 0$, es wird dann $F_W = F$.

Normale Wechselspannungsmesser (z. B. Dreheisen) werden ihrer geringen Empfindlichkeit wegen nicht zur Strommessung mit Nebenwiderständen verwendet. Letzteres ist dagegen mit dem Meßkontakt möglich. Für ein Millivoltmeter 60 mV 20 Ohm ($i_{gl voll} = 3$ mA) wird z. B. nach Gl. (96.8) bei $\varSigma\, r = 25$ Ohm der Verbrauch im Nebenwiderstand:

$$N = I_{eff}^2\, r_n = 2{,}22\, I_{eff}\, i_{gl} \varSigma\, r = 0{,}167\, I_{eff} \quad [\text{Watt}] \tag{5}$$

bei $I_{eff} = 100$ A also 16,7 W ($r_n = 0{,}00167$ Ohm), was noch mit Luftkühlung ausführbar ist. Für empfindlichere Galvanometer wird der Verbrauch entsprechend kleiner (Tab. 20, S. 203). Die Nebenwiderstände werden aus dünnem Manganinband bifilar, d. h. für 50 Hz praktisch fehlwinkelfrei hergestellt (§ 31). Nebenwiderstände für mehr als einige 100 A sind aber unbequem, so daß man hier besser Stromwandler benutzt.

Statt mit einem Stromwandler (der ein *Eisenumspanner* im Kurzschluß ist) kann man große Ströme auch mit einer Gegeninduktivität, d. h. mit einem *Luftumspanner* im Leerlauf messen. Dies Verfahren ist mit dem Meßkontakt recht genau, außerdem empfindlich und vielseitig verwendbar. Besonders bei sehr großen Strömen ist der Aufwand für einen Stromwandler größer als der Aufwand für eine Gegeninduktivität, die leicht selbst gefertigt und geeicht werden kann (§§ 33 und 32). Bei

---

[1] Möllinger: Wirkungsweise der Motorzähler und Meßwandler S. 152/56. Springer 1917. — Nützelberger u. Resch: AfE Bd. 24 (1930) S. 29/36 (Drehstrom).

großen Strömen genügt als Primärwicklung eine einzige Windung, d. h. man verwendet auf Isolierkörper (Holz, für höhere Genauigkeit Keramik) gewickelte Toroidspulen (Abb. 10). Für $D = 20$ cm, $a = 5$ cm, $h = 10$ cm $w_1 = 1$, $w_2 = 300$ wird nach Gl. (33.2) beispielsweise $M \approx 3 \cdot 10^{-6}$ H. Bei einem Instrument 60 mV 20 Ohm wird also nach Gl. (2a) bei $f = 50$ Hz für einen Meßbereich $I_{max} = 1000$ A, $\ddot{u} = 1$ der Vorwiderstand $\varrho_2 + r \approx 80\ \Omega$. Durch Erhöhung dieses Widerstandes lassen sich beliebig große, durch Verwendung empfindlicher Instrumente auch kleinere Meßbereiche erzielen. Statt mit Zeigerinstrumenten kann nach Abb. 7 auch mit dem Kompensator gemessen werden.

Die Messung mit Gegeninduktivität ist nach Gl. (2) im Gegensatz zur Messung mit Stromwandlern frequenzabhängig, setzt also die Kenntnis der Frequenz voraus. Sie liefert den zeitlichen Verlauf des Stromes (§ 2), den Scheitelwert (§ 7) und die Oberwellen (§ 14). Für Grundwellen- und Komponentenmessung bei verzerrtem Strom nach §§ 12 und 13 ist sie weniger geeignet als Stromwandler oder Nebenwiderstände, weil bei letzteren die Oberwellen im Verhältnis ihrer Ordnungszahl zurücktreten. Mit einer Gegeninduktivität kann letzteres auch erreicht werden, wenn die durch sie bewirkte Differenziation des Stromes wie in

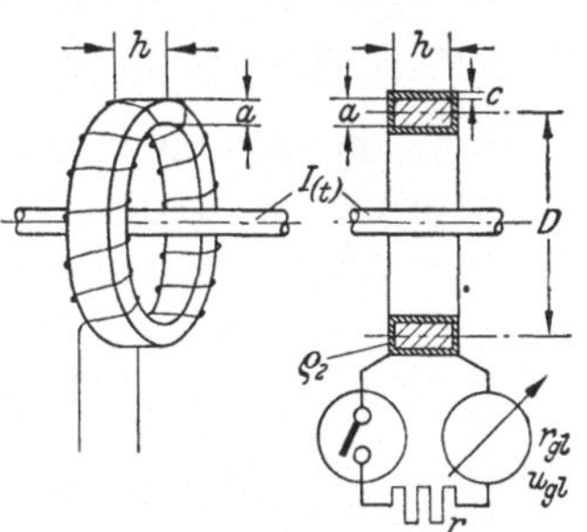

Abb. 10. Hochstrommessung mit Toroid-Gegeninduktivität ($w_1 = 1$).

Tab. 19 K, S. 202 durch eine nachfolgende Integrierschaltung aufgehoben wird. Allerdings muß je nach dem Grad der Fehlwinkelfreiheit nach Gl. (74.14) eine wesentliche Empfindlichkeitseinbuße in Kauf genommen werden.

Mißt man die Sekundärspannung der Gegeninduktivität mit einem Sperrschichtgleichrichter, so zeigt letzterer mit den Einschränkungen des § 7 den Scheitelwert des Stromes, Gl. (7.2). Legt man an C in Tab. 19 K, S. 202 statt Meßkontakt und Drehspulinstrument einen Kathodenoszillographen, so zeichnet letzterer den zeitlichen Verlauf des Stromes.

Die Gegeninduktivität in Abb. 10 muß mit gleichbleibender Windungsdichte gewickelt werden, um unbeeinflußt von Fremdfeldern, z. B. vom Feld der Rückleitung, zu messen (§ 33). In manchen Fällen, z. B. bei Sammelschienenpaketen, läßt sich weder ein Stromwandler noch eine Gegeninduktivität wie in Abb. 10 über die Schienen schieben. Man kann dann statt der Toriodspule den in § 46 beschriebenen geteilten magnetischen Spannungsmesser zur Strommessung benutzen. Abb. 80c zeigt eine solche Anordnung zur Messung der Teilströme eines Sammelschienenpaketes. Aus dem Windungsquerschnitt q und der Windungsdichte m ergibt sich der Augenblickswert des Stromes nach Gl. (46.2). Die Meßspulen können so schmal ausgeführt werden, daß sie sich auch zwischen Schienen mit nur 1 cm Abstand schieben lassen. Für $q = 2,5$ cm^2; $m = 10$; $f = 50$; $r + \varrho_2 = r_{gl}$ wird beispielsweise für $I_{max} = 1000$ A die Spannung $u_{gl} \approx 15$ mV, man kommt also mit Zeigermillivoltmetern (z. B. 10 mV 100 Ohm, Kl. 0,2) aus. Die Meßgenauigkeit hängt vor allem von der Konstanz des Produktes $m\,q$ über die Länge der Meßspulen ab (§ 46). Die Untersuchung der Stromverteilung in parallelen Schienen nach Betrag und Phase ist nach diesem Verfahren einfacher als nach jedem anderen. — Gegeninduktivität und magnetischer Spannungsmesser finden im Meßkontakt mit Drehspulgalvanometer das Anzeigegerät, das ihre vielseitigen Möglichkeiten voll auszunutzen gestattet (§§ 28 und 46) und damit das Gebiet der Hochstrommessungen wie kein anderes Meßinstrument erschließt.

10. Hohe Spannungen[1]. Mit wachsendem Meßbereich nimmt der Eigenverbrauch in den Vorwiderständen linear zu. Dreheiseninstrumente werden für Meßbereiche bis 750 V ausgeführt, bei einem Strom von 20 mA (Kl. 0,2) ergibt sich dabei ein Leistungsverlust von 15 W. Demgegenüber hat ein Drehspulinstrument 60 mV 20 Ohm (Kl. 0,2) einen Strom von 3 mA, also 2,25 W, ein empfindlicheres Instrument 10 mV 100 Ohm (Kl. 0,2) einen Strom von 0,1 mA,

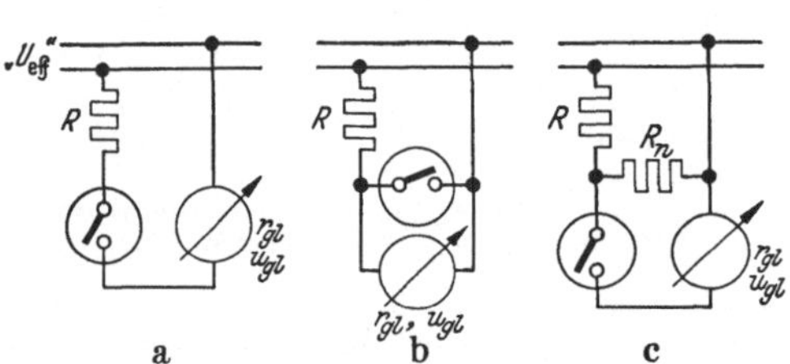

a   b   c

Abb. 11a—c. Messung hoher Spannung mit Vorwiderständen.

also 0,075 Watt. Beim Meßkontakt ist der Verbrauch nicht viel größer. Beispielsweise muß in Abb. 11a und 11b bei Einwellengleichrichtung mit 180° Schließzeit der Vorwiderstand nach Tab. 19A, S. 201 sein:

$$R = \frac{,,U_{eff}``}{2,2214\,u_{gl}}\,r_{gl} - r_{gl}\,. \tag{1}$$

Für ein Instrument 60 mV 20 Ohm wird also bei einem Meßbereich $,,U_{eff}`` = 750$ V der Vorwiderstand $R = 112\,500\ \Omega$, für ein Instrument 10 mV 100 Ohm dagegen $R = 3,376 \cdot 10^6\ \Omega$, d. h. bereits unbequem groß. Der Leistungsverlust in der Schaltung a ist, da nur während einer Halbwelle Strom fließt, nur $0,5\,\dfrac{U^2_{ff}}{R}$, beim 60 mV Instrument also 2,5 W,

<hr>

[1] BÖNING, P.: Das Messen hoher elektr. Spannungen, Bücher d. Meßtechnik V J2. Karlsruhe: G. Braun 1953. — PALM, A.: Elektrostatische Meßgeräte, Büch. d. Meßtechnik V C4. Karlsruhe: G. Braun 1951. Beide Bücher mit ausführlichem Schrifttumsnachweis. — MARX, E.: Hochspannungspraktikum. Berlin/Göttingen/ Heidelberg: Springer 1952.

beim 10 mV Instrument 0,084 Watt. In der Schaltung b ist der Leistungsverbrauch etwa doppelt so groß. Diese Schaltung hat aber den Vorteil, daß die Spannung am offenen Meßkontakt klein bleibt, während der Kontakt in der Schaltung a den vollen Scheitelwert der Wechselspannung ein- und ausschalten muß (Abb. 129c). Wenn dieser die Minimumspannung der Luft (≈ 300 V) überschreitet, treten beim Schalten Entladungen auf, welche die Schließzeit verlängern (§ 81) und im Laufe der Zeit die Kontaktflächen zerstören[1]. Um dies zu vermeiden, kann man auch die Schaltung Abb. 11c mit Nebenwiderstand R_n verwenden. Statt r_{gl} ist

dann in Gl. (1) der resultierende Instrumentwiderstand $r'_{gl} = \dfrac{R_n\, r_{gl}}{R_n + r_{gl}}$ einzusetzen. Macht man $R_n \approx 1000\, r_{gl}$, so ist $r'_{gl} \approx r_{gl}$, d. h. R_n hat keinen Einfluß auf den Meßbereich. Andererseits wird die Spannung am

offenen Meßkontakt im Verhältnis $\dfrac{R_n}{R + R_n}$ herabgesetzt.

Bei Spannungen über 1000 V werden Vorwiderstände wegen des Leistungsverlustes, aber auch aus anderen Gründen (zeitliche Konstanz, kapazitive Nebenschlüsse) ungeschickt. Man verwendet dann besser Spannungswandler, die mit Übersetzungsfehlern bis herab zu $F = \pm 0{,}03\%$ und Fehlwinkel $\delta = \pm 1$ min (Normalwandler) gebaut werden (§ 69).

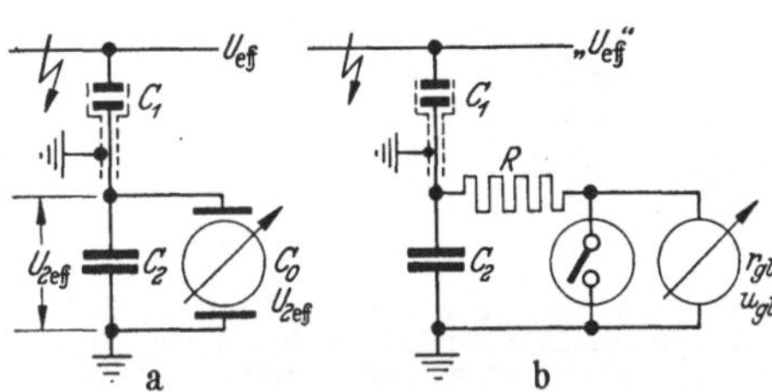

Abb. 12a u. b. Messung hoher Spannung mit kapazitivem Spannungsteiler und statischem Spannungsmesser (a) oder hochohmigem Drehspulinstrument und Meßkontakt (b).

Mit wachsender Spannung nimmt Gewicht und Preis der Spannungswandler so stark zu, daß andere Meßverfahren erwünscht sind. Vorschaltwiderstände sind, wie gesagt, nicht bequem zu verwirklichen. Elektrostatische Hochspannungsvoltmeter, z. T. mit absoluter, aus den Abmessungen berechenbarer Anzeige, haben kleinen Eigenverbrauch und messen den Effektivwert, haben aber normalerweise keine größere Klassengenauigkeit als 1% und sind unbequem zu handhaben. Besser arbeitet man mit kapazitiven Spannungsteilern oder Vorkondensatoren. In der Schaltung Abb. 12a wird der Effektivwert der Spannung an C_2 mit einem statischen Niederspannungsmesser gemessen; unabhängig von Kurvenform und Frequenz gilt dabei:

$$U_{eff} = \frac{C_1 + C_2 + C_0}{C_1}\, U_{2\,eff}. \tag{2}$$

Die Schaltung Abb. 12b mißt die Teilspannung an C_2 hochohmig mit Meßkontakt und Drehspulinstrument. Für $R \gg \dfrac{1}{\omega C_2}$ ist nach § 96 für

---

[1] Die praktisch zulässige Kontaktspannung hängt von der Konstruktion des Meßkontaktes ab, §§ 83 bis 86.

Halbwellengleichrichtung mit 180° Schließzeit:

$$„U_{eff}" = \frac{C_1 + C_2}{C_1}\, 2{,}2214\, \frac{R + r_{gl}}{r_{gl}}\, u_{gl\,max}\,. \tag{3}$$

Um mit $C_1 = 20$ pF, $C_2 = 10\mu$F unter Verwendung eines Lichtmarken-millivoltmeters $30 \cdot 10^{-3}$ V 30000 Ohm (Tab. 17, S. 189) einen Meßbereich „U_{eff}" $= 100$ kV zu erhalten, muß nach Gl. (3) der Widerstand $R \approx 60\,000\ \varOmega$ sein. Der Fehlwinkel der Parallelschaltung ist dann nach Abb. 43: $\operatorname{tg}\delta_2 = \dfrac{1}{(R + r_{gl})\,\omega\,C_2} = 0{,}0035$. Die Schaltung kann zur Grund-wellen- und Komponentenmessung benutzt werden (§§ 12 und 13).

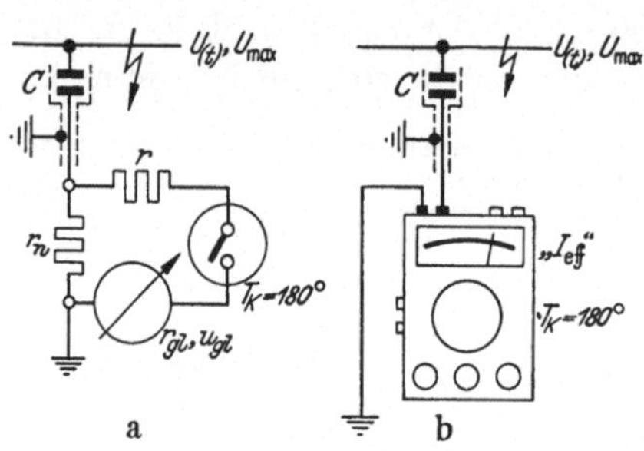

Abb. 13a u. b. Messung des zeitlichen Verlaufs hoher Spannungen durch Integration des Kondensatorlade-stromes mit dem Meßkontakt.

Im Gegensatz zu Abb. 12, wo Teilspannungen gemessen werden, zeigt Abb. 13 Schaltungen, bei denen die Spannung aus dem Ladestrom des Vorkondensators ermittelt wird. Würde man diesen Ladestrom mit einem Effektiv-wertinstrument messen, würde man nur bei reiner Sinusform die Spannung eindeutig aus dem Strom berechnen können. Da-gegen mißt die Schaltung Abb. 13 als Differenzierschaltung den zeitlichen Verlauf $U_{(t)}$, also auch den Scheitelwert U_{max} der Spannung. Letzterer ist entsprechend Gl. (2.1) bei Einwellengleichrichtung mit 180° Schließzeit und bei symmetrischer Spannung:

$$2\,U_{\left(\tau + \frac{\pi}{2}\right)} = \frac{r_n + r + r_{gl}}{r_n\,r_{gl}}\,\frac{1}{f\,C}\,u_{gl\,(\tau)}\,. \tag{4}$$

Die Abschätzung der durch Schließzeitabweichungen oder Fehlwinkel hervorgerufenen Fehler findet man in § 2. Bei Hochspannung ist im allgemeinen C so klein, daß $r_n \ll \dfrac{1}{\omega\,C}$, also der Fehlwinkel sehr klein ist. Für einen Meßbereich $U_{max} = 100$ kV, einen Kondensator $C = 20$ pF (Durchführung), ein Drehspulinstrument 10 mV 100 Ohm und $r = 0$ wird beispielsweise $r_n = 100$ Ohm. — Verwendet man in Schaltung Abb. 13b einen in äquivalenten Effektivwerten geeichten Vektormesser, so ist nach Tab. 19 B, S. 201:

$$2\,U_{\left(\tau + \frac{\pi}{2}\right)} = \frac{1}{f\,C}\,\frac{„I_{eff\,(\tau)}"}{2{,}2214}\,. \tag{5}$$

Mit einem Sperrschichtgleichrichter (Vielfachmesser) an Stelle des Vek-tormessers kann nur der Scheitelwert, nicht der zeitliche Verlauf der Spannung gemessen werden. Große zusätzliche Fehler entstehen bei

Verwendung dieser Gleichrichter dann, wenn die Spannungskurve wie Abb. 8 b Sattel aufweist, was im Prüffeld beispielsweise durch Vorentladungen auftreten kann. — Statt des Drehspulinstrumentes kann für genaue absolute Scheitelspannungsmessungen nach Abb. 14 ein Gleichstromkompensator verwendet werden (§ 89). Es gilt dann statt Gl. (4):

$$2\,U_{max} = \frac{1}{r_n}\frac{1}{f\,C}\,u_{gl\,max}\,.\tag{6}$$

Man kann auf diese Weise beispielsweise eine Kugelfunkenstrecke absolut eichen, wenn die Frequenz f und die Kapazität C genau bekannt sind. Das Verfahren wird unabhängig von der Frequenz, wenn statt des Gleichstromkompensators die in § 42 beschriebene frequenzproportionale Normalspannung benutzt wird [vgl. auch Gl. (89.2)]. Als Kapazität verwende man Preßgaskondensatoren, Minosflaschen, Zylinderkondensatoren usw. Ein

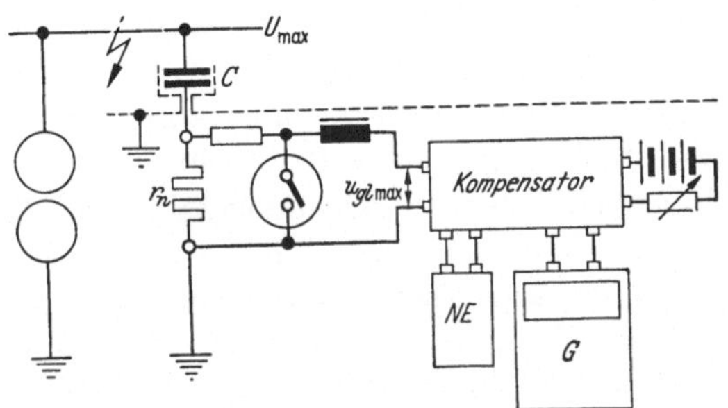

Abb. 14. Absolute Messung von Spannungsscheitelwerten mit Meßkontakt und Gleichstromkompensator (Eichung einer Kugelfunkenstrecke).

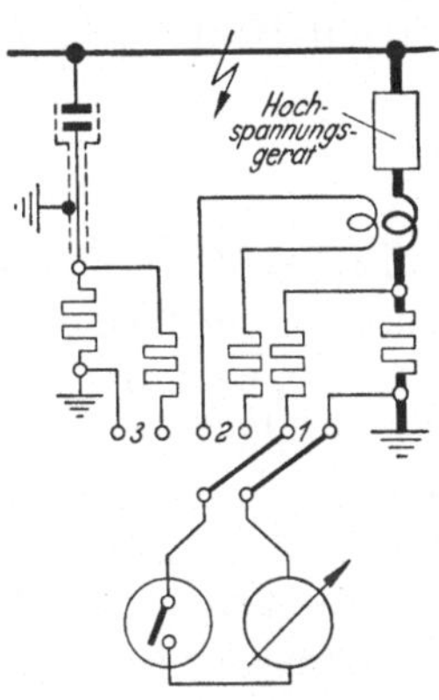

Abb. 15. Messung der Stromaufnahme (Kurvenform, Wirk- und Blindkomponente) eines einseitig geerdeten Hochspannungsgerätes.

Preßgaskondensator, der auch für andere Zwecke (Verlustwinkelmessungen) verwendet werden kann, sollte zum Grundbestand eines Hochspannungslaboratoriums gehören[1].

Die Strommessung bei Hochspannung erfolgt über Stromwandler. Der Aufwand für letztere wird bei Spannungen über 20 kV wegen der Isolation groß. Statt eines Stromwandlers kann zur Strommessung auch eine Hochspannungs-Gegeninduktivität (Abb. 63) in Verbindung mit dem Meßkontakt benutzt werden (Kurvenform, Scheitelwert, Oberwellen, Leistung §§ 1 · · · 23). In manchen Fällen wird man im Laboratorium den Strom in der Erdleitung messen können. Abb. 15 zeigt z. B. eine Schaltung zur Untersuchung eines einseitig geerdeten Hochspannungsgerätes (Drossel, Spannungswandler usw.). In Schalterstellung 1

---

[1] KELLER, A.: ETZ A (1954) H. 24 S. 817/19 Preßgaskondensatoren bis 800 kV$_{eff}$.

mißt man Grundwelle und Wirk- und Blindkomponenten, in Schalterstellung 2 Kurvenform und Oberwellen des Stromes. Schalterstellung 3 liefert die — um 90° geschwenkte — Bezugsrichtung der zugehörigen Spannung.

II. Grundwelle, Wirk- und Blindkomponenten, Oberwellen, Phasenwinkel.

11. Überblick über Grundwelle, Wirk- und Blindkomponenten, Oberwellen, Phasenwinkel. Die Grundwelle — genauer ihre Wirk- und Blindkomponente — ist die wichtigste Wechselstromgröße. Leider gibt es, wenn man von vorgeschalteten Siebmitteln absieht, kein Instrument, das sie direkt mißt. Die üblichen Wechselstrominstrumente messen den Gesamteffektivwert I_{eff}, ihre Anzeige muß mit dem Verzerrungsfaktor

$$g = \frac{I_{1\,eff}}{I_{eff}} = \frac{I_{1\,eff}}{\sqrt{I_{1\,eff}^2 + I_{2\,eff}^2 + \cdots}} \leq 1 \tag{1}$$

multipliziert werden, um die Grundwelle $I_{1\,eff}$ zu erhalten. Glücklicherweise ist bei kleinen Oberwellengehalten der Verzerrungsfaktor g sehr nahe 1,0, so daß die Effektivwertmesser in diesem Fall recht genau die Grundwelle anzeigen. Eine Oberwelle beliebiger Ordnungszahl von 5% der Grundwelle bedingt z. B. nach Gl. (1) nur einen Fehler von 0,125%! Bei stark verzerrten Meßgrößen versagen diese Instrumente aber als Grundwellenmesser. Hier kann der Meßkontakt, der eigentlich ein Mittelwertmesser ist, nach besonderen Verfahren zur Grundwellenmessung benutzt werden (§ 12). Leider sind diese Verfahren nicht ganz so einfach wie normale Strom- und Spannungsmessungen. Sie ermöglichen aber andererseits eine Messung, die mit keinem anderen heute bekannten Instrument ausgeführt werden kann, nämlich die Messung der Wirk- und Blindkomponenten der Grundwelle sinusförmiger oder verzerrter Meßgrößen. Diese Komponenten spielen in der Wechselstromtechnik die entscheidende Rolle. Aus ihnen werden die Vektordiagramme von Wechselstromkreisen bzw. Geräten aufgebaut, sie bestimmen Wirk- und Blindleistung der Grundwelle. Durch sie werden Wechselstromwiderstände, der Spannungsabfall von Umspannern oder die Fehler von Wandlern usw. charakterisiert. Ihre mathematische Definition ergibt sich folgendermaßen: Folgt der Strom bei einer Spannung $U_{(t)} = \sqrt{2}\,U_{1\,eff} \sin \omega t$ dem Gesetz $I_{(t)} = \sqrt{2}\,I_{1\,eff} \sin (\omega t + \varphi_1)$. ($\varphi_1$ = Phasenverschiebung), so läßt er sich nach bekannten trigonometrischen Gesetzen in eine mit $U_{(t)}$ phasengleiche (Wirkkomponente) und eine gegen $U_{(t)}$ um 90° verschobene Komponente (Blindkomponente) zerlegen:

$$I_{(t)} = (\sqrt{2}\,I_{1\,eff} \cos \varphi_1) \sin \omega t + (\sqrt{2}\,I_{1\,eff} \sin \varphi_1) \cos \omega t. \tag{2}$$

Die Blindkomponente $I_{1\,eff} \sin \varphi_1$ gibt mit der Spannung eine mit $2\,f$ pulsierende Leistung *wechselnder* Richtung (Blindleistung), deren zeitlicher Mittelwert null ist (Abb. 32a). Der *einseitige*, ebenfalls mit $2\,f$ pulsierende Leistungsfluß, dessen Mittelwert man üblicherweise als „Leistung" bezeichnet, ist allein durch die Wirkkomponente bestimmt: $N = U_{1\,eff}\, I_{1\,eff} \cos \varphi_1$ (Abb. 32b). Voreilenden Blindstrom ($\varphi > 0$) nehmen Kondensatoren, nacheilenden Blindstrom ($\varphi < 0$) Induktivitäten auf.

Setzt man zur Abkürzung für die Scheitelwerte der Grund- und Oberwellenkomponenten:

$$A_n = \sqrt{2}\, I_{n\,eff} \cos \varphi_n\,, \qquad B_n = \sqrt{2}\, I_{n\,eff} \sin \varphi_n\,, \tag{3}$$

so läßt sich jede periodische Wechselstromgröße auf folgende Weise zusammensetzen: (FOURIER-Reihe, $A_0 =$ Gleichstromglied)

$$\begin{aligned} I_{(t)} = A_0 &+ A_1 \sin \omega\,t + A_2 \sin 2\,\omega\,t + A_3 \sin 3\,\omega\,t + \cdots \\ &+ B_1 \cos \omega\,t + B_2 \cos 2\,\omega\,t + B_3 \cos 3\,\omega\,t + \cdots\,, \end{aligned} \tag{4}$$

$$\sqrt{2}\, I_{n\,eff} = \sqrt{A_n^2 + B_n^2}\,; \qquad \mathrm{tg}\,\varphi_n = \frac{B_n}{A_n}\,; \qquad A_n = A_{n\,max} = \sqrt{2}\, A_{n\,eff}\,. \tag{5}$$

In vielen praktischen Fällen ist der negative Kurventeil dem positiven spiegelbildlich gleich („symmetrische Kurven"). Dies bedeutet, daß keine geradzahligen Oberwellen ($A_2 = 0$, $B_2 = 0$ usw. und $B_2 = 0$, $B_4 = 0$ usw.) und kein Gleichstromglied ($A_0 = 0$) vorhanden sind. Beispiele für symmetrische und unsymmetrische Kurven zeigt Abb. 16. Die Zerlegung einer gegebenen Strom- oder Spannungskurve, d. h. die Bestimmung der Grund- und Oberwellenkomponenten A_1, B_1, A_2, B_2 usw. erfolgt üblicherweise rechnerisch nach bekannten Verfahren von FISCHER-HINNEN, RUNGE usw.[1]. Der Meßkontakt bietet Möglichkeiten, die Oberwellen-Komponenten nach dem Verfahren von FISCHER-HINNEN[2] ohne Oszillogramm direkt zu messen (§ 14). — Der Phasenwinkel φ_n, insbesondere φ_1 für die Grundwelle, wird üblicherweise im Laboratorium oszillographisch oder indirekt aus Leistung, Strom und Spannung, im Betrieb für bestimmte Strom- und Spannungskombinationen mit $\cos \varphi$-Messern ermittelt. Es sind auch laboratoriumsmäßige Geräte zur direkten Messung des Phasenwinkels entwickelt worden[3]. Recht genau und empfindlich ist, soweit Frequenzen bis 100 Hz in Frage kommen, die Phasenwinkelmessung mit dem Meßkontakt (§ 15). Abgesehen von Sonderfällen (z. B. § 30) ist jedoch die Komponentenmessung wichtiger als die Winkelmessung. — Neben dem Phasenwinkel φ_1 der Grundwelle spielt praktisch noch der in Gl. (17.11) definierte Leistungsfaktor λ eine Rolle.

---

[1] HUSSMANN, A.: Rechn. Verfahren z. harmon. Analyse. Springer 1938.

[2] FISCHER-HINNEN: ETZ Bd. 22 (1901) S. 396. — ARNOLD: Wechselstromtechnik Bd. 1 S. 221/234. Springer 1922. — [3] DENECKE, W.: ATM (1953) V 3631—1.

Da der Phasenwinkel bzw. die Wirk- und Blindkomponente eine Beziehung zwischen zwei Meßgrößen ausdrückt, ist ihre Messung notwendigerweise umständlicher als eine einfache Strom- oder Spannungsmessung. Besondere Sorgfalt verlangt ihre Messung bei sehr großer oder sehr kleiner Phasenverschiebung („Fehlwinkel"). Winkel von z.B. 1° oder 89° bzw. die zugehörigen Blind- oder Wirkkomponenten lassen sich auch mit dem Meßkontakt nur verhältnismäßig ungenau direkt messen, man greift in diesen Fällen zu Kompensations- oder Brückenschaltungen. Fehlwinkel von Bruchteilen von Graden spielen unter anderem eine Rolle bei Kondensatoren, Meßwandlern und Meßwiderständen (§§ 31, 35, 69).

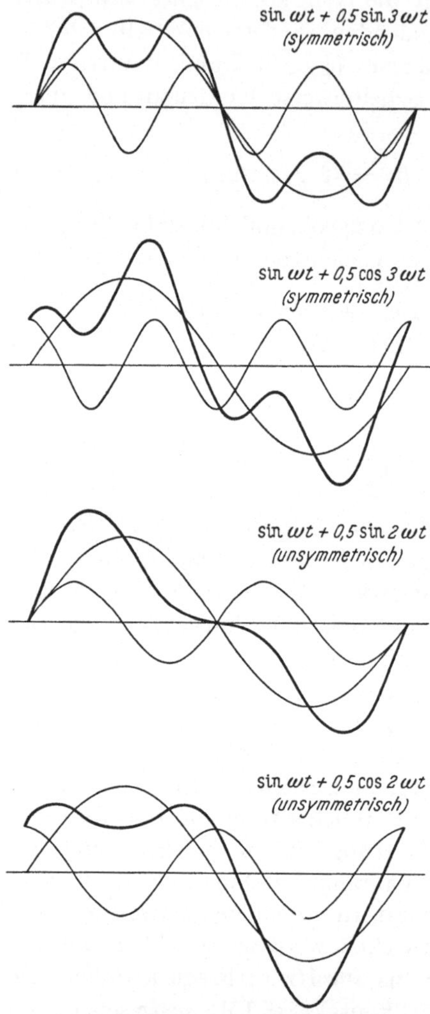

Abb. 16. Beispiele symmetrischer und unsymmetrischer Meßgrößen.

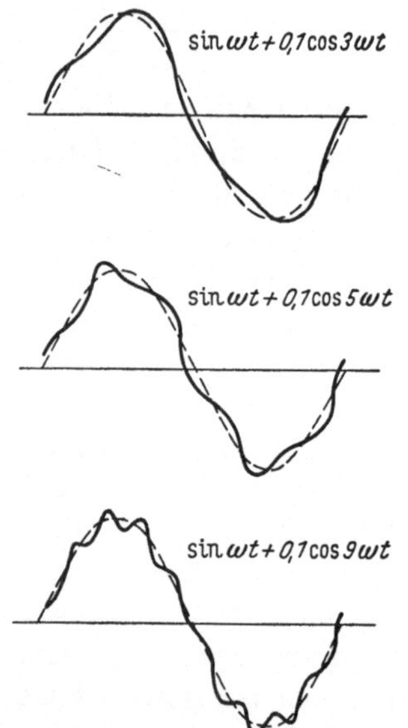

Abb. 17. Beispiele für die Verzerrung einer Meßgröße durch eine Oberwelle von 10%.

12. Grundwellenmessung. Hier soll zunächst die Messung der Grundwelle ohne Berücksichtigung der Phasenlage behandelt werden, die Messung ihres Phasenwinkels findet man in § 15, die Messung ihrer Wirk- und Blindkomponenten in § 13. — Es sind zwei Fälle zu unterscheiden, nämlich einerseits sinusförmige Größen, bei denen die Oberwellen als ungewollte Störung nur wenige Prozente ($< 10\%$) ausmachen; andererseits von Natur stark verzerrte Meßgrößen, z. B. Rechteckkurven, Dreieckkurven oder Magnetisierungsströme von Eisenkernen, bei denen die Amplitude der Oberwellen von gleicher Größenordnung wie die der Grundwelle ist.

Abb. 17 zeigt Beispiele von Kurven mit kleinem Oberwellengehalt, wie er ungewollt in der Maschinen- oder Netzspannung vorhanden sein kann. (In *symmetrischen* Drehstromsystemen ohne Nulleiter tritt bekanntlich keine dritte, neunte, fünfzehnte usw. Oberwelle auf.) Nach Gl. (1.2) ist die Grundwelle

$$I_{1\,eff} = \sqrt{I_{eff}^2 - (I_{2\,eff}^2 + I_{3\,eff}^2 + \cdots)}\,, \tag{1}$$

also z. B. bei einem Oberwellengehalt von 10% nur um den Faktor $\sqrt{1 - 0{,}1^2} = 0{,}995$ kleiner als der Gesamteffektivwert, d. h. Effektivwertmesser (Dreheisen, Dynamometer, statische Instrumente, Thermoumformer) zeigen bei einem Oberwellengehalt $< 10\%$ die Grundwelle mit einem Fehler $< 0{,}5\%$ an. Bei einem Oberwellengehalt $< 5\%$ wird dieser Fehler sogar kleiner als die Klassengenauigkeit bester Zeigerinstrumente, so daß letztere genau die Grundwelle angeben. Diese — auf der quadratischen Addition in Gl. (1) beruhende — Eigenschaft gibt den Effektivwertmessern ihre Vorzugsstellung in der Wechselstrommeßtechnik. Bevor man ihre Anzeige als Grundwellenmessung annimmt, muß man sich allerdings vergewissern, daß der Oberwellengehalt nicht größer als etwa 10% ist, was oszillographisch durch den Augenschein (Abb. 17) oder mit dem Meßkontakt nach Tab. 2, S. 9 geschehen kann.

Im Gegensatz zu Effektivwertmessern sind Gleichrichterinstrumente sehr viel schlechtere Grundwellenmesser. Für einen Meßkontakt mit $180°$ Schließzeit ist z. B. nach Gl. (71.8) und (71.14) ($\tau = \frac{\pi}{2}$):

$$I_{1\,eff} = \text{,,}I_{eff}\text{''} - \left(\frac{1}{3}\,A_{3\,eff} + \frac{1}{5}\,A_{5\,eff} + \cdots\right). \tag{2}$$

Eine dritte, mit I_1 phasengleiche Oberwelle von $\pm 10\%$ der Grundwelle ($A_{3\,eff} = \pm 0{,}1\,I_{1\,eff}$) gibt also einen Fehler von $\pm 3{,}33\%$. Der Meßkontakt ist daher, was die einfache Messung mit $180°$ Schließzeit anbetrifft, wie alle Gleichrichterinstrumente bei verzerrten Meßgrößen ein schlechter Grundwellenmesser. Dies hat den Gleichrichterinstrumenten einen gewissen Ruf von Unzuverlässigkeit eingebracht. Von der Möglichkeit, die Oberwellen durch Siebmittel fernzuhalten, wird bis heute nur in Ausnahmefällen Gebrauch gemacht. Der dazu erforderliche Aufwand lohnt sich für Sperrschichtgleichrichter, die aus anderen Gründen Fehler von $1 \cdots 2\%$ haben, nicht.

Dagegen bietet der Meßkontakt verschiedene Möglichkeiten zur Oberwellenausschaltung. Von diesen sei zunächst ein Brückenverfahren beschrieben. Der mit dem Meßkontakt gemessene Instrumentausschlag läßt sich nach Gl. (2) in einen von der Grundwelle und einen von der Summe aller Oberwellen herrührenden Anteil zerlegen:

$$\alpha = \alpha_1 + \Delta\alpha \quad \text{oder} \quad \alpha_1 = \alpha\left(1 - \frac{\Delta\alpha}{\alpha}\right). \tag{3}$$

Dabei kann $\dfrac{\Delta\alpha}{\alpha}$ sowohl positiv als auch negativ sein. Aus (3) erhält man, wenn z. B. zur Spannungsmessung ein in „U_{eff}" geeichter Meßbereich benutzt wird:

$$U_{1\,eff} = „U_{eff}"\left(1 - \frac{\Delta\alpha}{\alpha}\right). \tag{4}$$

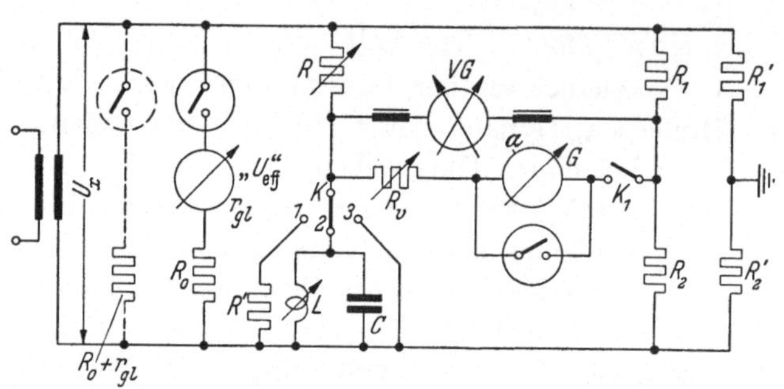

Abb. 18. Resonanzbrücke zur Grundwellenmessung mit dem Meßkontakt.

Die Größe $\dfrac{\Delta\alpha}{\alpha}$ läßt sich in der Resonanzbrücke Abb. 18 messen[1]. Sie wird mit L und R so auf die Grundwelle abgestimmt, daß das Vibrationsgalvanometer keinen Ausschlag zeigt. Legt man darauf mit K_1 das Galvanometer G mit Meßkontakt zusätzlich an den Brückenzweig, so ist bei *Sinusform* von U_x dieses Instrument ebenfalls stromlos. Enthält U_x Oberwellen, ist der Resonanzkreis für diese praktisch ein Kurzschluß und G zeigt einen von den Oberwellen herrührenden Ausschlag $\Delta\alpha$. Bringt man K in Stellung 3, so ist dieser Brückenzweig auch für die Grundwelle ein Kurzschluß und das Drehspulinstrument zeigt den Gesamtausschlag α. Störspannungsbeseitigung prüft man in Stellung 1, in der ein ohmscher Widerstand R', der angenähert gleich dem Grundwellenresonanzwiderstand von $L\|C$ ist, eingeschaltet wird. Nach Abgleich der dann frequenzunabhängigen ohmschen Brücke mit R muß bei verzerrter Spannung U_x sowohl das Vibrationsgalvanometer als auch das Galvanometer G gleichzeitig stromlos sein. Das Verfahren kann bei der Eichung von Effektivwertmessern mit dem Gleichstromkompensator zur Korrektur des Kurvenformfehlers benutzt werden (§ 68). Bei großer Verzerrung der Meßgröße kann man die stärkste Oberwelle durch eine

---

[1] Linckh, H. E.: Phys. Zeitschr. Bd. 38 (1937) S. 105/11.

von 180° abweichende Schließzeit (Tab. 4) ausschalten, die Korrekturgröße $\frac{\Delta\alpha}{\alpha}$ erfaßt dann die übrigen Oberwellen und wird entsprechend kleiner. Nach dem beschriebenen Verfahren lassen sich auch Grundwellenkomponenten messen. Es kann außerdem nach Gl. (6.3) zur Bestimmung des Formfaktors benutzt werden. Nach letztgenannter Gleichung läßt sich umgekehrt die Grundwelle U_{1eff} auch aus Formfaktor und äquivalentem Effektivwert „U_{eff}" berechnen, wenn bei Oberwellengehalten $< 5 \cdots 10\%$ der Verzerrungsfaktor $g \approx 1$ ist. Den Formfaktor mißt man dabei nach Abb. 6.

Das für den Meßkontakt wichtigste Verfahren zur Grundwellenmessung beruht darauf, daß für bestimmte Schließzeiten die Oberwellenempfindlichkeit für bestimmte Ordnungszahlen n null wird[1]. Tab. 4 gibt nach § 71 eine Zusammenstellung solcher Schließzeiten, und zwar sind nur die beiden 180° am meisten benachbarten Zeiten, für welche die verbleibende Grundwellenempfindlichkeit am größten ist, eingetragen. Durch die angegebenen Schließzeiten wird jeweils nur eine einzelne Oberwelle bzw. Oberwellengruppe ausgeschaltet, die übrigen nur geschwächt (§ 71). Tab. 6 Spalte 3 zeigt für verschiedene Fälle den nach Ausschaltung der dritten noch verbleibenden, durch die übrigen Oberwellen hervorgerufenen Fehler. Er ist in manchen Fällen so klein, daß man einen auf $T_k = 120°/240°$ eingestellten Meßkontakt mit einiger Berechtigung gegenüber Geräten mit 180° Schließzeit und gegenüber Sperrschichtgleichrichtern als „Grundwellenmesser" bezeichnen kann. Die Fehlergrenze eines solchen „Grundwellenmessers" wird unter Umständen nicht durch die verbleibenden Oberwellen, sondern schon durch Abweichungen der Schließzeit vom Sollwert

Tabelle 4. *Schließzeiten T_k zur Ausschaltung einzelner Oberwellen bzw. Oberwellengruppen.*

n	Schließzeiten T_k, für die $\varepsilon_n\, T_k = 0$ ist		$\varepsilon_1 T_k$
3; 9; 15	120°	240°	0,866
5; 15	144°	216°	0,951
7; 21	154,3°	205,7°	0,975
9	160°	200°	0,985
11	163,7°	196,3°	0,990
13	166,3°	193,7°	0,993
15	168°	192°	0,995

(z. B. 240°) gebildet (§ 78). Statt der dritten Oberwelle können durch Wahl anderer Schließzeiten auch andere ausgeschaltet werden, bei symmetrischem Drehstrom, wo die dritte fehlt, beispielsweise die fünfte mit $T_k = 144/216°$. Einen Überblick, inwieweit die Oberwellen beseitigt sind und die Grundwelle gemessen wird, kann man sich dadurch verschaffen, daß man nach Tab. 2, S. 9 prüft, ob die Integralkurve sinusförmig ist. Dies gilt für alle Verfahren zur Grundwellenmessung und wird in Abb. 20 an einem Beispiel veranschaulicht.

---

[1] PFANNENMÜLLER: ATM (1934) Z 540—2 mit weiterer Literatur.

Wenn die Ausschaltung einzelner Oberwellen durch die Schließzeit nicht genügt, können durch Mehrfachablesungen weitere Oberwellen ausgeschaltet werden[1]. Einfach auszuführen und daher von großer praktischer Bedeutung ist die „Doppelmessung", mit der die dritte, fünfte, neunte und fünfzehnte Oberwelle vollständig, die siebente zum Teil ausgeschaltet wird[2]. Soll auch die siebente vollständig ausgeschaltet werden, ist die „Vierfachmessung" anzuwenden (§72)[2]. Bei der Doppelmessung wird zur Ausschaltung der dritten, neunten usw. eine Schließzeit von 120/240° eingestellt und zur Ausschaltung der fünften statt im Scheitel der Grundwelle um $\beta_1 = 18°$ früher und später abgelesen (Abb. 19a). Dann ist der Grundwellenausschlag α_1 nach Gl. (72.3):

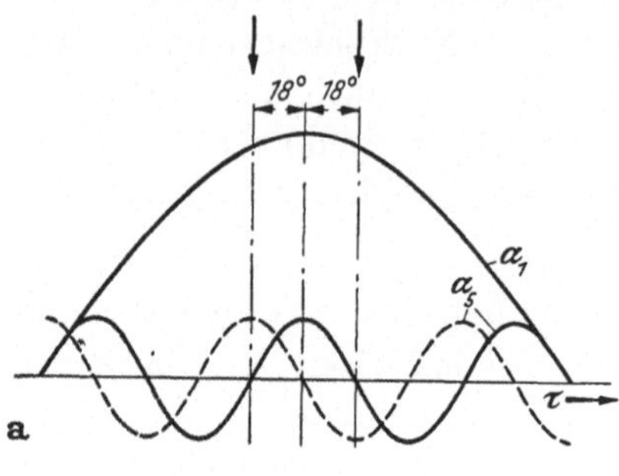

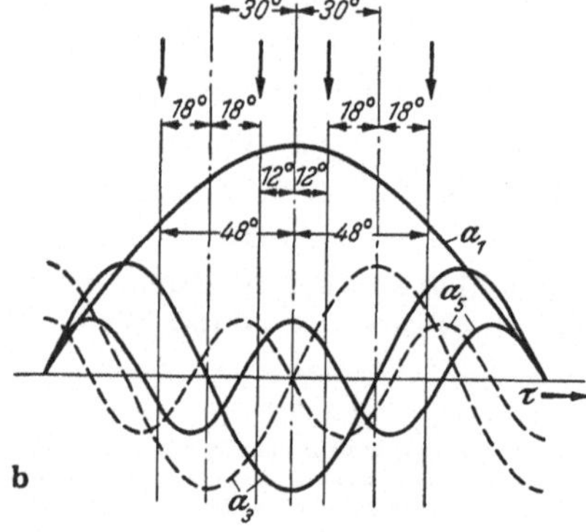

Abb. 19a u. b. Doppel- und Vierfachmessung zur Ausschaltung mehrerer Oberwellen (angenäherte Grundwellenmessung).

$$\alpha_1 \approx 1{,}213 \frac{\alpha_{-18°} + \alpha_{+18°}}{2}$$

$$\left(1{,}215 = \frac{1}{0{,}866 \cos 18°}\right). \qquad (5)$$

Bei der Vierfachmessung wird zur Ausschaltung der siebenten Oberwelle eine Schließzeit von 154,3/205,7° eingestellt und zur Ausschaltung der dritten und fünften statt im Scheitel der Grundwelle bei $\beta_1 + \beta_2 = 30° + 18° = 48°$ und bei $\beta_1 - \beta_2 = 30° - 18° = 12°$ vor dem Scheitel, ferner bei 12° und 48° nach dem Scheitel abgelesen (Abb. 19b). Der Grundwellenausschlag ist dann nach Gl. (72.5):

$$\alpha_1 \approx 1{,}245 \frac{\alpha_{-48°} + \alpha_{-12°} + \alpha_{+12°} + \alpha_{+48°}}{4} \left(1{,}245 = \frac{1}{0{,}975 \cos 30° \cos 18°}\right).$$

$$(6)$$

Wird (besonders bei Komponentenmessung § 13) eine der Ablesungen negativ, ist sie mit negativen Vorzeichen in Gl. (5) bzw. Gl. (6) einzusetzen. Die verbleibende Empfindlichkeit für die nicht vollständig ausgeschalteten Oberwellen ist in Tab. 15, S. 158 für Doppel- und Vierfachmessungen berechnet. Sind geradzahlige Oberwellen vorhanden, ergeben

---

[1] Frequenz Bd. 2 (1948) S. 296/303; ETZ Bd. 70 (1949) S. 125/29.
[2] HERMANN, P. C.: Frequenz Bd. 8 (1954) S. 379/82.

sich für diese mit 120° und 240° bzw. 154,3° und 205,7° Empfindlichkeiten entgegengesetzten Vorzeichens. Durch Ausführung der Doppelbzw. Vierfachmessung mit beiden Schließzeiten und Mittelwertbildung lassen sich also sämtliche geradzahligen Oberwellen ausschalten. — Die Fehlergrenze des Verfahrens wird außer durch die Restoberwellen durch Abweichungen der Schließzeiten und der Winkel β_1 und β_2 von den Sollwerten gegeben.

In Tab. 5 ist die resultierende Grund- und Oberwellenempfindlichkeit verschiedener Verfahren zusammengestellt. Bei der Doppelmessung

Tabelle 5. *Verbleibende Oberwellenempfindlichkeit verschiedener Grundwellenmeßverfahren (zum Vergleich ist die Oberwellenempfindlichkeit der Differenzierschaltungen und die ohmscher Schaltungen mit $T_k = 180°$ miteingetragen).*

n	Diffz. Schltg. 180°	Ohmsche Schaltung 180°	Ohmsche Schaltung 240°/120°	Doppelm. 120°/240°	Vierfachm. 154,3°/205,7°	Integrierschaltung 180°	Integrierschaltung 120/240°
1	1,0	1,0	0,866	0,824	0,803	1	0,866
3	1,0	$-1/3$	0	0	0	$1/9$	0
5	1,0	$+1/5$	$-1/5$ 0,866	0	0	$1/25$	$1/25$ 0,866
7	1,0	$-1/7$	$+1/7$ 0,866	$-1/7$ 0,508	0	$1/49$	$1/49$ 0,866
9	1,0	$+1/9$	0	0	0	$1/81$	0
11	1,0	$-1/11$	$-1/11$ 0,866	$+1/11$ 0,824	$-1/11$ 0,642	$1/121$	$1/121$ 0,866
13	1,0	$+1/13$	$+1/13$ 0,866	$-1/13$ 0,508	$+1/13$ 0,497	$1/169$	$1/169$ 0,866
15	1,0	$-1/15$	0	0	0	$1/225$	0

geht die Empfindlichkeit für die siebte im Verhältnis zur Grundwelle auf $\frac{1}{7}\frac{0,508}{0,824} = 0,088$, d. h. auf etwa 9% der Grundwellenempfindlichkeit zurück, bei der Vierfachmessung verschwindet sie vollständig. — Zur Grundwellenmessung ist unter Umständen auch die Integrierschaltung Tab. 19G, S. 202 geeignet.

In Abb. 20 ist an einem Beispiel die zunehmende Annäherung der verschiedenen Verfahren an die Grundwellenmessung veranschaulicht. Es handelt sich um den von einem gesättigten Nickeleisenkern erzeugten Spannungsstoß $U_{(t)}$, der nur ungerade Oberwellen enthält. Der zeitliche Verlauf $U_{(t)}$ wurde in Differenzierschaltung gemessen. Die vier übrigen Kurven sind die Integralkurven $\alpha = f(\tau)$. Man sieht, daß bei der Vierfachmessung $\alpha = f(\tau)$ an keiner Stelle mehr als etwa 2% von der Sinusform abweicht, d. h. durch die Vierfachmessung wird die Grundwelle des Spannungsstoßes mit einer Unsicherheit von weniger als 2% erfaßt (s. § 3).

Zur Berechnung des Fehlers, den die Oberwellen bei der Grundwellenmessung bewirken, muß das Oberwellenspektrum Gl. (11.4) der Meßgröße bekannt sein. Der durch die Gesamtheit der Oberwellen verursachte Fehler ist nach Gl. (96.2):

$$F = \frac{\sum\limits_{n>1} u_{gl\,n}}{u_{gl\,1}} = \frac{\sum\limits_{n>1} \dfrac{S_1}{S_n}\dfrac{\varepsilon_n}{\varepsilon_1}\left[A_n \sin\left(n\,\tau+p\right)+B_n\cos\left(n\,\tau+p\right)\right]}{A_1\sin\left(\tau+p\right)+B_1\cos\left(\tau+p\right)} \cdot \quad (7)$$

Dabei ist für ε_n bzw. ε_1 nach § 96 die Oberwellenempfindlichkeit des jeweiligen Verfahrens (Differenzierschaltung, 180°-Messung, 120°-Messung, Doppelmessung usw.) einzusetzen. Handelt es sich wie hier um

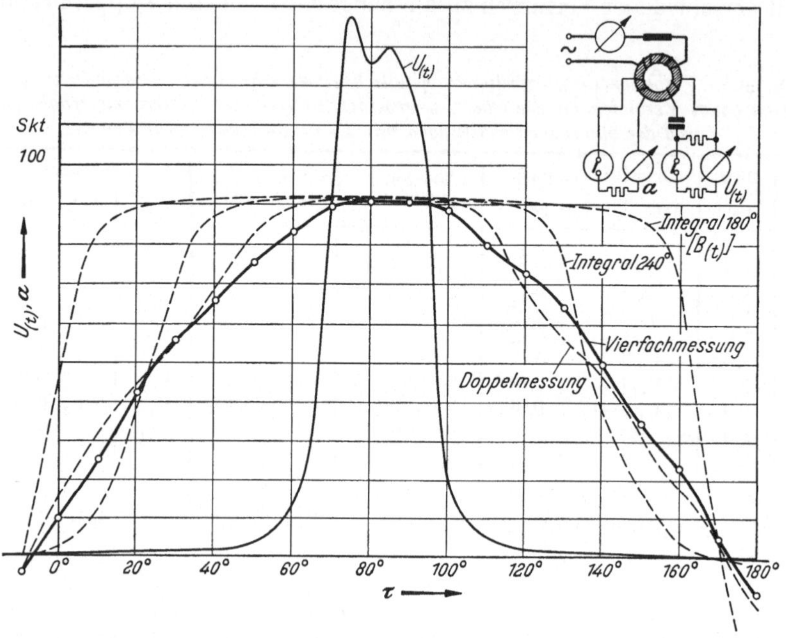

Abb. 20. Beispiel für die Annäherung verschiedener·Meßverfahren an die Grundwellenmessung bei einem symmetrischen Spannungsstoß mit einer Halbwertbreite von 28 elektrischen Graden (vgl. Abb. 25).
Meßbereich (150 Sktle) der ohmschen Schaltung bei $T_k = 180°$: „$U_{eff\,voll}$" $= 150$ V.
Meßbereich (150 Sktle) der Differenzierschaltung: $U_{(t)\,voll} = \sqrt{2}\cdot 375$ V.

die Messung der Gesamtgrundwelle (nicht ihrer Komponenten), ist τ auf den Scheitelwert der Grundwelle einzustellen, der Nenner in Gl. (7) wird dann $\sqrt{A_1^2 + B_1^2} = U_{1\,max}$ bzw. $I_{1\,max}$. In Tab. 6 sind die Grundwellenfehler nach Gl. (7) für eine Rechteck- und eine Dreieckkurve berechnet. Für diese gilt die FOURIER-Analyse (A = Höhe des Rechtecks bzw. Dreiecks):

$$\begin{aligned}
\text{Dreieck}\quad & U_{(t)} = \frac{8\,A}{\pi^2}\left(\sin\omega t - \frac{1}{3^2}\sin 3\,\omega t + \frac{1}{5^2}\sin 5\,\omega t - + \cdots\right),\\
\text{Rechteck}\quad & U_{(t)} = \frac{4\,A}{\pi}\left(\sin\omega t + \frac{1}{3}\sin 3\,\omega t + \frac{1}{5}\sin 5\,\omega t + \cdots\right).
\end{aligned}\right\} \quad (8)$$

Damit wird aus Gl. (7):

$$\text{Dreieck}^1 \quad F = \sum_{n>1} \frac{S_1}{S_n} \frac{\varepsilon_n}{\varepsilon_1} \frac{1}{n^2} \sin(n\,\tau + p) \sin n \frac{\pi}{2}$$

$$\text{Rechteck} \quad F = \sum_{n>1} \frac{S_1}{S_n} \frac{\varepsilon_n}{\varepsilon_1} \frac{1}{n} \sin(n\,\tau + p). \tag{9}$$

Tab. 6 berücksichtigt die Oberwellen bis $n = 25$ (eingeklammert bis $n = 15$). In der ersten Spalte ist der Fehler der Messung in Differenzierschaltung mit $T_k = 180°$ nach Gl. (9) eingetragen. Tab. 6 zeigt, daß sowohl bei Rechteck- als auch bei Dreieckkurve die Doppelmessung einen

Tabelle 6. *Grundwellenfehler (F) verschiedener Meßverfahren bei fünf verschiedenen charakteristischen Meßgrößen.*

	Diffz.	180°	120°/240°	Doppelm.	Vierfachm.	
(Dreieckkurve)	+21,4% (+20,6%)	— 3,2% (— 3,2%)	—0,6% (—0,6%)	—0,1% (—0,1%)	≈ 0	gerechnet
(Rechteckkurve)	—19,4% (—24,5%)	+21,4% (+20,1%)	—4,9% (—4,6%)	—0,4% ≈ 0	+1,4% (+1,0%)	gerechnet
(Kurve)	+200%	—20%	—8%	—3%	—1%	gemessen (Abb. 20)
SiFe-Blechkern 11 000 Gauß — Blind	+ 39%	— 9%	—0,7%	+0,3%	≈ 0	gemessen (Abb. 25)
Wirk	— 13%	+ 4%	≈ 0	≈ 0	≈ 0	
Ringkern 16 000 Gauß — Blind	+120%	—16%	— 4%	+1,8%	—1%	
Wirk	— 32%	+24%	—7,5%	—1,7%	—0,5%	

Grundwellenfehler kleiner als 1% ergibt; bei der Dreieckkurve wird diese Fehlergrenze bereits bei der einfachen 120/240°-Messung unterschritten[2].

Sind die Oberwellenkomponenten nicht bekannt, sondern nur ihre Gesamtamplituden U_n, kann zur Abschätzung des Oberwellenfehlers folgende aus Gl. (7) hergeleitete Formel dienen:

$$F \leq \sum_{n>1} \frac{S_1}{S_n} \frac{\varepsilon_n}{\varepsilon_1} \frac{U_n}{U_1} \;. \tag{10}$$

---

[1] Der Faktor $\sin n \dfrac{\pi}{2}$ berücksichtigt das wechselnde Vorzeichen der Reihe für Dreieck. — In Gl. (9) ist für ohmsche Schaltungen $\tau = \dfrac{\pi}{2}$ und $p = 0$, für Differenzierschaltungen $\tau = 0$ und $p = \dfrac{\pi}{2}$ zu setzen. ε_n findet man in Tab. 5, S. 33, S_n in Gl. (96.2).

[2] Bei der Rechteckkurve ist der Fehler bei Vierfachmessung größer als bei Doppelmessung. Dies hat seinen Grund darin, daß sich bei Doppelmessung die im Vorzeichen entgegengesetzten Fehler einzelner Oberwellen der Rechteckkurve in glücklicher Weise gegenseitig aufheben.

Eine dritte Oberwelle von 3% der Grundwelle kann danach bei ohmschen Vorwiderständen $(S_1 = S_3)$ und $T_k = 180° \left(\dfrac{\varepsilon_3}{\varepsilon_1} = \dfrac{1}{3}\right)$ höchstens (d. h. bei ungünstigster Phasenlage) einen Fehler $F = 1\%$ ergeben. In Tab. 6 sind auch die Grundwellenfehler für den Spannungsstoß Abb. 20 und für den Magnetisierungsstrom zweier Eisenkerne bei $B_{max} = 11\,000$ bzw. $16\,000$ Gauß (Abb. 25, Tab. 8, S. 46) angegeben.

Um die Grundwelle nach vorstehenden Verfahren zu messen, muß ihre Phasenlage bekannt sein, was bei mathematisch einfachen Kurvenformen, wie z. B. Rechteck- oder Dreieckform, ohne weiteres der Fall ist. Bei kleinen Verzerrungen der Meßgröße kann die Phase ihrer Grundwelle angenähert aus der Nullstellung der Integralkurve (mit ohmschen Vorwiderständen) bestimmt werden, besonders wenn durch entsprechende Kontaktzeit die stärkste Oberwelle ausgeschaltet wird. Bei kleinen Abweichungen von der richtigen Phasenlage mißt man dabei die Grundwelle noch weitgehend richtig. Ist bei stark verzerrten Meßgrößen die Phase der Grundwelle nur angenähert bekannt, so mißt man sie bei dieser mutmaßlichen Phase (A_1) und wiederholt die Messung bei um $90°$ geänderter Phase (B_1). Die Amplitude der Grundwelle ist dann $\sqrt{A_1^2 + B_1^2}$. Dies entspricht dem in § 13 behandelten Komponentenmeßverfahren.

Ein ganz anderes Verfahren zur Grundwellenmessung besteht darin, durch Siebkreise oder Filter die Meßgröße von Oberwellen zu reinigen. Durch hochwertige magnetische Werkstoffe für die Siebdrosseln kann bei richtiger Bemessung die Filterung sehr weit getrieben werden, so daß genaue Messungen möglich sind[1]. Naturgemäß sind die auf Resonanzerscheinungen beruhenden Filter frequenzabhängig, bei Abweichungen von der Nennfrequenz treten Amplituden- und Phasenänderungen der dem Meßgerät zugeführten Grundwelle auf. In manchen Fällen können letztere durch besondere Schaltungen kompensiert werden[1].

13. Wirk- und Blindkomponenten. Der Meßkontakt bietet eine einzigartige Möglichkeit, die Wirk- und Blindkomponenten der Grundwelle direkt zu messen, was von wesentlicher Bedeutung ist, da die Komponenten der Grundwelle in der Wechselstromtechnik eine hervorragende Rolle spielen und ihre Messung mit anderen Instrumenten nur indirekt möglich ist. Nach Gl. (71.6) ist die vom Drehspulinstrument angezeigte Gleichspannung

$$u_{gl(\tau)} = \frac{\varepsilon_0\,\varepsilon_n\,T_k}{S}\,(A_n \sin n\tau + B_n \cos n\tau)\,. \tag{1}$$

Gl. (1) sagt aus, daß jeweils nur diejenige Komponente der Meßgröße angezeigt wird, auf deren Scheitelwert die Mitte τ der Schließzeit eingestellt ist. Abb. 21 veranschaulicht dies für den speziellen Fall $T_k = 180°$

---

[1] POLECK, H.: Frequenz Bd. 5 (1951) S. 255/66.

und $n = 1$. Für $\tau = \frac{\pi}{2}$ (Abb. 21 a) fallen die Ein- und Ausschaltzeitpunkte t_{ein} und t_{aus} mit den Nulldurchgängen von $A_1 \sin \omega t$ bzw. den Scheitelwerten von $B_1 \cos \omega t$ zusammen. Das Instrument zeigt nur die schräg schraffierte Halbwelle, d. h. die sin-Komponente A_1, da sich die waagerecht schraffierten Flächen der cos-Komponente B_1 gegenseitig aufheben. Entsprechend wird bei $\tau = 0$ (Abb. 21 b) nur die cos-Komponente B_1 angezeigt. Dies gilt in entsprechender Weise auch für Oberwellen. In Abb. 21 a und 21 b oben ist statt der Spannungskomponenten

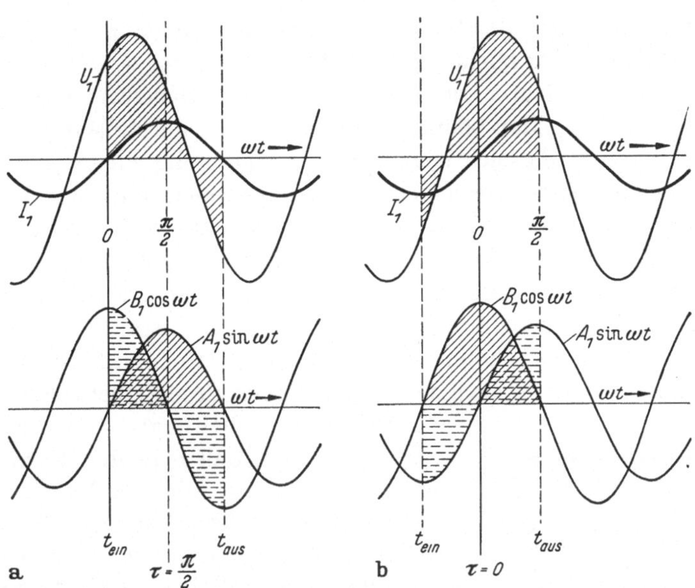

Abb. 21a u. b. Zur Messung von Wirk- und Blindkomponenten mit dem Meßkontakt.

die Gesamtspannung U_1 gezeichnet. Man sieht, daß in beiden Fällen nicht in den Nulldurchgängen der Spannung geschaltet wird. Daher wird die Komponentenmessung viel mehr als die Messung der Gesamtgröße durch Fehler der Kontaktphase beeinflußt, Gl. (4).

In Differenzierschaltungen lassen sich — abgesehen davon, daß die Oberwellen stärker hervortreten — nach Gl. (74.4) Komponenten in gleicher Weise messen. Bei ihnen ist in Gl. (96.2) $p = \frac{\pi}{2}$, die Mitte τ der Schließzeit ist also bei ihnen auf den *Nulldurchgang* derjenigen Komponenten einzustellen, die gemessen werden soll.

Abb. 22 zeigt eine Schaltung zur Messung der Komponenten des Stromes I_1 in bezug auf die Spannung U_1. Man benötigt dazu in Stellung 2 für die Spannung einen fehlwinkelfreien Vorwiderstand R und in Stellung 1 für den Strom einen Nebenwiderstand r_n. Letzterer muß ebenfalls fehlwinkelfrei sein, keinesfalls dürfen die üblichen Gleichstromnebenwiderstände benutzt werden (§ 31). Bei großem Strom und bei Hochspannung kann r_n und R auch über Wandler angeschlossen werden. Die Schaltung Abb. 22 bietet zwei Möglichkeiten:

a) *Messung der Komponenten* $I_1 \cos \varphi_1$ *und* $I_1 \sin \varphi_1$. Man regelt dazu in Stellung 2 die Kontaktphase auf $\alpha = 0$. Das Instrument zeigt dann nach Umschalten auf 1 die Blindkomponente $I_1 \sin \varphi_1$, nach Schwenken der Kontaktphase um $90°$ die Wirkkomponente $I_1 \cos \varphi_1$.

b) *Messung der Komponenten* $U_1 \cos \varphi_1$ *und* $U_1 \sin \varphi_1$. Man regelt dazu in Stellung 1 die Kontaktphase auf $\alpha = 0$. Das Instrument zeigt dann nach Umschalten auf 2 die Blindkomponente $U_1 \sin \varphi_1$, nach Schwenken der Kontaktphase um $90°$ die Wirkkomponente $U_1 \cos \varphi_1$.

Manchmal — vor allem bei Hochstrommessungen — ist eine Gegeninduktivität M leichter zu beschaffen als ein Nebenwiderstand (und Stromwandler) r_n. Man benutzt dann in Abb. 22 Meßstelle 3 statt 1, hat dabei aber zu berücksichtigen, daß die Spannung an M um $p = \frac{\pi}{2}$ gegenüber dem Strom verschoben ist. Infolgedessen mißt man bei einer Kontaktphase, die an 1 oder 2 die Blindkomponente ergibt, an 3 die Wirkkomponente und umgekehrt. Ebenso können Spannungen, vor allem Hochspannung, statt mit einem Vorwiderstand mit einem Vorkondensator C gemessen werden. An der Meßstelle 4 erscheint dann die Spannung um $p = \frac{\pi}{2}$ verschoben. Nachteilig ist, daß in Differenzierschaltungen mit M oder C nach Gl. (5) der Fehler durch Oberwellen größer ist. Differenzierschaltungen haben andererseits den Vorteil, daß man die Wirkkomponenten ohne $90°$-Schwenkung bei derjenigen Kontaktphase messen kann, bei der in Stellung 1 oder 2 der Instrumentenausschlag $\alpha = 0$ ist; d. h. daß bei Wirkkomponentenmessung die mit der $90°$-Schwenkung verbundenen Fehler entfallen (vgl. S. 210).

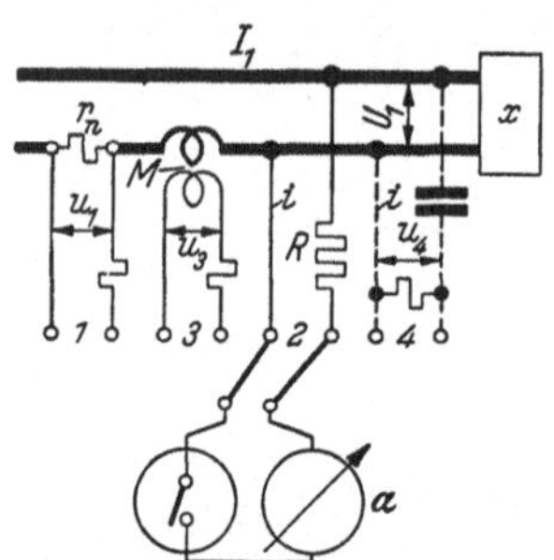

Abb. 22. Verschiedene Möglichkeiten zur Messung der Wirk- und Blindkomponenten von I_1 bzw. U_1.

Um den Richtungssinn (Voreilung oder Nacheilung) der Komponenten eindeutig zu messen, müssen die Anschlüsse an 1 und 2 bzw. 3 und 4 gleichsinnig erfolgen (§ 101) und es ist jeweils von der aufsteigenden Nullstellung der Bezugsgröße auszugehen (§ 100). Es gelten dann die in § 101 gegebenen Regeln. — Wenn der Stromverbrauch i der Spannungsmessung gegenüber I merklich ist, sind Korrekturen nach § 76 anzubringen.

Enthält die Meßgröße Oberwellen, sind zur Komponentenmessung alle Verfahren anwendbar, die in § 12 zur Grundwellenmessung beschrieben werden. Dies ergibt sich aus folgender Überlegung: Die Komponentenmessung unterscheidet sich von der Grundwellenmessung nur dadurch, daß neben der zu messenden Grundwellenkomponente noch eine zweite, um $90°$ verschobene Komponente vorhanden ist. Diese um $90°$ verschobene Komponente wird aber bei allen Komponentenmeßverfahren nach Abb. 21 nicht mitgemessen. Denkt man sich bei einer beliebigen Kontaktphase τ die Grundwelle in eine mit τ phasengleiche und eine zu τ senkrechte Komponente zerlegt, so wird bei jedem τ nur die phasengleiche Komponente gemessen, die phasenverschobene bleibt ohne Einfluß auf den Instrumentenausschlag, als wenn sie nicht vorhanden wäre. Man erhält bei allen Grundwellenverfahren als Integralkurve $u_{gl} = f(\tau)$ eine Sinuskurve, deren Ordinate die jeweilige Komponente der Grundwelle, bezogen auf die Phase τ, darstellt. Diese Sinuskurve wird nur in dem Maße verzerrt, in dem das betreffende Grundwellenmeßverfahren die Oberwellen nicht vollständig ausschaltet (Abb. 20). Bei Anwesenheit von Oberwellen verfährt man also zur Komponentenmessung wie in Abb. 22, nur wählt man statt $180°$ eine Schließzeit, bei der die am meisten störende Oberwelle ausgeschaltet ist (Tab. 4, S. 31). Sollen weitere Oberwellen ausgeschaltet werden, führt man die Doppel- bzw. Vierfachmessung aus, wobei als Grundstellung τ_0 (Abb. 135) die Phase der zu messenden Komponente gewählt wird. — Auch die Resonanzbrücke Abb. 18 kann zur Komponentenmessung benutzt werden.

Im allgemeinen wird man bei der Komponentenmessung ebenso wie bei der Messung der Gesamtgrundwelle ohmsche Schaltungen bevorzugen, in denen die Oberwellen an sich zurückgedrängt sind, unter Umständen sogar Integrierschaltungen (Tab. 19 G, S. 202); sie bilden den Übergang zur Messung mit vorgeschalteten Siebmitteln. Von letzteren muß verlangt werden, daß sie die Phase der Meßgröße im Verhältnis zur Bezugsgröße nicht verschieben[1].

Bei der Komponentenmessung ist die Gefahr von Fehlern durch fehlerhafte Phaseneinstellung um so größer, je größer die Phasenverschiebung ist. Eine sinusförmige Meßgröße ruft einen Instrumentausschlag (Abb. 135)

$$\alpha = \alpha_W \sin n\tau + \alpha_B \cos n\tau \tag{2}$$

hervor, wobei α_W der Wirkkomponente und α_B der Blindkomponente der Meßgröße entsprechen möge. Für den durch eine Fehleinstellung $\delta\tau$ der Kontaktphase bewirkten Fehler der Komponentenmessung ergibt sich durch Differenzieren aus Gl. (2):

$$F \equiv \frac{\delta\alpha}{\alpha} = \frac{n\,\alpha_W \cos n\tau - n\,\alpha_B \sin n\tau}{\alpha_W \sin n\tau + \alpha_B \cos n\tau}\,\delta\tau \tag{3}$$

und daraus für $\tau = \frac{\pi}{2}$ (Wirkkomponentenmessung) und $\tau = 0$ (Blind-

---

[1] POLECK: Frequenz Bd. 5 (1951) S. 255/66.

komponentenmessung) und $n = 1$ (Grundwelle):

$$F_W \equiv \frac{\delta\,(I_1 \cos\varphi_1)}{I_1 \cos\varphi_1} \equiv \left(\frac{\delta\alpha}{\alpha}\right)_W = -\,n\,\frac{\alpha_B}{\alpha_W}\,\delta\tau = -\,0{,}0175\,n\,\mathrm{tg}\,\varphi_1\,\delta\tau^\circ, \left.\vphantom{\begin{array}{c}1\\1\end{array}}\right\} \quad (4)$$

$$F_B \equiv \frac{\delta\,(I_1 \sin\varphi_1)}{I_1 \sin\varphi_1} \equiv \left(\frac{\delta\alpha}{\alpha}\right)_B = n\,\frac{\alpha_W}{\alpha_B}\,\delta\tau = 0{,}0175\,\frac{n}{\mathrm{tg}\,\varphi_1}\,\delta\tau^\circ.$$

Tab. 7 gibt den Fehler nach Gl. (4) für die Grundwelle bei $\delta\tau^\circ = 1^\circ$. Er wird bei der Wirkkomponentenmessung bei großer Phasenverschiebung, bei Blindkomponentenmessung bei kleiner Phasenverschiebung φ_1 so groß, daß bei Annäherung an diese Grenzen die direkte Messung der betreffenden Komponente praktisch nicht mehr möglich ist, vielmehr sind

Tabelle 7. *Fehler der Wirk- und Blindkomponentenmessung bei um $\varDelta\tau = 1^\circ$ falscher Einstellung der Kontaktphase.*

φ	$F_W\%$	$F_B\%$
0°	0	∞
5°	$-\,0{,}15$	$19{,}9$
10°	$-\,0{,}31$	$9{,}9$
30°	$-\,1{,}0$	$3{,}15$
45°	$-\,1{,}75$	$1{,}75$
60°	$-\,3{,}15$	$1{,}0$
80°	$-\,9{,}9$	$0{,}31$
85°	$-19{,}9$	$0{,}15$
90°	∞	0

hier, wo man die Phasenverschiebung als „Fehlwinkel" bezeichnet, indirekte Verfahren erforderlich. Als solche kommen Brücken- oder Kompensationsschaltungen in Frage (§§ 31, 35, 69). Der Fehler $\delta\tau$ der Kontaktphase läßt sich, wenn die Meßgrößen sinusförmig sind, praktisch in der Größenordnung $0{,}1^\circ$ halten. Nach Tab. 7 bleibt dann der Fehler bei $10^\circ < \varphi_1 < 80^\circ$ kleiner als 1%, bei $30^\circ < \varphi_1 < 60^\circ$ kleiner als $0{,}3\%$, d. h. in diesen Grenzen ist die Komponentenmessung, die man als nützlichste Anwendung des Meßkontaktes bezeichnen könnte, genau und läßt sich bei einer Unzahl praktischer Meßaufgaben mit Erfolg anwenden, wo andere, indirekte Verfahren (Oszillograph, Leistungsmesser, Brücken, Kompensatoren) lästiger oder unempfindlicher sein würden.

Bei der Komponentenmessung besteht gegenüber der Messung der Gesamtgrundwelle eine erhöhte Gefahr von Fehlern durch Oberwellen, da der Nenner in Gl. (12.7) kleiner als $\sqrt{A_1^2 + B_1^2}$ wird. Bei großer Phasenverschiebung nähert er sich dem Wert null, so daß schon bei verhältnismäßig kleinem Oberwellengehalt ein großer Oberwellenfehler auftreten kann. Da das Oberwellenspektrum der Meßgröße im allgemeinen nicht bekannt ist, kann dieser Fehler nicht ohne weiteres nach Gl. (12.7) berechnet werden. Manchmal ist jedoch die Amplitude U_n der Oberwellen (ohne Kenntnis ihrer Phasenlage) im Verhältnis zur Grundwelle U_1 schätzungsweise bekannt. Man erhält dann zur Abschätzung des Oberwellenfehlers entsprechend Gl. (12.10):

$$F \leq \sum_{n>1} \frac{S_1}{S_n}\,\frac{\varepsilon_n}{\varepsilon_1}\,\frac{U_n}{U_1 \cos\varphi_1}, \quad (5)$$

wobei $U_1 \cos\varphi_1$ die zu messende Komponente der Grundwelle U_1 ist. Man kann zur Kontrolle des Oberwellenfehlers nacheinander Meßverfahren mit zunehmender Ausschaltung der Oberwellen anwenden, zunächst Einfachmessung mit 180°, dann mit 120/240°, dann Doppelmessung. Manchmal kann man die speisende Netzspannung durch Siebmittel reinigen. Hat diese Reinigung keinen Einfluß auf die Messung, ist kein Oberwellenfehler vorhanden. Man kann zur weiteren Kontrolle statt der Komponenten des Stromes in bezug auf die Spannung auch die Komponenten der Spannung in bezug auf den Strom und außerdem (nach § 14) den Phasenwinkel φ_1 zwischen Strom und Spannung und letztere selbst messen. Stimmen diese Messungen entsprechend den geometrischen Beziehungen des Vektordiagramms (Abb. 30, S. 51) miteinander überein, ist kein Oberwellenfehler vorhanden.

Im folgenden werden Formeln angegeben, die es gestatten, die Grundwellenkomponenten aus dem Gesamtausschlag $U_{(\tau)}$ bzw. $\alpha_{(\tau)}$ zu berechnen, wenn die Oberwellen bekannt sind[1]. Aus Gl. (11.4) folgt für $\omega\, t = \frac{\pi}{2}$:

$$A_1 = U_{\left(\frac{\pi}{2}\right)} - (-A_3 + A_5 - A_7 + - \cdots)$$
$$- (-B_2 + B_4 - B_6 + - \cdots) \tag{6}$$

und für $\omega\, t = 0$:

$$B_1 = U_{(0)} - (B_2 + B_3 + B_4 + \cdots) . \tag{7}$$

Hat man die Oberwellenkomponenten nach § 14 in Differenzierschaltungen gemessen, so liefern diese Schaltungen unmittelbar auch die Augenblickswerte $U_{\left(\frac{\pi}{2}\right)}$ und $U_{(0)}$, so daß A_1 und B_1 nach Gl. (6) und Gl. (7) berechnet werden kann.

Die Gl. (6) und Gl. (7) lassen sich auf folgende Weise verallgemeinern und dann auch auf Schaltungen mit ohmschen Vorwiderständen anwenden: Bezeichnet man mit $\alpha_{1(\tau)}$, $\alpha_{2(\tau)}$, $\alpha_{3(\tau)}$ ... die von den Teilwellen herrührenden Anteile des Gesamtausschlages des Instrumentes bei beliebiger Kontaktphase τ, so ist:

$$\alpha_{1(\tau)} = \alpha_{(\tau)} - (\alpha_{2(\tau)} + \alpha_{3(\tau)} + \cdots) . \tag{8}$$

Setzt man Gl. (96.2) in Gl. (8) ein, ergibt sich mit $u_{gl\,n} = c\,\alpha_n$:

$$A_1 \sin(\tau + p) + B_1 \cos(\tau + p) =$$
$$\frac{S_1\,c}{\varepsilon_0\,\varepsilon_1} \alpha_{(\tau)} - \sum_{n>1} \frac{\varepsilon_n\,S_1}{\varepsilon_1\,S_n} [A_n \sin(n\,\tau + p) + B_n \cos(n\,\tau + p)] . \tag{9}$$

Gl. (9) gilt für alle Schaltungen und Schließzeiten. Für den Sonderfall der Differenzierschaltungen ($p = \frac{\pi}{2}$; $S_1 = n\,S_n$) mit $T_k = 180°$ ($\varepsilon_1 = n\,\varepsilon_n$) entstehen, wenn nur ungerade Oberwellen auftreten, aus Gl. (9) für $\tau = 0$ und $\tau = \frac{\pi}{2}$ die Gl. (6) und Gl. (7), da

$$\frac{S_1\,c}{\varepsilon_0\,\varepsilon_1} \alpha_{(0)} = U_{\left(\frac{\pi}{2}\right)} \qquad \text{und} \qquad \frac{S_1\,c}{\varepsilon_0\,\varepsilon_1} \alpha_{\left(\frac{\pi}{2}\right)} = U_{(0)}$$

---

[1] Frequenz Bd. 2 (1948) S. 296/303.

ist. Für ohmsche Vor- und Nebenwiderstände und symmetrische Kurven (n ungerade!) wird aus Gl. (9) bei $T_k = 180°$ ($p = 0$; $S_1 = S_n = S$; $\varepsilon_1 = 1$):

$$A_1 = \frac{S\,c}{\varepsilon_0}\,\alpha_{(\frac{\pi}{2})} - \frac{1}{3}\,A_3 - \frac{1}{5}\,A_5 - \cdots$$
$$B_1 = \frac{S\,c}{\varepsilon_0}\,\alpha_{(0)} + \frac{1}{3}\,B_3 - \frac{1}{5}\,B_5 + \frac{1}{7}\,B_7 - + \cdots \qquad (10)$$

und bei 120/240° Schließzeit ($\varepsilon_1 = 0,866$):

$$A_1 = \frac{S\,c}{0,866\,\varepsilon_0}\,\alpha_{(\frac{\pi}{2})} + \frac{1}{5}\,A_5 + \frac{1}{7}\,A_7 - \frac{1}{11}\,A_{11} - \frac{1}{13}\,A_{13} \cdots$$
$$B_1 = \frac{S\,c}{0,866\,\varepsilon_0}\,\alpha_{(0)} + \frac{1}{5}\,B_5 - \frac{1}{7}\,B_7 + \frac{1}{11}\,B_{11} - \frac{1}{13}\,B_{13} \cdots . \qquad (11)$$

Die Gl. (10) und Gl. (11) lassen sich dann zur Berechnung der Grundwellenkomponenten A_1 und B_1 benutzen, wenn die Oberwellenkomponenten nach § 14 aus der Integralkurve bestimmt wurden, da letztere unmittelbar auch das erste Glied auf der rechten Seite von Gl. (10) und Gl. (11) ergibt. Aus A_1 und B_1 ergibt sich die Gesamtamplitude:

$$U_1 = \sqrt{A_1^2 + B_1^2}\,. \qquad (12)$$

Der Grundwellenanteil α_1 eines Instrumentausschlages läßt sich übrigens ganz allgemein auch aus Gl. (8) berechnen, wenn die Oberwellenanteile α_n nach Gl. (14.3) gemessen werden.

Einfacher als die in Gl. (6) bis Gl. (12) angegebene Berechnung ist die Doppel- bzw. Vierfachmessung, die in § 12 beschrieben wurde. Die Gl. (6) bis Gl. (12) bieten aber nützliche Kontrollmöglichkeiten, wenn eine Meßgröße nach §§ 12 bis 14 in Grund- und Oberwellen analysiert wurde, wie z. B. in Tab. 8, S. 46.

14. Oberwellenmessung. Mit Resonanzkreisen, Siebketten, Hoch- und Tiefpässen usw. kann aus einer verzerrten Wechselstromgröße jede Teilwelle abgesondert und für sich gemessen werden. Derartige Oberwellenmeßgeräte sind darauf angewiesen, daß die Meßgröße normale Grundfrequenz (z. B. 50 Hz) hat und genügend ergiebig ist. Sie haben eine Unsicherheit von vielleicht $\pm 2\%$ und geben nur die Amplitude, nicht die Phasenlage der Oberwellen. — Liegt ein Oszillogramm der Meßgröße vor, können aus ihm nach den bekannten Verfahren die Teilwellen, und zwar auch ihre Phasenlage, d. h. ihre beiden Komponenten, ermittelt werden[1]. Statt mit dem Oszillographen kann dabei der zeitliche Verlauf der Meßgrößen mit dem Meßkontakt punktweise aufgenommen werden (§ 2). Letzteres ist genauer und empfindlicher als der Oszillograph, aber auf stationäre Wechselstromgrößen beschränkt.

---

[1] HUSSMANN, A.: Rechn. Verfahren zur harmon. Analyse u. Synthese. Springer 1938 (mit weiterer Literatur).

Zur direkten Messung der Oberwellenkomponenten läßt sich der Meßkontakt auf folgende, dem Verfahren von Fischer-Hinnen entsprechende Weise benutzen[1]: Für eine beliebige, auch unsymmetrische und
mit Gleichstromglied behaftete periodische Funktion $\alpha = f(\tau)$ gilt folgender Satz: Teilt man die Periode T ausgehend von einer beliebigen Phase τ_0
in $2\,n$ gleiche Teilstrecken von der Breite $\Delta = \dfrac{T}{2\,n}$ (Abb. 23a) und bildet man die Summe

$$\sum_{2\,n} \alpha \equiv \alpha_{\tau_0} - \alpha_{\tau_0 + \Delta} + \alpha_{\tau_0 + 2\Delta} - + \cdots - \alpha_{\tau_0 + (2\,n - 1)\Delta}\,, \tag{1}$$

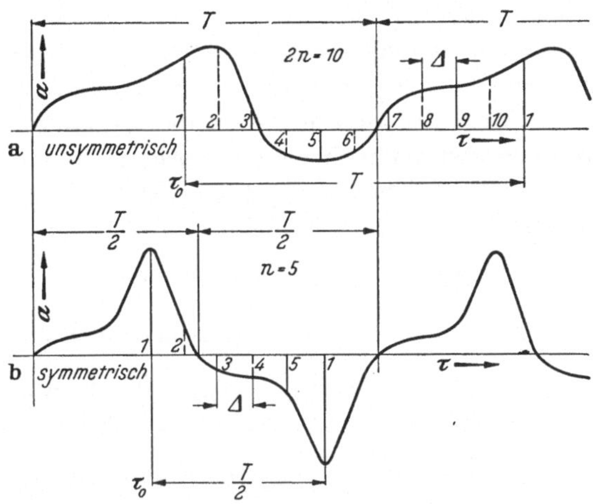

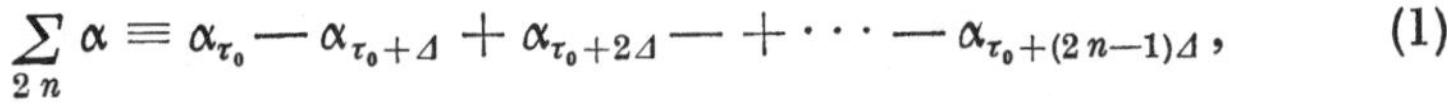

Abb. 23a u. b.

Zur Oberwellenmessung bei unsymmetrischen (a) und symmetrischen (b) Meßgrößen

so ist die Ordinate α_n der $n$ten Oberwelle an der Stelle τ_0:

$$\alpha_n = \frac{1}{2\,n} \sum_{2\,n} \alpha - (\alpha_{3n} + \alpha_{5n} + \alpha_{7n} + \cdots). \tag{2}$$

Der Klammerausdruck ist eine Korrektur, die in manchen Fällen gar
nicht oder nur mit dem ersten Glied berücksichtigt werden braucht.
Sind nur ungerade Oberwellen und kein Gleichstromglied vorhanden
(symmetrische Kurven), so kann die Summierung Gl. (1) auf *eine* Halbwelle beschränkt bleiben (Abb. 23b), Es ist dann, wenn man die Summe

$$\sum_{n} \alpha \equiv \alpha_{\tau_0} - \alpha_{\tau_0 + \Delta} + \alpha_{\tau_0 + 2\Delta} - + \cdots + \alpha_{\tau_0 + (n - 1)\Delta} \tag{1a}$$

bildet, die Ordinate der $n$ten Oberwelle an der Stelle τ_0:

$$\alpha_n = \frac{1}{n} \sum_{n} \alpha - (\alpha_{3n} + \alpha_{5n} + \cdots). \tag{2a}$$

---

[1] Frequenz, Bd. 2 (1948) S. 296/303.

Daraus wird, wenn nur die Oberwellen bis $n = 25$ berücksichtigt werden:

$$\left.\begin{aligned}
\alpha_3 &= \frac{1}{3} \sum_3 \alpha - (\alpha_9 + \alpha_{15} + \alpha_{21}) \\[2mm]
\alpha_5 &= \frac{1}{5} \sum_5 \alpha - (\alpha_{15} + \alpha_{25}) \\[2mm]
\alpha_7 &= \frac{1}{7} \sum_7 \alpha - \alpha_{21} \\[2mm]
\alpha_9 &= \frac{1}{9} \sum_9 \alpha \qquad \text{usw.}
\end{aligned}\right\} \tag{3}$$

In manchen Fällen wird man die Oberwellen $n > 13$ vernachlässigen können, die obigen Gleichungen vereinfachen sich dann entsprechend ($\alpha_{15} = 0$; $\alpha_{21} = 0$; $\alpha_{25} = 0$). In Abb. 24 ist das Verfahren für den Fall, daß nur Grundwelle und dritte Oberwelle vorhanden sind, veranschaulicht. Beide Wellen sind in bezug auf den (willkürlich gewählten) Zeitpunkt τ_0 in Komponenten zerlegt gezeichnet. Bildet man für $n = 3$, also $\Delta = \dfrac{T}{2\,n} = 60°$, die Summe Gl. (2a), so ergibt sich:

$$\sum_3 \alpha = \alpha_{\tau_0} - \alpha_{\tau_0 + 60°} + \alpha_{\tau_0 + 120°} = 3\,B_3 , \tag{4}$$

da in den drei Zeitpunkten τ_0, $\tau_0 + 60°$, $\tau_0 + 120°$ die Augenblickswerte der A_3-Komponente null sind und $\sum_3 \alpha$ für die beiden Komponenten der Grundwelle ebenfalls null ist. ($B_1 - 0{,}5\,B_1 - 0{,}5\,B_1 = 0$ und $0 - 0{,}866\,A_1 + 0{,}866\,A_1 = 0$). Bildet man die Summe ausgehend von $\tau_0 + 30°$ so wird $\sum_3 \alpha = 3\,A_3$, man erhält also die zweite Komponente der dritten Oberwelle. Die Ausführung dieses Verfahrens mit dem Meßkontakt ist deshalb besonders einfach, weil die Kurve der Meßgröße gar nicht gezeichnet werden braucht. Vielmehr kann man die Instrumentausschläge α_{τ_0}, $\alpha_{\tau_0 + \Delta}$ usw.

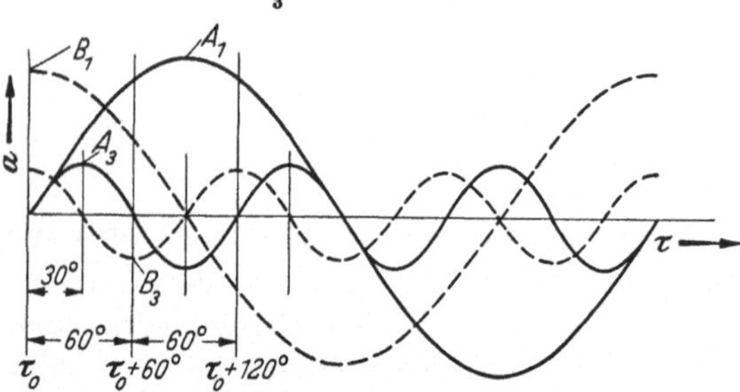

Abb. 24. Messung der dritten Oberwelle.

nach Einstellen der Kontaktphase auf τ_0, $\tau_{0+\Delta}$ usw. direkt ablesen. Dabei ist es belanglos, mit welcher Schaltung (ohmsche Vorwiderstände oder Differenzierschaltungen) und mit welcher Schließzeit gemessen wird. Die Gl. (3) ergeben jeweils denjenigen Anteil α_n des Instrumentausschlags, der in der gewählten Ausgangsstellung τ_0 von der Oberwelle herrührt. Um daraus die Oberwelle in Ampere oder Volt zu erhalten, muß nach Gl. (96.5) durch die Oberwellenempfindlichkeit der betreffenden Schaltung und

Schließzeit dividiert werden. Beispielsweise ist, wenn die Schaltung für die Grundwelle einen Meßbereich $U_{1\,voll}$ hat:

$$U_n = \frac{\varepsilon_1}{\varepsilon_n}\ U_{1\,voll}\ \frac{\alpha_n}{\alpha_{voll}} \, . \tag{5}$$

Dabei ist U_n *Amplitude* oder *Effektivwert*, je nachdem, ob $U_{1\,voll}$ *Scheitelwerte* oder *Effektivwerte* meint. Man wird zur Erhöhung der Meßgenauig-

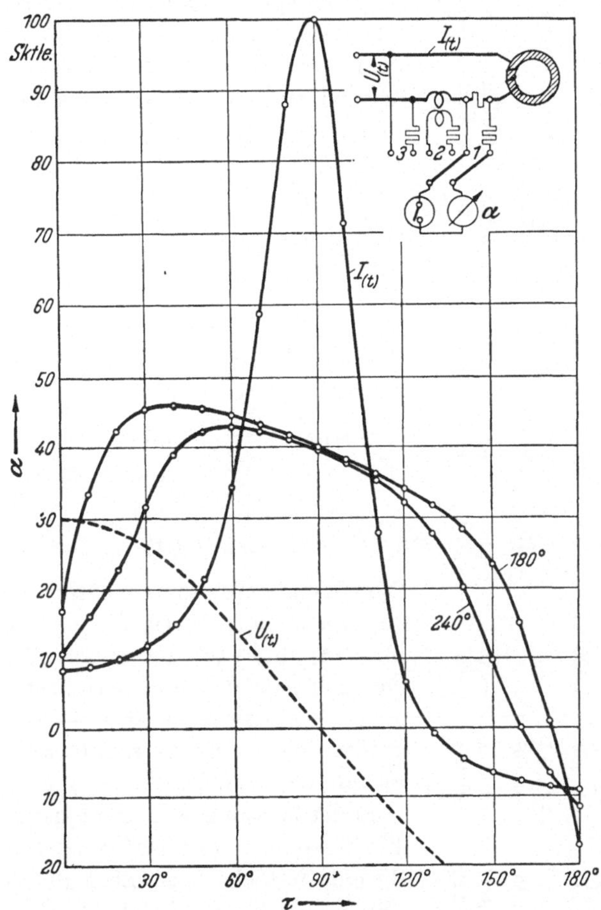

Abb. 25. Zeitlicher Verlauf und Integralkurven eines Magnetisierungsstromes, SiFe-Ringbandkern $B_{max} = 16\,000$ Gauß, $H_{max} \approx 5$ A/cm. (In Stellung 3 wird mit $T_k = 180°$ das Integral der Spannung $U_{(t)}$, d. h. der zeitliche Verlauf $B(t)$ der Induktion gemessen. Er war angenähert sinusförmig mit dem Scheitelwert bei $\tau = 90°$).

keit Schaltungen mit großem ε_n, also Differenzierschaltungen bevorzugen, kann mit geringerer Empfindlichkeit die Oberwellen aber auch mit ohmschen Vor- und Nebenwiderständen messen.

Ein Beispiel möge das beschriebene Verfahren veranschaulichen: In der Schaltung Abb. 25 wurde der Magnetisierungsstrom von zwei Eisenkernen (geschichteter Blechkern bei $B_{max} = 11\,000$ Gauß und Ringbandkern aus Siliziumeisen bei $B_{max} = 16\,000$ Gauß) auf Oberwellen untersucht, und zwar in Stellung 2 aus dem zeitlichen Verlauf des Stromes, in Stellung 1 aus Integralkurven mit 180° und 240° Schließzeit. Abb. 25 zeigt für den Fall des Ringbandkernes die gemessenen Strom bzw. Integralkurven $\alpha = f(\tau)$. Die Stelle $\tau = 0$ entsprach dabei dem Scheitelwert der sinusförmigen Spannung U. Die Messungen am Ringbandkern sind in Tab. 8 ausgewertet. Beispielsweise ergab sich aus der Integralkurve 180° bei $\tau = 0$ (Wirkkomponenten) nach Gl. (3)

$$\alpha_3 = \frac{1}{3} \sum_3 \alpha = \frac{1}{3}(16,9 - 44,8 + 34,8)$$
$$= 2,3 \text{ Sktle.} \tag{6}$$

Stellung 1 in Abb. 25 war ein abgeglichener Meßbereich $I_{voll} = 0,5$ „A_{eff}", $\alpha_{voll} = 100$ Sktl, $T_K = 180°$, so daß sich nach Gl. (5) mit $\varepsilon_1 = 1$, $\varepsilon_n = \varepsilon_{3\,180°} = -\dfrac{1}{3}$ ergibt:

$$I_{3W} = -3 \cdot 0,5 \frac{2,3}{100} = -0,034 \, A_{eff}$$
$$= -0,048 \, A_{max} . \tag{7}$$

Die Grundwellenkomponenten wurden aus den gemessenen Oberwellen nach §13 Gl. (7), (8), (14) und (15) berechnet. Tab. 8 zeigt, daß sich nach den drei Verfahren angenähert gleiche Oberwellenspektren ergeben. Die größte Abweichung beträgt etwa 2% der Amplitude der Grundwelle. (Die Frequenz während der Messung war nicht ganz konstant.) Die Messung in der Differenzierschaltung ist die empfindlichste, verdient also den Vorzug. Mit $T_k = 240°$ muß sich für die dritte und neunte Oberwelle $\sum \alpha = 0$ ergeben, was angenähert der Fall war. In Tab. 9 sind die Oberwellenkomponenten beider Kerne in Prozenten der betreffenden Grundwellenkomponenten zusammengestellt.

Bei kleinem Oberwellengehalt kann man zur Steigerung der Genauigkeit doppelte Differenzierschaltungen anwenden (Tab. 19H,

Tabelle 8. *Wirk- und Blindkomponenten der Teilwellen des Magnetisierungsstromes in Abb. 25, ermittelt aus den Integralkurven und aus dem zeitlichen Verlauf.*

ermittelt aus		$I_{1\,max}$	I_{max}	$I_{13\,max}$	$I_{11\,max}$	$I_{9\,max}$	$I_{7\,max}$	$I_{5\,max}$	$I_{3\,max}$
Integralkurve 180°	Wirk	0,096	0,119	~0	~0	~0	−0,009	0,026	−0,048
	Blind	0,339	0,285	0,003	−0,015	0,025	−0,050	0,114	−0,215
Integralkurve 240°	Wirk	0,096	0,089	~0	~0		−0,012	0,026	
	Blind	0,344	0,329	−0,005	−0,014		−0,058	0,106	
zeitlichem Verlauf $I_{(t)}$	Wirk	0,095	0,065	~0	~0	~0	−0,008	0,027	−0,049
	Blind	0,345	0,765	0,003	−0,010	0,025	−0,056	0,110	−0,215

Tabelle 9 a u. b. *Oberwellengehalt (Wirk- und Blindkomponente) von Magnetisierungs-strömen bei sinusförmiger Induktion.*

a) *SiFe-Ringbandkern $B_{max} = 16\,000$ Gauß, $H_{max} \approx 5$ A/cm. Abb. 25 u. Tab. 8.*

	1.	3.	5.	7.	9.	11.	13.
Wirk	100%	— 52%	28%	— 8%	—	—	—
Blind	100%	— 62%	32%	— 16%	7%	— 3%	1%

b) *SiFe-Blechkern $B_{max} = 11\,000$ Gauß, $H_{max} \approx 4{,}4$ A/cm.*

	1.	3.	5.	7.	9.	11.	13.
Wirk	100%	— 12%	—	—	—	—	—
Blind	100%	— 32%	5%	— 2%	—	—	—

S. 202) oder die Grundwelle durch Filter, Brücken oder Kompensations-schaltungen gänzlich von den Oberwellen trennen (Abb. 18). Mit zunehmender Ordnungszahl der Oberwellen wird ihre Messung schwieriger, da das Ergebnis sich als Differenz vieler Einzelwerte ergibt.

15. Messung des Phasenwinkels. Statt mit dem Phasenwinkel arbeitet man in der Regel besser mit den Wirk- und Blindkomponenten; manchmal, beispielsweise zur Konstruktion von Vektordiagrammen, interessiert aber auch der Winkel selbst. Man bestimmte ihn früher oszillographisch oder indirekt aus Strom, Spannung und Leistung, da es kein direktes Meßverfahren für ihn gab.

Diese Lücke wird vom Meßkontakt ausgefüllt. Man könnte die Winkelmessung mit ihm derart ausführen, daß man die Kontaktphase bei beiden Meßgrößen auf maximalen Instrumentausschlag dreht und die Differenz der Phaseneinstellungen abliest. Dieses Verfahren wäre aber ungenau, weil sich bei maximalem Instrumentausschlag letzterer nur wenig mit der Kontaktphase ändert. Viel genauer ist es, statt auf Maximum auf Null des Instrumentausschlages einzustellen. Abb. 26 veranschaulicht das Verfahren. In Stellung 1 regelt man τ_1 auf $u_{gl} = 0$, danach in Stellung 2 in gleicher Weise τ_2 auf $u_{gl} = 0$. Dann ist:

$$\varphi = \tau_1 - \tau_2 . \tag{1}$$

Das Verfahren setzt voraus, daß R und r_n fehlwinkelfrei sind ($\delta_1 = 0$, $\delta_2 = 0$) bzw. gleichen Phasenwinkel haben ($\delta_1 = \delta_2$). Ist dies nicht der Fall, wird nach Abb. 27:

$$\varphi = \varphi' - \delta_1 + \delta_2 . \tag{2}$$

Die Unsicherheit der Ablesung des Winkels φ an der Skala eines Meßkontaktes ist praktisch $\approx 0{,}1°$, es genügt daher, δ_1 und δ_2 kleiner als $0{,}1°$ zu halten. Bezüglich des Richtungssinnes von φ gelten die Regeln §§ 100 und 101.

Die Winkelmessung kann (bei sinusförmigen Meßgrößen) an sich mit beliebiger Schließzeit ausgeführt werden. Für die Empfindlichkeit der Einstellung gilt folgendes: Nach Gl. (96.2) ist bei Sinusform das Verhältnis des Instrumentausschlags α_{max} bei Vollausschlag ($n\,\tau + p = \frac{\pi}{2}$) zum Instrumentausschlag $\delta\,\alpha$ bei um $\delta\,\varphi$ fehlerhafter Nulleinstellung ($n\,\tau + p = \delta\,\varphi$):

$$\frac{\delta\,\alpha}{\alpha_{max}} = \sin\delta\,\varphi \qquad \text{also:} \qquad \delta\,\varphi^0 \approx 57{,}3\,\frac{\delta\,\alpha}{\alpha_{max}}\,. \tag{3}$$

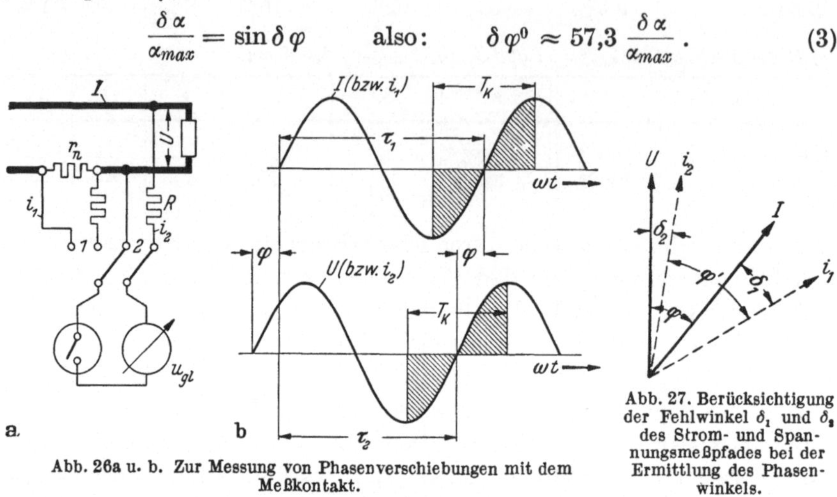

a.   b. Abb. 26a u. b. Zur Messung von Phasenverschiebungen mit dem Meßkontakt.

Abb. 27. Berücksichtigung der Fehlwinkel δ_1 und δ_2 des Strom- und Spannungsmeßpfades bei der Ermittlung des Phasenwinkels.

Bleibt z. B. bei der Nulleinstellung ein Restausschlag $\delta\,\alpha = 0{,}2$ Sktl. und ist im Maximum $\alpha_{max} = 100$ Sktl., so wird die Phase der Grundwelle nur um den Winkel $\delta\,\varphi \approx 0{,}1°$ falsch gemessen. Bei kleinen Werten α_{max} werden diese Fehler aber groß. Man muß Winkelmessungen daher möglichst mit $\alpha_{max} = \alpha_{voll}$ ausführen. Vor der Messung muß die Zeigerstellung des stromlosen Instrumentes (Nullpunkt) kontrolliert werden.

Durch Oberwellen und überlagerten Gleichstrom kann die Messung des Phasenwinkels gefälscht werden. Nach Gl. (71.8) lautet die Bedingung für verschwindenden Instrumentausschlag für eine Spannung entsprechend Gl. (71.8) ($B_1 = 0$, Gleichstromglied A_0):

$$u_{gl} = 0 = \varepsilon_{0\,T_k}\,A_0 \pm \varepsilon_{1\,T_k}\,A_1\sin\delta\,\varphi + \varepsilon_{2\,T_k}\,A_2\sin 2\,\delta\,\varphi$$

$$\pm\,\varepsilon_{3\,T_k}\,A_3\sin 3\,\delta\,\varphi\cdots + \varepsilon_{2\,T_k}\,B_2\cos 2\,\delta\,\varphi \pm \varepsilon_{3\,T_k}\,B_3\cos 3\,\delta\,\varphi\cdots. \tag{4}$$

Dabei gilt das positive Zeichen für den aufsteigenden Nulldurchgang ($\tau = 0$), das negative für den absteigenden ($\tau = \pi$). Aus Gl. (4) folgt für den Fehler der Phasenmessung, solange er klein ist:

$$\sin\delta\,\varphi \approx \delta\,\varphi \approx -\left[\pm\frac{\varepsilon_{0\,T_k}}{\varepsilon_{1\,T_k}}\frac{A_0}{A_1} \pm \frac{\varepsilon_{2\,T_k}}{\varepsilon_{1\,T_k}}\frac{B_2}{A_1} + \frac{\varepsilon_{3\,T_k}}{\varepsilon_{1\,T_k}}\frac{B_3}{A_1} \pm + \cdots\right]. \tag{5}$$

Für $T_k = 180°$ wird aus Gl. (5) mit Gl. (71.7) und Gl. (71.18):

$$\delta\,\varphi^0 = -\,57{,}3\left[\pm\frac{\pi}{2}\frac{A_0}{A_1} - \frac{1}{3}\frac{B_3}{A_1} + \frac{1}{5}\frac{B_5}{A_1} - + \cdots\right]. \tag{6}$$

Ein Gleichstromglied $A_0 = 0{,}01\,A_1$ hat also bei $T_k = 180°$ im aufsteigenden Nulldurchgang einen Winkelfehler $\delta\varphi^0 = -\,0{,}9°$ zur Folge; eine dritte Oberwelle $B_3 = 0{,}03\,A_1$ fälscht bei $T_k = 180°$ die Messung um $\delta\varphi = +\,0{,}6°$. Für den aufsteigenden und den absteigenden Nulldurchgang ändert der vom Gleichstromglied und von den geradzahligen Oberwellen herrührende Anteil des Winkelfehlers $\delta\varphi$ sein Vorzeichen. Diese Glieder bewirken daher, daß die beiden Nullstellungen nicht genau um 180° gegeneinander versetzt sind, was zur Kontrolle auf Gleichstromglied und — bei $T_k \neq 180°$ — auf geradzahlige Oberwellen benutzt werden kann. Sind nicht die Oberwellenkomponenten, sondern nur die Gesamtamplituden der Oberwellen im Verhältnis zur Grundwelle bekannt, kann man den Winkelfehler nach folgender, aus Gl. (5) hergeleiteten Formel schätzen:

$$\delta\varphi \leq \left|\frac{\varepsilon_0\,T_k}{\varepsilon_1\,T_k}\,\frac{U_{gl}}{U_1}\right| + \left|\frac{\varepsilon_2\,T_k}{\varepsilon_1\,T_k}\,\frac{U_2}{U_1}\right| + \left|\frac{\varepsilon_3\,T_k}{\varepsilon_1\,T_k}\,\frac{U_3}{U_1}\right| + \cdots . \tag{5a}$$

Wählt man nach Tab. 4, S. 31 Schließzeiten, für welche die Oberwellenempfindlichkeit $\varepsilon_{n\,T_k} = 0$ ist, so verursacht die entsprechende Oberwelle keinen Fehler der Phasenmessung. Dadurch, daß man nacheinander mit Schließzeiten mißt, die verschiedene Oberwellen ausschalten, läßt sich im Einzelfall abschätzen, in welchem Umfange Oberwellen die Winkelmessung unsicher machen.

Nach Möglichkeit wird man den Phasenwinkel mit ohmschen Vor- und Nebenwiderständen messen, da bei ihnen die Oberwellen gegenüber der Grundwelle stärker zurücktreten als bei Differenzierschaltungen. Ist man — z. B. bei der Messung großer Ströme mit dem magnetischen Spannungsmesser — gezwungen, Differenzierschaltungen zu verwenden, ist auf die Oberwellen besonders achtzugeben.

Ist von zwei Meßgrößen, deren gegenseitige Phase zu bestimmen ist, wenigstens eine

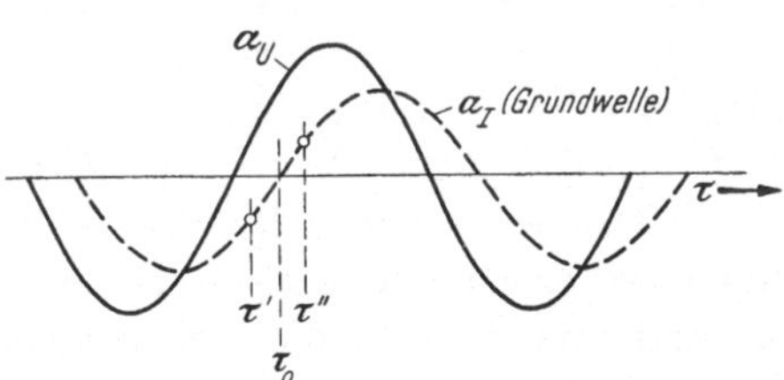

Abb. 28. Interpolation auf die Nullstelle der Grundwelle bei einer verzerrten Meßgröße.

(U in Abb. 28) sinusförmig, so wählt man diese als Bezugsgröße. Ist die zweite (I in Abb. 28) derart verzerrt, daß man auch bei Ausschaltung einzelner Oberwellen durch entsprechend gewählte Schließzeit die Grundwelle nicht genügend genau mißt (was sich nach Tab. 2, S. 9 prüfen läßt), so muß für sie Doppel- oder Vierfachmessung angewendet werden. Und zwar mißt man nach § 13 die Komponenten der Grundwelle an zwei Stellen τ' und τ'' kurz vor und kurz hinter der vermuteten Nullstelle und interpoliert auf letztere (Abb. 28). — Sind beide Meßgrößen so stark verzerrt, daß man durch Ausschalten einer einzelnen Oberwelle bei keiner von beiden ausreichende Sinusform der Integralkurve erzielt, müssen von beiden Meßgrößen nach dem eben angegebenen Interpolationsverfahren die Nullstellen der Grundwelle ermittelt werden, ihre Differenz ist dann die Phasenverschiebung der beiden Grundwellen. Man kann verzerrte Meßgrößen auch durch Filter von ihren Oberwellen befreien[1]. Da durch Filter die Phase, besonders bei Frequenzabweichungen vom Sollwert, verschoben wird, verwendet man zweckmäßig für beide Meßgrößen das gleiche Filter [$\delta_1 = \delta_2$ in Gl. (2)]. Die Phasenlage von Oberwellen bestimmt man durch Messung ihrer beiden Komponenten nach § 14 oder nach dem oben angegebenen Interpolationsverfahren.

Die Messung des Phasenwinkels statt der Wirk- und Blindkomponenten ist dann zu empfehlen, wenn man sich schnell einen Überblick über die Phasenverhältnisse verschaffen will. Außerdem kann sie zur Kontrolle der Komponentenmessung benutzt werden (Abb. 30). Schließlich kann man bei schwankender Amplitude der Meßgröße in manchen Fällen ihren Phasenwinkel leichter messen als ihre Komponenten. Eine Sonderanwendung findet die Winkelmessung bei der Ermittlung der Erwärmung von Luftspulen (§ 30).

Die Messung von Fehlwinkeln, also sehr kleinen Winkeln oder sehr kleinen Abweichungen der Winkel von 90° nach dem hier angegebenen direkten Verfahren wird auch bei sinusförmigen Meßgrößen ungenau. Immerhin läßt sich der Fehlwinkel eines normalen Papierkondensators ($\approx 0{,}5°$) im direkten Verfahren noch nachweisen. Um dabei zusätzliche Fehler durch die 90°-Schwenkung zu vermeiden, kann man die Phase des Stromes über eine (fehlwinkelfreie) Gegeninduktivität messen (Abb. 186). Oberwellen sind dabei durch die Schließzeit oder durch Filterung der speisenden Spannung auszuschalten. Der Eigenverbrauch des Instrumentes muß genügend klein sein (§§ 76 und 77).

16. Ausmessen von Vektordiagrammen. Das Arbeiten von Wechselstromschaltungen und -geräten läßt sich anschaulich machen durch Vektordiagramme, welche die Phasenbeziehungen der Ströme und Spannungen ähnlich wie Kräftepläne der Mechanik darstellen. Die Möglichkeit, derartige Diagramme mit dem Meßkontakt direkt auszumessen, ist daher von besonderem Interesse. Durch Verwendung von Lichtzeigerinstrumenten kann der Eigenverbrauch des Meßkontaktes so verringert werden, daß er auch kleine Meßobjekte (Netzmodelle!) nicht beeinflußt. Durch die in §§ 12 und 13 beschriebenen Verfahren können Oberwellen aus der Messung ausgeschaltet werden. Während der Ausmessung hält man die Speisespannung (U in Abb. 29) mit einem Regelumspanner konstant. Den Meßkontakt erregt man direkt von der Spannung U. Mit diesen Vorsichtsmaßregeln lassen sich Vektordiagramme recht genau aus-

---

[1] Poleck, H.: Frequenz, Bd. 5 (1951) S. 255/66.

messen. Jeden Spannungs- oder Stromvektor kann man dabei entweder nach Größe und Phasenwinkel oder nach Komponenten messen, woraus sich entsprechend den Gleichungen in Abb. 30 Kontrollmöglichkeiten ergeben. Weitere Kontrollen ermöglichen die KIRCHHOFFschen Sätze[1], wonach in jedem Verzweigungspunkt die Summe aller ab- oder zufließenden Ströme null ist ($\sum I = 0$) und in jedem beliebigen, aus Gliedern der Schaltung gebildeten geschlossenen Kreis die Summe aller Spannungen (Spannungsabfälle und elektromotorische Kräfte) null ist ($\sum U = 0$). Die Spannungen kann man dabei alle auf einen Punkt der Schaltung beziehen (O in Abb. 29), so daß jedem anderen Punkt ein vektorielles Potential gegenüber diesem Bezugspunkt zugeordnet ist und die Spannung zwischen zwei beliebigen Punkten im Diagramm als vektorieller Abstand beider Punkte erscheint. Die Ausmessung der Potentialdiagramme erfolgt so, daß

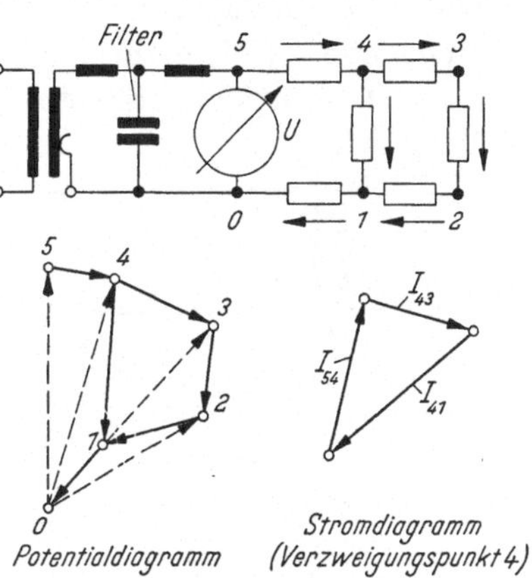

Abb. 29. Zur Ausmessung des Potential- und Stromdiagramms eines vermaschten Stromkreises. Zur Ausschaltung von Oberwellen kann bei Modellstromkreisen die Speisespannung gefiltert werden.

man der Reihe nach die Spannungen U_{04}, U_{03} usw. nach Größe und Phase in bezug auf U_{05} oder ihre Komponenten in bezug auf U_{05} mißt. Man erhält dadurch im Diagramm die Potentiale aller Verzweigungspunkte in bezug auf den Punkt O. Zur Kontrolle können danach die Spannungen U_{54}, U_{43} usw. nach Größe und Phase in bezug auf U_{05} gemessen werden, sie müssen mit den vektoriellen Abständen der Punkte im Potentialdiagramm übereinstimmen. —

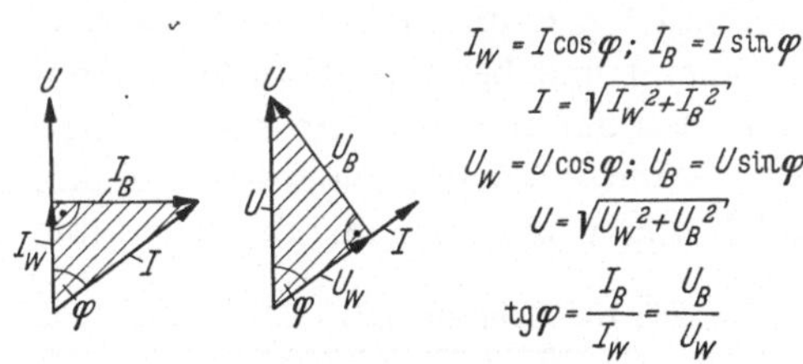

$$I_W = I\cos\varphi; \quad I_B = I\sin\varphi$$
$$I = \sqrt{I_W^2 + I_B^2}$$
$$U_W = U\cos\varphi; \quad U_B = U\sin\varphi$$
$$U = \sqrt{U_W^2 + U_B^2}$$
$$\mathrm{tg}\,\varphi = \frac{I_B}{I_W} = \frac{U_B}{U_W}$$

Abb. 30. Kontrollmöglichkeiten bei der Ausmessung von Vektordiagrammen.

Zur Strommessung ist in jeden Zweig ein induktionsfreier Nebenwiderstand einzubauen und eine positive Richtung festzulegen. Mißt man unter Berücksichtigung dieser Richtungen die Ströme eines Verzweigungspunktes nach Größe und Phase oder nach Komponenten in bezug auf U_{05}, so muß bei fehlerfreier Messung ihre vektorielle Summe null ergeben. Die Wechselstromwiderstände können auch elektromotorische

---

[1] Diese Sätze gelten sowohl für die Augenblickswerte als auch für die Vektoren von Strom und Spannung; letzteres wird hier benutzt.

Kräfte enthalten. Sind sie strom- oder spannungsabhängig (z. B. Eisendrosseln), so fließen auch bei sinusförmiger Speisespannung Oberwellen. Man zeichnet das Diagramm dann zweckmäßig aus den mit $T_k = 120/240°$ oder mit Doppel- oder Vierfachmessung ermittelten Komponenten oder arbeitet mit Siebmitteln vor dem Meßkontakt[1]. Statt für die Grundwelle kann das Vektordiagramm auch für eine Oberwelle aus den gemessenen Komponenten (§ 14) gezeichnet werden. Um Rückwirkungen des Meßstromes zu vermeiden, soll letzterer 100···1000mal kleiner als der Strom im Meßobjekt sein.

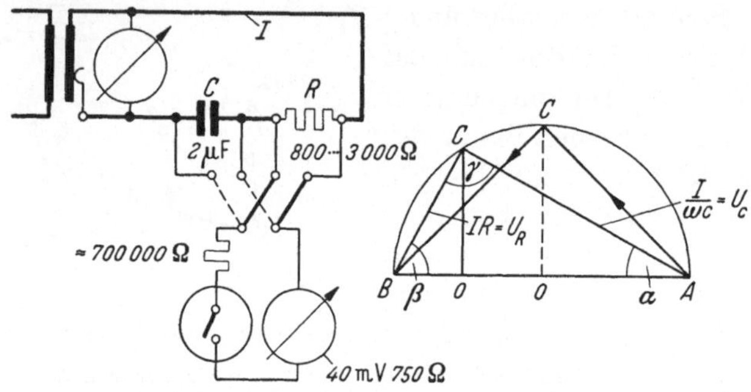

Abb. 31. Ausmessung des Kreisdiagramms der Reihenschaltung eines fehlwinkelarmen Kondensators C und eines fehlwinkelarmen Widerstandes R (Die Schaltung läßt sich zur Prüfung der Genauigkeit der Phasenwinkelmessung des Meßkontaktes benutzen).

Abb. 31 und Tab. 10 zeigen eine Schaltung zur Ausmessung der Reihenschaltung eines fehlwinkelarmen Kondensators (2 Mikrofarad) und eines Präzisionswiderstandes (800···3000 Ohm), deren Teilspannungen bekanntlich ein Kreisdiagramm bilden. Verwendet man als Instrument ein empfindliches Zeigermillivoltmeter oder Lichtmarkengalvanometer und beseitigt man Störspannungen und -ströme (§ 102), so kann man die in Tab. 10 angegebenen Beziehungen zwischen den Spannungen und Winkeln nachmessen und damit die Genauigkeit der Winkel- und Komponentenmessung des benutzten Meßkontaktes prüfen.

Tabelle 10. *Zahlenangaben zur Ausmessung des Vektordiagramms Abb. 31.*

AB	$R = \dfrac{\operatorname{tg}\alpha}{\omega C}$	R für $f=50$ Hz $C=2 \cdot 10^{-6}$ F	α	β	γ	$\dfrac{AC}{100} = \cos\alpha$	$\dfrac{BC}{100} = \sin\alpha$	$\dfrac{AO}{100} = \cos^2\alpha$	$\dfrac{OB}{100} = \sin^2\alpha$	$\dfrac{OC}{100} = \sin\alpha \cdot \cos\alpha$
100	$\dfrac{1}{\sqrt{3}\,\omega C}$	919 Ω	30°	60°	90°	0,866	0,500	0,750	0,250	0,433
100	$\dfrac{1}{\omega C}$	1592 Ω	45°	45°	90°	0,707	0,707	0,500	0,500	0,500
100	$\dfrac{\sqrt{3}}{\omega C}$	2757 Ω	60°	30°	90°	0,500	0,866	0,250	0,750	0,433

---

[1] Poleck, H.: Frequenz, Bd. 5 (1951) S. 255/66.

III. Leistungsmessung.

17. Überblick über Leistungsmessung. Der Augenblickswert der Leistung ist:

$$N_{(t)} = U_{(t)} I_{(t)} \quad [\text{Watt}] \tag{1}$$

(1 Watt $\equiv$ 1 Joule/s $\equiv 10^7$ Erg/s $= 0{,}2389$ cal/s $= 0{,}1020$ mkg/s)[1]. Bei beliebiger Kurvenform ist also der zeitliche Mittelwert N der Leistung (t_0 beliebig):

$$N = \frac{1}{T} \int\limits_{t_0}^{t_0+T} U_{(t)} I_{(t)} \, dt \, . \tag{2}$$

Sind Spannung und Strom sinusförmig und phasenverschoben gegeneinander:

$$U_{1(t)} = \sqrt{2}\, U_{1\,eff} \sin \omega t \qquad I_{1(t)} = \sqrt{2}\, I_{1\,eff} \sin (\omega t - \varphi_1) \, , \tag{3}$$

so wird aus Gl. (1):

$$N_{1(t)} = 2\, U_{1\,eff} I_{1\,eff} \sin \omega t \sin (\omega t - \varphi_1)$$
$$= U_{1\,eff} I_{1\,eff} [\cos \varphi_1 - \cos 2 (\omega t - \varphi_1)] \tag{4}$$

und daraus durch Entwicklung der Winkelfunktionen:

$$N_{1(t)} = N_{1W} (1 - \cos 2 \omega t) + N_{1B} \sin 2 \omega t, \tag{5}$$

wobei zur Abkürzung gesetzt ist:

$$\left. \begin{aligned} N_{1W} &\equiv U_{1\,eff} I_{1\,eff} \cos \varphi_1 \qquad \text{,,Wirkleistung"} \\ N_{1B} &\equiv U_{1\,eff} I_{1\,eff} \sin \varphi_1 \qquad \text{,,Blindleistung".} \end{aligned} \right\} \tag{5a}$$

In Abb. 32c ist Gl. (5) für das Beispiel eines ohmisch-kapazitiven Verbrauchers gezeichnet. Das zweite Glied auf der rechten Seite von Gl. (5) ist eine Schwingung von doppelter Grundfrequenz, deren zeitlicher Mittelwert null ist, d. h. bei abgeschaltetem Widerstand (Abb. 32a) pendelt nur Leistung zwischen Stromquelle und Kondensator mit der Frequenz $2\,f$ hin und her. Man nennt diese pendelnde Leistung ,,Blindleistung". Sie wird beim Aufbau des elektrischen Feldes im Kondensator dem Netz entnommen, beim Abbau dieses Feldes in das Netz zurückgegeben usw. Eine entsprechende Leistungspendelung tritt beim Auf- und Abbau des magnetischen Feldes in Induktivitäten auf. Das erste Glied auf der rechten Seite von Gl.(5) pulsiert zwischen null und dem positiven Höchstwert $2 N_{1W}$ (Abb. 32b) und hat nach Gl. (2) und Gl. (5) den zeitlichen Mittelwert:

$$N_1 = \frac{1}{T} \int\limits_0^T N_{1W} (1 - \cos 2 \omega t) \, dt = N_{1W} = U_{1\,eff} I_{1\,eff} \cos \varphi_1 \, . \tag{6}$$

---

[1] KOHLRAUSCH: Praktische Physik, Bd. 1 (1955) S. 13 u. 19.

Man nennt diesen zeitlichen Mittelwert der Leistung „Wirkleistung". Er wird von der Stromquelle an den Verbraucher abgegeben. Definiert man[1]:

$$N_{1S} \equiv \sqrt{N_{1W}^2 + N_{1B}^2} \qquad \text{„Scheinleistung"} \qquad (7)$$

so wird mit Gl. (5a):

$$N_{1S} = U_{1\,eff}\, I_{1\,eff} \ . \qquad (7a)$$

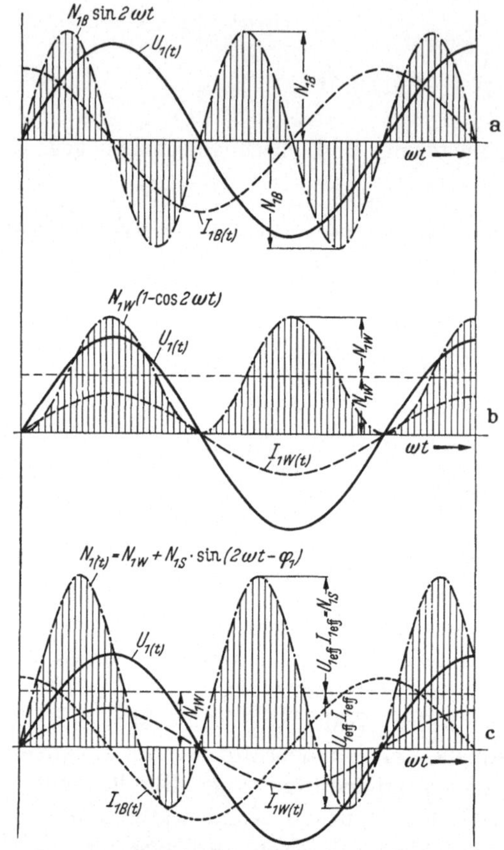

Abb. 32a—c. Darstellung der Augenblickswerte der Leistung in einem kapazitiven (a), ohmschen (b) und gemischt kapazitiv-ohmschen (c) Stromkreis.

Mit Gl. (7) wird aus Gl. (5)

$$N_{1(t)} = N_{1W} + N_{1S} \sin (2\,\omega t - \varphi) \ . \qquad (8)$$

Der zeitlich konstanten Leistung N_{1W} (Wirkleistuug) ist also eine mit $2\,f$ pulsierende Pendelleistung überlagert, deren Amplitude $U_{1eff} I_{1eff}$ man „Scheinleistung" nennt.

Sind Spannung und Strom nicht sinusförmig, sondern beide aus Grund- und Oberwellen zusammengesetzt, wobei die Phasenverschiebung der Teilwellen mit φ_n bezeichnet werde, so ergibt die Integration von Gl. (2) für den zeitlichen Mittelwert der Leistung[2]:

$$\begin{aligned} N = {}& U_{gl}\, I_{gl} \\ & + U_{1\,eff}\, I_{1\,eff} \cos \varphi_1 \\ & + U_{2\,eff}\, I_{2\,eff} \cos \varphi_2 \\ & + U_{3\,eff}\, I_{3\,eff} \cos \varphi_3 + \cdots, \end{aligned} \qquad (9)$$

d. h. jede Spannungsoberwelle liefert nur einen Leistungsbeitrag mit der Wirkkomponente des entsprechenden Teilstromes. Definiert man bei beliebig verzerrten Strömen und Spannungen in Anlehnung an Gl. (7a)[3]

$$N_S \equiv U_{eff}\, I_{eff} \qquad \text{„Scheinleistung"} \qquad (10)$$

---

[1] DIN VDE 110 (1939) Wechselstromgrößen.
[2] z. B. ARNOLD: Wechselstromtechnik, Bd. 1 S. 237/38. Springer 1922.
[3] DIN VDE 110 (1939) Wechselstromgrößen.

und

$$\lambda \equiv \frac{N_W}{N_S} \qquad \text{„Leistungsfaktor``} , \tag{11}$$

so wird mit Gl. (9):

$$\lambda = \frac{U_{1\,eff}\, I_{1\,eff} \cos\varphi_1 + U_{2\,eff}\, I_{2\,eff} \cos\varphi_2 + \cdots}{U_{eff}\, I_{eff}} . \tag{11a}$$

Definiert man ferner in Anlehnung an Gl. (7)

$$N_B \equiv \sqrt{N_S^2 - N_W^2} \qquad \text{„Blindleistung``} , \tag{12}$$

so wird daraus mit Gl. (11):

$$N_B = N_S \sqrt{1 - \lambda^2} . \tag{12a}$$

Für Sinusform von Strom und Spannung folgt aus Gl. (11a):

$$\lambda = \cos\varphi_1 , \tag{13}$$

d. h. der Leistungsfaktor ist gleich dem „Verschiebungsfaktor`` der Grundwelle.

Praktisch ist oft der Fall verwirklicht, daß die Spannung sinusförmig, der Strom jedoch verzerrt ist. (Magnetisierungsströme, Belastung großer Netze durch Gleichrichter usw.) Für diesen besonderen Fall ist in Gl. (11a) für die Oberwellen zu setzen: $U_{n\,eff} = 0$. Mit $U_{eff} = U_{1\,eff}$ wird dann:

$$\lambda = \frac{I_{1\,eff}}{I_{eff}} \cos\varphi_1 = g \cos\varphi_1 \qquad (g < 1) \tag{14}$$

$g =$ Verzerrungsfaktor [vgl. Gl. (1.7)]. Aus Gl. (9) folgt für diesen Sonderfall:

$$N_W = U_{eff}\, I_{1\,eff} \cos\varphi_1 , \tag{15}$$

d. h. nur die Grundwelle des Stromes liefert einen Beitrag zur Wirkleistung.

Bei sehr großer Phasenverschiebung φ_n ist es üblich, mit dem Fehlwinkel $\delta_n = 90 - \varphi_n$ zu rechnen (Abb 43). Es ist dann $\cos\varphi_n \approx \mathrm{tg}\,\delta_n$, also wird aus Gl. (9):

$$N = U_{1\,eff}\, I_{1\,eff}\, \mathrm{tg}\,\delta_1 + U_{2\,eff}\, I_{2\,eff}\, \mathrm{tg}\,\delta_2 + \cdots . \tag{16}$$

Die Verluste in einem Kondensator C werden also, wenn $I_{n\,eff} = n\,\omega\,C\,U_{n\,eff}$ in Gl. (16) eingesetzt wird:

$$N = \omega\,C\,(U_{1\,eff}^2\, \mathrm{tg}\,\delta_1 + 2\,U_{2\,eff}^2\, \mathrm{tg}\,\delta_2 + \cdots) . \tag{17}$$

Im Sonderfall eines konstanten, d. h. strom-, spannungs- und frequenzunabhängigen Widerstandes R ist $I_{(t)} = \frac{1}{R}\,U_{(t)}$. Damit wird aus Gl. (2):

$$N = \frac{1}{R\,T} \int_0^T U_{(t)}^2\, dt = \frac{U_{eff}^2}{R} = R\,I_{eff}^2 . \tag{18}$$

In diesem Fall ist also der Gesamteffektivwert der Spannung oder des Stromes maßgebend für die Gesamtleistung [vgl. Gl. (1.1)]. Ist der Widerstand frequenzabhängig, kann man für jede Frequenz gesondert einen Widerstand

$$R_n \equiv \frac{U_{n\,eff} \cos \varphi_n}{I_{n\,eff}} \tag{19}$$

definieren und erhält damit aus Gl. (9):

$$N = R_{gl}\, I_{gl}^2 + R_1\, I_{1eff}^2 + R_2\, I_{2eff}^2 + \cdots. \tag{20}$$

Statt Gl. (19) kann man bei verzerrten Strömen und Spannungen auch einen Widerstand R_{eff} definieren, der mit dem Effektivwert des Gesamtstromes die Gesamtleistung ergibt (§ 37):

$$N = R_{eff}\, I_{eff}^2, \qquad R_{eff} \equiv \frac{N}{I_{eff}^2}. \tag{21}$$

Im allgemeinsten Fall, daß Strom und Spannung beliebig verzerrt sind, bezeichnet man nach Gl. (9) die Summe N als „Gesamtleistung", den Anteil $U_{1eff} I_{1eff} \cos \varphi_1$ als „Grundwellenleistung" und $\sum\limits_{n>1} U_{n\,eff} I_{n\,eff} \cos \varphi_n$ als „Oberwellenleistung". Je nach den Umständen ist in praktischen Fällen der eine oder der andere dieser Leistungsanteile von Bedeutung.

Wie man aus Gl. (9) sieht, kann die Leistung in jedem Fall aus den Wirkkomponenten $I_{n\,eff} \cos \varphi_n$ oder $U_{n\,eff} \cos \varphi_n$ des Stromes oder der Spannung ermittelt werden, ein Verfahren, von dem die Leistungsmessung mit dem Meßkontakt Gebrauch macht. Bei Leistungsmessung über Wandler müssen gegebenenfalls die Wandlerfehler (insbesondere Fehlwinkel) berücksichtigt werden, wie es Gl. (9.3) und (9.4) für Stromwandler angibt.

18. Gesamtleistung. Nach § 17 war bei beliebiger Verzerrung von Strom und Spannung die Gesamtleistung:

$$N = \frac{1}{T} \int\limits_{t_0}^{t_0+T} U_{(t)}\, I_{(t)}\, dt = U_{gl}\, I_{gl} + U_{1eff} I_{1eff} \cos \varphi_1 + U_{2eff} I_{2eff} \cos \varphi_2 + \cdots. \tag{1}$$

Bei kleinen Verzerrungen von Strom und Spannung sind in Gl. (1) die Oberwellenanteile zu vernachlässigen. Beispielsweise ergibt eine Spannungsoberwelle von 10% mit einer Stromoberwelle von 10% bei $\cos \varphi_1 = \cos \varphi_n$ nur einen Beitrag von etwa 1% zur Gesamtleistung. Es gibt aber auch Fälle, in denen der Oberwellenanteil der Leistung groß ist (z. B. Eisenverluste bei verzerrten Induktionen). Dynamometer messen in allen diesen Fällen grundsätzlich die Gesamtleistung und sind dabei für Starkstrommessungen fast so vollkommene Instrumente wie das Drehspulinstrument für Gleichstrom.[1] Sie versagen aber bei Spannungen unter 30 V und Strömen unter 0,1 A. Man hat für das Gebiet kleiner Leistungen Spiegel-

---

[1] Beispielsweise Lichtmarkenleistungsmesser von S. u. H.

dynamometer, Dynamometer mit Eisenrückschluß und mit Selbstkorrektur des Eigenverbrauchs gebaut. Die einfache Handhabung bzw. die große Genauigkeit der in der Starkstromtechnik gebräuchlichen Dynamometer geht dabei mehr oder weniger verloren, so daß hier andere Methoden der Leistungsmessung in Frage kommen. Von diesen mißt das im folgenden beschriebene Integrierverfahren mit dem Meßkontakt ebenso wie das Dynamometer grundsätzlich die Gesamtleistung, während die in § 19 behandelten Verfahren die Grundwellen- bzw. Oberwellen-

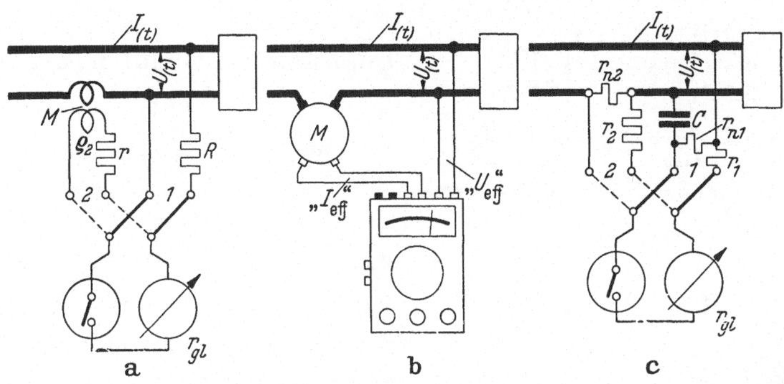

Abb. 33a—c. Schaltungen zur Gesamtleistungsmessung nach dem vereinfachten Integrationsverfahren.

leistung messen. Die Leistungsmeßverfahren mit dem Meßkontakt sind umständlicher als das Dynamometer; andererseits sind sie aber bis zu sehr kleinen Spannungen und Strömen anwendbar. Damit füllen sie eine wesentliche Lücke auf dem Gebiet der Leistungsmessung aus.

Nach Gl. (1) ist, wenn statt der Augenblickswerte $U_{(t)}$ und $I_{(t)}$ die zugehörigen Instrumentausschläge α_U und α_I, statt der Zeit die Kontaktphase τ eingeführt und das Integral durch eine Summe angenähert, d. h. die ganze Periode in $2\,n$ Streifen zerlegt wird:

$$N = \frac{U_{(t)\,voll}\,I_{(t)\,voll}}{2\,n} \sum_{2n} \frac{\alpha_U\,\alpha_I}{\alpha_{voll}^2}. \tag{2}$$

α_U und α_I wird nach den in § 2 angegebenen Verfahren gemessen, $U_{(t)voll}$ und $I_{(t)voll}$ sind Augenblickswerte bei Vollausschlag des Instrumentes. Für symmetrische Kurven wird aus Gl. (2), wenn die Halbwelle in n gleiche Zeitabschnitte zerlegt wird:

$$N = \frac{U_{(t)\,voll}\,I_{(t)\,voll}}{n} \sum_{n} \frac{\alpha_U\,\alpha_I}{\alpha_{voll}^2}. \tag{3}$$

Das Verfahren läßt sich bei symmetrischen Meßgrößen wesentlich vereinfachen, und zwar in dem Sinne, daß nur eine Meßgröße, nämlich Spannung *oder* Strom, in Differenzierschaltung gemessen wird, die andere jedoch mit ohmschen Vor- bzw. Nebenwiderständen (Abb. 33). Wenn man z. B. die Spannung $U_{(t)}$ nach Abb. 33a über ohmsche Vorwiderstände mit $T_k = 180°$ mißt, so ist nach § 71:

$$u_{gl(\tau)} = \frac{\pi\,\varepsilon_0}{S\,T} \int\limits_{\tau-\frac{\pi}{2}}^{\tau+\frac{\pi}{2}} U_{(t)}\, dt \; . \tag{4}$$

Aus Gl. (4) folgt durch Differenzieren des bestimmten Integrals:

$$du_{gl(\tau)} = 2\frac{\pi\,\varepsilon_0}{S\,T} U_{\left(\tau+\frac{\pi}{2}\right)}\, d\tau \; . \tag{5}$$

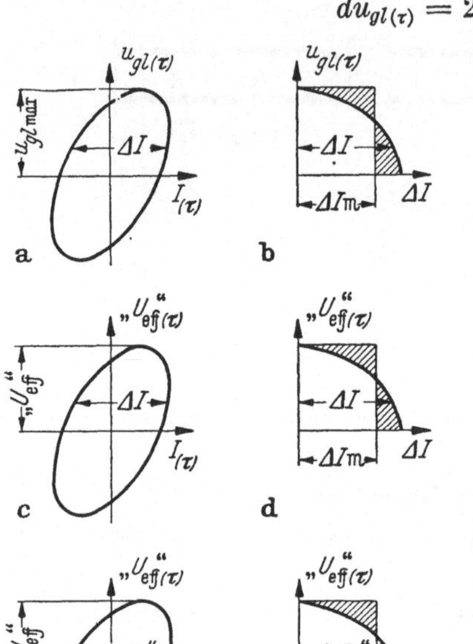

a   b   c   d   e   f

Abb. 34a—f. Zur Leistungsmessung nach Abb. 1 und Formel (7) bis (7b). [1]

Einsetzen von Gl. (5) in (1) gibt:

$$N = \frac{0,5\,S}{\pi\,\varepsilon_0} \int\limits_{\tau-\frac{\pi}{2}}^{\tau+\frac{\pi}{2}} I_{\left(\tau+\frac{\pi}{2}\right)} du_{gl(\tau)} \; . \tag{6}$$

$u_{gl(\tau)} = f\left[I_{\left(\tau+\frac{\pi}{2}\right)}\right]$ ist eine geschlossene Kurve, die bei Sinusform je nach der Phasenverschiebung die Form einer aufrechten oder geneigten Ellipse, bei verzerrten Strömen und Spannungen andere Formen annimmt. Das Integral in Gl. (6) ist die Fläche dieser Kurven. Sie kann durch die mittlere Breite ΔI_m und die größte Höhe $u_{gl\,max}$ ausgedrückt werden (Abb. 34). Damit wird aus Gl. (6):

$$N = \Delta I_m \frac{S}{\pi\,\varepsilon_0} u_{gl\,max} \tag{7}$$

Abb. 34a und b.

Mit Gl. (71.14) wird aus Gl. (7):

$$N = \frac{1}{2,22}\, \Delta I_m \,,,U_{eff}`` \qquad \text{Abb. 34c und d.} \tag{7a}$$

In dieser Form benutzt man die Gleichung, wenn die Spannung mit einem in äquivalenten Effektivwerten „U_{eff}“ geeichten Vektormesser (§ 87) gemessen wird. Verwendet man für die Strommessung nach Abb. 33b eine bei $f = 50\;\text{Hz}$ in „I_{eff}“ geeichte Gegeninduktivität, so ist:

$$I_{\left(\tau+\frac{\pi}{2}\right)} = \frac{50}{f}\sqrt{2}\,,,I_{eff(\tau)}`` \qquad \text{und} \qquad \Delta I_m = \frac{50}{f}\sqrt{2}\,\Delta,,I_{eff\,m}`` \, ,$$

---

[1] „U_{eff}“$_{(\tau)}$ bedeutet die Anzeige des in „U_{eff}“ geeichten Instrumentes bei laufender Kontaktphase τ, „U_{eff}“ die Anzeige bei auf Maximum des Ausschlages eingestellter Kontaktphase. — An der Abszisse der Abb. 34a, c und 35 a, b ist statt des Indexes τ der Index $\tau + \frac{\pi}{2}$ zu lesen.

also wird aus Gl. (7a):

$$N = \frac{50}{f}\,\frac{2}{\pi}\,\varDelta\,,,I_{eff\,m}\text{``}\,,,U_{eff}\text{``} \qquad\qquad \text{Abb. 34e und f} \qquad (7\text{b})$$

Bei dem dargestellten Verfahren kann die Rolle von U und I vertauscht werden. In der Schaltung Abb. 33c ist z. B. entsprechend Gl. (7a):

$$N = \frac{1}{2,22}\,\varDelta U_m\,,,I_{eff}\text{``}\,. \qquad (7\text{c})$$

Für die Augenblickswerte von Strom und Spannung, aus denen nach Abb. 34a bis 34d die Breiten $\varDelta I$ bzw. $\varDelta U$ zu bilden sind, gilt für die Schaltungen der Abb. 33a und 33c nach Gl. (74.10):

$$\left.\begin{aligned}
2I\left(\tau+\tfrac{\pi}{2}\right) &= \frac{1}{\pi\,\varepsilon_0}\,\frac{r+\varrho_2+r_{gl}}{r_{gl}}\,\frac{1}{f M}\,c\,\alpha_I\,, \quad \text{symmetrisch}\\[4pt]
2U\left(\tau+\tfrac{\pi}{2}\right) &= \frac{1}{\pi\,\varepsilon_0}\,\frac{r_1+r_{1\,n}+r_{gl}}{r_{n\,1}\,r_{gl}}\,\frac{1}{f C}\,c\,\alpha_U. \qquad T_k = 180^\circ
\end{aligned}\right\} \qquad (8)$$

($c = $ V/Sktl des Drehspulinstrumentes, $\pi\,\varepsilon_0 = 1$ für Halbwellengleichrichtung).

Wird die Spannung U von der Induktion B induziert, also $U_{(t)} = w\,q\,\dfrac{dB}{dt}$, so wird nach Gl. (4):

$$u_{gl(\tau)} = \frac{\pi\,\varepsilon_0}{S\,T}\,w\,q\int\limits_{\tau-\frac{\pi}{2}}^{\tau+\frac{\pi}{2}} dB = \frac{\pi\,\varepsilon_0}{S}\,2\,f\,w\,q\,B_{\left(\tau+\frac{\pi}{2}\right)}\,. \qquad (9)$$

Damit erhält man aus Gl. (7):

$$N = 2\,f\,w\,q\,\varDelta I_m\,B_{max} \qquad (10)$$

oder, wenn die Feldstärke $H = \dfrac{w\,I}{l}$ und das Eisenvolumen $l\,q$ eingeführt wird (§ 54):

$$\frac{N}{l\,q} = 2\,f\,\varDelta H_m\,B_{max} \quad \left[\frac{\text{Watt}}{\text{cm}^3}\right], \qquad (10\text{a})$$

d. h. die gesamten Eisenverluste je Volumeneinheit und Periode sind durch die Fläche der dynamischen Hystereseschleife gegeben. Gl. (7) ist eine Verallgemeinerung dieser bekannten Tatsache: In jedem Diagramm, in dem die Augenblickswerte einer Meßgröße über dem Integral der anderen Meßgröße aufgetragen werden, stellt die Fläche der geschlossenen Kurve die Wirkleistung der beiden Meßgrößen dar.

Mißt man die Augenblickswerte einer Meßgröße und dazu das Integral der gleichen Meßgröße, beispielsweise der Spannung (Abb. 35a), so wird aus Gl. (1) und (7):

$$U_{eff}^2 = \frac{1}{T}\int\limits_{\tau_0}^{\tau_0+T} U_{(t)}\,U_{(t)}\,dt = \varDelta U_m\,\frac{S}{\pi\,\varepsilon_0}\,u_{gl\,max} \qquad (11)$$

und daraus für Halbwellengleichrichtung ($\pi\,\varepsilon_0 = 1$) und Verwendung eines abgeglichenen Bereiches „U_{eff}" bzw. „I_{eff}" nach Gl. (71.14):

$$U_{eff} = \sqrt{\Delta U_m \frac{\text{„}U_{eff}\text{"}}{2{,}2214}}\;; \qquad I_{eff} = \sqrt{\Delta I_m \frac{\text{„}I_{eff}\text{"}}{2{,}2214}}\,, \tag{11a}$$

d. h. man mißt den Effektivwert der Spannung bzw. (nach Abb. 35b) des Stromes (vgl. §§ 4, 6, 55).

Zur Durchführung obiger Verfahren muß die Schleife $I\!\left(\tau + \frac{\pi}{2}\right) = f(u_{gl})$ bzw. $U\!\left(\tau + \frac{\pi}{2}\right) = f(u_{gl})$ gemessen und daraus ΔI bzw. ΔU ermittelt werden. Statt dessen läßt sich die Breite $\Delta I = f(u_{gl})$ bzw. $\Delta U = f(u_{gl})$ auch direkt messen, was eine wesentliche Verbesserung des Verfahrens bedeutet (§§ 55, 21 und 37). Wir machen dazu von Gl. (74.12) Gebrauch, wonach in Differenzierschaltungen bei beliebiger Schließzeit die Differenz der Augenblickswerte der Meßgröße in den Schließzeitpunkten t_{ein} und t_{aus} gemessen wird, und erhalten statt Gl. (8): (Bezeichnungen wie Abb. 33.)

$$\Delta I = I_{ein} - I_{aus} = \frac{1}{\pi\,\varepsilon_0}\,\frac{r + \varrho_2 + r_{gl}}{r_{gl}}\,\frac{1}{fM}\,c\,\alpha_I, \tag{12a}$$

$$T_k \text{ beliebig}$$

$$\Delta U = U_{ein} - U_{aus} = \frac{1}{\pi\,\varepsilon_0}\,\frac{r_1 + r_{n1} + r_{gl}}{r_{n1}\,r_{gl}}\,\frac{1}{fC}\,c\,\alpha_U. \tag{12b}$$

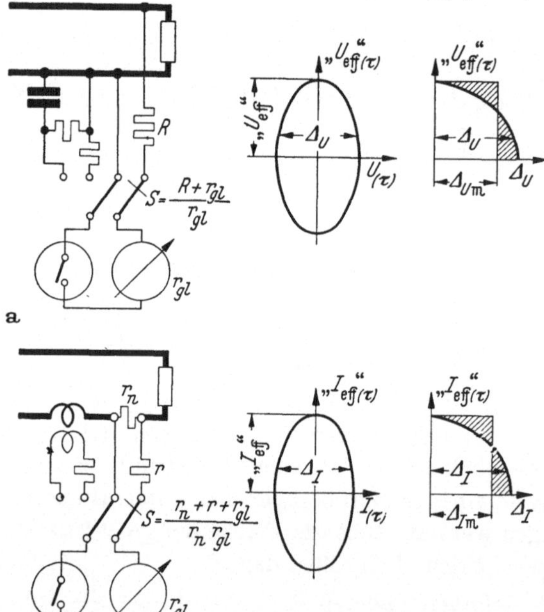

Abb. 35a u. b. Messung des Effektivwertes von Spannungen oder Strömen. (vergl. Anm. S. 58).

Damit diese Differenz mit der Größe ΔI bzw. ΔU in Abb. 34 identisch wird, müssen die Schaltzeitpunkte t_{ein} und t_{aus} so eingestellt werden, daß sie auf dem aufsteigenden und dem absteigenden Ast der geschlossenen Kurve bei *gleichem* u_{gl} liegen (Abb. 36). Dazu ist eine veränderliche Schließzeit erforderlich, wie sie durch Reihenschaltung von zwei in der Kontaktphase getrennt regelbaren Meßkontakten, von denen jeder für sich eine feste Schließzeit von 180° haben kann, sich verwirklichen läßt (Abb. 36).

Um die zu u_{gl} gehörenden Schaltzeitpunkte t_{ein} und t_{aus} einzustellen, überbrückt man zunächst M_2 mit dem Schalter K und regelt M_1 in

Stellung 1 auf den gewünschten Wert u_{gl}. Darauf öffnet man K und regelt die Kontaktphase von M_2 so, daß der Instrumentausschlag verschwindet, also $u_{gl\,ein} = u_{gl\,aus}$ ist. [Bei Eisenmessungen entspricht der Spannung u_{gl} nach Gl. (8) die Induktion B, also $B_{ein} = B_{aus}$]. Mit den so eingestellten Schaltzeitpunkten ($T_k \doteq 180°$) ergibt sich dann in Stellung 2 der Instrumentausschlag α_I bzw. α_U und daraus nach Gl. (12) die Größe ΔI bzw. ΔU. Aus den gemessenen Werten ΔI bzw. ΔU bildet man dann entsprechend Abb. 34b rechnerisch oder graphisch den arithmetischen Mittelwert ΔI_m bzw. ΔU_m (vgl. § 54), ohne daß vorher die Schleife nach Abb. 34a aufzuzeichnen wäre.

Mißt man nicht wie in Gl. (7a) und (7b) mit abgeglichenen Bereichen für $I_{(t)}$ und „U_{eff}" bzw. $U_{(t)}$ und „I_{eff}", so errechnet sich aus Gl. (7) für die Schaltungen Abb. 33a und 33c, wenn statt u_{gl} der Instrumentausschlag $c\,\alpha$ eingeführt wird, nach Gl. (74.10) und Tab. 19A, S. 201:

$$N = \left(\frac{1}{\pi\,\varepsilon_0}\right)^2 \frac{(r + \varrho_2 + r_{gl})\,(R + r_{gl})}{r_{gl}^2\, f\, M}\, c^2\, \frac{\Delta\alpha_{I\,m}}{2}\, \alpha_{U\,max}\ , \tag{13a}$$

$$N = \left(\frac{1}{\pi\,\varepsilon_0}\right)^2 \frac{(r_{n1} + r_1 + r_{gl})\,(r_{n2} + r_2 + r_{gl})}{r_{n1}\, r_{n2}\, r_{gl}^2\, f\, C}\, c^2\, \frac{\Delta\alpha_{U\,max}}{2}\, \alpha_{I\,max}\ . \tag{13b}$$

Dabei wird bei Verwendung der Schaltungen Abb. 33a und 33c (mit *einem* Meßkontakt) $\Delta\alpha_{I\,m}$ bzw. $\Delta\alpha_{U\,m}$ nach Abb. 37a gebildet. Wenn die Schleifenbreiten nach Abb. 36 direkt (mit zwei Meßkontakten in Reihe) gemessen werden, ist der dabei auftretende Instrumentausschlag α_I bzw. α_U nach Gl. (12) direkt ein Maß für die Schleifenbreite, so daß aus ihm direkt nach Abb. 37b die mittlere Breite $\alpha_{I\,m}$ bzw. $\alpha_{U\,m}$ gebildet werden kann. *An Stelle von* $\dfrac{\Delta\alpha_{I\,m}}{2}$ *bzw.* $\dfrac{\Delta\alpha_{U\,m}}{2}$ *ist in diesem Fall* $\alpha_{I\,m}$ *bzw.* $\alpha_{U\,m}$ *in Gl. (13) einzusetzen.*

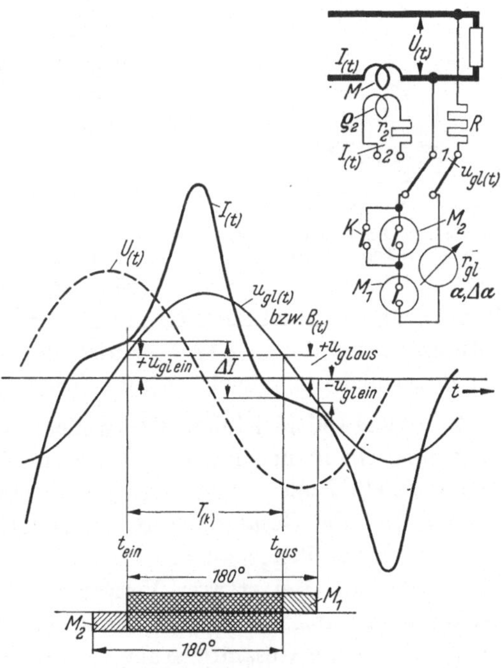

Abb. 36. Direkte Messung der Schleifenbreite (ΔI) mit zwei Meßkontakten.

Das beschriebene Verfahren setzt im Gegensatz zu Gl. (1) Symmetrie der Meßgrößen zur Nullinie (keine geradzahligen Oberwellen und kein Gleichstromglied) voraus. Bei kleinen Leistungen ist der Verlust in den Meßkreisen zu berücksichtigen (§ 76). Letztere müssen genügend fehlwinkelfrei sein, was für den ohmschen Meßpfad verhältnismäßig leicht zu verwirklichen ist. Hat die Differenzierschaltung für den Strom nach Abb. 58 einen nacheilenden Grundwellen-Fehlwinkel δ_I, so wird bei induktiver Phasenverschiebung φ_1 der Grundwellenanteil der Leistung nach Gl. (9.3) um den Betrag

$$\frac{\Delta N_1}{N_1} \approx \delta_I \operatorname{tg} \varphi_1 \approx 0,0175\, \delta_I^0 \operatorname{tg} \varphi_1 \approx 100 \operatorname{tg} \delta_I \operatorname{tg} \psi_1 \, {}^0\!/_0 \tag{14}$$

zu klein, bei kapazitiver Phasenverschiebung um ebensoviel zu groß gemessen. Hat die Differenzierschaltung für die Spannung einen nacheilenden Grundwellen-Fehlwinkel δ_U, so wird der Grundwellenanteil der Leistung bei induktiver Phasenverschiebung um den Betrag $\delta_U \operatorname{tg} \varphi_1$

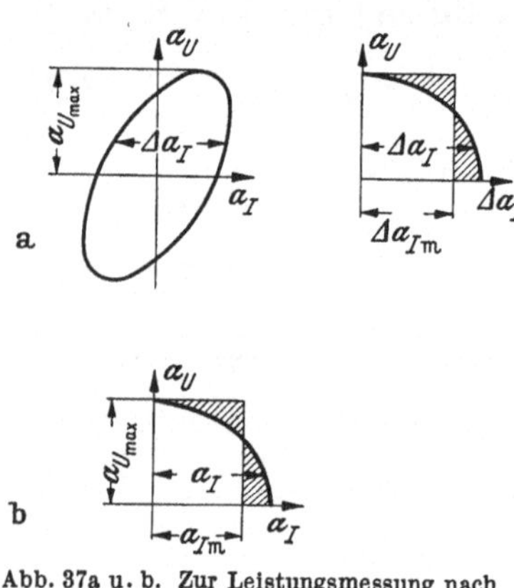

Abb. 37a u. b. Zur Leistungsmessung nach Formel (13a).

zu groß, bei kapazitiver Phasenverschiebung um ebensoviel zu klein gemessen.

Man kann die Gesamtleistung nach Gl. (1) auch durch Addition der nach § 19 gemessenen Leistungsanteile für Grund- und Oberwellen ermitteln. Dabei kann der Anteil einzelner Oberwellen negativ sein, so daß die Gesamtleistung kleiner wird als die Grundwellenleistung (z. B. bei den Eisenverlustmessungen § 57).

Ist Strom und Spannung oder wenigstens eine von beiden Meßgrößen sinusförmig — ein Fall, der praktisch oft vorliegt — so ist nach Gl. (17.9): Gesamtleistung = Grundwellenleistung, so daß die in § 19 beschriebenen Methoden zur Messung der Grundwellenleistung gleichzeitig die Gesamtleistung ergeben.

19. Grundwellenleistung, Oberwellenleistung. Die Grundwellenleistung spielt in manchen Fällen an Stelle der Gesamtleistung die ausschlaggebende Rolle. Wenn wenigstens eine Meßgröße unverzerrt ist, ist nach § 17 die Gesamtleistung gleich der Grundwellenleistung. Bei mäßigem Oberwellengehalt einer der beiden Meßgrößen trifft dies noch angenähert zu. Bei starker Verzerrung beider Meßgrößen mißt das Dynamometer und das in § 18 beschriebene Integrationsverfahren des Meßkontaktes die Gesamtleistung, während sich mit Hilfe der im folgenden behandelten Komponentenmessung die Grundwellenleistung und getrennt davon die Leistung der einzelnen Oberwellen ermitteln läßt.

Es bestehen drei Möglichkeiten, die Grundwellenleistung $N_1 = U_{1eff} I_{1eff} \cos \varphi_1$ mit dem Meßkontakt zu ermitteln:

a) Messung von $U_{1\,eff}$, $I_{1\,eff}$ und $\cos\varphi_1$,

b) Messung von $U_{1\,eff}$ und $(I_{1\,eff}\cos\varphi_1)$,

c) Messung von $I_{1\,eff}$ und $(U_{1\,eff}\cos\varphi_1)$.

Die drei Verfahren müssen immer zum gleichen Ergebnis führen, sie bieten daher Kontrollmöglichkeiten. Gegenüber dem Dynamometer sind mehrere, nämlich zwei bzw. drei Ablesungen erforderlich, was erhöhte Ablesefehler, besonders bei großer Phasenverschiebung, mit sich bringt, und die Messung bei schwankender Leistung erschwert. Man wird daher nach Möglichkeit, d. h. wenn wenigstens eine Meßgröße angenähert sinusförmig ist, das Dynamometer zur Grundwellenleistungsmessung heranziehen. Andererseits ist mit dem Meßkontakt die Messung auch kleinster Leistungen bis herab zu Mikrowatt in jeder Kombination von Strom und Spannung ohne Spezialinstrumente mit entsprechend empfindlichen Galvanometern möglich (§ 20). Die Komponenten und damit die Leistung sehr großer Ströme oder Spannungen können andererseits ohne kostspielige Wandler in Differenzierschaltungen gemessen werden (§§ 21 und 22).

Ist eine der beiden Meßgrößen sinusförmig, die andere verzerrt, so ist zur Ermittlung der Leistung nach den in § 13 beschriebenen Verfahren die Wirkkomponente der verzerrten Größe zu messen. Als Oberwellenfehler tritt dabei der in Gl. (13.7) berechnete Fehler der Komponentenmessung auf. — Sind beide Meßgrößen etwas verzerrt, was bei Messungen an öffentlichen Netzen oder an Maschinenaggregaten gewöhnlich der Fall ist, so kann man durch Wahl entsprechender Schließzeiten nach Tab. 4, S. 31 einzelne Oberwellen ausschalten. Sind die Meßbereiche des verwendeten Meßkontaktes in „U_{eff}" und „I_{eff}" für $T_k = 180°$ geeicht, so wird die Leistung:

$$N_1 \approx \frac{1}{\varepsilon_1^2{}_{T_k}}\,\text{,,}U_{eff}\text{``}\,\text{,,}I_{eff}\cos\varphi_1\text{``}. \tag{1}$$

Für $T_k = 120°$ oder $240°$ (3., 9., 15. ausgeschaltet) ist $\varepsilon_1^2{}_{T_k} = 0{,}750$,

für $T_k = 144°$ oder $216°$ (5., 15. ausgeschaltet) ist $\varepsilon_1^2{}_{T_k} = 0{,}904$,

für $T_k = 154{,}3°$ oder $205{,}7°$ (7. ausgeschaltet) ist $\varepsilon_1^2{}_{T_k} = 0{,}951$.

Die Messungen mit verschiedenen Schließzeiten bieten zusammen mit den drei oben erwähnten Möglichkeiten der Produktbildung Gelegenheit, den Oberwelleneinfluß zu kontrollieren und durch Mittelwertbildung zu mindern.

Sind beide Meßgrößen stark verzerrt, sind zur Messung der Grundwellenleistung auf beide Meßgrößen die Grundwellenmeßverfahren anzuwenden. Da von beiden Meßgrößen die Phasenlage der Grundwelle nicht bekannt ist, benutzt man eine Hilfsspannung (U_x in Abb. 38) und mißt die Komponenten von U_1 und I_1 in bezug auf U_x; mit $\varphi_1 = \beta_1 - \alpha_1$ wird dann:

$$N_1 = I_1\,U_1\cos\varphi_1 = U_1\cos\alpha_1\,I_1\cos\beta_1 + U_1\sin\alpha_1\,I_1\sin\beta_1. \tag{2}$$

Nach dem gleichen Verfahren kann man auch die Komponenten der Oberwellen in bezug auf U_x messen und erhält für die Leistung der $n$ten Oberwelle:

$$N_n = U_n \cos \alpha_n \, I_n \cos \beta_n + U_n \sin \alpha_n \, I_n \sin \beta_n \; . \tag{2a}$$

Die Bezugsgröße U_x braucht nicht sinusförmig, sondern lediglich unveränderlich in ihrer Lage zu U_1 bzw. I_1 sein. Man kann daher für U_x die verzerrte Spannung U setzen (genau genommen eine gedachte sinusförmige Spannung U_1^*, welche die gleiche Nullstellung wie die verzerrte Spannung U hat). Der Winkel α_1 wird dann klein, also $\cos \alpha_1 \approx 1$. Die Messung der Leistung erfolgt dann so, als ob die Spannung unverzerrt wäre und es ist lediglich ein Korrekturglied nach Gl.(2) hinzuzufügen (Abb. 38b):

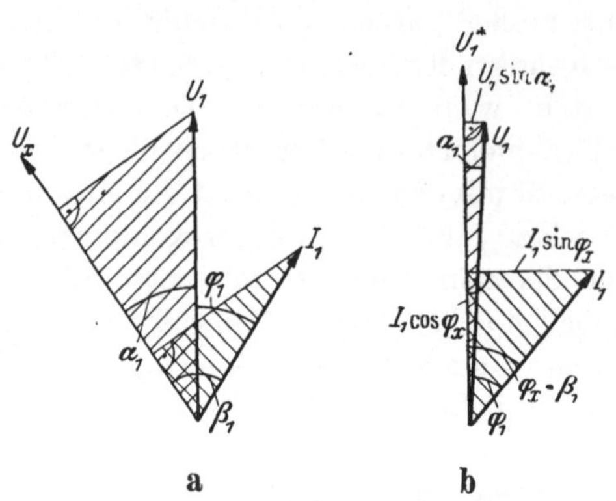

Abb. 38a u. b. Messung der Grundwellenleistung verzerrter Meßgrößen mit einer Hilfsspannung U_x bzw. U_1^* als Bezugsgröße.

$$N_1 = U_1 I_1 \cos \varphi_x + U_1 \sin \alpha_1 \, I_1 \sin \varphi_x . \tag{3}$$

Die kleine Größe $U_1 \sin \alpha_1$ findet man, indem man die Blindkomponente von U_1 in bezug auf die Nullstellung der verzerrten Spannung U bzw. U_1^* nach § 13 mißt. Ist diese Komponente praktisch null, kann das Korrekturglied unberücksichtigt bleiben. Schaltet man die am meisten störende Oberwelle nach Tab. 4, S. 31 durch die Schließzeit aus, wird das Korrekturglied noch kleiner.

20. Kleine Leistungen. Während im normalen Starkstrombereich das Dynamometer dem Meßkontakt als Leistungsmesser an Einfachheit überlegen ist, ändert sich dieses Verhältnis bei kleinen Leistungen ins Gegenteil. Spiegeldynamometer, aber auch Elektrometer, Wechselstromkompensatoren und Brückenschaltungen, die zur Messung kleiner Leistungen benutzt werden können[1], sind in der Handhabung unbequemer als der Meßkontakt, der nach den in §§ 18 und 19 beschriebenen Verfahren mit wenigen Drehspulinstrumenten verschiedener Empfindlichkeit den ganzen Leistungsbereich von Mikrowatt bis Kilowatt bei jeder beliebigen Kombination von Strom und Spannung beherrscht.

Ist der Eigenverbrauch eines Leistungsmessers nicht vernachlässigbar klein gegenüber der Meßgröße, sind in bekannter Weise Korrekturen nach Abb. 39 vorzunehmen[2]. Bei Leistungsmessung mit dem Meßkon-

---

[1] BUBERT, J.: ATM (1941) V 3412—1 mit weiterer Literatur.

[2] Eisengeschlossene Dynamometer (z. B. $0{,}05 \text{ A} \times 6 \text{ V} = 0{,}3 \text{ W}$) mit Selbstkorrektur des Eigenverbrauchs sind von Hartmann und Braun gebaut worden.

takt gelten die in Abb. 39 angegebenen Korrekturen nur dann, wenn man
Strom und Spannung gleichzeitig mit je einem Meßkontakt in Vollwellenschaltung oder mit Oppositionskontakt (Abb. 136c bis g) mit $T_k = 180°$
mißt; oder wenn man nach Abb. 40 einen einzigen Meßkontakt mit Oppositionskontakt M_2 von Strom- auf Spannungsmessung umschaltet und
dabei Ersatzwiderstände r_{gl} für die jeweils nicht angeschlossene Meßstelle vorsieht. Geschieht letzteres nicht, sind die Korrekturen nach § 76
zu berechnen. Durch Verwendung entsprechend empfindlicher Drehspulinstrumente kann man bei der Leistungsmessung mit dem Meßkontakt die Korrekturen überhaupt vermeiden. Bei großem Strom wird man

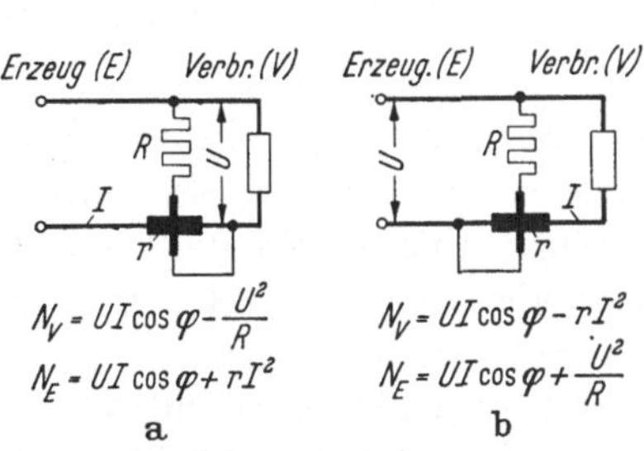

Abb. 39a u. b. Korrekturen bei Leistungsmessung mit
Dynamometern. Die gleichen Korrekturen gelten, wenn
mit Meßkontakt in Vollwellenschaltung oder mit Oppositionskontakt und mit Ersatzwiderständen nach Abb. 40
gemessen wird.

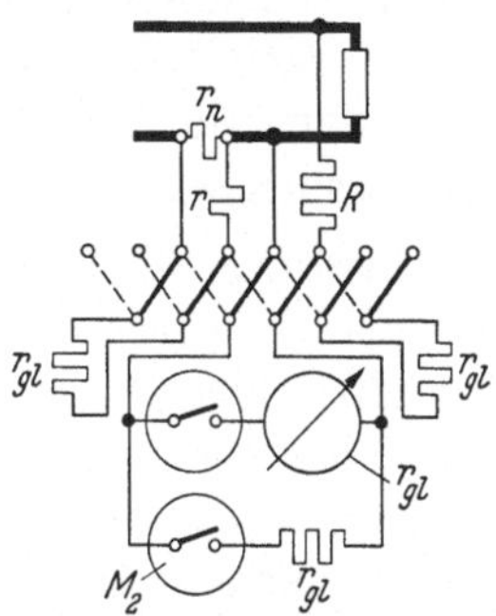

Abb. 40. Messung kleiner Leistungen mit
Meßkontakt, Oppositionskontakt und
Ersatzwiderständen.

dabei (zur Messung der Verbraucherleistung) die Schaltung a, bei großer
Spannung die Schaltung b der Abb. 39 wählen. Statt eines Zeigerinstru-
mentes kann auch ein Gleichstromkompensator verwendet werden (§ 89).

21. Leistung bei Hochstrom. Zur Messung der Leitungsverluste in
Hochstromschienen, Kabeln, Drosseln, Verbindungsstücken, geschlossenen Schaltern usw. ist der Meßkontakt allen anderen Leistungsmeßverfahren überlegen. Ohne ihn würde man auf Brückenschaltungen angewiesen sein. Man kann mit dem Meßkontakt die Wirkkomponente des
Spannungsabfalles messen und daraus durch Multiplikation mit dem
Strom die Leistung ermitteln, wie es in den Kapiteln über Komponentenmessung (§§ 13 und 19) und über Widerstands- bzw. Induktivitätsmessung (§§ 25 und 28) beschrieben wird. Dabei verwendet man die Schaltung Abb. 39a und kommt dann auch bei Verwendung von genauen
Instrumenten (z. B. 60 mV 20 Ohm) ohne Korrektur des Eigenverbrauchs
aus. Die Fehler des Stromwandlers, die bei Hochstrom verhältnismäßig
groß sein können, sind nach Gl. (9.3) und (9.4) zu berücksichtigen. Wenn
ein Hochstromwandler nicht zur Verfügung steht oder seine Fehler
nicht bekannt sind, kann man den Strom mit einer (selbst herzustellen-

den) Hochstromgegeninduktivität (§§ 9, 32, 33) oder einem magnetischen Spannungsmesser (§ 46) messen. — Sind Spannung und Strom beide stark verzerrt, kann die *Gesamtleistung* nicht mit dem Meßkontakt aus den Grundwellenkomponenten von Strom und Spannung und ebensowenig aus dem mit Wechselstrombrücken ermittelten Grundwellenwiderstand und dem Gesamteffektivwert des Stromes errechnet werden, da infolge der Stromverdrängung unter Umständen für die Oberwellen ein beträchtlich größerer Widerstand maßgebend ist. Vielmehr müßte die Leistung nach den Komponentenverfahren aus Grund- und Oberwellenleistung zusammengesetzt werden Gl. (19.1). Besser wendet man das in § 18 beschriebene Integrierverfahren, das sich für verzerrte Hochstromleistungen besonders gut eignet, an. In § 37 wird eine derartige Schaltung zur Messung der Verluste in Sammelschienen bei verzerrtem Strom beschrieben.

22. Leistung bei Hochspannung. Sie kann über Spannungs- und Stromwandler erfolgen, besonders bei großer Phasenverschiebung sind die Wandlerfehler (Fehlwinkel) zu berücksichtigen [Gl. (9.3) und (9.4)]. An Stelle des Dynamometers können dabei die in §§ 18 bis 21 beschriebenen Verfahren mit dem Meßkontakt angewendet werden. Da geeignete Hochspannungswandler im Laboratorium nicht immer zur Verfügung stehen, kann man die Spannung über Kondensatoren (§ 10) und den Strom über Hochspannungs-Gegeninduktivitäten messen (§ 33)[1]. Verwendet man die Schaltungen Abb. 1, so ergibt sich die Gesamtleistung aus Gl. (18.2) bzw. (18.3). Bei symmetrischer Spannung kann man statt $U_{(t)}$ die Spannung „U_{eff}" nach Abb. 12b messen und die Gesamtleistung nach Gl. (18.7a) bestimmen. Besonders bei direkter Messung von ΔI [Gl. (18.12)] läßt sich dieses Verfahren auch bei großer Phasenverschiebung und starker Verzerrung von Strom und Spannung anwenden. Die Verluste in Isolierstoffen [Fehlwinkel, Gl. (17.17)] mißt man bei sinusförmiger Spannung mit der Schering-Brücke, gegebenenfalls unter Verwendung des Meßkontaktes nach Abb. 66.

23. Leistung bei Drehstrom. Ist ein Nulleiter vorhanden, wird die Leistung der drei Phasen einzeln wie bei Wechselstrom gemessen. Bei symmetrischer oder unsymmetrischer Drehspannung ohne Nulleiter und symmetrischer oder unsymmetrischer Belastung der drei Phasen mißt man üblicherweise in Aronschaltung mit zwei Dynamometern. Statt der Dynamometer kann man (besonders bei kleiner Spannung oder kleinem Strom) den Meßkontakt benutzen. Abb. 41 zeigt eine Schaltung mit zwei Vektormessern. Bei der Aronschaltung wird bekanntlich der Mittelleiter als Rückleitung der beiden Außenleiter aufgefaßt und dementsprechend mit jedem der Dynamometer bzw. Vektormesser eine Einphasenleistung

---

[1] Bei einseitiger Erdung auch nach Abb. 15.

gemessen. Nach dem Komponentenmeßverfahren § 19 erhält man also bei Sinusform von Strom und Spannung:

$$N = N_{\mathrm{I}} + N_{\mathrm{II}} = U_{\mathrm{I}} \,(I_{\mathrm{I}}\cos\varphi_{\mathrm{I}}) + U_{\mathrm{II}} \,(I_{\mathrm{II}}\cos\varphi_{\mathrm{II}}) \,. \tag{1}$$

Dabei ist φ_{I} bzw. φ_{II} der Phasenwinkel zwischen U_{I} und I_{I} bzw. U_{II} und I_{II}. Bei sinusförmiger Spannung, aber verzerrtem Strom kann man zur Ausschaltung der Stromoberwellen mit $T_k = 120/240°$ oder mit Doppel- bzw. Vierfachmessung des Stromes arbeiten. Benutzt man dabei einen bei $T_k = 180°$ in äquivalenten Effektivwerten „U_{eff}" und „I_{eff}" geeichten Vektormesser, so ist (vgl. §§ 71 und 72):

$$N = k\,[\,\text{„}U_{\mathrm{I}eff}\text{"}\,(\text{„}I_{\mathrm{I}eff}\text{"}\cos\varphi_{\mathrm{I}}) + \text{„}U_{\mathrm{II}eff}\text{"}\,(\text{„}I_{\mathrm{II}eff}\text{"}\cos\varphi_{\mathrm{II}})] \tag{2}$$

Einfachmessung $T_k = 120/240°$:

$$k = \frac{1}{0{,}866 \cdot 0{,}866} = 1{,}333 = \frac{3}{4}$$

Doppelmessung des Stromes $T_k = 120/240°$:

$$k = \frac{1}{0{,}866 \cdot 0{,}866 \cdot 0{,}951} = 1{,}403$$

Vierfachmessung des Stromes $T_k = 154{,}3/205{,}7°$:

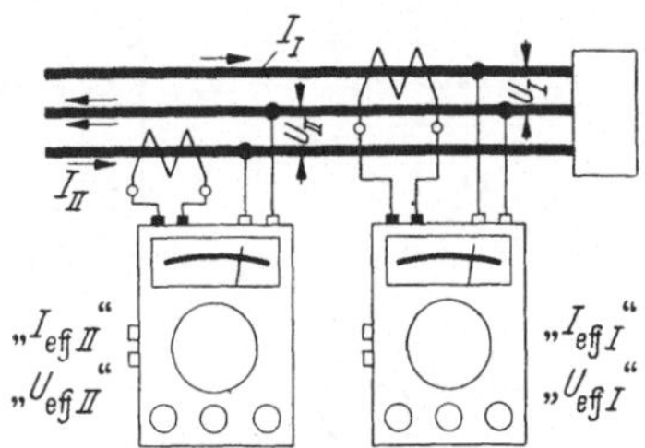

Abb. 41. Drehstromleistungsmessung mit zwei Vektormessern (Aronschaltung), bei kleinem Strom auch ohne Stromwandler.

$$k = \frac{1}{0{,}975 \cdot 0{,}975 \cdot 0{,}866 \cdot 0{,}951} = 1{,}276 \,.$$

Bei symmetrischen Strömen und Spannungen ist $\varphi_{\mathrm{I}} = \varphi_{\mathrm{II}} \equiv \varphi$; es gilt dann die bekannte Beziehung:

$$\operatorname{tg}\varphi = \sqrt{3}\,\frac{N_{\mathrm{II}} - N_{\mathrm{I}}}{N_{\mathrm{II}} + N_{\mathrm{I}}} \,. \tag{3}$$

Bei großer Phasenverschiebung wird N_{I} bzw. N_{II} negativ und ist mit entsprechendem Vorzeichen in Gl. (1) bis (3) einzusetzen.

IV. Wechselstromwiderstände.

24. Überblick über Widerstandsmessung.

Ohmsche Widerstände sind bei Wechselstrom oft frequenzabhängig (Skineffekt) oder umfassen andere Zusatzverluste (Eisenverluste, Wirbelstromverluste in benachbarten Metallteilen § 25). Neben die ohmschen Widerstände treten induktive und kapazitive. Sie sind wie die ohmschen als Verhältnis von Spannung zu Strom, d. h. als „Spannung je Stromeinheit" für Sinusform gegebener Frequenz definiert. Aus den Grundgesetzen

$$U = L\frac{dI}{dt} \quad \text{bzw.} \quad I = C\frac{dU}{dt}$$

folgt, wie sich leicht zeigen läßt, für Sinusform:

$$\text{induktiver Widerstand } \Re_n \equiv \frac{\mathfrak{U}_n}{\mathfrak{J}_n} = n\,\omega\,L\,j\,; \qquad R_n = n\,\omega\,L$$

$$\text{kapazitiver Widerstand } \Re_n \equiv \frac{\mathfrak{U}_n}{\mathfrak{J}_n} = \frac{1}{n\,\omega\,C\,j}\,; \qquad R_n = \frac{1}{n\,\omega\,C}\,. \tag{1}$$

Dabei ist $\Re_n$ der „Widerstandsvektor" (komplexer Operator), der die Phasenverdrehung von 90° zwischen Spannung und Strom durch das Symbol $j = \sqrt{-1}$ mit erfaßt. Für die Reihenschaltung bzw. Parallel-

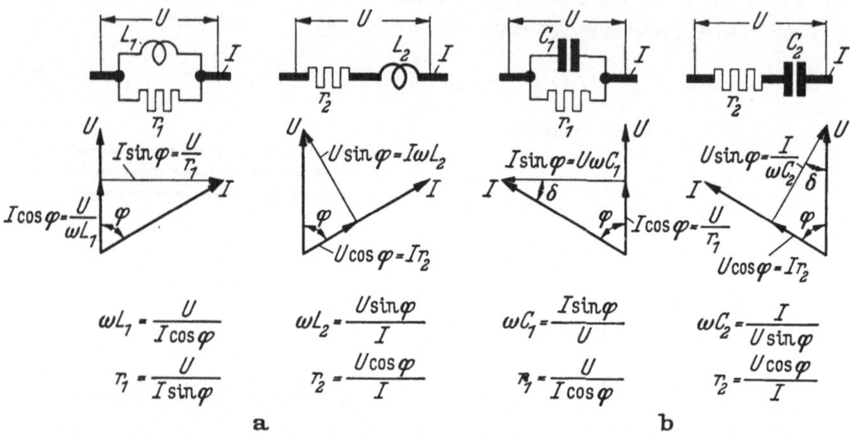

Abb. 42a u. b. Zur Berechnung der Widerstandskomponenten aus den Komponenten von Strom und Spannung.

schaltung von zwei Widerstandsvektoren gilt ähnlich wie bei ohmschen Widerständen[1]:

$$\Re = \Re_1 + \Re_2\,; \qquad \Re = \frac{\Re_1\,\Re_2}{\Re_1 + \Re_2}\,. \tag{2}$$

Mit den Rechenregeln der komplexen Widerstandsoperatoren lassen sich die resultierenden Widerstände auch komplizierter Kombinationen von r, L und C ermitteln[1]. Dagegen ist es nicht möglich, aus dem resultierenden Widerstandsvektor, d. h. aus gegebenen Werten für Strom, Spannung und Phasenwinkel eindeutig auf die zugrunde liegende Widerstandskombination zurückzuschließen. Beispielsweise gilt das in Abb. 42b gezeichnete einfache, durch Strom I, Spannung U und Phasenwinkel φ gegebene Vektordiagramm sowohl für Parallelschaltung als auch für Reihenschaltung, aber es ergeben sich in beiden Fällen verschiedene Werte für r und C. Ihr Verhältnis wird nach Abb. 42b:

$$\frac{C_1}{C_2} = \sin^2\varphi = \cos^2\delta = \frac{1}{1 + \operatorname{tg}^2\delta}\,; \qquad \frac{r_2}{r_1} = \cos^2\varphi = \sin^2\delta = \frac{\operatorname{tg}^2\delta}{1 + \operatorname{tg}^2\delta} \tag{3}$$

---

[1] KÜPFMÜLLER: Einführung in die Theor. Elektrotechnik S. 252 ff. Springer 1941; ARNOLD: Wechselstromtechnik Bd. 1 S. 21/26. Springer 1922.

Wenn das Schaltbild der Widerstandskombination bekannt ist, läßt sich nach den in Abb. 42 angegebenen Formeln r, L und C aus den Komponenten von Strom und Spannung errechnen. Da letztere mit dem Meßkontakt direkt gemessen werden können, wird die bei Gleichstrom gebräuchliche Widerstandsmessung aus Strom und Spannung durch den Meßkontakt in weiten Bereichen auch bei Wechselstromwiderständen möglich. Dieses Verfahren ist geeignet, in vielen Fällen die bei Wechselstrom sonst üblichen Brückenmethoden, z. B. die MAXWELL-Brücke zur Messung von Induktivitäten, zu ersetzen.

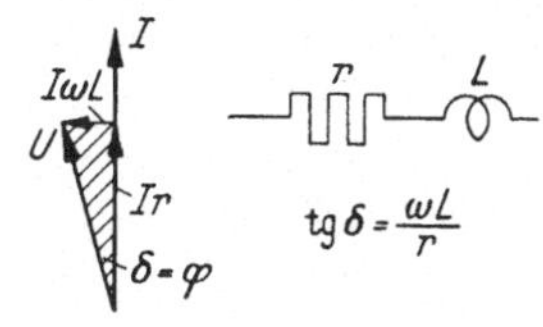

Andererseits kann man bei Wechselstrombrücken im Nullzweig mit einem Meßkontakt arbeiten, sie zeichnen sich dann in manchen Fällen als „halbabgeglichene" Brücken durch besondere Einfachheit aus (§ 27). Schließlich können mit dem Meßkontakt Unterbrecherbrücken aufgebaut werden, die u. a. sehr genaue Kapazitätsmessungen ermöglichen (§ 36).

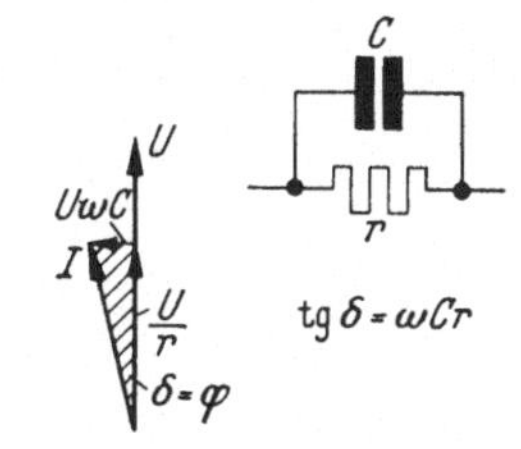

Nähert sich der Phasenwinkel φ eines Wechselstromwiderstandes dem Ideal $\varphi = 0$ bzw. $\varphi = 90°$, so bezeichnet man ihn bzw. seinen Komplementwinkel $\delta = 90 - \varphi$ als „Fehlwinkel" (Abb. 43).

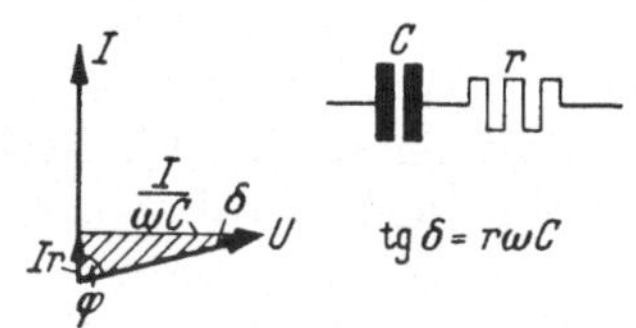

Sind Strom bzw. Spannung nicht sinusförmig, sondern in beliebiger Weise verzerrt, so ist es manchmal zweckmäßig, einen effektiven Widerstand $R_{eff} \equiv \dfrac{N}{I_{eff}}$ aus der Wirkleistung N zu definieren (§ 37). — In manchen Fällen ist der Augenblickswert des Widerstandes, d. h. das Verhältnis der Augenblickswerte von Spannung zu

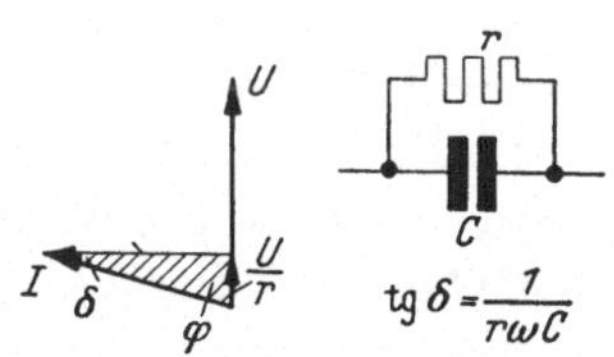

Abb. 43. Fehlwinkel verschiedener Schaltungen (Ersatzschaltungen).

Strom, in komplizierter Weise vom Strom oder von der Spannung oder auch von der Vorgeschichte beider abhängig. (Lichtbogenwiderstand, Eisendrosseln, Sprühverluste bei Hochspannung, elektrolytische Leiter usw.) In diesen Fällen beginnt der Widerstandsbegriff seine sonst überragende Bedeutung zu verlieren.

Kapazitive und besonders induktive Widerstände lassen sich aus den Definitionen des Maßsystems in manchen Fällen theoretisch mit großer Genauigkeit berechnen (§ 26), während der ohmsche Widerstand zu seiner Berechnung eine empirische Materialkonstante (spezifischer Widerstand) benötigt.

25. Widerstandserhöhung bei Wechselstrom. Sie kann durch Wirbelströme im Leiter selbst (Skineffekt)[1], durch Wirbelströme in benachbarten Leitern oder Metallteilen (transformatorisch) oder durch magnetische Verluste in benachbarten Eisenteilen hervorgerufen werden und kann in ungünstigen Fällen, besonders bei Hochstromleitern, bereits bei 50 Hz den Gleichstromwiderstand vervielfältigen. Eine Folge der Wirbelströme ist eine Verringerung des Temperaturanstieges des Widerstandes (Abb. 69). — Abb. 44 zeigt eine Schaltung, in der mit ein und demselben Instrument und mit ein und denselben Vor- und Nebenwiderstän-

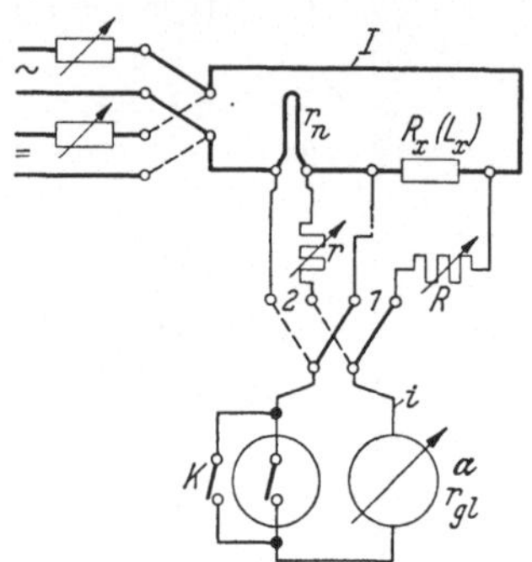

Abb. 44. Widerstandsmessung aus Spannung und Strom mit Gleichstrom und mit Wechselstrom.

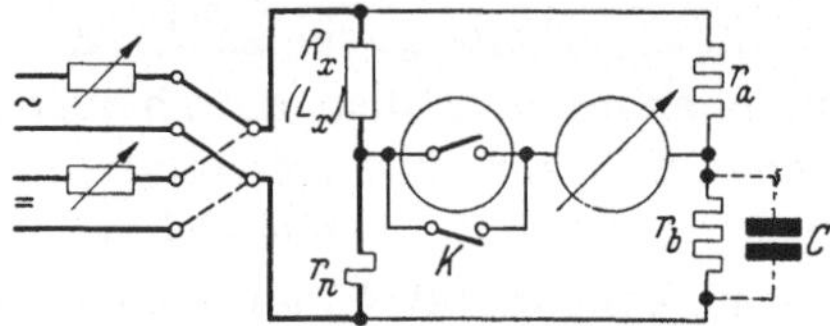

Abb. 45. Widerstandsmessung in Brückenschaltung mit Gleichstrom und mit Wechselstrom.

den ein Widerstand mit Gleich- und Wechselstrom, d. h. die Widerstandserhöhung bei Wechselstrom gemessen werden kann. Nach § 96 Tab. 19A und B wird, wenn $i \ll I$ ist:

$$R_x = \frac{\text{„}U_{eff}\text{“}}{\text{„}I_{eff}\text{“}} = \frac{R + r_{gl}}{r + r_{gl} + r_n}\, r_n\, \frac{\alpha_1}{\alpha_2} \qquad i \ll I\,. \tag{1}$$

Diese Formel gilt auch für Gleichstrom. Regelt man r oder R so, daß $\alpha_1 = \alpha_2$ wird, fällt außer dem Absolutfehler auch ein eventueller Skalenfehler des Drehspulinstrumentes aus der Messung heraus. Hat der Prüfling auch eine merkliche Blindkomponente, regelt man (in Stellung 2) die Kontaktphase auf die Wirkkomponente des Stromes. Bei der Gleichstrommessung kann der Meßkontakt mit dem Schalter K überbrückt werden oder auch eingeschaltet bleiben. Man kann den Gleichstrom so einregeln, daß entweder gleiche Instrumentausschläge wie bei der Wechselstrommessung oder — bei temperaturabhängigem Prüfling — gleiche Erwärmung auftritt. Die Kurvenform des Wechselstromes muß, da die Widerstandserhöhung frequenzabhängig ist, möglichst sinusförmig sein. Die Schließzeit hat dann keinen Einfluß auf die Messung.

Die Widerstandserhöhung kann auch in Brückenschaltung gemessen werden (Abb. 45), wobei bei Wechselstrom der Meßkontakt im Nullzweig

---

[1] Berechnung bei geometrisch einfachen Leitern: KÜPFMÜLLER: Theoretische Elektrotechnik S. 214/28. Springer 1941.

auf die Wirkkomponente R_x des Prüflings eingestellt wird, so daß ein Phasenabgleich (etwa mit C) nicht erforderlich ist (Abb. 57).

Wenn die Bedingung $i \ll I$ in Gl. (1) nicht erfüllt ist, ergibt sich für die Schaltung Abb. 46a durch Anwendung von Gl. (76.2) auf beide Meßkreise:

$$R_x = \frac{R + r_i}{r + r_{gl} + r_n \left(1 - \dfrac{u_{gl\,1}}{u_{gl\,2}}\right)} \; r_n \frac{u_{gl\,1}}{u_{gl\,2}}. \tag{2}$$

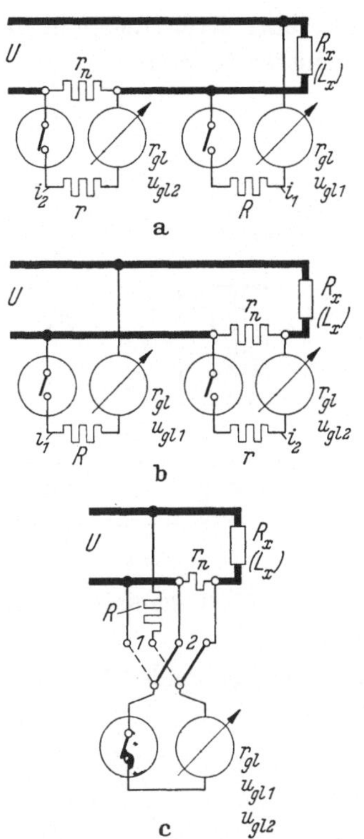

Abb. 46a—c. Zur Berücksichtigung des Eigenverbrauchs bei Widerstandsmessung aus Spannung und Strom.

Voraussetzung ist dabei, daß beide Meßkreise gleichzeitig, d. h. in der gleichen Halbwelle geschlossen sind, was bei Halbwellengleichrichtung (Abb. 46a und b) vor der Messung geprüft werden muß. Bei Vollwellenschaltungen oder Verwendung eines Oppositionskontaktes (§ 73) entfällt diese Bedingung. Bei großen Widerständen schaltet man zweckmäßig wie in Abb. 46b und erhält:

$$R_x = \frac{(R + r_{gl})\, r_n \dfrac{u_{gl\,1}}{u_{gl\,2}} - r_n\,(r + r_{gl})}{r + r_{gl} + r_n}. \tag{3}$$

Wenn die Spannung U durch die zusätzliche Belastung mit i_1 und i_2 nicht absinkt, entfällt in dieser Schaltung die Bedingung, daß die beiden Meßkontakte gleichzeitig geschlossen sein müssen, d. h. man kann nach Abb. 46c mit einem einzigen Meßkontakt, der von 1 auf 2 umgeschaltet wird, messen und R_x nach Gl. (3) berechnen. — Die Schaltungen der Abb. 46 können auch für Wirkkomponentenmessungen benutzt werden (§ 76).

26. Berechnung induktiver Widerstände. Zur Kontrolle der Messung von Induktivitäten sind Formeln zu ihrer Berechnung erwünscht[1]. Aus $L \dfrac{dI}{dt} = w\,q\,\dfrac{dB}{dt}$ folgt mit $B_{(t)} = \mu\,\mu_0\,\dfrac{w}{l_B}\,I_{(t)}$:

$$L = \mu\,\mu_0\,w^2\,\frac{q}{l_B} \quad [\text{H}] \tag{1}$$

q = Querschnitt des Kraftflusses
l_B = Kraftlinienlänge
μ_0 = $1{,}257 \cdot 10^{-8}\,\dfrac{\text{Vs}}{\text{Acm}}$.

Diese Formel ist in vielen Fällen geeignet, die Induktivität von Leiteranordnungen abzuschätzen. Beispielsweise wird für eine aus Flach-

---

[1] Alle Längen in den folgenden Formeln in cm.

schienen gebildete Schleife $(a + b \ll h)$ von der Länge l nach Abb. 47a $q \approx (a + b)\, l$ und $l_B \approx h$, also[1]:

$$L \approx 12{,}6 \frac{a + b}{h}\, l\, 10^{-9}\ [\text{H}]\,. \quad (a + b \ll h) \tag{2}$$

Für eine Kreisringspule nach Abb. 47b gilt, wenn mit Rücksicht auf kleinsten Kupferaufwand $D = 4\,a$ gemacht wird:

$$L \approx 10{,}5\, w^2\, D\, 10^{-9}\ [\text{H}]. \quad (D = 4a) \tag{3}$$

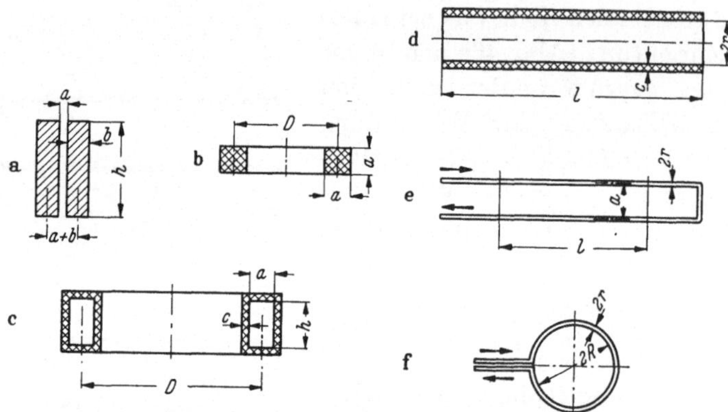

Abb. 47a—f. Zur Berechnung der Induktivität geometrisch einfacher Leiteranordnungen.

Eine Torroidspule (Abb. 47c) hat eine Induktivität[2] ($c =$ Wicklungsauftrag):

$$L \approx 1{,}53\, w^2\, h\, k\, 10^{-9}\ [\text{H}] \qquad \left(1{,}53 = \frac{2}{3}\ln 10\right) \tag{4}$$

$$k = \log \frac{D + a}{D - a} + 2\left(1 + \frac{c}{h}\right)\log \frac{D + a + c}{D - a - c}\,.$$

Eine Zylinderspule (Abb. 47d) hat, wenn $l > r$ und $c \ll r$ ist, eine Induktivität:

$$\left.\begin{aligned}
L &\approx 4\,\pi^2\, w^2 \left(\sqrt{l^2 - r^2} - r\right)\frac{r^2}{l^2}\, 10^{-9}\ [\text{H}]\,, \quad (r < l)\,, \\[4pt]
L &\approx 4\,\pi^2\, w^2 \frac{r^2}{l}\, 10^{-9} = \frac{\varLambda^2}{l}\, 10^{-9}\ [\text{H}] \qquad (r \ll l)\,.
\end{aligned}\right\} \tag{5}$$

($\varLambda =$ gesamte Drahtlänge). Für eine Drahtschleife nach Abb. 47e gilt angenähert:

$$L \approx 4\, l\left(\ln \frac{a}{r} + 0{,}25\right)10^{-9}\ [\text{H}]\quad (r \ll a)\,. \tag{6}$$

---

[1] genau: SCHERING, H.: ETZ A (1954) H. 10 S. 335/38.
[2] Nach M. ZÜHLKE, Siemensstadt.

Für einen kreisförmig gebogenen Draht (Abb. 47f) gilt:

$$L \approx 4\,\pi\,R\left(\ln\frac{R}{r} + 0{,}33\right)10^{-9} \quad [\text{H}] \quad (r \ll R)\,. \tag{7}$$

Die Induktivität geometrisch einfacher Leiteranordnungen läßt sich, falls erforderlich, aus den Definitionen des Maßsystems auch sehr viel genauer berechnen als nach diesen Näherungsformeln[1].

27. Brücken mit Meßkontakt. Brückenschaltungen ermöglichen sehr genaue Messung von Widerständen nach Größe und Phasenwinkel, auch wenn letzterer sehr groß oder sehr klein ist[2]. Zum Abgleich der Brücke sind bei Wechselstrom zwei voneinander getrennte Regelungen notwendig, um die beiden Komponenten ΔU_W (in Phase mit U) und ΔU_B (senkrecht zu U) der Brückenspannung zum Verschwinden zu bringen (Abb. 48a). Als Nullinstrument wird in der Regel das Vibrationsgalvanometer verwendet.

Statt des Vibrationsgalvanometers, das ein Spezialgerät für diesen Zweck ist, kann man im Brückenzweig auch Meßkontakt

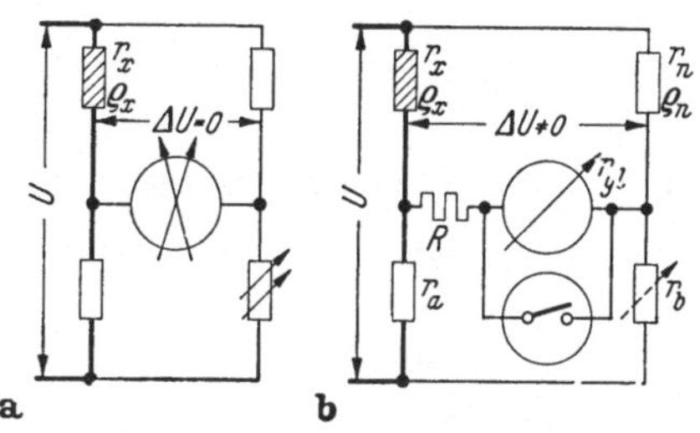

Abb. 48a u. b. Beispiel einer voll abgeglichenen Wechselstrombrücke mit Vibrationsgalvanometer (a) und einer unvollständig abgeglichenen Brücke mit Meßkontakt im Nullzweig (b).

und Drehspulgalvanometer als Nullinstrument benutzen. Mehr als beim Vibrationsgalvanometer ist dann der Vermeidung von Fehlern durch Oberwellen Aufmerksamkeit zu widmen[3]. Diesem Nachteil steht der Vorteil gegenüber, daß man die Brücke nicht vollständig auf $\Delta U = 0$ abzugleichen braucht (Abb. 48b)[4], vielmehr kann man die Komponenten ΔU_W und ΔU_B der Brückenspannung messen und aus ihnen den unbekannten vierten Widerstand berechnen[5]. Es ist auch möglich, nur *eine* dieser Komponenten auf null abzugleichen und die andere zu messen und zur Berechnung des unbekannten Widerstandes zu benutzen. Oberwellen in der Brückenspannung können mit dem Meßkontakt kontrolliert (Tab. 2, S. 9) und bei der Messung von ΔU_W und ΔU_B durch Filter oder nach § 12 ausgeschaltet werden. Beispiele halb abgeglichener Brücken gibt § 31 und § 35. Diese Brücken sind verhältnismäßig einfach und mit geringem Aufwand an feinstufigen Abstimmitteln zu verwirklichen.

---

[1] KOHLRAUSCH: Praktische Physik Bd. 2 (1951) S. 204 mit weiterer Literatur.

[2] KRÖNERT, J.: Meßbrücken und Kompensatoren. R. Oldenbourg 1935.

[3] Frequenz Bd. 3 (1949) S. 259/64; POLECK, H.: Frequenz Bd. 5 (1951) S. 255/66; Wiss. Veröff. Siemens Bd. 9 (1930) S. 298/328.

[4] THAL: Z. techn. Physik Bd. 14 (1933) S. 474/77.

[5] PFANNENMÜLLER: Arch. f. Elektrotechn. Bd. 28 (1934) S. 372; ATM V 339—12 (Aug. 1934).

Für alle Brücken empfiehlt sich bifilarer Aufbau (Abb. 189). Wegen des einfachen Abgleichs und der Möglichkeit, die Meßgröße, z. B. den Fehlwinkel eines Kondensators, am Brückeninstrument als Zeigerausschlag abzulesen, eignen sich die halbabgeglichenen Brücken für Massenmessungen.

Für den Sonderfall, daß zwei Widerstände der Brückenschaltung (r_a und r_b in Abb. 48b) rein ohmisch, die beiden anderen beliebig sind, ist das Ergebnis der Brückenberechnung mit den Bezeichnungen von Abb. 48b[1]:

$$\varrho_x = - \frac{(\nu\,\alpha - \nu_1\,\delta_W + \mu_1\,\delta_B)\,B + (\mu\,\alpha - \nu_1\,\delta_B - \mu_1\,\delta_W)\,A}{A^2 + B^2} \cdot R_n \qquad (1)$$

$$r_x = \frac{(\nu\,\alpha - \nu_1\,\delta_W + \mu_1\,\delta_B)\,A + (\mu\,\alpha - \nu_1\,\delta_B - \mu_1\,\delta_W)\,B}{A^2 + B^2} \cdot R_n \qquad (2)$$

Dabei gelten folgende Abkürzungen und Bezeichnungen:

$\varrho_x = \omega\,L_x$ (induktiv) bzw.:

$$\nu_1 = \frac{r_a}{R_n} + \left(\frac{r_a}{r_0} + \alpha\right)\nu$$

$\varrho_x = - \dfrac{1}{\omega\,C_x}$ (kapazitiv)

$$\nu_2 = 1 + \frac{r_a}{r_0} + \left[\frac{R_n}{r_b} + (1 + \alpha)\,\frac{R_n}{r_0}\right]\nu$$

$$R_n = \sqrt{r_n^2 + \varrho_n^2}$$

$$r_0 = R + r_{gl} \qquad \mu_1 = \left(\frac{r_a}{r_0} + \alpha\right)\mu \qquad \alpha = \frac{r_a}{r_b}$$

$$\delta_W = \frac{\varDelta U_W}{U} \qquad \mu_2 = \left(\frac{R_n}{r_b} + (1 + \alpha)\,\frac{R_n}{r_0}\right)\mu \qquad \nu = \frac{r_n}{R_n}$$

$$\delta_B = \frac{\varDelta U_B}{U} \qquad A = 1 + \nu_2\,\delta_W - \mu_2\,\delta_B \qquad \mu = \frac{\varrho_n}{R_n}$$

$$B = \nu_2\,\delta_B + \mu_2\,\delta_W$$

Nach diesen Gleichungen läßt sich ϱ_x und r_x aus den gemessenen Komponenten δ_W und δ_B der Brückenspannung berechnen.

In den folgenden Paragraphen werden einige Brückenschaltungen, die in Zusammenhang mit dem Meßkontakt als Nullinstrument von Interesse sind, kurz behandelt[2]. Brückenmessungen erfordern entsprechend der großen Genauigkeit, die sich mit ihnen erzielen läßt, besondere Sorgfalt, vor allem was die Beseitigung der Störspannungen angeht (§ 102).

28. Messung von Induktivitäten. Mit dem Meßkontakt können die Komponenten $U \sin\varphi$ und $U \cos\varphi$ der Spannung am Prüfling direkt ge-

---

[1] Frequenz Bd. 2 (1948) S. 100/05. Die Formeln gelten für $\delta_W \ll 1$ und $\delta_B \ll 1$ unter Vernachlässigung von Korrekturgliedern zweiter Ordnung.

[2] Ausführlicheres über Brückenmessungen findet man in KOHLRAUSCH: Praktische Physik Bd. 2; KRÖNERT, J.: Meßbrücken und Kompensatoren R. Oldenbourg 1935; G. BRION u. V. VIEWEG: Starkstrommeßtechnik, Springer 1935; SCHWERTFEGER, W.: Elektrische Meßtechnik II, C. F. Winter 1948; Handbuch der Physik Bd. 16 Kp. 16/19; HAGUE, B.: Alternating Current Bridge Methods, London 1946; POTTKOFF, K.: ETZ-A (1955) S. 818/21 mit weiterer Literatur.

messen werden (§ 13). Aus ihnen folgt, wenn nach Abb. 42, Reihenschaltung von L_x und R_x vorausgesetzt und mit abgeglichenen Bereichen
(Vektormesser) gearbeitet wird (Abb. 49a) bei Sinusform von U und I:

$$\omega\, L_x = \frac{\text{,,}U_{eff}\sin\varphi\text{''}}{\text{,,}I_{eff}\text{''}}\;;\qquad R_x = \frac{\text{,,}U_{eff}\cos\varphi\text{''}}{\text{,,}I_{eff}\text{''}}\;. \tag{1}$$

Mißt man nach Abb. 49b mit getrennten Vorwiderständen, so wird bei
Sinusform von U und I nach Tab. 19A, B und C, S. 201:

Stellung 3 und 1:

$$\omega\, L_x = \frac{R + r_{gl}}{r_n + r + r_{gl}}\, r_n\, \frac{\alpha_1\, B}{\alpha_3\, W}\;;$$

$$R_x = \frac{R + r_{gl}}{r_n + r + r_{gl}}\, r_n\, \frac{\alpha_1\, W}{\alpha_3\, W}\;, \tag{2}$$

Stellung 2 und 1:

$$\omega\, L_x = \frac{R + r_{gl}}{r_2 + \varrho_2 + r_{gl}}\, \omega\, M\, \frac{\alpha_1\, B}{\alpha_2\, B}\;;$$

$$R_x = \frac{R + r_{gl}}{r_2 + \varrho_2 + r_{gl}}\, \omega\, M\, \frac{\alpha_1\, W}{\alpha_2\, B}\;. \tag{3}$$

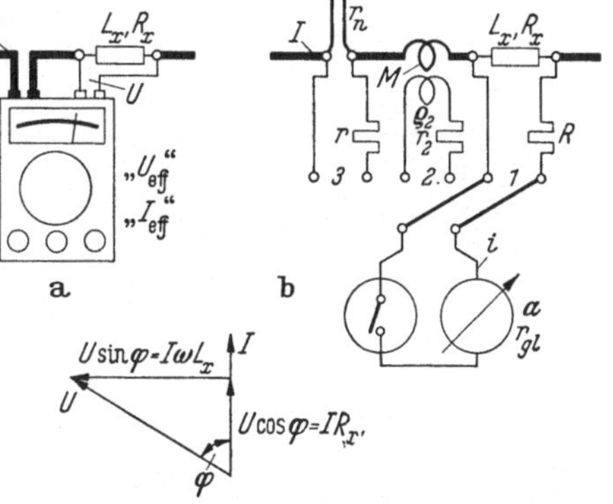

Abb. 49 a u. b. Messung der Wirk- und Blindkomponenten induktiver Widerstände.

Dabei ist α_W die in Richtung
von I liegende Komponente
des Instrumentausschlages, α_B
die dazu senkrechte. Die Absolutgenauigkeit des Instrumentes fällt aus
der Messung heraus. Regelt man r, R bzw. r_2 so, daß die beiden Instrumentausschläge einander gleich werden, fallen auch Skalenfehler aus
der Messung heraus, das Instrument dient nur zur Einregelung gleicher
Ausschläge. — Durch Oberwellen entstehen Meßfehler. Um sie zu vermeiden, kann mit von 180° abweichenden Schließzeiten (Tab. 4, S. 31)
oder nach den Grundwellenverfahren (§ 13) gemessen werden, die Gl. (1)
bis (3) bleiben dabei unverändert. Die Strommessung an M [Stellung 2,
Gl. (3)] verdient, was die Messung von L_x angeht, bezüglich Oberwellen
den Vorzug, da ihr Oberwellenfehler kleiner ist [bei $R_x = 0$ würde die
Messung von L_x nach Gl. (3) als Vergleich zweier Induktivitäten sogar
gänzlich frei von Oberwellenfehlern sein]. Außerdem fällt in Stellung 2
die 90°-Schwenkung bei der Messung von L_x und damit der Fehler dieser
Schwenkung fort. Aus dem gleichen Grunde ist bei der Messung von R_x
die Strommessung an r_n [Stellung 3, Gl. (2)] vorzuziehen. — Damit durch
den Eigenverbrauch des Instrumentes beim Umschalten von Stellung 1
auf Stellung 2 bzw. 3 Größe und Phase von U und I nicht geändert wird,
muß $i \leq 10^{-2}\cdots 10^{-3}\, I$ sein, was durch Wahl eines genügend empfindlichen Instrumentes, gegebenenfalls eines Spiegelgalvanometers, erreichbar ist (§ 76).

Wenn $\omega\, L_x \gg R_x$ ist, kann die Messung von R_x durch Kompensation
von $U \sin \varphi$ erleichtert werden (Abb. 50). Wenn M und L_x kein Eisen

enthalten, können bei $M_x = L_x$ die induktiven Spannungen vollständig und einschließlich eventueller Oberwellen gegeneinander kompensiert werden, so daß $U' = U \cos \varphi = I R_x$ wird. (Fehlwinkel von M vergl. § 33).

Der mit dem Meßkontakt bei Sinusform gefundene Widerstand $\dfrac{U \cos \varphi}{I}$ ist der Wechselstromwiderstand einschließlich Zusatzverluste (Skineffekt und transformatorisch abgegebener Verlustleistung). Mißt man bei verzerrten Meßgrößen die Grundwellen $U_1 \cos \varphi_1$ und I_1,

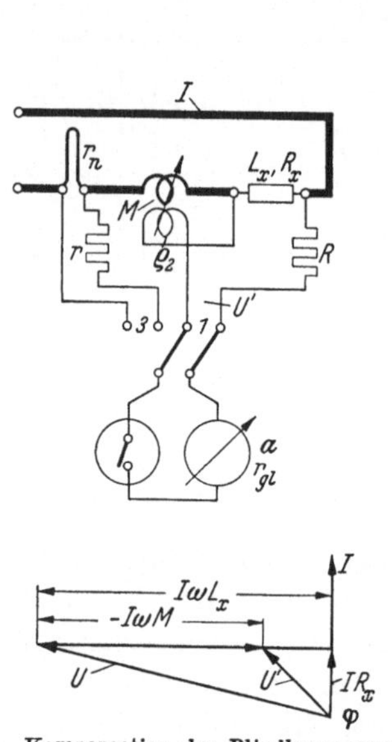

Abb. 50. Kompensation der Blindkomponente der Spannung an einem induktiven Widerstand (zur besseren Messung der ohmschen Komponente).

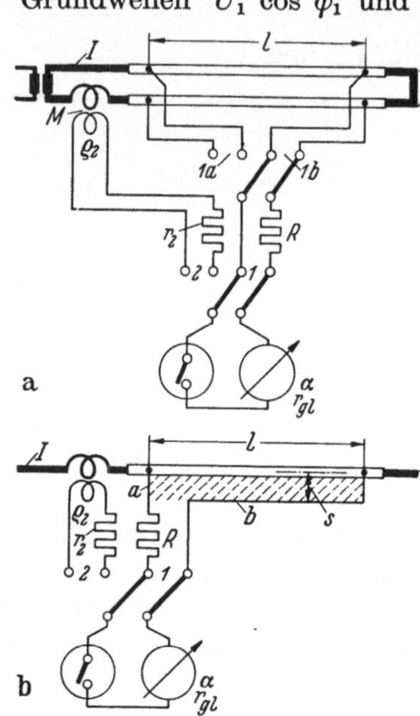

Abb. 51a u. b. Messung der ohmschen und induktiven Komponente von Hochstromwiderständen.

so erhält man den Wechselstromwiderstand für die Grundfrequenz einschließlich des Grundwellenanteiles eventueller Zusatzverluste (§ 57).

Abb. 51a zeigt die Messung eines Hochstromwiderstandes (Schienen- oder Kabelschleife) mit dem Meßkontakt nach Gl. (3) statt mit einer der sonst üblichen Brückenschaltungen[1]. Durch Subtraktion der Messungen in Stellung 1a und 1b kann L_x und R_x je Längeneinheit ermittelt werden. Statt direkt mit M kann der Strom auch über einen Stromwandler mit Nebenwiderstand oder mit Gegeninduktivität gemessen werden (§ 9). — In Abb. 51b ist die Rückleitung nicht zugänglich. In diesem Fall wird das gemessene L_x durch die Lage der Meßleitungen a, b definiert. Führt man die Meßleitung b mit genügendem Abstand s (s groß gegen Schienenhöhe bzw. Schienenbreite), so mißt man R_x aus der Wirkkomponente $U \cos \varphi$ richtig.

---

[1] z. B. Potthoff, K.: Arch. f. Elektrotechn. Bd. 23 S. 441/46 (1930).

Die Genauigkeit der direkten Induktivitätsmessung aus Strom und Spannung kann, wenn man nach Gl. (2) oder (3) Instrumentfehler ausschaltet und Oberwellenfehler vermeidet, die Ablesegenauigkeit des Instrumentes, d. h. $\pm 0,1\%$, erreichen. Brückenmessungen[1] sind genauer aber auch umständlicher. Die in § 27 erwähnten halbabgeglichenen Brücken mit Meßkontakt bieten bei Induktivitäten mit mittleren Phasenwinkeln nicht die Vorteile wie bei Fehlwinkelmessungen (§ 31 und § 35). Dagegen lassen sich Induktivitäten ähnlich wie Kapazitäten (§ 36) in Unterbrecherbrücken messen[2].

29. Sehr große Induktivitäten (kleiner Strom). Die Schaltung Abb. 52 kann als „Offene Brücke" bezeichnet werden. Das Galvanometer dient nicht als Nullinstrument, andererseits auch nicht zur Absolutmessung von Strom oder Spannung, sondern zum Vergleich der Spannungsabfälle an r_n und r. Wird R so geregelt, daß $\alpha_1 = \alpha_2$ ist, wird die Messung auch unabhängig von Skalenfehlern des Instruments. Gegenüber einer Brücke mit Nullabgleich hat das Verfahren den Nachteil, daß die Ablesegenauigkeit des Instrumentes nur begrenzt ist ($\approx 1^0/_{00}$), andererseits aber den Vorteil, daß der Phasenabgleich nicht erforderlich ist. Zur Messung von L_x wird lediglich die Nullstellung der Spannung an r eingeregelt ($\alpha_{1\,B} = 0$) und in Stellung 2 der

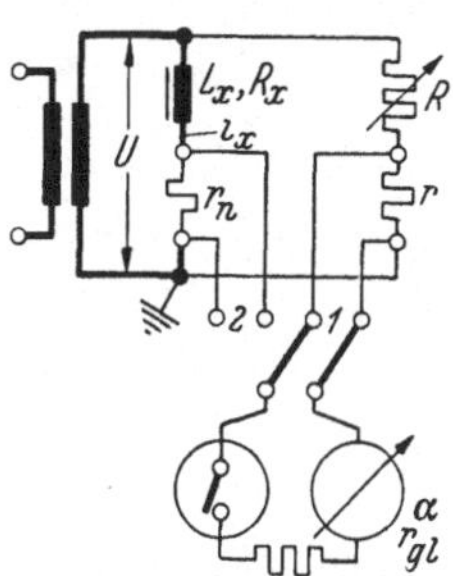

Abb. 52. Messung sehr großer Induktivitäten. („Offene Brücke", s. Abb. 65).

Ausschlag $\alpha_{2\,B}$ (Blindkomponente) abgelesen. Es ist dann unter der Voraussetzung $R_x + r_n \ll L_x$ und $r \ll R$ nach Tab. 19 B, S. 201: ($r_{gl} = $ Instrumentwiderstand einschließlich Vorwiderstand)

$$\frac{\omega L_x}{R} = \frac{r + r_{gl}}{r_n + r_{gl}} \frac{r_n}{r} \frac{\alpha_{1\,W}}{\alpha_{2\,B}} \; ; \qquad \frac{R_x}{R} = \frac{r + r_{gl}}{r_n + r_{gl}} \frac{r_n}{r} \frac{\alpha_{1\,W}}{\alpha_{2\,W}} . \tag{1}$$

Handelt es sich um eine Eisendrossel, so ist die Permeabilität μ und damit nach Gl. (26.1) die Induktivität L_x vom Strom, d. h. von der Spannung U, außerdem von remanentem Magnetismus (entmagnetisieren!), von der Lage des Eisenkernes im Erdfeld oder in sonstigen Fremdfeldern (abschirmen!) und vom mechanischen Druck auf den Blechkern abhängig. Bei der Messung beachte man Folgendes: r so groß wählen, daß Verbindungsleitungen kleinen Einfluß haben ($r \geq 10\,\Omega$); bei großen Werten L_x Isolationswiderstände groß genug halten; Spannung U muß sinusförmig sein, Oberwellen im Strom I gegebenenfalls nach § 13 ausschalten; Störausschläge nach § 102 beseitigen! Bei der Messung einer Mumetalldrossel ($q = 3\ \mathrm{cm^2}$; $w = 7000$, $\omega L_x = 980\,000\ \Omega$) war beispielsweise $r_n = 1000\ \Omega$, $r = 10\ \Omega$, $r_{gl} = 2050\ \Omega$, $R = 11\,700\ \Omega$, $c =$

[1] KOHLRAUSCH: Praktische Physik Bd. 2 S. 209/227 mit weiterer Literatur Ferner KRÖNERT, J.: Meßbrücken und Kompensatoren. R. Oldenbourg 1935.
[2] KOHLRAUSCH: Praktische Physik Bd. 2 (1951) S. 211/212.

$2 \cdot 10^{-8}$ A/Skt, $U = 40$ V (Anwendung des Verfahrens zur Messung kleiner Kapazitäten § 34).

30. Erwärmung von Luftspulen (Umspanner im Kurzschluß). Die Winkelmessung mit dem Meßkontakt ermöglicht folgendes Verfahren zur Messung der Erwärmung von Luftspulen *während des Stromdurchganges*: Der Widerstand der Wicklung sei $R = R_0 (1 + \alpha \, \Delta T)$ (α = Temperaturkoeffizient des Leitermaterials, Kupfer $\alpha = 0{,}0039$, Aluminium $\alpha = 0{,}0036$). Daraus folgt mit den Bezeichungen von Abb. 53:

$$\Delta T = \frac{1}{\alpha} \, \frac{f}{f_0} \left(\frac{\operatorname{tg} \varphi_0}{\operatorname{tg} \varphi} - 1 \right) \; [^\circ\mathrm{C}]. \qquad (1)$$

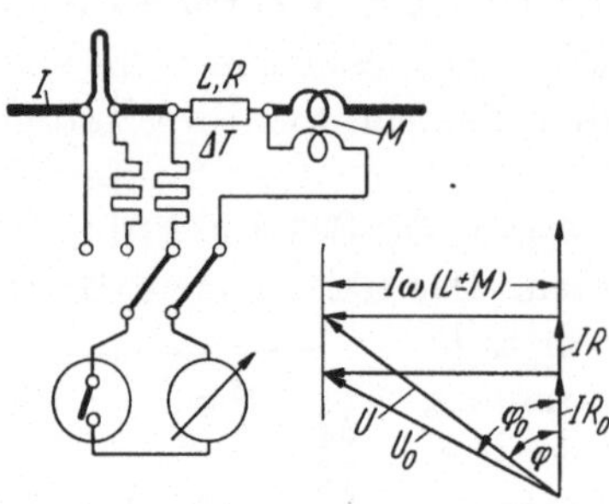

Abb. 53. Messung der Erwärmung von Luftspulen (oder Umspannern im Kurzschluß) während des Stromdurchganges.

Der Index 0 bezieht sich dabei auf die Ausgangstemperatur. Aus Gl. (1) folgt für die Empfindlichkeit des Verfahrens (bei kleinen Erwärmungen):

$$\frac{dT}{d\varphi^\circ} = - \frac{\pi}{90^\circ} \, \frac{1}{\alpha} \, \frac{1}{\sin 2\varphi} \; \left[\frac{^\circ\mathrm{C}}{\text{Winkelgrad}} \right]. \qquad (2)$$

Die Empfindlichkeit beträgt also im Bereich $30^\circ < \varphi < 60^\circ$ etwa 1° C je Zehntelgrad (s. Tabelle). Durch Einfügen einer Gegeninduktivität (M in Abb. 53, Luftspule oder Eisendrossel mit Luftspalt) läßt sich die Blindspannung so erhöhen oder verringern, daß $\varphi \approx 45^\circ$ ist. Das Verfahren liefert die mittlere Temperatur über die Windungslänge[1]. Von der Kurvenform und von Schwankungen des Stromes I ist es unabhängig. Die Spule darf außer ohmschen Verlusten keine sonstigen (Eisenverluste) haben. Bei merklichem Skineffekt ist α kleiner als die oben angegebenen Gleichstromwerte (Abb. 69). Das Verfahren kann auf Umspanner im Kurzschluß (§ 61) oder im Betrieb[2] angewendet werden.

φ	0°	15°	30°	45°	60°	75°	90°	Winkelgrade
$dT/d\varphi$	∞	18	10,4	9,0	10,4	18	∞	$^\circ$C/Winkelgrad

31. Fehlwinkel von Widerständen. Je nach der Konstruktion hat ein ohmscher Widerstand zusätzlich Induktivität L und Wicklungskapazität C. Nach dem Ersatzbild ist (Abb. 54):

$$\operatorname{tg} \delta \approx \omega \left(\frac{L}{R} - RC \right) = \omega \, T_0 ; \qquad T_0 \equiv \frac{L}{R} - RC . \qquad (1)$$

δ bezeichnet man als „Fehlwinkel", T_0 als „Zeitkonstante" des Widerstandes. Bei Präzisions-Widerstandsrollen mit $R > 1000$ Ohm (Wick-

---

[1] Vgl. auch Pfannenmüller: Arch. f. Elektrotechn. Bd. 28 (1934) S. 375. Keinath: ATM V 8253—1 (1953).

[2] Arch. f. Elektrotechn. Bd. 39 (1948) S. 164/83.

lung nach WAGNER-WERTHEIMER) überwiegt die Wirkung der Wicklungskapazität[1]. Eine 10 000 Ohm-Rolle hat etwa $T_0 = 10^{-7}$ s (bei 50 Hz tg $\delta \approx 0{,}3 \cdot 10^{-4}$). Der Fehlwinkel spielt außer bei Präzisionswiderständen unter anderem eine Rolle im Spannungspfad von dynamometrischen Leistungsmessern, bei Gegeninduktivitäten oder Feldmeßspulen (§ 45), bei Drehspulinstrumenten für den Meßkontakt (§ 92). Bei Nebenwiderständen kann man ihn durch bifilare Faltung des Manganinbleches und zweckmäßige Lage der Stromzuführungen[2] verschwindend klein machen (Abb. 55). Die Messung erfolgt üblicherweise in Brückenschaltungen durch Vergleich oder durch Substitution bekannter Widerstände[3].

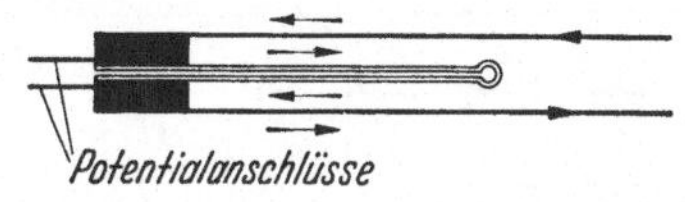

Abb. 55. Induktionsarmer Nebenwiderstand (Die Zuleitungen sind so geführt, daß sie die Restinduktivität des gefalteten Manganinbandes noch weiter herabdrücken).

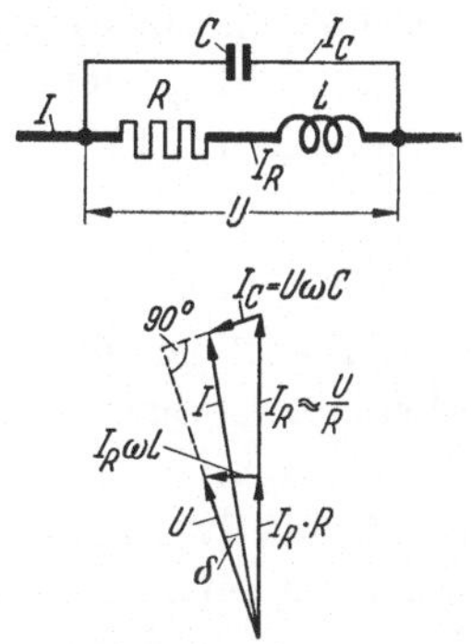

Abb. 54. Fehlwinkel δ eines Widerstandes R mit Induktivität und Kapazität.

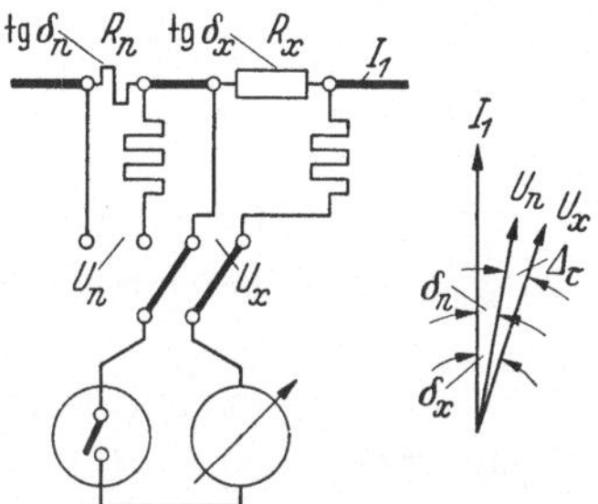

Abb. 56. Direkte Messung des Fehlwinkels eines Widerstandes durch Substitution eines Widerstandes mit bekanntem Fehlwinkel.

Mit dem Meßkontakt können Fehlwinkel $> 0{,}1°$ direkt nachgewiesen werden, zur Ausschaltung von Oberwellen und sonstigen Fehlern am besten durch Substitution eines Widerstandes $R_n \approx R_x$ von bekanntem Fehlwinkel δ_n (Abb. 56). Aus dem Unterschied $\Delta\tau$ der Nullstellungen der Kontaktphase in Stellung 1 und 2 ergibt sich $\delta_x = \delta_n + \Delta\tau$. Genauer, aber doch verhältnismäßig einfach ist die Messung in einer halbabgeglichenen Brücke[4]. Aus Gl. (27.1) und (27,2) folgt für die Brücke Abb. 57 $\varrho_n = 0$; $R_n = r_n$; $v = 1$; $\mu = 0$) bei Abgleich der Wirkkomponente

---

[1] MÖLLER, F.: Strom-Spannungs- u. Phasenregelung f. Meßzwecke, Bücher der Meßtechnik V B 11, S.101/05, mit weiterer Literatur. Karlsruhe: G. Braun 1949.

[2] Berechnung u. Messung v. Fehlwinkeln, WAGNER u. WERTHEIMER: ETZ (1913) S.616 und (1915) S. 606.

[3] KOHLRAUSCH: Praktische Physik Bd. 1 (1951) S. 226/28; KRÖNERT, J.: zit. S. 227/230 mit weiterer Literatur.

[4] „Die Meßtechnik d. mechan. Präzisionsgleichrichters", AEG-Eigenverlag (1948) S. 195/97.

$\delta_W = 0$ unter Vernachlässigung von Korrekturgliedern zweiter Ordnung für $\mathrm{tg}\,\delta_x < 10^{-2}$:

$$\mathrm{tg}\,\delta_x \equiv \frac{\varrho_x}{r_x} = -\left(1 + \frac{r_n + \beta\,(r_a - r_n)}{r_0}\right)\frac{\delta_B}{\beta\,(1-\beta)}\ ;\qquad \beta \equiv \frac{r_b}{r_a + r_b}, \qquad (2)$$

$$r_x = -\frac{(1-\beta)\,\beta - \left(1 + \dfrac{r_a}{r_0}\beta\right)\left(1 + \dfrac{r_a}{r_0}\beta + \dfrac{r_n}{r_0}\right)\delta_B^2}{\left(1 + \dfrac{r_a}{r_0}\beta + \dfrac{r_n}{r_0}\right)^2 \delta_B^2 + \beta^2}\,r_n \approx \frac{r_a}{r_b}\,r_n\,. \qquad (3)$$

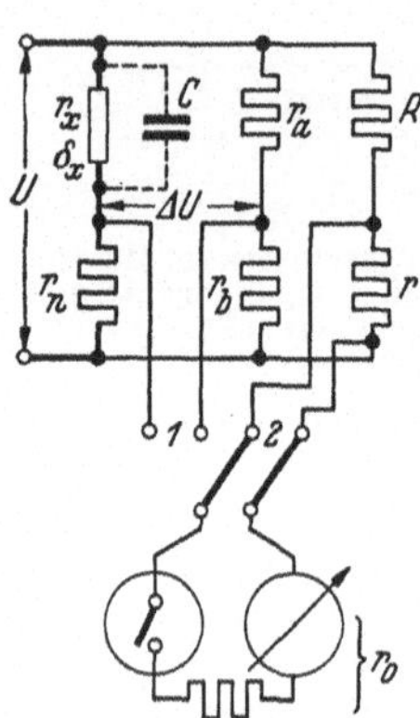

Abb. 57. Fehlwinkelmeßbrücke mit Meßkontakt im Nullzweig.

Regelt man in Stellung 2 den Teiler r/R so, daß $\alpha_{2W} = \alpha_{1B}$ wird, so ist:

$$\delta_B \equiv \frac{\Delta U_B}{U_B} = \frac{\alpha_{1B}}{\alpha_{2W}}\frac{r'}{r' + R} = \frac{r'}{r' + R}\,;\quad r' = \frac{r\,r_0}{r + r_0}\,. \qquad (4)$$

Ist in Gl. (3) die Korrektur durch δ_B zu vernachlässigen, aber die Wirkkomponente δ_W der Brückenspannung nicht null, (weil r_n, r_a und r_b nicht fein genug regelbar sind) so wird aus Gl. (27.2)

$$r_x = \frac{r_a}{r_b}\,r_n\left(1 - \frac{r_0 + r_a + r_n\,(1-\beta)}{r_0\,\beta\,(1-\beta)}\,\delta_W\right)\,. \qquad (5)$$

Gl. (5) gilt auch für die nicht abgeglichene Brücke bei Gleichstrom. Der Fehlwinkel ist nach Gl. (2) bei positivem, d. h. gegen U voreilendem ΔU_B kapazitiv, bei negativem ΔU_B induktiv[1]. Man kann die Eichung statt nach Gl. (4) auch in der Weise vornehmen, daß man zu r_x eine bekannte Kapazität C parallel schaltet, also den Fehlwinkel um den Betrag $r_x\,\omega\,C$ ändert (Abb. 43). Vergrößert bzw. verkleinert sich dabei ΔU_B um den Betrag $\delta\,\Delta U_B$, so ist:

$$\mathrm{tg}\,\delta_x = r_x\,\omega\,C\,\frac{\Delta U_B}{\delta\,\Delta U_B}\,. \qquad (6)$$

Die Erdung der Brücke Abb. 57 erfolgt über einen WAGNERschen Hilfszweig (§ 102). Oberwellen werden durch Siebe, Wahl der Schließzeit oder Grundwellenmessung von ΔU_B bzw. ΔU_W ausgeschaltet. — Ist r_n nicht fehlwinkelfrei, so mißt die Brücke statt $\mathrm{tg}\,\delta_x$ die Differenz $\mathrm{tg}\,\delta_x - \mathrm{tg}\,\delta_n$ (vorausgesetzt, daß r_a und r_b keinen oder gleichen Fehlwinkel haben). Bei kleinen Widerständen r_x (Nebenwiderstände) verwendet man statt der einfachen Brücke Abb. 57 eine Doppelbrücke[2], wobei ebenfalls der Fehlwinkel aus der Blindkomponente der Brückenspannung ermittelt werden kann.

32. Messung von Gegeninduktivitäten. Sie sind im Zusammenhang mit dem Meßkontakt sehr nützliche und einfache Geräte, ihre Messung

---

[1] Positive Richtung U von oben nach unten, ΔU von links nach rechts in Abb. 57.

[2] SCHERING, H.: ETZ Bd. 38 (1917) S. 421 u. 436; HARTSHORN, L.: Proc. Phys. Soc. Bd. 39 (1927) S. 337/87, Bull. SEV 19 (1928) S. 784/89.

ist daher wichtig. Die in der Sekundärwicklung induzierte Spannung ist bei einem primären Strom $I_{1(t)} = I_{1\,max} \sin n\,\omega\,t$ (Abb. 58):

$$U_{20(t)} = M \frac{dI_1}{dt} = n\,\omega\,M\,I_{1\,max} \cos \omega\,t\,, \tag{1}$$

d. h. die induzierte Spannung ist für jede Teilwelle um genau 90° gegenüber dem induzierenden Strom verschoben. Dies gilt nur, wenn außer $I_{1(t)}$ keine anderen Ströme, insbesondere keine von $I_{1(t)}$ erzeugten Wirbelströme (in metallischen Konstruktionsteilen oder im Leitermaterial selbst) und keine äußeren Fremdfelder in die Sekundärspule induzieren. Bei Belastung mit einem Widerstand R tritt ein Spannungsabfall am

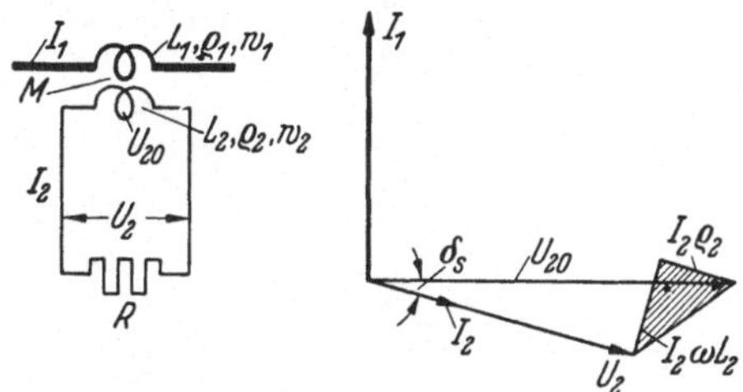

Abb. 58. Vektordiagramm einer ohmisch belasteten Gegeninduktivität.

sekundären Wicklungswiderstand ϱ_2 auf, so daß $U_2 \approx \dfrac{R}{\varrho_2 + R}\,U_{20}$ wird.

Außerdem ist U_2 gegenüber U_{20} um den Fehlwinkel $\operatorname{tg} \delta_s = \dfrac{\omega\,L_2}{\varrho_2 + R}$ verschoben, wobei L_2 die Induktivität der Sekundärwicklung (bei offener Primärwicklung) ist. Praktisch kann in manchen Fällen R so groß gehalten werden, daß $\operatorname{tg} \delta_s \approx 0$ ist [Gl. (74.13)].

Eine Gegeninduktivität M ist durch die Gleichungen

$$U_{20} = M_{12} \frac{dI_1}{dt}\;(w_2\ \text{offen!}); \qquad U_{10} = M_{21} \frac{dI_2}{dt}\;(w_1\ \text{offen!}) \tag{2}$$

definiert. Es läßt sich nachweisen (MAXWELL), daß in jedem Fall $M_{12} = M_{21} \equiv M$ ist. Die primäre und sekundäre Induktivität sind durch die Gleichungen:

$$U_{10} = L_1 \frac{dI_1}{dt}\quad (w_2\ \text{offen!}); \qquad U_{20} = L_2 \frac{dI_2}{dt}\quad (w_1\ \text{offen!}) \tag{3}$$

definiert. L_1 bzw. L_2 hängen nur von der Konstruktion (Windungszahl, Windungsfläche) der Primär- bzw. Sekundärspule ab, M außerdem auch von ihrer gegenseitigen Lage (Kopplungsfaktor!). Schaltet man Primär- und Sekundärspule gleichsinnig und gegensinnig in Reihe ($I_1 = \pm I_2$), so folgt aus den Definitionen Gl. (2) und (3):

$$\begin{aligned} \text{gleichsinnig:}\ & L_A = L_1 + L_2 + 2\,M \\ \text{gegensinnig:}\ & L_B = L_1 + L_2 - 2\,M \end{aligned} \quad \text{also:}\ M = \frac{L_A - L_B}{4}\,. \tag{4}$$

Hiernach kann M aus der Messung von L_A und L_B (§ 28) berechnet werden.

Mißt man nach Abb. 59a Strom und Spannung mit einem Vektormesser, so wird:

$$2\,\pi\,f\,M_x = \frac{\varrho_x + R}{R}\;\frac{\text{„}U_{eff}\text{“}}{\ddot{u}\,\text{„}I_{eff}\text{“}}\,.\tag{5}$$

Gl. (5) setzt voraus, daß $I_{(t)}$ keine Oberwellen hat, andernfalls muß die Grundwelle von Strom und Spannung gemessen werden (§ 12).

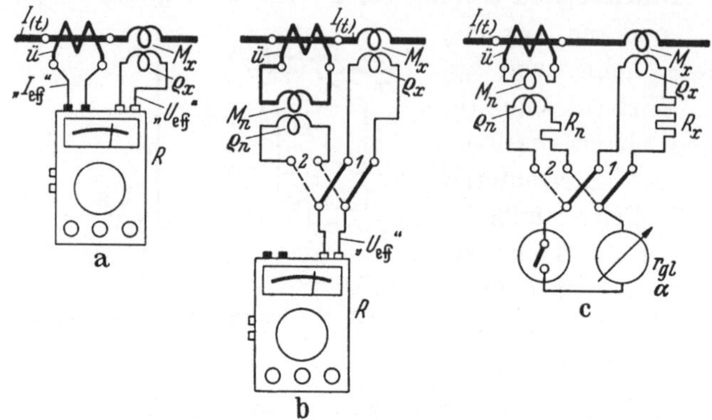

Abb. 59a—c. Messung von Gegeninduktivitäten aus Spannung und Strom (a) und durch Vergleich mit einer Normalgegeninduktivität (b und c).

Unabhängig von Oberwellen ist das Verfahren Abb. 59b, das ebenso wie Abb. 59a bei kleinem Strom ohne Stromwandler ($\ddot{u} = 1$) ausgeführt werden kann:

$$M_x = \frac{1}{\ddot{u}}\,\frac{\text{„}U_{eff\,1}\text{“}}{\text{„}U_{eff\,2}\text{“}}\,\frac{R + \varrho_x}{R + \varrho_n}\,M_n\,.\tag{6}$$

Verwendet man wie in Abb. 59c äußere Vorwiderstände und regelt man diese so, daß $\alpha_1 = \alpha_2$ wird, so wird unabhängig von Instrumentfehlern:

$$M_x = \frac{1}{\ddot{u}}\,\frac{R_x + \varrho_x + r_{gl}}{R_n + \varrho_n + r_{gl}}\,\frac{\alpha_1}{\alpha_2}\,M_n = \frac{1}{\ddot{u}}\,\frac{R_x + \varrho_x + r_{gl}}{R_n + \varrho_n + r_{gl}}\,M_n\,.\tag{7}$$

Die Genauigkeit dieses Verfahrens nähert sich der von Brückenmessungen.

Durch (gleichsinnige) Reihenschaltung der beiden Sekundärspannungen entsteht die Brücke Abb. 60 (MAXWELL-CAMPHELL[1]). Die Bedingungen für Stromlosigkeit im Brückenzweig lauten: (L = regelbare Zusatzinduktivität)

$$\frac{M_x}{M_n} = \frac{R_x + \varrho_x}{R_n + \varrho_n}\quad\text{und}\quad\frac{M_x}{M_n} = \frac{L_{x\,2} + L}{L_{n\,2}}\,.\tag{8}$$

Verwendet man im Brückenzweig einen Meßkontakt, kann die zweite Bedingung Gl. (8) unberücksichtigt bleiben und mit R_n bzw. R_x nur die Wirkkomponente der Brückenspannung abgeglichen werden. M_n

---

[1] KRÖNERT, J.: Meßbrücken u. Kompensatoren Bd. 1 S. 202; KOHLRAUSCH: Praktische Physik Bd. 2 S. 223.

kann bei großem Strom wie in Abb. 59 über einen Stromwandler angeschlossen werden.

Abb. 61 zeigt eine der MAXWELLschen Unterbrecherbrücke analoge Schaltung zur Messung von M nur mit ohmschen Widerständen. Bei Stromlosigkeit des Brückenzweiges ist: [vgl. Gl. (36.1)]

$$M \approx \frac{1}{f} \frac{R_1\,(R + \varrho_1)}{R_1 + R_2}. \qquad (9)$$

Zur Vermeidung von Fehlern durch den inneren Widerstand

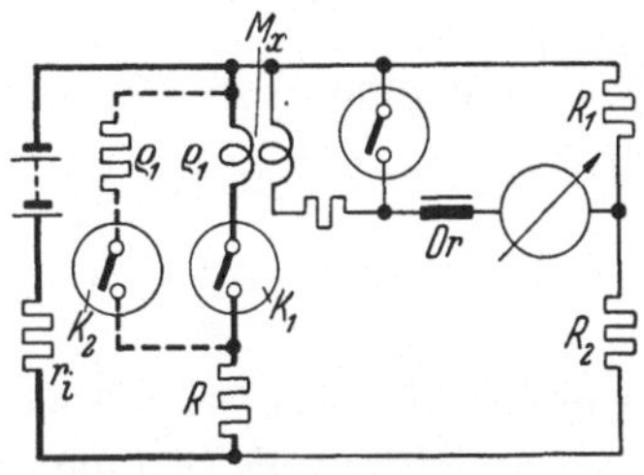

Abb. 61. Unterbrecherbrücke mit Meßkontakt im Nullzweig zum Vergleich einer Gegeninduktivität mit einem ohmschen Widerstand.

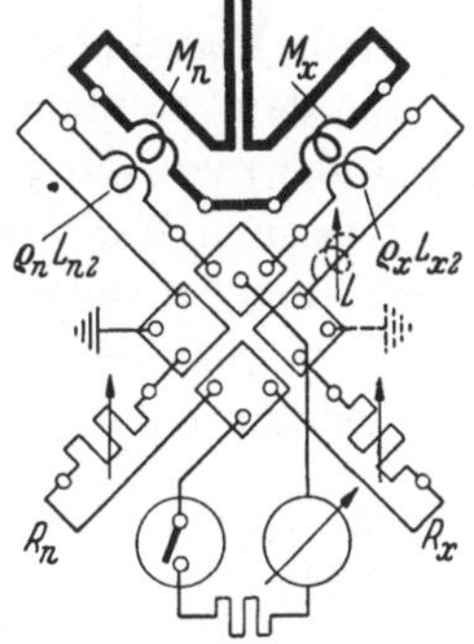

Abb. 60. Halbabgeglichene Brücke mit Meßkontakt im Nullzweig zum Vergleich zweier Gegeninduktivitäten.

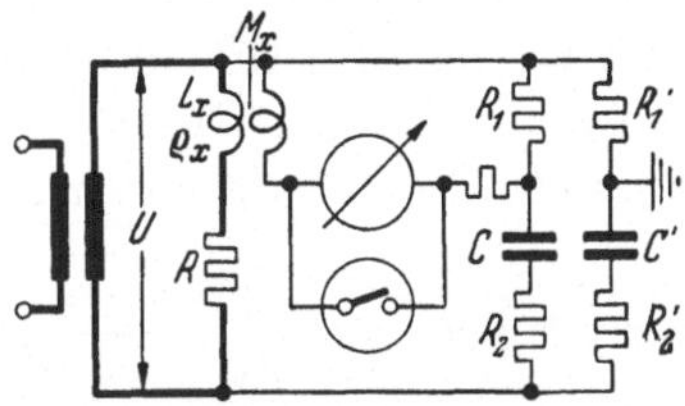

Abb. 62. Halbabgeglichene Brücke mit Meßkontakt im Nullzweig zum Vergleich einer Gegeninduktivität mit einer Kapazität (R_1', C', R_2' = WAGNERscher Hilfszweig, § 102).

r_i der Stromquelle wird K_2 in Phasenopposition zu K_1 verwendet. (K_1 und K_2 müsse mit dem primären Nennstrom von M_x belastbar sein). Den Vergleich einer Gegeninduktivität mit einer Kapazität zeigt Abb. 62 (CAREY-FOSTER, HEYDWEILLER[1]). Diese Brücke hat, wenn sie mit Vibrationsgalvanometer betrieben und voll abgeglichen wird, die Gleichgewichtsbedingungen ($L_x > M_x$):

$$M = (R + \varrho_x)\,R_1\,C\,; \qquad L_x = M_x\left(1 + \frac{R_2}{R_1}\right). \qquad (10)$$

Macht man $R \gg \omega L_x$ und $\dfrac{1}{\omega C} \gg R_1$, so kann man mit dem Meßkontakt statt des Vibrationsgalvanometers nur die Blindkomponente der Brückenspannung auf null abgleichen und die zweite Bedingung Gl. (10) unberücksichtigt lassen. Die Schaltung eignet sich nur für große M_x ($> 10^{-2}$ H), für kleinere M_x wurde von SCHERING und ENGELHARD eine ähnliche angegeben[2]. Die Schaltung Abb. 62 kann zur Messung des Verlustwinkels von M_x oder auch von C benutzt werden[3].

---

[1] KOHLRAUSCH: Praktische Physik Bd. 2 S. 224; SCHERING u. ENGELHARD: Z. Instrumentenkunde Bd. 41 (1921) S. 139; POTTHOFF, K.: Dissertation Hannover (1930). — [2] Z. Instrumentenkunde Bd. 40 (1920) S. 122.

[3] „Die Meßtechnik des mechanischen Präzisionsgleichrichters" AEG-Eigenverlag (1948) S. 218/20.

33. Bemessung von Gegeninduktivitäten. Führt man die Ringspule Abb. 47b mit zwei (verschachtelten) Wicklungen aus, so ist, wenn $D = 4a$ gemacht wird:

$$M \approx 10{,}5\, w_1\, w_2\, D\, 10^{-9}\ [\mathrm{H}]\,; \qquad L_1 \approx \frac{w_1}{w_2} M, \qquad L_2 \approx \frac{w_2}{w_1} M\,. \tag{1}$$

Für die Toroidspule Abb. 47c wird (Wicklungsauftrag c klein!) nach Gl. (26.4): $\left(4{,}6 \approx 3\frac{2}{3}\ln 10,\ h \text{ in cm}\right)$

$$M \approx 4{,}6\, w_1\, w_2\, h \log\frac{D+a}{D-a}\, 10^{-9}\ [\mathrm{H}]; \qquad L_1 = \frac{w_1}{w_2} M, \qquad L_2 = \frac{w_2}{w_1} M\,. \tag{2}$$

Die Ringspule (Abb. 47b) eignet sich für kleine und mittlere, die Toroidspule mit $w_1 = 1$ für große Ströme (Abb. 47c u. Abb. 10). Verwendet man die Gegeninduktivität für Ausschlagsmessungen mit dem Meßkontakt (§ 74), so hängt ihre Bemessung (Größe, Windungszahlen) von der Empfindlichkeit des Instrumentes (i_{gl}) und vom zugelassenen Fehlwinkel δ_s der Schaltung ab (Abb. 58). Ist $\operatorname{tg}\delta_s$ vorgeschrieben, so folgt aus Gl. (74.14a) mit obigen Gleichungen bei gegebenen geometrischen Abmessungen (D, h, a) für die notwendige primäre und sekundäre Windungszahl:

$$w_1 \approx \sqrt{\frac{\pi\,(r + \varrho_2 + r_{gl})\,w_2^2}{4\,f\,\operatorname{tg}\delta_s\,L_2}\,\frac{i_{gl}}{\text{,,}I_{eff}\text{``}}}\,; \qquad \frac{w_2}{w_1} = \frac{\operatorname{tg}\delta_s\,\text{,,}I_{eff}\text{``}}{2{,}22\,i_{gl}}, \tag{3}$$

wobei $\dfrac{w_2^2}{L_2}$ aus Gl. (26.3) bis (26.5) einzusetzen ist. Gegeninduktivitäten mit $\delta_s \geqq 0{,}1°$ ($\operatorname{tg}\delta_s \geqq 17{,}5 \cdot 10^{-4}$) lassen sich verhältnismäßig einfach herstellen. Obige Formeln geben nur einen Anhalt für den Entwurf, das tatsächliche M muß an der fertigen Spule gemessen werden (§ 32). Man kann die Spulen provisorisch auf Holz oder Hartpapier wickeln, weitgehende zeitliche Konstanz erreicht man durch einen Wickelkörper aus Porzellan oder dergleichen. Um den inneren Fehlwinkel δ_i ($=$ Abweichung der Phasenverschiebung zwischen Primärstrom und sekundärer induzierter Spannung von $90°$) klein zu halten, müssen phasenverschobene Wechselströme, d. h. Wirbelströme in Metallteilen im Bereich des Spulenfeldes vermieden und bei hohen Anforderungen (Brückenmessungen) für die Primärwicklung verseilte Leiter mit Drahtdurchmessern $\leqq 0{,}5\,\mathrm{mm}$ verwendet werden[1]. Gegeninduktivitäten lassen sich auch für Hochspannung bauen (Abb. 63)[2].

Besondere Aufmerksamkeit ist beim Arbeiten mit Gegeninduktivitäten darauf zu richten, daß nicht Spannungen durch Fremdfelder induziert werden. Man kann die Spulen aus diesem Grunde astatisch ausführen (Abb. 63). Gleichmäßig bewickelte Toroidspulen sind vollkommen astatisch. Aus diesem Grunde achte man bei der Herstellung von

---

[1] BEINDORF: Mitt. d. Hann. Hochschulgemeinschaft (1939) H. 19/20.

[2] POTTHOFF, K.: ETZ (1931) S. 474; BEINDORF: Anm. 1. — MOLLWO: Dissertation. Hannover (1936).

Toroidspulen (für große Ströme!) sorgfältig auf gleichmäßige Windungsdichte längs des Umfangs. Dies gilt wie für den magnetischen Spannungsmesser, der ja eine Gegeninduktivität ist (§ 46).

Nach Tab. 19 C, S. 201 lassen sich Gegeninduktivitäten, die in Verbindung mit dem Meßkontakt nach §§ 2 und 74 Augenblickswerte bzw.

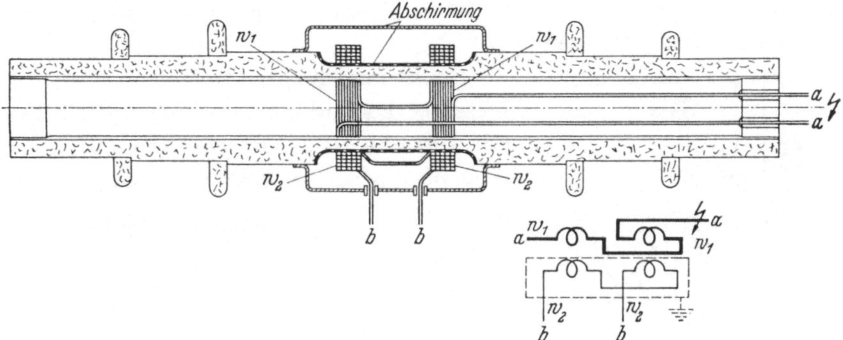

Abb. 63. Astatische Hochspannungsgegeninduktivität, eingebaut in eine Hartpapierdurchführung.

Scheitelwerte messen, in „I_{eff}" $\equiv \dfrac{1}{\sqrt{2}} I_{max}$ eichen. Zu dem Zweck wähle man den Vorwiderstand r nach Tab. 19 C, S. 201:

$$r = \frac{\omega\,M}{2,2214}\, r_{gl}\, \frac{\text{„}I_{eff}\text{" } voll}{u_{gl\,voll}} - (\varrho_2 + r_{gl})\,. \tag{4}$$

Zwischen Primär- und Sekundärwicklung bringt man zweckmäßig eine (wirbelstromfreie) elektrostatische Abschirmung an, z. B. eine *offene* dritte Wicklung. In Fällen, in denen der primäre Spannungsabfall $(I_1\sqrt{(\omega L_1)^2 + \varrho_1^2})$ klein sein muß, verwende man ein entsprechend empfindliches Anzeigeinstrument [$u_{gl\,voll}$ in Gl. (4) klein!]. — Die Gegeninduktivität geometrisch einfacher Anordnungen (z. B. zwei koaxiale Kreisringe[1]) läßt sich im Gegensatz zu den Überschlagsformeln Gl. (1) und (2) sehr genau berechnen[2].

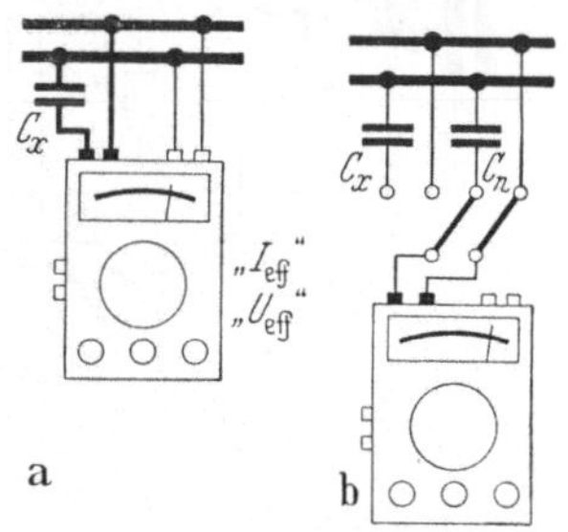

Abb. 64a u. b. Kapazitätsmessung aus Strom und Spannung (*a*) und durch Vergleich mit einer Normalkapazität (*b*).

34. Kapazität aus Strom und Spannung. Wenn der Fehlwinkel klein ist (cos $\delta \approx 1$ in Abb. 42), wird in der Schaltung Abb. 64a bei Sinusform der Spannung:

$$C_x = \frac{1}{\omega}\, \frac{\text{„}I_{eff}\text{"}}{\text{„}U_{eff}\text{"}}\,. \tag{1}$$

Die Messung wird unabhängig von der Kurvenform der Spannung, wenn nach Abb. 64b die Ladeströme zweier Kapazitäten miteinander ver-

---

[1] Potthoff, K.: Z. f. Elektrotechn. Bd. 1 (1948) H. 2 21/23.
[2] Kohlrausch: Bd. 2 S. 219/220 m. Literatur.

glichen werden:

$$C_x = \frac{„I_{eff}“_x}{„I_{eff}“_n} \, C_n \, . \tag{2}$$

Auch ein guter Meßkontakt mißt den Fehlwinkel $\delta = 90° - \varphi$ nicht genauer als $\pm\,0{,}1°$ ($\pm\,17{,}5 \cdot 10^{-4}$). Immerhin läßt sich damit in direkter Messung der Verlustwinkel von Papierkondensatoren ($\approx 100 \cdot 10^{-4}$) nachweisen, wenn Oberwellen (durch Siebmittel oder geeignete Schließzeit) ausgeschaltet werden (§ 15).

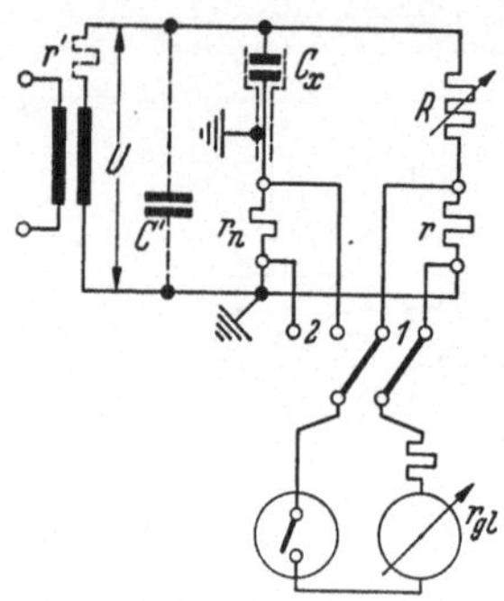

Abb. 65. Messung kleiner Kapazitäten in der „offenen Brücke". (r_{gl} umfaßt hier auch den in Reihe mit dem Instrument liegenden Vorwiderstand.)

Bei kleinen Kapazitäten kann man zur Messung des Ladestromes in der Schaltung der Abb. 65 („Offene Brücke") entsprechend Abb. 52 ungeeichte Galvanometer verwenden. Für $r_n \ll \dfrac{1}{\omega\,C_x}$ und $r \ll R$ gilt:

$$\omega\,C_x = \frac{1}{R} \frac{r_n + r_{gl}}{r + r_{gl}} \frac{r}{r_n} \frac{\alpha_{2B}}{\alpha_{1W}} \, . \tag{3}$$

Wählt man R derart, daß $\alpha_{1W} = \alpha_{2B}$ wird so fallen evtl. Skalenfehler aus der Messung heraus. Beispielsweise wird für $C_x = 1000\,\mathrm{pF}$, $r_n = 1000\,\Omega$, $r = 10\,\Omega$, $r_{gl} = 2050\,\Omega$, $\omega = 314$ der Widerstand $R = 47\,000\,\Omega$ $\Big(U \approx 40\,\mathrm{V}$,

$c \approx 2 \cdot 10^{-8} \dfrac{\mathrm{A}}{\mathrm{Sktl.}} \Big)$. Man messe mit $T_k = 240°$ und unterdrücke weitere (höhere) Oberwellen gegebenenfalls durch Siebmittel (r' und C' in Abb. 65). Kleine Kapazitäten müssen durch Abschirmung definiert[1], die Leitungskapazitäten dabei berücksichtigt werden.

35. Wechselstrombrücken zur Kapazitätsmessung. Mit Meßkontakt und Drehspulgalvanometer als Nullinstrument kann man ohne vollkommenen Abgleich, insbesondere ohne Phasenabgleich, Kapazität und Verlustwinkel messen[2]. Dieses Verfahren ist gegenüber Brücken mit Vibrationsgalvanometern in höherem

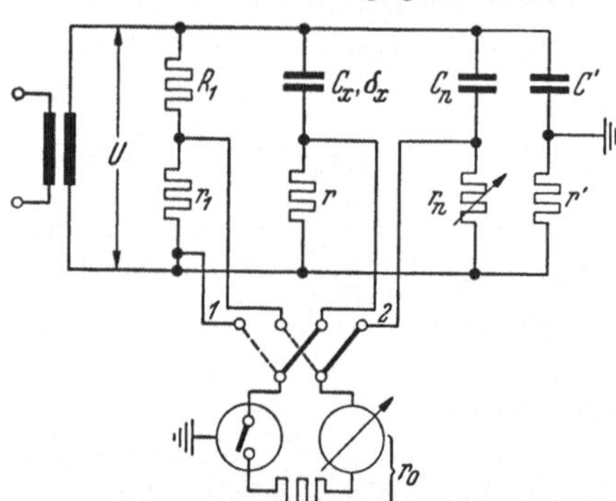

Abb. 66. Schering-Brücke mit Meßkontakt im Nullzweig (R_1, r_1 = Eichzweig; C', r' = Wagnerscher Hilfszweig, § 102).

Maße Oberwellenfehlern ausgesetzt. Andererseits ist es mit geringerem Aufwand an Spezialgeräten durchzuführen. Bei der der Schering-Brücke nachgebildeten Schaltung Abb. 66 stellt man am Spannungsteiler R_1/r_1

---

[1] Kohlrausch: Prakt. Physik Bd. 2 S. 174/82.

[2] ATM (1934) V 339 — 12. Krönert, J.: Meßbrücken und Kompensatoren.

(Stellung 1) zunächst die Kontaktphase in die Nullstellung von U ($\alpha_{1B}=0$). Mit dieser Kontaktphase gleicht man in Stellung 2 mit r_n auf $\alpha_{2B} = 0$ ab, dreht den Kontakt um $90°$ und liest den vom Fehlwinkel δ_x herrührenden Ausschlag α_{2W} ab, darauf in Stellung 1 den Eichausschlag α_{1W}. Dann ist[1]:

$$C_x = \left[1 + \left(2 + \frac{r + r_n}{r_0}\right)\delta_W\right]\frac{r_n}{r}\,C_n\,. \tag{1}$$

$$\operatorname{tg}\delta_x - \operatorname{tg}\delta_n = -\left[1 + \frac{r + r_n}{r_0} - \left(\frac{r_n}{R_n}\right)^2\right]\frac{R_n}{r_n}\delta_W\,. \tag{2}$$

Dabei bedeutet:

$$\delta_W = \frac{\alpha_{2W}}{\alpha_{1W}}\frac{r^*}{R_1 + r^*}\,; \qquad r^* = \frac{r_1\,r_0}{r_1 + r_0}\,; \qquad R_n = \frac{1}{\omega\,C_n}\,. \tag{3}$$

Zur Vermeidung von Oberwellenfehlern kann man mit geeigneter Schließzeit (z. B. $T_k = 240°$) oder mit Sieben in der Speisespannung oder im Brückenzweig messen. Man kann zur Kontrolle des Oberwelleneinflusses den zeitlichen Verlauf der Brückenspannung (Integralkurve) messen[2] und gegebenenfalls die Grundwellenkomponente von α_{2W} messen. Der WAGNERsche Hilfszweig C'/r' wird in bekannter Weise angewendet (§ 102). Man wähle möglichst $C_n \approx C_x$ und $r \approx r_n \leq 1000\,\Omega$. Bei $C_x \geq 1\,\mu\text{F}$, $U \geq 100\,\text{V}$ oder bei Hochspannung $C_x \geq 100\,\text{pF}$, $U \geq 10^5\,\text{V}$ kommt man im Nullzweig mit Zeigergalvanometern aus, sonst verwendet man Lichtmarken- oder Spiegelgalvanometer und erreicht damit mindestens die Empfindlichkeit von Vibrationsgalvanometern. (Störspannungsbeseitigung § 102.)

Statt den Verlustwinkel aus Gl. (2) und (3) zu berechnen, kann man auch wie in Gl. (31.6) durch künstliche Vergrößerung des Verlustwinkels von C_x oder C_n (Vor- oder Nebenwiderstände, Abb. 43) zu einem Maß für $\operatorname{tg}\delta_x$ kommen. Da der Abgleich bei der Brücke mit Meßkontakt einfach ist, eignet sie sich für Massenmessungen. Der Instrumentausschlag α_{2W} kann dabei direkt in Einheiten von $\operatorname{tg}\delta_x$ ablesbar gemacht werden. — Eine Brücke zum Vergleich einer Gegeninduktivität mit einem Kondensator zeigt Abb. 62.

36. Kapazitätsmessung mit der Unterbrecherbrücke. Das von MAXWELL-THOMSON herrührende Verfahren gestattet, Kapazitäten ohne Kapazitäts- oder Induktivitätsnormale bei bekannter Frequenz allein mit einem ohmschen Widerstand zu messen und ist bei Anwendung der notwendigen Vorsichtsmaßnahmen außerordentlich genau[3]. Von der PTB wurde es umgekehrt benutzt, um bei bekannter Kapazität und bekannter Frequenz das absolute Ohm auf fünf Stellen genau darzustellen[4]. Die

---

[1] Frequenz Bd. 2 (1948) S. 100/105. Die Gl.(1) und (2) ergeben sich aus den allgemeinen Gleichungen § 27 mit $r_n = 0$, $r = 0$, $\mu = 1$.

[2] Frequenz Bd. 3 (1949) S. 259/264.

[3] KOHLRAUSCH: Prakt. Physik Bd. 2 S.186.

[4] GRÜNEISEN u. GIEBE: Wissenschaftl. Abhandlgn. d. PTR Bd. 5 (1922).

erforderlichen Unterbrecher waren dabei Spezialkonstruktionen[1]. Aus diesem Grunde ist die Brücke bisher selten benutzt worden. Die in §§ 85 bis 87 beschriebenen Meßkontakte lassen sich als Unterbrecher für den

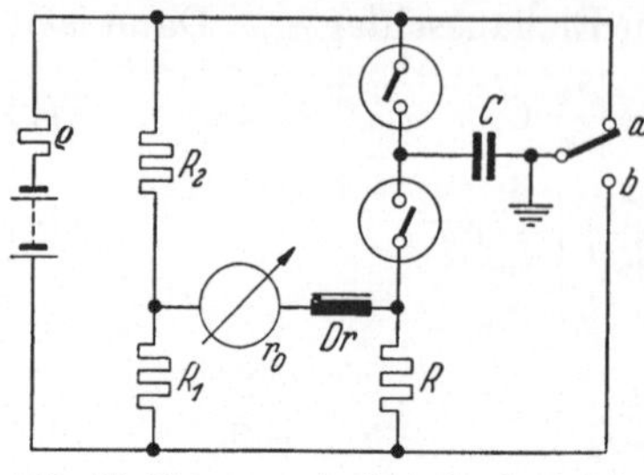

A bb. 67. MAXWELLsche Unterbrecherbrücke.

vorliegenden Zweck benutzen; die Methode ist damit in jedem Laboratorium auszuführen. Abb. 67 zeigt das Schaltungsschema und Tab. 11 Beispiele für die Bemessung der Brückenelemente. Für das Brückengleichgewicht gilt ohne die in Abb. 67 gezeichnete Drossel im Brückenzweig die Formel:

$$C = \frac{1}{f}\,\frac{R_1}{R_2\,R}\,F \,. \qquad (1)$$

Dabei ist:

$$F \equiv \frac{1 - \dfrac{R_1^2}{(R_1 + R_2 + \varrho)\,(R_1 + R + r_0)}}{\left(1 + \dfrac{R_1\,\varrho}{R\,(R_1 + R_2 + \varrho)}\right)\left(1 + \dfrac{R_1\,r_0}{R_2\,(R_1 + R + r_0)}\right)} \qquad (2)$$

oder in anderer Form:

$$1 - F \approx \frac{R_1^2}{(R_1 + R_2 + \varrho)\,(R_1 + R + r_0)}$$
$$+ \frac{R_1\,\varrho}{R\,(R_1 + R + r_0)} + \frac{R_1\,r_0}{R_2\,(R_1 + R + r_0)} \,. \qquad (3)$$

Die Korrektur $(1 - F)$ kann bei zweckmäßiger Wahl der Schaltungselemente ($R_1/R_2 = 0{,}1 \ldots 0{,}01$, Widerstand r_0 des Brückenzweiges und Innenwiderstand der Stromquelle ϱ möglichst klein) klein gehalten wer-

Tabelle 11. *Maxwellsche Unterbrecherbrücke.* Die angegebenen Daten gelten für $f = 50$ Hz, ein Galvanometer mit etwa 10^{-6} V/Sktle und eine Meßgenauigkeit bis etwa 0,1 Promill. (* : Anodenbatterie)

C	$\dfrac{R_1}{R_2}$	R (Ω)	U (V)	ϱ (Ω)	r_0 (Ω)	$1 - F$	$1 - F'$	$C \cdot R$
1 µF	$\dfrac{100}{10\,000}$	~ 200	2	1	50	$40 \cdot 10^{-4}$	$0{,}5 \cdot 10^{-4}$	$2 \cdot 10^{-4}$ s
0,1 µF	$\dfrac{100}{10\,000}$	$\sim 2\,000$	6	1	50	$7 \cdot 10^{-4}$	$0{,}05 \cdot 10^{-4}$	$2 \cdot 10^{-4}$ s
10 000 pF	$\dfrac{100}{10\,000}$	$\sim 20\,000$	24	1	50	$0{,}75 \cdot 10^{-4}$	$0{,}005 \cdot 10^{-4}$	$2 \cdot 10^{-4}$ s
1000 pF	$\dfrac{10}{100\,000}$	$\sim 20\,000$	100	200*	50	$0{,}35 \cdot 10^{-4}$	$0{,}1 \cdot 10^{-4}$	$2 \cdot 10^{-5}$ s
100 pF	$\dfrac{10}{10\,000}$	$\sim 20\,000$	300	600*	50	$0{,}03 \cdot 10^{-4}$	$0{,}03 \cdot 10^{-4}$	$2 \cdot 10^{-6}$ s

---

[1] GIEBE: Z. f. Instrumentenkunde (1909) S. 269 u. 301; ferner (1932) S. 345.

den. Macht man andererseits den (Wechselstrom-) Widerstand r_0 durch Vorschalten einer Drossel Dr (z. B. Mumetall $w \approx 1\,000$, $q \approx 2$ cm²), sehr groß ($r_0 \approx \infty$), so wird aus Gl. (1) und (2)

$$C = \frac{1}{f}\,\frac{R_1}{R\,(R_1 + R_2)}\,F' \,. \tag{1a}$$

$$1 - F' \approx \frac{R_1\varrho}{R\,(R_1 + R_2 + \varrho)} \,. \tag{2a}$$

Zur Vermeidung von Fehlern beachte man folgendes: 1. Die Zeitkonstante der Aufladung bzw. Entladung des Kondensators über den Widerstand R muß genügend klein sein, beispielsweise $T = R\,C < 10^{-4}$ s. 2. Der Isolationswiderstand von Kondensator und Schaltungsaufbau muß entsprechend der verlangten Genauigkeit genügend hoch sein. 3. Bei Kondensatoren mit Nachladeeffekten ist die Kapazität an sich nicht genau definiert, d. h. von der Frequenz und den Zeitkonstanten der Auf- bzw. Entladung abhängig. 4. Bei kleinen Kondensatoren geht die Kapazität der Zuleitungen in die Messung ein, sie muß gegebenenfalls durch Messung mit abgeschaltetem Kondensator gesondert bestimmt werden. 5. Bei kleinen Widerständen (beispielsweise $R_1 = 10\ \Omega$) ist der Widerstand der Zuleitungen durch Potentialanschlüsse auszuschalten.

Von kapazitiven oder induktiven Fehlwinkeln der Widerstände R_1, R_2 und R ist die Messung unabhängig. Bei richtigem Aufbau und richtiger Messung muß sich in den beiden Schaltungen a und b der Abb. 67 das gleiche Resultat ergeben (Schaltung a mißt den Ladestoß, die Schaltung b den Entladestoß des Kondensators). Die beiden Meßkontakte dürfen sich in ihren Schließzeiten nicht überdecken. Die Schließzeit muß daher kleiner als 180° sein, ihr Wert geht im übrigen nicht in die Messung ein.

37. Effektiver Widerstand bei verzerrtem Strom. Tritt in einem Leiter (bei Hochstrom) in nennenswertem Maße Widerstandserhöhung durch Stromverdrängung usw. auf, so ist diese Erhöhung frequenzabhängig, d. h. sie ist für die Oberwellen größer als für die Grundwelle. Man kann in diesem Fall bei gegebener Stromform nach § 24 einen effektiven Widerstand

$$R_{eff} \equiv \frac{N}{I_{eff}^2} \tag{1}$$

definieren, wobei N der Gesamtverlust ist. R_{eff} läßt sich nicht durch Grundwellenmessung, also nicht durch Brücken mit Vibrationsgalvanometer und nicht durch Komponentenmessung mit dem Meßkontakt ermitteln, sondern nur durch Messung der Gesamtleistung (§ 18). Bei Hochstrommessungen ist die Spannung im allgemeinen so klein, daß Dynamometer nicht in Frage kommen. Hier ist das in § 18 beschriebene Integrierverfahren mit dem Meßkontakt am Platze. Die Größe R_{eff} gestattet dabei einen Vergleich mit dem Gleichstromwiderstand R_{gl}, das Widerstandsverhältnis R_{eff}/R_{gl} ist ein anschauliches Maß für die Güte der Konstruktion der Hochstromleitungen oder Geräte. Bei ungeschickter Konstruktion kann R_{eff} ein Vielfaches von R_{gl} werden.

Die Abb. 68 und 69 zeigen als Beispiel Messungen an einer Leiterschleife aus Kupferschienen 100 × 10 mm nach der Methode der direkten Breitenmessung Abb. 36. Die Stromverzerrung erfolgte durch ringförmige Eisennickelkerne mit rechteckförmiger Magnetisierungsschleife. Der Effektivwert des Stromes wurde nach dem in § 4 beschriebenen Integrierverfahren mit

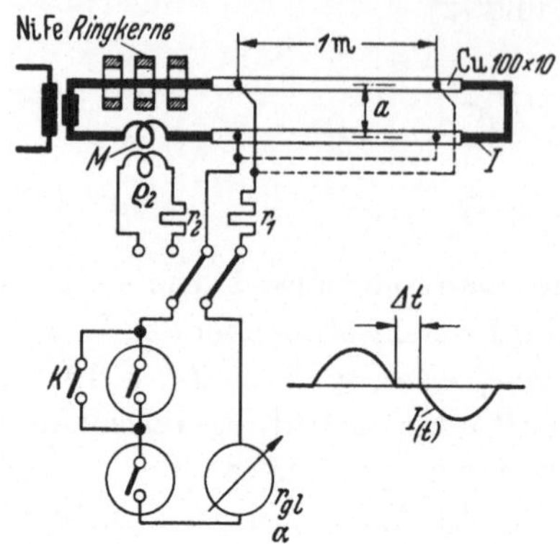

Abb. 68. Schaltung zur Messung des effektiven Wechselstromwiderstandes R_{eff} bei verzerrtem Strom.

der Gegeninduktivität gemessen (außerdem mit einem Dreheiseninstrument an einem in Abb. 68 nicht gezeichneten Stromwandler). Man sieht

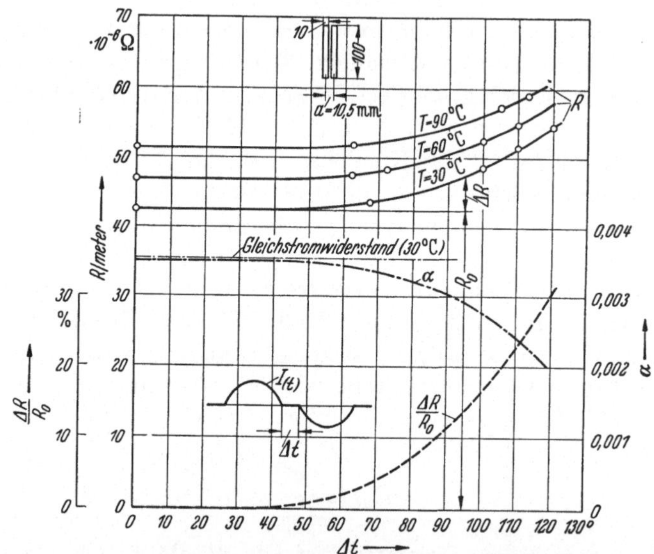

Abb. 69. Effektiver Wechselstromwiderstand R_{eff} (im Bild R) einer Doppelleitung aus Kupferflachschienen 100 × 10 mm abhängig von der Verzerrung Δt des Stromes.

aus Abb. 69, daß bei Sinusform ($\Delta t = 0$) der Wechselstromwiderstand etwa 20% größer war als der Gleichstromwiderstand bei gleicher Temperatur. Mit zunehmender Verzerrungsstufe Δt stieg R_{eff} auf Beträge bis zu 30% über dem Sinuswert bzw. 50% über dem Gleichstromwert. Der Temperaturkoeffizient α war bereits bei Sinusform kleiner als der für Gleichstrom geltende Wert (0,0039) und nahm mit zunehmender Verzerrung weiter ab (weil bei abnehmender Gleichstromleitfähigkeit die Wirbelströme abnehmen, die Stromverteilung also gleichmäßiger wird). Das dargestellte Verfahren ist zur Ermittlung der Verluste in Schienen, Kontakten, Drosseln und Umspannern von Hochstromgleichrichtern geeignet, andernfalls muß R_n für verschiedene Frequenzen gemessen und N nach Gl. (17.20) berechnet werden.

V. Frequenzmessung.

38. Zungenfrequenzmesser (10 bis 1000 Hz). Sie sind, wenn die Eigenschwingung benachbarter Zungen eine Differenz von 1% aufweist, auf etwa $1/2\%$ ablesbar. Für viele Zwecke sind die bequemen Instrumente ausreichend, ihre Absolutgenauigkeit muß von Zeit zu Zeit kontrolliert werden.

39. Frequenzmessung mit Wechselstromwiderständen. Sie setzt voraus, daß die Größe des Wechselstromwiderstandes (Kapazität, Induktivität, Gegeninduktivität) genau bekannt ist. Die einfache Strom- oder Spannungsmessung nach den Gleichungen

$$f = \frac{I_1}{2\,\pi\,C U_1} \qquad \text{oder:} \qquad f = \frac{U_{1\,Blind}}{2\,\pi\,L\,I_1} \tag{1}$$

und die Messung mit bekannter Gegeninduktivität nach Gl. (32.5) erfordert Grundwellenmessung (§§ 12 und 13), wenn Strom oder Spannung nicht sinusförmig sind. Mit einer bekannten Kapazität läßt sich die Frequenz sehr genau in der MAXWELLschen Unterbrecherbrücke (§ 36) messen. Auch andere Brückenverfahren sind möglich. Sie sind, wenn nicht höchste Genauigkeit verlangt wird, für Zwecke der Frequenzmessung lästig. — Einfacher ist die Messung der Ladungsmenge, die eine bekannte Kapazität bei periodischer Aufladung auf eine Gleichspannung aufnimmt. Diese ist genau proportional der Frequenz (vorausgesetzt, daß die Zeitkonstante des Entladevorganges genügend klein gegen $1/f_x$ ist). Abb. 70 zeigt eine Schaltung hierzu, wobei die Ladung und

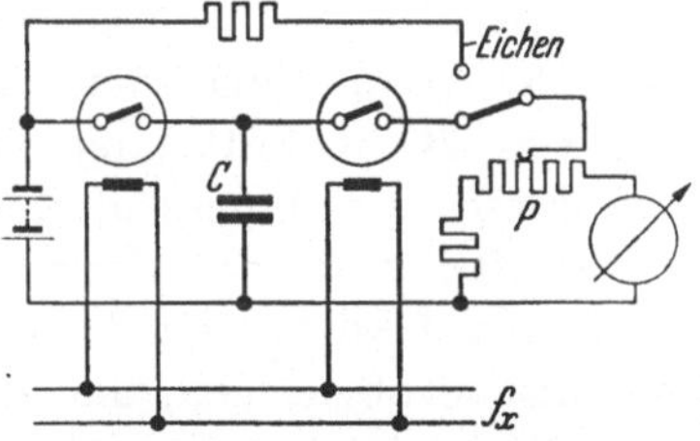

Abb. 70. Frequenzmessung durch Ladungsmessung. (Die beiden Meßkontakte werden als Lade- und Entladeschalter benutzt.) Der im Eichkreis liegende, unbezeichnete Widerstand muß die Größe $\dfrac{1}{C\,f_{voll}}$ haben, das Instrument zeigt dann bei $f_x = f_{voll}$ Vollausschlag.

Entladung mit Meßkontakten erfolgt, die von der unbekannten Frequenz f_x erregt werden und deren Schließzeiten in Opposition und je etwas kleiner als 180° sind. In Schalterstellung 1 erfolgt (durch Regeln des Potentiometers P auf Vollausschlag des Instrumentes) die Eichung, d. h. die Anpassung der Instrumentempfindlichkeit an die jeweilige Batteriespannung. Als Instrument wähle man z. B. ein Millivoltmeter 10 mV 100 Ohm, als Kondensator $C = 0,3\,\mu\mathrm{F}$ (Glimmer), als Spannung $U = 3\,\mathrm{V}$. Die erzielbare Genauigkeit ist etwa $\pm\,0,2\%$. Bei Verwendung von Röhrengleichrichtern[1] statt der mechanischen Schalter läßt sich der Frequenzbereich bis 10^4 Hz erweitern. Das Verfahren kann bei bekannter Frequenz zur Kapazitätsmessung benutzt werden[2].

40. Frequenzmessung mit gesättigtem Eisenkern. Die Anordnung Abb. 71 mißt die Frequenz der Spannung U zwischen 10 und 100 Hz mit der Genauigkeit des Drehspulinstrumentes ($\pm\,0,2\%$) unabhängig von Amplitude und Kurvenform der Spannung U. Der Strom I wird mit einer Drossel Dr so eingestellt, daß der Ringkern (Nickeleisen mit ange-

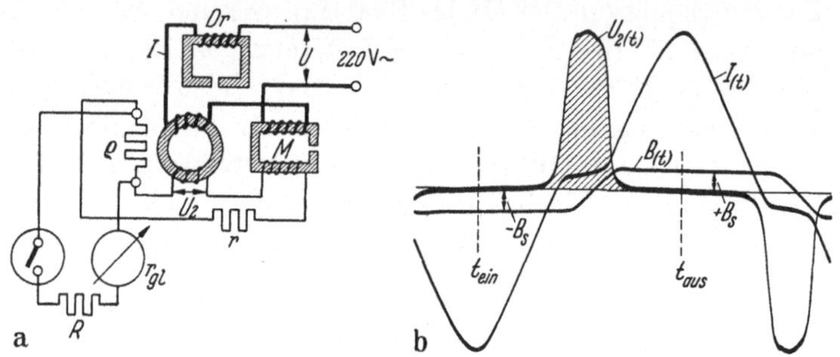

Abb. 71a u. b. Frequenzmessung mit Sättigungswandler und Anzeigeinstrument.

näherter Rechteckschleife, Abb. 86) bis zur Sättigung B_s magnetisiert wird (Abb. 71b). Dann ist bei Einstellung der Phase des Meßkontaktes auf größte Spannung (schraffierte Fläche in Abb. 71b):

$$u_{gl} = \text{konst.}\, f\, w\, q\, B_s\,, \qquad (1)$$

also genau proportional der Frequenz, sofern B_s konstant ist. Der Anstieg von B_s im Sättigungsgebiet (Luftfeld und Restmagnetisierung) kann durch eine vorgeschaltete Gegeninduktivität M kompensiert werden, so daß u_{gl} in der Umgebung eines bestimmten Stromes I unabhängig von I wird. R läßt sich bei der Eichung mit einer bekannten Frequenz so abgleichen, daß das Instrument die Frequenz direkt anzeigt. Bei geringeren Anforderungen an die Genauigkeit kann an Stelle des Meßkontaktes ein Sperrschichtgleichrichter (Vielfachmesser) verwendet werden. Die Sättigungsinduktion B_s hängt von der Temperatur ab (Temperaturkoeffizient etwa $-6 \cdot 10^{-4}$). Man kann die Temperatur des Eisenkernes messen und die Instrumentanzeige entsprechend korrigieren. Durch einen Spannungsteiler ϱ/r, wobei der das Instrument speisende Teilwiderstand ϱ aus temperaturabhängigem Metall (Kupfer) hergestellt und in thermische Berührung mit dem Ringkern gebracht wird, läßt sich im Bereich der Zimmertemperaturen der Temperatureinfluß auch selbsttätig kompensieren. An Stelle eines temperaturab-

[1] WAHL, A.: AEG-Mitt. Bd. 11 (1937) S. 378.
[2] BUMANN, H. u. J. PFAFFENBERGER: AEG-Mitt. (1937) Heft 7.

hängigen Spannungsteilers kann auch eine Brückenschaltung verwendet werden, die von der unkompensierten Spannung gespeist wird (Abb. 72). Hier besteht ϱ aus Kupfer und ist in thermischer Berührung mit dem Ringkern. Mit dem Vorwiderstand r kann die Temperaturkompensation

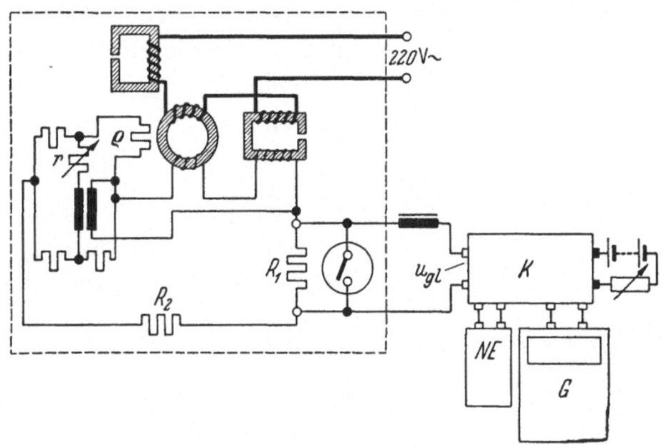

Abb. 72. Frequenzmessung mit Sättigungswandler und Gleichstromkompensator („Normalspannung").

abgeglichen werden. Statt mit einem Zeigerinstrument kann die Spannung u_{gl} mit dem Gleichstromkompensator gemessen werden (§ 89). Gleicht man den Spannungsteiler R_1/R_2 so ab, daß bei $f = 50{,}0$ Hz die gleichgerichtete Teilspannung $u_{gl} = 1{,}0$ V ist, so wird bei anderen Frequenzen

$$f = 50{,}0\, u_{gl}. \tag{2}$$

Man erreicht auf diese Weise eine Genauigkeit von $\pm\, 10^{-4}$. Die Anordnung kann statt zur Frequenzmessung auch für andere genaue, absolute Wechselstrommessungen benutzt werden (§ 42).

41. Frequenzmessung durch Vergleich mit Normalfrequenz. Als Normalfrequenz kommen in Frage: Quarzgesteuerte Röhrensender, Genauigkeit bis $\pm\, 10^{-6}$; Stimmgabelgenerator, Genauigkeit $\pm\, 10^{-4}$; in manchen Städten eine von der Post über Telefonleitung ausgesendete Normalfrequenz, Genauigkeit bis $\pm\, 10^{-6}$. Durch Umformung lassen sich diese Hoch- oder Mittelfrequenzen auf 50 Hz bringen, so daß man die übliche Netz- oder Maschinenfrequenz mit ihnen durch Schwebungsmessung, z. B. stroboskopisch, ermitteln kann. Ein ähnliches Verfahren, welches sich dadurch auszeichnet, daß es keine Anforderungen an die Ergiebigkeit der Normalfrequenz und an die Höhe und Kurvenform ihrer Spannung stellt, zeigt Abb. 73[1]. Man erregt einen Meßkontakt mit der unbekannten Frequenz f_x (z. B. Netz) und regelt mit ihm die Nullstellung der Spannung U (Normalfrequenz f_n) ein. Stellt man fest, daß die

---

[1] Vgl. WALTER, C. H.: Z. techn. Phys. Bd. 13 (1932) S. 436.

Phase des Meßkontaktes sekundlich um einen Winkel $\Delta\tau$ *verspätet werden muß*, um den Galvanometerausschlag ständig auf null zu halten, so ist:

$$f_x = f_n + \frac{\Delta\tau^0}{360°}. \tag{1}$$

Ist $\Delta\tau^0$ so groß, daß man die Nachstellung nicht bequem ausführen kann ($\Delta\tau^0 > 360°/\text{s}$), zählt man in bekannter Weise die am Galvanometerausschlag beobachteten Schwebungen Δf je Sekunde und erhält:

$$f_x = f_n \pm \Delta f. \tag{2}$$

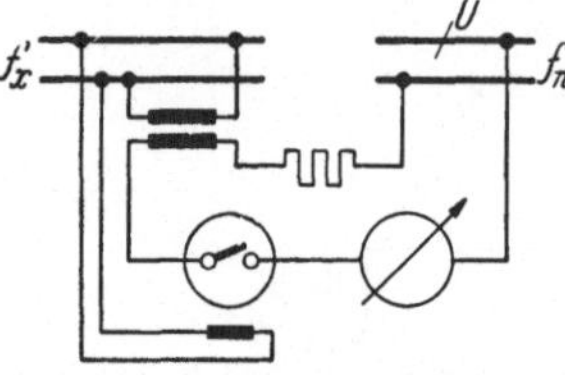

Abb. 73. Frequenzmessung durch Vergleich mit Normalfrequenz (Meßkontakt und Drehspulinstrument werden als Schwebungsmesser benutzt).

Dabei gilt das positive Zeichen, wenn bei vorübergehender Verminderung der Frequenz f_x (Abstellen des Antriebmotors oder Verspäten der Phase des Meßkontaktes) Δf vermindert wird.

Den Mittelwert der unbekannten Frequenz über eine gewisse (zur Messung erforderliche) Zeit kann man auch durch Vergleich zweier elektrischer Uhren, von denen die eine von der Spannung f_x, die andere von f_n angetrieben wird, erhalten. Man braucht je nach der verlangten Genauigkeit 1···30 Minuten. Statt der Uhr an der Normalfrequenz kann auch eine genau gehende mechanische Uhr verwendet werden.

42. Absolute Wechselstrommessungen mit der „Normalspannung". Letztere stellt nach §40 eine frequenzproportionale Wechselspannung mit dem Halbwellenmittelwert 1 V dar, deren Eichung (Abgleich des Spannungsteilers R_1/R_2 in Abb. 72) durch direkten Vergleich mit dem Weston-Normalelement bei Normalfrequenz erfolgt[1]. Eine so abgeglichene „Normalspannung" kann außer zur Frequenzmessung zu absoluten Messungen benutzt werden. Abb. 74a bzw. 74b zeigt Schaltungen zur Messung des Scheitelwertes von Strömen bzw. Spannungen. Die Sekundärspannung der Gegeninduktivität M erzeugt an r_n eine frequenzproportionale Spannung, die mit der frequenzproportionalen Spannung der Normalspannung verglichen wird, so daß (im Gegensatz zu Abb. 7 und 14) die Frequenz aus der Messung herausfällt. Bei Stromlosigkeit des Galvanometers G ist in der Schaltung Abb. 74a nach Tab. 19C, S. 201:

$$u_{gl} = \frac{r_n}{R + \varrho_2 + r_n}\, 2\, f\, M\, I_{max} = \frac{f}{50}. \tag{1}$$

Daraus folgt:

$$I_{max} = \frac{R + \varrho_2 + r_n}{r_n}\, \frac{1}{100\, M}. \tag{2}$$

---

[1] Der mit der Inschrift „$u_{gl} = \frac{f}{50}\ V$" versehene Kasten in Abb. 74 u. 75 entspricht der in Abb. 72 strichliert eingerahmten Schaltung, wobei der Meßkontakt außerhalb des Kastens gezeichnet ist.

Auf ähnliche Weise ergibt sich für die Schaltung Abb. 74b:

$$U_{max} = \frac{R + r + r_n}{r_n\, r} \; \frac{1}{100\,C} \, .\tag{3}$$

M und C kann nach §§ 32 ··· 36 oder auch nach Abb. 75a und 75b gemessen werden. In Abb. 75a wird die Gegeninduktivität primärseitig mit einem zerhakten Gleichstrom beschickt, dessen Amplitude I_{gl} in der in der Abbildung angedeuteten Weise mit dem Gleichstromkompensator gemessen wird. Entsprechend Gl. (1) ist bei Stromlosigkeit des Galvanometers:

$$M = \frac{R + \varrho_2 + r_n}{r_n} \; \frac{1}{50\,I_{gl}} \, .\tag{4}$$

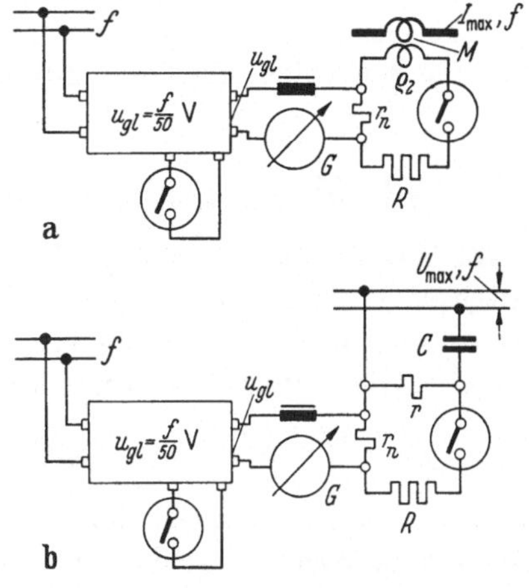

Abb. 74a u. b. Messung von Strom- und Spannungsscheitelwerten mit der „Normalspannung" Abb. 72.

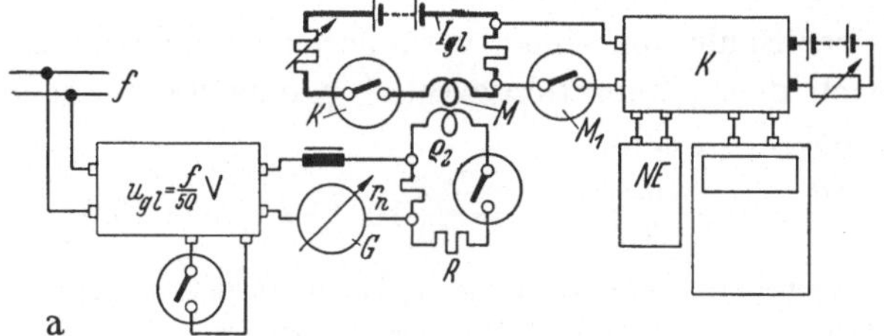

Abb. 75a u. b. Messung von Gegeninduktivitäten und Kapazitäten mit der „Normalspannung" Abb. 72.

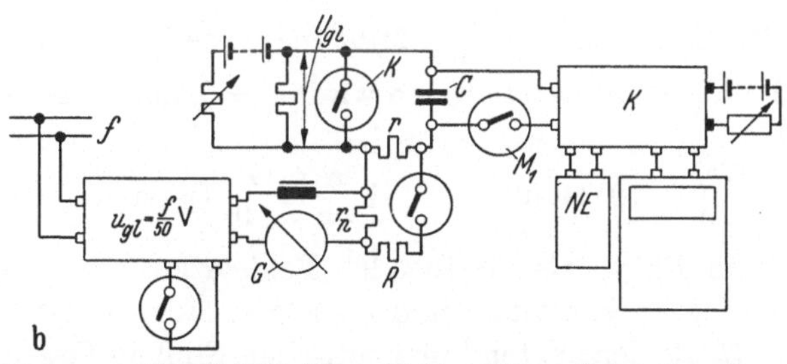

In ähnlicher Weise wird in Abb. 75b der zu messende Kondensator periodisch auf eine Gleichspannung U_{gl} aufgeladen und wieder entladen, wobei U_{gl} mit dem Gleichstromkompensator gemessen wird. Bei Stromlosigkeit von G ist:

$$C = \frac{R + r + r_n}{r_n\, r} \; \frac{1}{50\,U_{gl}} \, .\tag{5}$$

Auch die Messungen Gl. (4) und (5) sind frequenzunabhängig. Als Zerhacker K in Abb. 75a kann (eventuell mit parallelem Löschkondensator) ein Meßkontakt benutzt werden, ebenso für den periodischen Lade- und Entladeschalter K in Abb. 75b. Die Meßkontakte M_1 in Abb. 75a und 75b dürfen nur in Zeitabschnitten geschlossen sein, in denen I_{gl} bzw. U_{gl} den vollen Gleichstromwert hat.

VI. Magnetische Feldstärke und Induktion.

43. Magnetische Grundbegriffe. Für die magnetische Feldstärke in Luft bzw. im Vakuum, die sich z. B. durch das Drehmoment auf eine Magnetnadel messen läßt, gilt das „Durchflutungsgesetz"[1] für beliebige bzw. längs des Integrationsweges konstante Felder:

$$\oint H_s\, ds = w\, I \ \text{[A]}; \quad \text{beziehungsweise:} \quad H = \frac{w\,I}{s} \ \left[\frac{\text{A}}{\text{cm}}\right]. \tag{1}$$

In Gl. (1) ist H_s die in Richtung von s fallende Komponente von H, $w\,I$ die vom Weg s umschlossene „Durchflutung". Auf jedem geschlossenen Weg, der keinen Strom umschließt, ist das Integral Gl. (1) gleich null.

Die in einer Spule von einem veränderlichen Feld induzierte Spannung ist nach dem „Induktionsgesetz" proportional zur Änderungsgeschwindigkeit des Feldes:

$$U_{(t)} = w\, q\, \mu_0 \frac{dH}{dt} = w\, q\, \frac{dB_0}{dt}\;; \quad \mu_0 = \frac{4\,\pi}{10} 10^{-8} = 1{,}257 \cdot 10^{-8} \frac{\text{Vs}}{\text{A cm}}, \tag{2}$$

wobei die angegebene Konstante μ_0 („Induktionskonstante") für H in A/cm und U in Volt gilt (vgl. § 65). Das Produkt $\mu_0 H = B_0$ nennt man „Induktion", das Produkt $q\,B_0$ „Induktionsfluß" oder „Kraftfluß". Nach Gl. (2) hat B_0 die Dimension $\frac{\text{Vs}}{\text{cm}^2}$. Mißt man, wie in der Physik üblich[2], B_0 in Gauß und H in Oerstedt, so wird $\mu_0 = 1$ und es gelten die Umrechnungen:

$$1 \frac{\text{Vs}}{\text{cm}^2} = 10^8 \text{ Gauß}; \quad 1 \frac{\text{A}}{\text{cm}} = \frac{4\,\pi}{10} \text{ Oerstedt}. \tag{3}$$

Man kann H in Gl. (2) als „treibende" Feldstärke, μ_0 als magnetische „Leitfähigkeit" (des Vakuums) und — analog zur dielektrischen Verschiebung — B_0 als „erzeugten" magnetischen Fluß auffassen, eine Auffassung, die sich besonders bei Anwesenheit magnetisierbarer Materie im Feld bewährt. Im Raum zwischen den Atomen, die Elementarmagnete darstellen, herrscht ein magnetisches Feld H^*, dessen Größe und Richtung räumlich — und wegen der Wärmebewegung der Atome — zeitlich stark

---

[1] Durchflutungs- und Induktionsgesetz sind einfache Sonderfälle der allgemeinen MAXWELLschen Gleichungen.

[2] KOHLRAUSCH: Praktische Physik Bd. 1 (1955) S. 14.

schwankt (magnetisches „Mikrofeld"). Bildet man in irgendeinem Zeitpunkt den linearen Mittelwert:

$$H \equiv \frac{1}{s} \int_0^s H_s^* \, ds \qquad (4)$$

über eine makroskopische Strecke s im Innern des Stoffes, so ist $H = 0$, es sei denn daß eine spontane Ausrichtung der Elementarmagnete („Remanenz") oder ein äußeres Feld in Richtung von s vorhanden ist[1]. Man nennt den *linearen Mittelwert H* die „im Innern des Stoffes wirkende Feldstärke". Von ihr zu unterscheiden ist der *Flächenmittelwert*:

$$H_F \equiv \frac{1}{F} \int_0^F H_s^* \, dF \qquad (5)$$

über eine zur Richtung von H senkrechte. makroskopische Fläche F. Denn er ist nur in nicht magnetisierbaren Stoffen ebenso groß wie H. Wenn die Elementarmagnete der Atome spontan oder durch ein äußeres Feld gerichtet werden, d. h. der Stoff „magnetisiert" ist, wird H_F größer als H, und zwar $H_F = \mu H$, wobei μ eine für den Stoff charakteristische Konstante, nämlich die „Permeabilität" ist. Für das Induktionsgesetz ist der Flächenmittelwert maßgebend, es wird also:

$$U_{(t)} = w \, q \, \frac{dB}{dt} \qquad (6)$$

wobei zur Abkürzung gesetzt ist:

$$B \equiv \mu_0 \, H_F = \mu_0 \mu \, H. \qquad (7)$$

Man nennt B die Induktion und $q B$ den Kraftfluß im Innern des Stoffes.

Abb. 76a, in dem gerichtete Elementarmagnete bzw. größere Elementarbereiche („WEISSsche Bereiche", § 48) eines ferromagnetischen Stoffes schematisch gezeichnet sind, macht den Unterschied von H und H_F im Stoffinnern deutlich: H ist die mittlere Feldstärke längs des Weges $a...b$, H_F die mittlere Feldstärke über eine Fläche $C...D$ quer dazu. Den Wert H mißt man daher als Mittelwert auf den Längsseiten nahe dem Stoff, den Wert H_F bzw. B als Mittelwert auf den Stirnseiten nahe dem Stoff. Denkt man sich die Elementarbereiche als stromdurchflossene Elementarspulen (Abb. 76b), so ist wieder H der Mittelwert auf dem Weg $a...b$, H_F der Mittelwert über die Ebene $C...D$, gleichzeitig aber auch auf dem Weg $a'...b'$ durch das Innere der Spulen hindurch.

Bringt man einen magnetisierbaren Stoff in eine Spule, deren eigene Feldstärke H_{sp} betragen möge, so ist die im Innern des Stoffes wirksame Feldstärke H kleiner als H_{sp}, und zwar aus folgendem Grunde: Jeder Elementarmagnet in Abb. 76 erzeugt an seinen Längsseiten ein nega-

---

[1] Bei spontaner Magnetisierung ohne äußeres Feld ist nach Gl. (8) u. (9) die Feldstärke im Innern der Stoffes negativ.

tives Feld H', das für die Rückleitung seines Kraftflusses durch den Außenraum notwendig ist. In einem magnetisierten Stoff liegt also jeder Elementarmagnet außer im positiven Spulenfeld H_{sp} im negativen Feld H' der benachbarten Elementarmagnete. Für die tatsächliche Feldstärke ergibt sich also:

$$H = H_{sp} - H' . \tag{8}$$

Die Größe des Feldes H' hängt außer von der Größe der Induktion $B = \mu \mu_0 H$ von der Form des magnetisierten Stoffes ab. Und zwar ist sie bei gleicher Induktion B um so größer, je größer der Querschnitt, d. h.

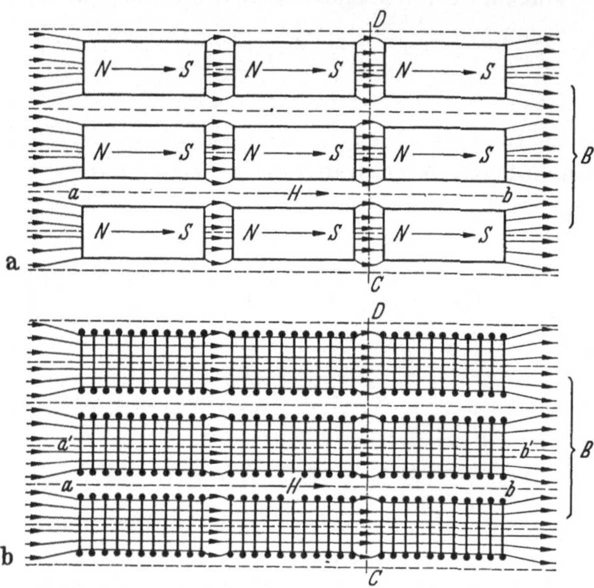

Abb. 76a u. b. Schematische Darstellung des „Mikrofeldes" im Innern eines aus gerichteten Elementarbereichen zusammengesetzten ferromagnetischen Stoffes.

je größer der Gesamtfluß $q\,B$ ist, andererseits um so kleiner, je größer die Länge des magnetisierten Stabes ist, da mit zunehmender Länge der Rückfluß sich auf größere Abstände vom Stab verteilt. Bei unendlicher Stablänge oder bei Ringen ist sie null. Bei gegebener geometrischer Form des Stabes kann man schreiben:

$$H = H_{sp} - k\,q\,B . \tag{9}$$

Den von der Form des Stabes abhängigen Faktor k nennt man „Entmagnetisierungsfaktor". Verringert man den magnetischen Widerstand des Außenraumes durch ein Schlußjoch, so verringert sich das entmagnetisierte Feld auf etwa $H' \approx \dfrac{B_j}{\mu_0 \mu_j}$, wobei B_j die Induktion und μ_j die Permeabilität im Joch ist.

Die Gesamtinduktion B kann man sich zerlegt denken in eine *erregende* Induktion $\mu_0 H$ und eine von ihr durch Ausrichtung der Elementarmagnete *erregte* Induktion oder „Magnetisierung" $\mathfrak{J} = \varkappa \mu_0 H$, wobei $\varkappa$ eine Materialkonstante („Suszeptibilität") ist:

$$B = \mu_0 H + \mathfrak{J} = \mu_0 H + \varkappa \mu_0 H = (1 + \varkappa) \mu_0 H . \tag{10}$$

Durch Vergleich mit Gl. (7) folgt:

$$\mu = \varkappa + 1 . \tag{11}$$

Aus Vorstehendem ergeben sich die bekannten Gesetze des magnetischen Feldes: *I.* Die Normalkomponente der Induktion B bleibt beim Austritt auf den Stirnseiten eines magnetisierten Stoffes konstant. Sie ist sowohl im Innern des Stoffes als auch im Luftraum vor den Stirnseiten die Summe aus erregender Induktion $\mu_0 H$ und erregter Induktion $\mathfrak{J}$ („Magnetisierung") der gerichteten Elementarmagnete. *II.* Die Normalkomponente der Feldstärke H macht beim Austritt aus der Stirnseite einen Sprung von H auf den Wert μH. Denn im Innern des Stoffes war H definiert als mittlere Feldstärke in Längsrichtung neben den Elementarspulen; auf der Stirnseite mischt sich $\mu_0 H$ mit der Magnetisierung $\mathfrak{J}$ zur Induktion $B = \mu_0 H + \mathfrak{J} = \mu \mu_0 H$ entsprechend einer Feldstärke $\dfrac{B}{\mu_0} = \mu H$. *III.* Die Tangentialkomponente von H ändert sich auf den Längsseiten des Stabes beim Austritt in die Luft nicht. Denn sowohl H_{sp} als auch das Rückfeld H' der Elementarmagnete bleibt ungeändert und damit nach Gl. (8) auch H. Mit wachsendem Abstand von der Oberfläche des Körpers nimmt H' ab, d. h. nach Gl. (8), die Feldstärke H wird mit wachsendem Abstand von der Oberfläche größer. *IV.* Auf den Längsseiten des Stabes verringert sich beim Austritt in die Luft die Tangentialkomponente der Induktion vom Wert $B = \mathfrak{J} + \mu_0 H = \mu \mu_0 H$ (Integrationsweg $a'...b'$ in Abb. 76) auf den Wert $B_0 = \mu_0 H$ (Integrationsweg $a...b$ in Abb. 76).

Für die Meßtechnik ergibt sich aus III, daß man die Feldstärke in einem Längsschlitz im Innern des Stoffes oder an den Längsseiten dicht an seiner Oberfläche messen kann. Die Induktion erfaßt man nach Gl. (1) in einem Querschlitz ($C...D$ in Abb. 76). Mißt man sie aus induzierten Spannungen, kann man die Meßspule statt in den Querschlitz einfach außen um den Querschnitt des Stabes legen.

44. Feldstärke aus Magnetisierungsstrom. Bei geometrisch einfachen Anordnungen läßt sich die Feldstärke aus dem Magnetisierungsstrom berechnen. In Abstand a von einem geraden stromdurchflossenen Leiter ist beispielsweise nach Gl. (43.1) $H = \dfrac{I}{2 \pi a} \left[\dfrac{\text{A}}{\text{cm}}\right]$. In der Achse einer

Kreiswindung vom Radius R ist im Abstand a von der Mittelebene[1]:

$$H = 0{,}5\, w\, I \frac{R^2}{\sqrt{(R^2 + a^2)^3}}\,, \quad \text{bei } a = 0 \text{ also:} \quad H = 0{,}5\, \frac{w\,I}{R} \quad \left[\frac{\text{A}}{\text{cm}}\right]. \qquad (1)$$

In der Achse einer im Verhältnis zum Radius R langen Spule ($l \gg R$) ist im Innern der Spule in Abstand a vom Ende $\left(a = 0 \text{ bis } \dfrac{l}{2}\right)$:

$$\left.\begin{aligned}
H &= 0{,}5\, \frac{w\,I}{l} \left[\frac{a}{\sqrt{R^2 + a^2}} + \frac{l - a}{\sqrt{R^2 + (l-a)^2}}\right]; \\[2mm]
H_{Mitte} &= \frac{w\,I}{l}\, \frac{l}{\sqrt{4\,R^2 + l^2}} \quad \left(a = \frac{l}{2}\right); \qquad \left[\frac{A}{\text{cm}}\right] \\[2mm]
H_{Au\beta en} &= 0{,}5\, \frac{w\,I}{l}\, \frac{l}{\sqrt{R^2 + l^2}} \quad (a = 0)\,.
\end{aligned}\right\} \qquad (2)$$

Solche Spulen können zum Eichen von Feldmeßspulen benutzt werden (§ 45).

Bei Ringspulen (Toroiden) ist $H_i = \dfrac{w\,I}{2\,\pi\,R_i}$ und $H_a = \dfrac{w\,I}{2\,\pi\,R_a}$. Bei homogenen Eisenkernen mit gleichbleibendem Querschnitt ohne Luftspalt ist, wenn die Streuung vernachlässigt werden kann, unabhängig von der Form des Kerns (Ring, Rechteck) $H \approx \dfrac{w\,I}{l}\left[\dfrac{\text{A}}{\text{cm}}\right]$; dabei ist l die Länge des Kraftlinienweges. Wenn Querschnitt und Permeabilität längs des magnetischen Kreises nicht konstant sind, sondern wenn letzterer aus n homogenen, in Reihe liegenden Teilen besteht, so ist, wenn die Streuung vernachlässigt werden kann, im Querschnitt x:

$$H_x = \frac{w\,I}{\mu_x\, q_x \displaystyle\sum_n \frac{l_n}{\mu_n\, q_n}} \quad \left[\frac{\text{A}}{\text{cm}}\right]. \qquad (3)$$

Für einen Eisenkern mit Luftspalt δ, wenn der magnetische Widerstand des Eisens vernachlässigt werden kann, wird also $H = \dfrac{w\,I}{\delta}$.

In all diesen Fällen läuft die Feldmessung auf eine Strommessung hinaus, die nach §§ 1 ··· 16 erfolgen kann, d. h. es können zeitlicher Verlauf, Scheitelwert, Grundwelle, Oberwellen und Komponenten der Feldstärke gemessen werden.

45. Feldmessung mit Probespule. Die in der Probespule induzierte Spannung ist (Abb. 77):

$$u = w\, q\, \frac{dB}{dt} = w\, q\, \mu_0\, \frac{dH}{dt} \quad \left(\mu_0 = 1{,}257 \cdot 10^{-8}\, \frac{\text{V s}}{\text{A cm}}\right). \qquad (1)$$

Vergleicht man Gl. (1) mit der Formel für die Sekundärspannung einer

----

[1] STRECKER: Hilfsbuch für die Elektrotechnik (1925) S. 80.

Gegeninduktivität $\left(u = M\,\dfrac{dI}{dt}\right)$ und setzt $M = w\,q\,\mu_0$, so wird entsprechend Gl. (74.12) und Tab. 19F, S. 201:

$$H_{ein} - H_{aus} = \frac{1}{\pi\,\varepsilon_0}\,\frac{r + \varrho + r_{gl}}{r_{gl}}\,\frac{u_{gl}}{f\,w\,q\,\mu_0}\quad\left[\frac{\mathrm{A}}{\mathrm{cm}}\right]\qquad T_k\ \text{beliebig}\qquad(2)$$

und daraus für Einwellengleichrichtung ($\pi\,\varepsilon_0 = 1$) mit $T_k = 180°$ bei symmetrischem $H_{(t)}$:

$$2\,H_{\left(\tau + \frac{\pi}{2}\right)} = \frac{r + \varrho + r_{gl}}{r_g l}\,\frac{u_{gl(\tau)}}{f\,w\,q\,\mu_0}\quad\left[\frac{\mathrm{A}}{\mathrm{cm}}\right]\qquad T_k = 180°\,.\qquad(3)$$

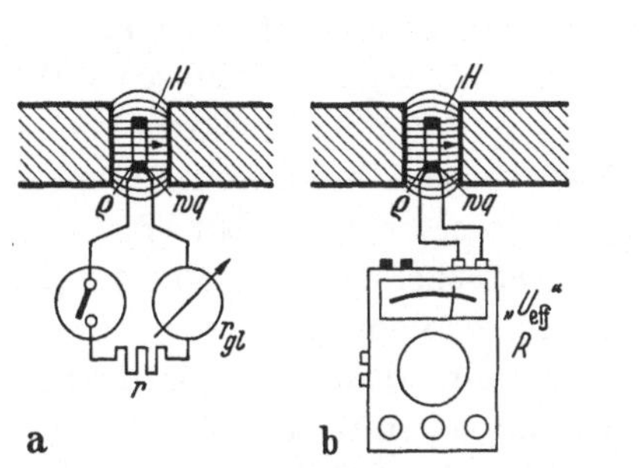

Abb. 77a u. b. Feldmessung mit Probespule und Meßkontakt.

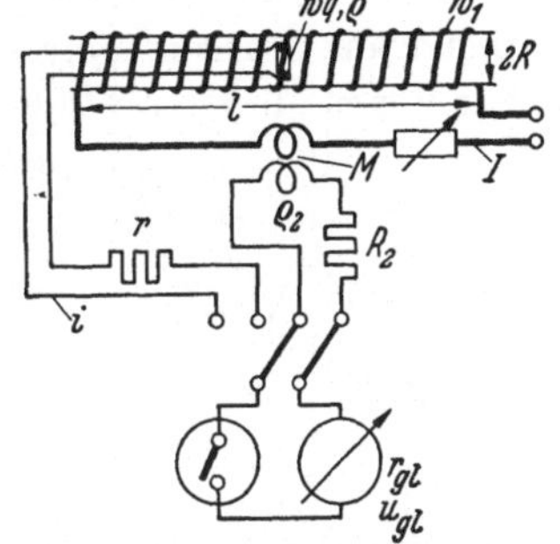

Abb. 78. Eichung einer Probespule.

Hat die Feldstärke den zeitlichen Verlauf $H_{n(t)} = \sqrt{2}\,H_{n\,eff}\,\sin n\,\omega\,t$, so wird nach Gl. (1) $u_n = w\,q\,\mu_0\,n\,\omega\,\sqrt{2}\,H_{n\,eff}\cos n\,\omega\,t$. Damit ergibt sich nach Gl. (71.9): ($\pi\,\varepsilon_0 = 1$)

$$H_{n\,eff} = 2{,}2214\,\frac{r + \varrho + r_{gl}}{r_{gl}}\,\frac{u_{gl\,n}}{\varepsilon_n\,T_k\,n\,\omega\,w\,q\,\mu_0\sin n\,\frac{\pi}{2}}\quad\left[\frac{\mathrm{A}}{\mathrm{cm}}\right].\qquad(4)$$

Gl. (4) benutzt man zur Messung von H nach Grund- und Oberwellen geordnet[1], Gl. (3) zur Messung der Augenblickswerte bzw. des Scheitelwertes. Mißt man wie in Abb. 77b mit einem in „U_{eff}" geeichten Vektormesser, so wird nach Gl. (71.9) statt Gl. (3) bzw. (4) ($R =$ Widerstand des Spannungsmeßbereiches im Vektormesser):

$$2\,H_{\left(\tau + \frac{\pi}{2}\right)} = \frac{R + \varrho}{R}\,\frac{1}{f\,w\,q\,\mu_0}\,\frac{„U_{eff(\tau)}"}{2{,}2214}\quad\left[\frac{\mathrm{A}}{\mathrm{cm}}\right],\qquad T_k = 180°\qquad(3\mathrm{a})$$

$$H_{n\,eff} = \frac{R + \varrho}{R}\,\frac{U_{eff\,n}}{\varepsilon_n\,T_k\,n\,\omega\,w\,q\,\mu_0\sin n\,\frac{\pi}{2}}\quad\left[\frac{\mathrm{A}}{\mathrm{cm}}\right].\qquad(4\mathrm{a})$$

Die Windungsfläche $w\,q$ kann aus den geometrischen Abmessungen errechnet oder nach Abb. 78 ermittelt werden, indem man das nach Gl. (44.2) bekannte Feld einer langen Spule mißt. Aus Gl. (3) folgt, wenn

---

[1] $u_{gl\,n}$ bzw. $U_{eff\,n}$ in Gl. (4) bzw. Gl. (4a) ist der von der n-ten Oberwelle des Feldes herrührende Anteil der Instrumentanzeige [vgl. Gl. (14.5)], der nach § 14 gemessen wird.

die Probespule *in die Mitte* der langen Spule gebracht wird, zusammen mit Gl. (44.2):

$$w\,q = \frac{r + \varrho + r_{gl}}{r_{gl}}\,\frac{1}{f\,\mu_0}\,\frac{u_{gl\,max}}{2\,H_{max}}\,; \quad \text{dabei ist}\quad H_{max} = \frac{w_1\,I_{max}}{l}\,\frac{l}{\sqrt{4\,R^2 + l^2}}\,. \tag{5}$$

Mißt man I_{max} wie in Abb. 78 über eine Gegeninduktivität (Tab. 19 C, S. 201), so ergibt sich die Windungsfläche $w\,q$ unbeeinflußt durch Kurvenform und Frequenz des Stromes.

Zur Messung inhomogener Felder muß q genügend klein gewählt werden. Bei Verwendung empfindlicher Galvanometer lassen sich auch dann noch sehr kleine Felder nach zeitlichem Verlauf, Grundwelle, Oberwellen, Komponenten, Phasenlage ausmessen. Die Induktivität der Probespule muß zur Vermeidung von Phasenfehlern klein gegen die ohmschen Wider-

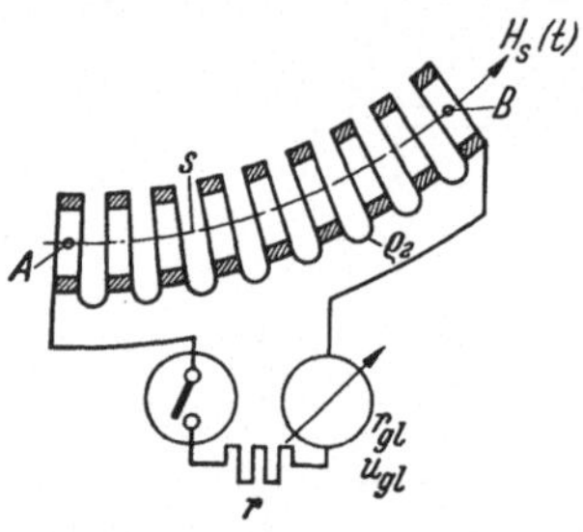

Abb. 79. Schema eines magnetischen Spannungsmessers.

stände $(r + \varrho + r_{gl})$ im Meßkreis sein, was durch Verwendung entsprechend empfindlicher Galvanometer erreichbar ist.

46. Magnetischer Spannungsmesser (Spannungsgürtel). Er kommt erst durch den Meßkontakt, der ein ideales Anzeigeinstrument für ihn ist, zur vollen Bedeutung, indem nicht nur sehr kleine magnetische Spannungen, sondern auch ihre Kurvenform, Grundwelle, Oberwellen, Komponenten, Phasenlage gemessen werden können. Man kann den magnetischen Spannungsmesser als eine Reihe hintereinander geschalteter Probespulen auffassen (Abb. 79). Aus Gl. (45.3) folgt dann für die Summe der in den einzelnen Teilspulen induzierten, vom Meßkontakt gleichgerichteten Spannung ($T_k = 180°$, $\pi\,\varepsilon_0 = 1$):

$$2\left[\int_A^B H_{s(t)}\,ds\right]_{(\tau + \frac{\pi}{2})} = \frac{r + \varrho_2 + r_{gl}}{r_{gl}}\,\frac{u_{gl(\tau)}}{f\,m\,q\,\mu_0}\quad [\text{A}]\,. \tag{1}$$

Die Integration, die zu Gl. (1) führt, setzt voraus, daß $m\,q$ längs des Weges s konstant ist. Unter m ist dabei die Zahl der Windungen je cm Gürtellänge zu verstehen. $H_{s(t)}$ ist die in Richtung von s fallende Komponente von $H_{(t)}$, das Integral also die magnetische Spannung zwischen den Raumpunkten A und B im Zeitpunkt $\tau + \frac{\pi}{2}$, wobei vorausgesetzt ist, daß $H_{(t)}$ an jeder Stelle des Raumes *nach der gleichen* Zeitfunktion pulsiert $\left(H = f_1(s) \times f_2(t)\right)$. Der zeitliche Verlauf der magnetischen Spannung zwischen A und B kann also nach Gl. (1) durch Ändern der Kontaktphase τ des Meßkontaktes gemessen werden. Schließt man den Spannungsgürtel, so daß Anfang A und Ende B zusammenfallen, erhält man nach dem Durchflutungsgesetz Gl. (43.1) aus Gl. (1):

$$2\left[\oint H_{s(t)}\,ds\right]_{(\tau + \frac{\pi}{2})} = 2\,w\,I_{(\tau + \frac{\pi}{2})} = \frac{r + \varrho_2 + r_{gl}}{r_{gl}}\,\frac{u_{gl(\tau)}}{f\,m\,q\,\mu_0}\quad [\text{A}]\,. \tag{2}$$

Der geschlossene Gürtel mißt also wie eine Gegeninduktivität $m\,q\,\mu_0$[1] nach Gl. (74.10) den zeitlichen Verlauf $I_{(t)}$ des umschlossenen Stromes.

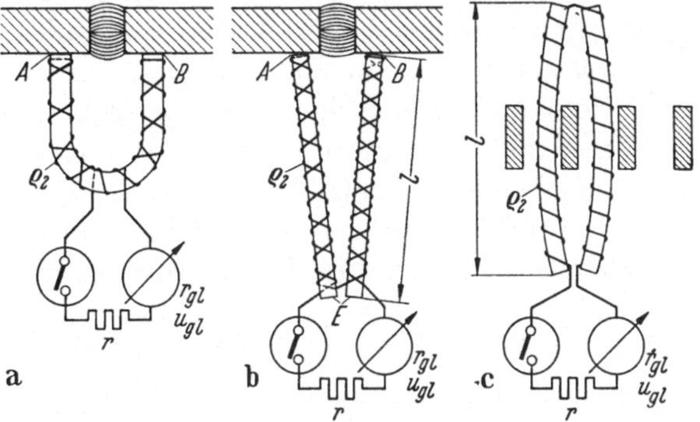

Abb. 80a—c. Verschiedene Ausführungen und Anwendungen des magnetischen Spannungsmessers.

Mißt man (in den Abb. 79 bis 81) mit einem in „U_{eff}" geeichten Vektormesser, so wird statt Gl. (2): (R = Widerstand des Spannungsbereiches im Vektormesser)

$$2\,w\,I_{\left(\tau + \frac{\pi}{2}\right)} = \frac{R + \varrho_2}{R}\,\frac{1}{f\,m\,q\,\mu_0}\,\frac{„U_{eff}"_{(\tau)}}{2,2214}\ [A]\,.\quad (2a)$$

Im geschlossenen Zustand kann der Gürtel mit Hilfe eines bekannten, sinusförmigen Stromes I nach Gl. (2) geeicht, d. h. $m\,q$ gemessen werden, in gestrecktem Zustand nach Gl. (1) auch in einem bekannten Feld, z. B. in der Mitte einer zylindrischen Spule (Abb. 78). Die Bedingung konstanten Windungsquerschnittes $m\,q$ ist nur bei Anwendung besonderer Sorgfalt zu erfüllen. Man kann

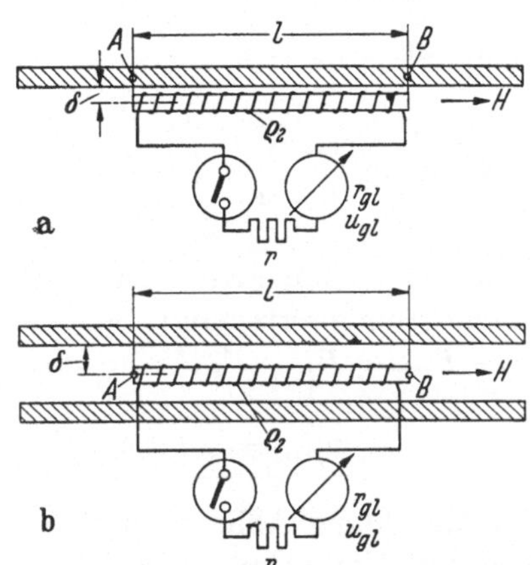

Abb. 81 a u. b. Anwendung des magnetischen Spannungsmessers zur Messung der Längsfeldstärke in Blechen („Feldmeßspule").

sie dadurch prüfen, daß man den Gürtel durch eine räumlich konzentrierte Spule (magnetische Linse) zieht und beobachtet, ob der Instrumentausschlag konstant bleibt. Man kann auch den geschlossenen Gürtel ohne Umschlingung des Stromes in ein inhomogenes Feld bringen und beobachten, ob unabhängig von der Lage des Gürtels der Instrumentausschlag null ist.

---

[1] Nach Gl. (26.1) ist die Gegeninduktivität einer Toroidspule mit $w_1 = 1$ angenähert $M \approx \mu_0\,w_2\,\dfrac{q}{l_3} = m\,q\,\mu_0$, wenn $w_2 = m\,l_s$ gesetzt wird.

Abb. 80a zeigt die Messung des magnetischen Spannungsabfalles an einem Luftspalt oder einer Stoßstelle. Statt eines biegsamen Gürtels kann man nach Abb. 80b auch zwei (im Querschnitt starrere) auf Holz oder Hartpapierleisten gewickelte Gürtelstäbe verwenden, wenn man ihre Länge l so groß macht, daß am Ende (E) praktisch kein Feld mehr vorhanden ist. Diese Ausführung eignet sich besonders, um die Teilströme (Größe, Phase und Kurvenform) in den Einzelschienen von Sammelschienenpaketen zu untersuchen (Abb. 80c). Legt man wie in Abb. 81a einen gestreckten Gürtelstab mit der Länge l nahe an die Oberfläche eines in Längsrichtung magnetisierten Blechs, so mißt man die Längs-

feldstärke $H = \dfrac{1}{l} \displaystyle\int_A^B H\,ds$ im Eisen. Legt man den Gürtelstab zwischen

zwei längsmagnetisierte Bleche (Abb. 81b), so ist der durch den endlichen Abstand δ der Wicklung vom Blech hervorgerufene Fehler klein (Längsschlitz § 43). Der magnetische Spannungsmesser ist in diesem Fall eine „Feldmeßspule" (§§ 49 und 58).

47. Messung der Induktion. Der Augenblickswert der induzierten Spannung ist $u = w\,q\,\dfrac{dB}{dt}$.[1] Damit wird (Abb. 82a):

$$u_{gl} = \frac{r_{gl}}{R + \varrho + r_{gl}}\, f \int_{t_{ein}}^{t_{aus}} u\,dt = \frac{r_{gl}}{R + \varrho + r_{gl}}\, f\, w\, q\, (B_{ein} - B_{aus})\,. \tag{1}$$

Wenn $B_{(t)}$ symmetrisch zur Nullinie ist (keine Remanenz und keine Gleichstromvorerregung), ist bei $T_k = t_{ein} - t_{aus} = 180°$ stets $B_{ein} = -B_{aus} = B_{\left(\tau + \frac{\pi}{2}\right)}$, also wird aus Gl. (1):

$$u_{gl(\tau)} = 2\,f\,w\,q\,B_{\left(\tau + \frac{\pi}{2}\right)} \frac{r_{gl}}{R + \varrho + r_{gl}} \qquad (T_k = 180°)\,. \tag{2}$$

Die Anordnung Abb. 82 mißt also den zeitlichen Verlauf $B_{(t)}$. Stellt man die Kontaktphase auf Maximum des Instrumentausschlages, so wird, wenn gleichzeitig von Halbwellenschaltung ($\pi\,\varepsilon_0 = 1$) auf eine beliebige Gleichrichterschaltung ($\pi\,\varepsilon_0 > 1$) verallgemeinert wird:

$$u_{gl\,max} = \pi\,\varepsilon_0\,2\,f\,w\,q\,B_{max} \frac{r_{gl}}{R + \varrho + r_{gl}} \qquad (T_k = 180°)\,. \tag{3}$$

Verwendet man einen in „Effektivwerten" geeichten Vektormesser oder Vielfachmesser (Abb. 82b), so ist entsprechend Gl. (72.14):

$$„U_{eff}" = \frac{1}{\pi\,\varepsilon_0} \frac{\pi}{\sqrt{2}}\, u_{gl\,max} = \frac{1}{\pi\,\varepsilon_0}\,2{,}2214\, u_{gl}\,, \tag{4}$$

---

[1] Der Vergleich mit Gl. (45.1) ergibt, daß Gl. (45.2) bis Gl. (45.4a) statt für die Feldstärke auch für die Induktion gelten, wenn in ihnen an die Stelle von $\mu_0\,H$ die Induktion B gesetzt wird. Die Feldmeßspule ist dann Induktionsmeßspule.

also wird nach Gl. (3) *unabhängig von der Kurvenform* von $B_{(t)}$:

$$„U_{eff}“ = 4{,}4428\, f\, w\, q\, B_{max} \frac{R}{R + \varrho} \qquad \left(4{,}4428 = \frac{2\pi}{\sqrt{2}}\right). \tag{5}$$

Dabei ist R der Widerstand des gewählten Spannungsmeßbereiches.

Mißt man die Spannung nicht mit einem Gleichrichterinstrument, sondern mit einem Effektivwertmesser (Dreheisen, Dynamometer, Thermoumformer, statischer Spannungsmesser), so ist $U_{eff} = \frac{f_e}{1{,}1107}\, „U_{eff}“$, also nach Gl. (5):

$$U_{eff} = 4\, f_e\, f\, w\, q\, B_{max} \frac{R}{R + \varrho}\,. \tag{6}$$

Die Formeln Gl. (1) bis (6) ergeben bei Auflösung nach B Augenblickswert bzw. Scheitelwert der Induktion. Sie zeigen, daß der Meßkontakt das gegebene Instrument zur Induktionsmessung ist. Denn gegenüber

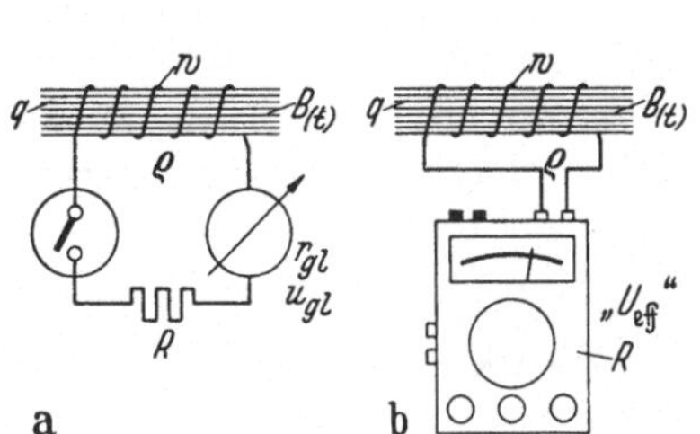

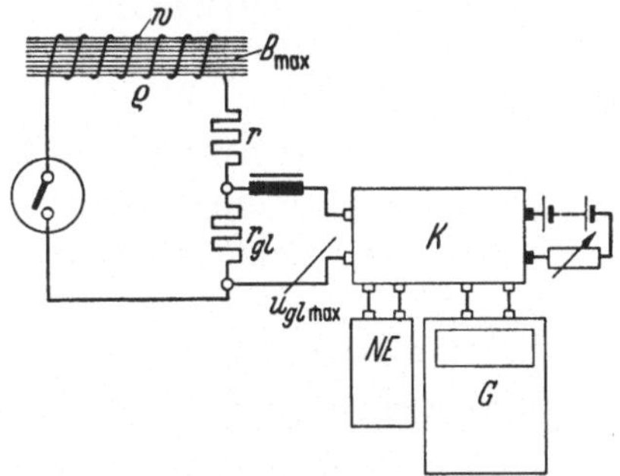

Abb. 82 a u. b. Messung des zeitlichen Verlaufs $B(t)$ und des Scheitelwertes B_{max} der Induktion mit Meßkontakt und Drehspulinstrument.

Abb. 83. Absolute Messung des Scheitelwertes B_{max} der Induktion mit Meßkontakt und Gleichstromkompensator.

Effektivwertmessern hat er den Vorteil, daß er unabhängig vom Formfaktor mißt, gegenüber Ventilgleichrichtern den Vorteil, daß die Messung genauer und durch Sattel in B nicht gefälscht wird (§ 7). Die Genauigkeit der Induktionsmessung mit dem Meßkontakt erreicht bei besten Drehspulinstrumenten 0,1%, bei Verwendung des Gleichstromkompensators nach Abb. 83 und Gl. (3) ist die Messung absolut. Voraussetzung ist, daß die Frequenz und der Eisenquerschnitt q bekannt sind[1]. Bei Verwendung von Spiegelgalvanometern können auch bei kleinen Querschnitten Induktionen von der Größenordnung 1 Gauss $= 10^{-8}$ Vs/cm² erfaßt werden (Anfangspermeabilität), Bei großen Induktionen B spielt das Luftfeld H neben der Magnetisierung $\mathfrak{J}$ eine Rolle: $B = \mathfrak{J} + \mu_0 H$. Dabei ist für H der gesamte, von der Meßwicklung umfaßte Querschnitt einschließlich Luftraum $Q = \beta q$ maßgebend, für $\mathfrak{J}$ nur der tatsächliche Eisenquerschnitt q. Für B ist also in obigen Formeln zu setzen:

$$B = \mathfrak{J} + \beta\, \mu_0\, H\,. \tag{7}$$

---

[1] Den Eisenquerschnitt findet man am besten aus Gewicht G, mittlerer Eisenlänge l und spezifischem Gewicht s: $q = \dfrac{G}{l\,s}$.

Will man die Magnetisierung $\mathfrak{J}$ messen, kann man nach Abb. 84 eine Feldmeßspule $w'\,q'$ als Kompensationsspule in Reihe mit w legen und w' so abgleichen, daß bei $q = 0$ (Eisen entfernt!) die Spannung $u_{gl} = 0$ ist. Besteht der Eisenkern aus zwei Streifen (*1* und *2* in Abb. 84) so kann die Kompensationsspule im Spalt zwischen ihnen angebracht werden,

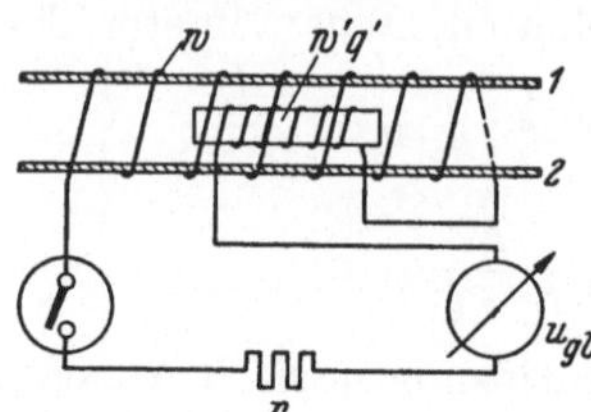

Abb. 84. Messung der Magnetisierung durch Kompensation des Luftfeldes.

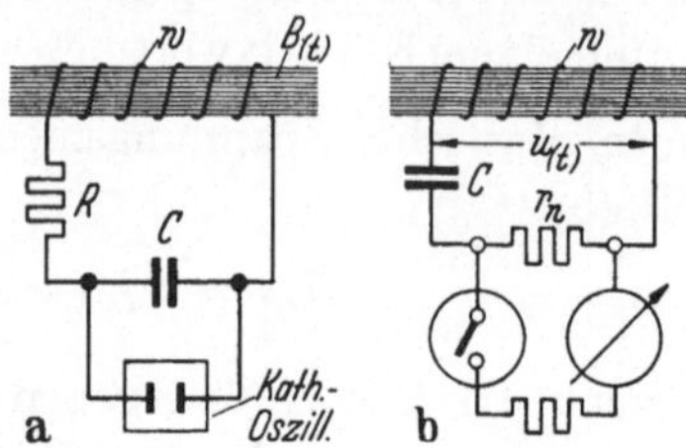

Abb. 85a u. b. a) Messung des zeitlichen Verlaufs $B(t)$ der Induktion mit Integrierschaltung und Oszillograph b) Messung des zeitlichen Verlaufs $u(t)$ der Spannung mit Differenzierschaltung und Meßkontakt.

andernfalls muß sie nahe an der Blechoberfläche liegen. Man kann die Kompensationsspannung auch an einer Gegeninduktivität erzeugen, die primärseitig von dem den Induktionsfluß erzeugenden Strom durchflossen wird.

Will man den zeitlichen Verlauf $B_{(t)}$ oszillographisch beobachten, hat man nach Abb. 85a eine Integrierschaltung anzuwenden, wobei $\dfrac{1}{w\,C} \ll R$ sein muß. — Will man den zeitlichen Verlauf $u_{(t)}$ der Spannung am Eisen (nicht der Induktion $B_{(t)}$) mit dem Meßkontakt aufnehmen, muß man eine Differenzierschaltung nach Abb. 85b verwenden, wobei $\dfrac{1}{\omega\,C} \gg r_n$ sein muß.

VII. Eisenuntersuchung.

48. Überblick über Eisenuntersuchung. Das Eisen spielt als magnetischer Werkstoff in der Elektrotechnik eine überragende Rolle. In Umspannern und Maschinen wird in großen Mengen ein Blech („Trafoblech" oder „Dynamoblech") benutzt, dem zur Verringerung der Wirbelströme Silizium zugesetzt ist und das durch besondere Glüh- und Walzprozesse auf hohe Permeabilität und kleine Hystereseverluste gezüchtet ist. Im Verhältnis dazu werden andere magnetische Werkstoffe, insbesondere Eisennickellegierungen, in viel geringerer Menge, dafür aber mit recht verschiedenen Eigenschaften für eine Unzahl von verschiedenartigen Verwendungszwecken benutzt (Übertrager, Meßwandler, Drosseln, Hubmagnete, Relaiskerne, Abschirmungen, magnetische Verstärker, Gleichstromwandler, Schaltdrosseln, Zähldrosseln, Hochfrequenzdrosseln, Pupinspulen, Kabelummantelung, Dauermagnete, Dreheisensysteme, Nadeln von Vibrations-Galvanometern, Magnetophonbänder usw.). Abb. 86 zeigt als Beispiel die Magnetisierungskennlinie („Kommutierungskurve" oder „Spitzenkurve") einiger magnetisch weicher Eisensorten.

Nach der Theorie des Ferromagnetismus[1] sind kleine Bereiche des Kristallgefüges (WEISSsche Bezirke) bei tiefer Temperatur bis zur Sättigung magnetisiert, d. h. die Elementarmagnete (hauptsächlich Elektronenspins) jedes Bezirkes sind ohne äußeres Feld vollkommen gegeneinander

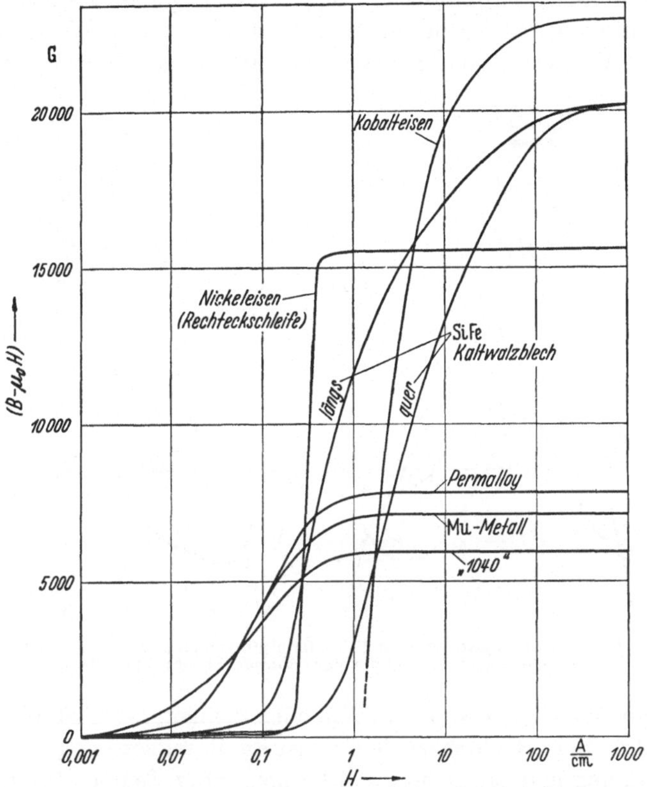

Abb. 86. Magnetisierungskurven (Spitzenkurve) verschiedener Eisensorten.

ausgerichtet. Dagegen ist die Richtung dieser spontanen Magnetisierung von Bezirk zu Bezirk verschieden, so daß der Stoff als Ganzes nach außen unmagnetisch erscheint. Beim Anlegen eines schwachen äußeren Feldes verschieben sich die Grenzen der WEISSschen Bereiche derart, daß die in Richtung des Feldes magnetisierten Bereiche auf Kosten der anderen wachsen („reversible" oder „elastische" Wandverschiebungen). Dieser Vorgang bestimmt die Größe der Permeabilität bei kleinsten Feldern („Anfangspermeabilität"). Bei mittleren Feldern klappt die Magnetisierungsrichtung der zum Feld gegensinnigen Bezirke mit wachsender Feld-

---

[1] BECKER-DÖRING: Ferromagnetismus. Berlin: Springer 1939. — M. KERSTEN: Theorie der ferromagnetischen Hysterese und Koerzitivkraft. Leipzig: Hirzel 1944.

stärke in immer größere Zahl um („BARKHAUSEN-Sprünge"). Dieser
Vorgang ist irreversibel, d. h. er ist nur unter Aufbietung einer negativen
Feldstärke wieder rückgängig zu machen und ist die Ursache für die
Breite der statischen Hystereseschleife („Koerzitivkraft") und für die
Ummagnetisierungsverluste bei Gleichstrom („Hystereseverluste"). Bei
großen Feldern erfolgt eine weitere Magnetisierung nur noch durch rever-
sible („elastische") Drehung der Magnetisierungsrichtung der restlichen
Bezirke in die Richtung des äußeren Feldes. Auf diese Weise kommt die
bekannte Hystereseschleife zustande. Magnetisch weiche Materialien

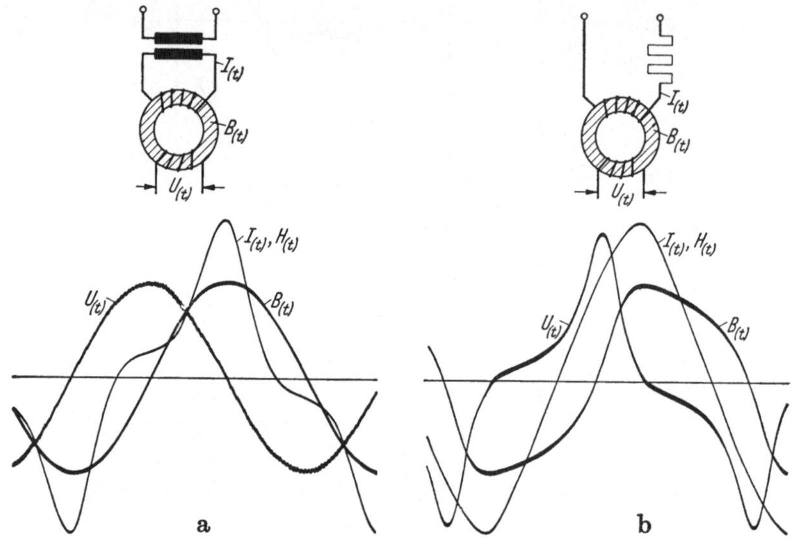

Abb. 87a u. b. a) Magnetisierung mit sinusförmiger Spannung: Induktion sinusförmig;
b) Magnetisierung mit sinusförmigem Strom: Feldstärke sinusförmig.

haben Koerzitivkräfte von 0,5 A/cm oder weniger, harte Stähle 500 A/cm
oder mehr. Bei „Rechteckschleifen" ist die Remanenz angenähert gleich
der Sättigungsmagnetisierung. Mit wachsender Temperatur nimmt die
spontane Magnetisierung der WEISSschen Bezirke ab und verschwindet
ganz beim CURIE-Punkt (Eisen 770° C).

Die Form der statischen Hystereseschleife (d. h. die gesamten magnetischen Eigenschaften) hängt in hohem Maße von mechanischen Spannungen im Material ab. Im allgemeinen wird durch Spannungen das
Material magnetisch härter, d. h. die Breite der Schleife (und damit die
Ummagnetisierungsverluste) größer. Bei der Prüfung ist daher streng
darauf zu achten, daß das Material nicht durch mechanische Verformung
(Druck, Biegung, Zug) verdorben wird.

Bei Wechselstrommagnetisierung treten je nach Frequenz, elektrischer Leitfähigkeit und Dicke des Bleches Wirbelströme auf, die eine
Verbreiterung der statischen Schleife zur „dynamischen Hysterese-

schleife" und zusätzliche Verluste („Wirbelstromverluste") zur Folge
haben.

Bei gegebener Frequenz ist der zeitliche Verlauf $B_{(t)}$ und die Form
der dynamischen Schleife abhängig von der Art des magnetisierenden
Stromkreises. Wird dem Prüfling eine sinusförmige Spannung aufge-
zwungen (Abb. 87a), sind die Wirbelströme und damit die Verluste am
kleinsten. Bei großem Vorwiderstand oder großer Vordrossel wird dem
Prüfling sinusförmiger Strom aufgedrückt (Abb. 87b), die Spannung
verzerrt sich und erzeugt größere Wirbelströme (bei gleichbleibendem

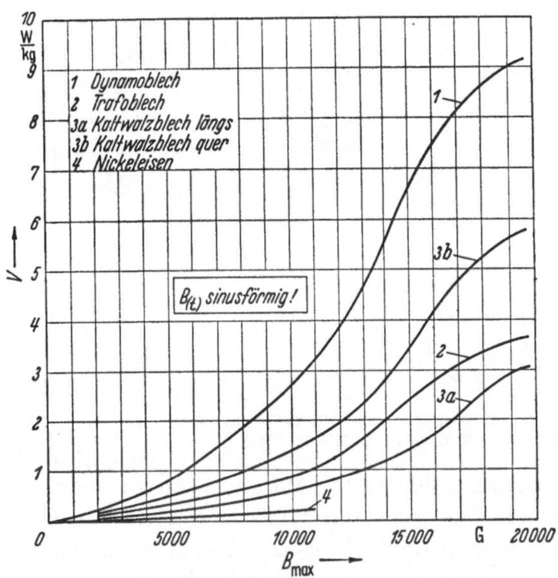

Abb. 88. Anstieg der Verlustzahl mit der Induktion bei verschiedenen Eisensorten. (Blechdicke 0,35 mm).

Mittelwert, d. h. gleichbleibendem B_{max} wird der für die Wirbelströme
maßgebende Effektivwert der Spannung größer). Das Ideal sinusförmiger Spannung läßt sich bei Aussteuerung der Schleife bis zu hohen
Induktionen nicht leicht aufrechterhalten, da der verzerrte Strom am
inneren Widerstand der Stromquelle und der Magnetisierungswicklung
verzerrte Spannungsabfälle hervorruft.

Die Prüfung mit Gleichstrom (ballistisch) richtet sich auf die Ermittlung der Spitzenkurve und der statischen Hystereschleife. Mit Wechselstrom mißt man bei niederen Frequenzen im allgemeinen eine Spitzenkurve, die von der statischen nicht wesentlich abweicht. Da Eisenkerne
praktisch vorwiegend mit Wechselstrom betrieben werden, hat die Messung der Wechselstromschleife große praktische Bedeutung. Sie be-
stimmt die Ummagnetisierungsverluste $\left(\text{Verlustzahl } V \frac{\text{Watt}}{\text{kg}}\right)$. Abb. 88

zeigt den charakteristischen Anstieg der Verlustzahl verschiedener Blechsorten bei sinusförmiger Magnetisierung.

Das gegebene Gerät zur Eisenprüfung bei Niederfrequenz ist der Meßkontakt, da mit ihm mit beträchtlicher Genauigkeit und Empfindlichkeit der zeitliche Verlauf von B und H, d. h. die dynamische Hystereseschleife, die alle wesentlichen magnetischen Daten enthält, gemessen werden kann (§§ 44 bis 47, 50 bis 58).

49. Probenform. Die Induktion läßt sich bei jeder Probenform mit einer den Eisenquerschnitt umschlingenden Wicklung messen. Nicht so einfach ist die Messung der Feldstärke. Sie kann in einigen Fällen aus dem Magnetisierungsstrom berechnet werden (§ 44). Beispielsweise ist bei ringförmigen Proben (Abb. 89a):

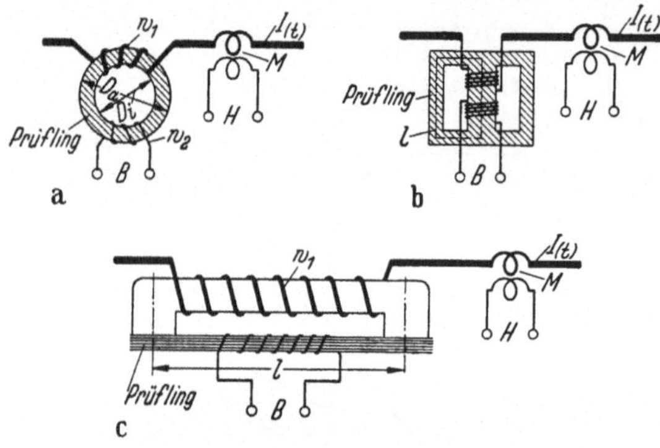

a b c

Abb. 89a—c. Probenanordnungen, bei denen die Feldstärke aus dem Magnetisierungsstrom berechnet werden kann.

$$H_i = \frac{w_1 I}{\pi D_i}\,; \quad H_a = \frac{w_1 I}{\pi D_a}.$$

$$(1)$$

Damit H_i und H_a nicht zu verschieden ausfallen, muß die Ringbreite $D_a - D_i$ klein sein, was bei gestanzten Ringen den Schnittkanteneinfluß erhöht. Man mißt an ihnen eine Art Mittelwert der magnetischen Eigenschaften längs und quer zur Walzrichtung im mittleren Feldstärkenbereich H_i bis H_a. Das Aufbringen der Wicklungen ist lästig, es sei denn, daß man Steckwicklungen benutzt[1]. Außer gestanzten Ringen werden auch gewickelte Bandkerne nach Abb. 89a gemessen (§§ 50 und 52).

Undefinierter ist die Feldmessung aus dem Strom bei Rechteckkernen (Abb. 89b, Übertrager, Umspanner), da die Induktionsverteilung über den Querschnitt (besonders in den Ecken) unregelmäßig und daher nur angenähert eine mittlere Kraftlinienlänge l definierbar ist. — Abb. 89c zeigt eine Streifenprobe mit Schlußjoch[1]. Hier wird nur ein verhältnismäßig kleiner Teil der Gesamterregung $w_1 I$ für das Joch verbraucht, so daß die Feldstärke im Prüfling angenähert wie in Abb. 89a aus dem Strom I und der Probenlänge l errechnet werden kann, wenn nämlich das Schlußjoch mit großem Querschnitt und aus Material hoher Permeabilität (Mumetall) gefertigt wird. Bei Verlustmessungen gehen allerdings auch die Verluste des Joches und der Stoßstellen ein. Die Feldmessung mit Hilfe des Magnetisierungsstromes liefert an M ver-

---

[1] ATM (1937) J 60—3. Man kann auch mit $w = 1$ magnetisieren wie in Abb. 95b.

hältnismäßig große Spannungen, bei ohmschen Nebenwiderständen an Stelle von M kann man mit dem Meßkontakt nach §§ 12 und 13 die Grundwellenkomponenten von H messen (§ 57).

Abb. 90 zeigt Beispiele für eine direkte Feldmessung mit Hilfe einer Feldmeßspule, deren Funktion in §§ 43, 45, 46 erläutert wurde. Die an der Feldmeßspule zur Verfügung stehende Spannung ist verhältnismäßig klein, kann aber mit den Methoden des Meßkontaktes sicher erfaßt werden (§§ 50 bis 58). Als Proben können Blechstreifen oder Tafeln verwendet werden. Je nach den Umständen, insbesondere der Länge l des Prüflings und der Magnetisierungswicklung[3], nimmt beim einfachen Blech oder Blechpaket (Abb. 90a) die Feldstärke bereits bei kleinen Abständen vom Blech gegenüber der Blechoberfläche bzw. dem Blechinnern zu (§ 43), so daß die Gefahr von Meßfehlern besteht[1]. Im Gegensatz dazu

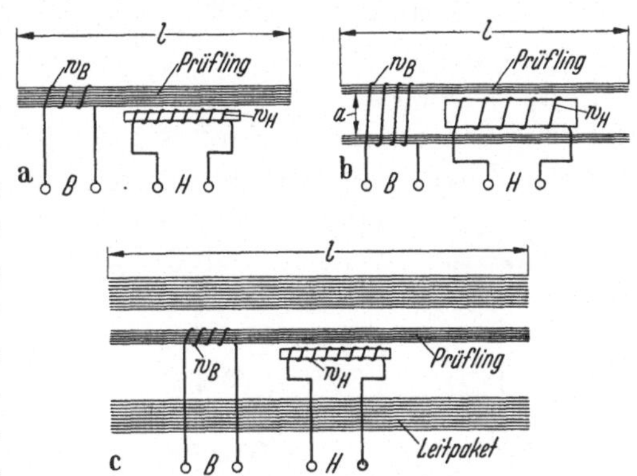

Abb. 90a—c. Probenanordnungen, bei denen die Feldstärke mit einer „Feldmeßspule" gemessen wird.

ist die Anordnung Abb. 90b mit zwei Probeblechen bzw. zwei Blechpaketen weitgehend frei von diesen Fehlern[2]. Zur Erzwingung sinusförmigen Induktionsverlaufs bei großen Werten B_{max} ist dabei großer Eisenquerschnitt erwünscht. Statt dessen kann man zwei „Leitpakete" großen Querschnitts zur Erzwingung sinusförmigen Flußverlaufs magnetisieren und die Probe im Raum zwischen ihnen anordnen[4] (Abb. 90c). Dabei erreicht man die Sinusform des Flußverlaufes um so besser, je genauer die magnetischen Eigenschaften des Leitpaketes mit denen der Probe übereinstimmen. Die Probenanordnungen der Abb. 90 versieht man zweckmäßigerweise mit einem (in der Abbildung nicht gezeichneten) Schlußjoch (§ 58), da sich dann eine gleichmäßigere Induktion über die Probenlänge l ergibt. Im Gegensatz zu Abb. 89c gehen aber die Eigenschaften des Jochmaterials und die Stoßstellen bei Verwendung von Feldmeßspulen nach Abb. 90 nicht in die Messung ein. Die Anordnung der Abb. 89 und 90 können auch für Gleichstrommessungen (ballistisch, Flußmesser) benutzt werden. Ihre Benutzung für Wechselstrommessungen findet man in §§ 50 bis 58.

---

[1] HERMANN, P. C.: Z. techn. Phys. Bd. 14 (1933) S. 19.

[2] Z. f. Elektrotechn. Bd. 1 (1948) Heft 1 S. 13/18.

[3] Die Magnetisierungswicklung (w_1) ist in allen drei Ausführungen der Abb. 90 nicht mitgezeichnet. Sie erstreckt sich über die ganze Länge l.

[4] KRUG, W.: Arch. f. Eisenhüttenwesen Bd. 23 (1952) H. 11/12 S. 449/57.

50. Magnetisierbarkeit (Spitzenkurve). Sie läßt sich mit Sperrschichtgleichrichterinstrumenten, z. B. Vielfachmessern, oder mit einem in „U_{eff}" geeichten Vektormesser nach Abb. 91 messen (l_m = mittlere Kraftlinienlänge, bei Ringkernen $l_m = \pi\, D_m$):

$$2\, H_{max} = \frac{R_H + \varrho_H}{R_H}\, \frac{w_1}{f\, l_m\, M}\, \frac{\text{„}U_{eff}\text{"}}{2,22}\; \left[\frac{\text{A}}{\text{cm}}\right] \quad (\text{Stellung 1}). \qquad (1)$$

$$2\, B_{max} = \frac{R_B + \varrho_B}{R_B}\, \frac{1}{f\, w_B\, q}\, \frac{\text{„}U_{eff}\text{"}}{2,22}\; \left[\frac{\text{Vs}}{\text{cm}^2}\right] \quad (\text{Stellung 2}). \qquad (2)$$

(R_H, R_B Widerstände der benutzten Spannungsmeßbereiche). Durch Änderung des Stromes I wird $B_{max} = f(H_{max})$ gemessen. Die Kurvenform von I hat wenig Einfluß auf die Messung. Bei hohen Induktionen muß w_1 über die Länge des Prüflings gleichmäßig verteilt und Gl. (47.7) berücksichtigt werden. Verwendet man eine in „I_{eff}" geeichte Gegeninduktivität $\left(\text{„}I_{eff}\text{"} \equiv \dfrac{f}{50}\, \dfrac{I_{max}}{\sqrt{2}}\right)$, so wird statt Gl. (1):

$$H_{max} \equiv \frac{50}{f}\, \frac{w_1}{l_m}\, \sqrt{2}\; \text{„}I_{eff}\text{"}\; \left[\frac{\text{A}}{\text{cm}}\right]. \qquad (1a)$$

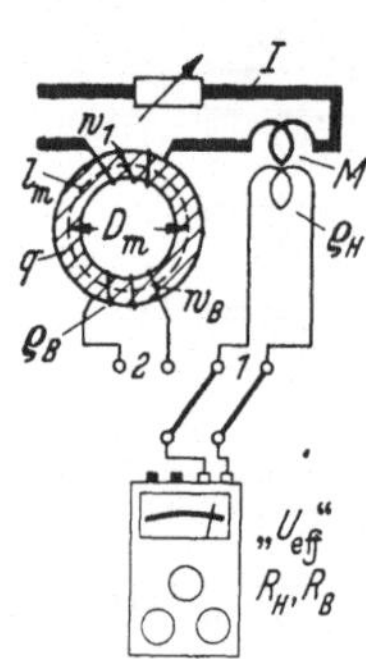

Abb. 91. Messung der Spitzenkurve $B_{max} = f(H_{max})$ mit einem Gleichrichterinstrument (Vielfachmesser).

Mißt man nach Abb. 90 mit einer Feldmeßspule, so wird nach Gl. (46.2a) ($w_H\, q_H$ Windungsfläche der Feldmeßspule) statt Gl. (1):

$$2\, H_{max} = \frac{R_H + \varrho_H}{R_H}\, \frac{1}{f\, w_H\, q_H\, \mu_0}\, \frac{\text{„}U_{eff}\text{"}}{2,22}\; \left[\frac{\text{A}}{\text{cm}}\right]. \qquad (1b)$$

Statt mit Sperrschichtgleichrichtern kann mit dem Meßkontakt genauer, empfindlicher und unbeeinflußt durch Sattel in der Feldkurve gemessen werden, indem jeweils die Schaltphase τ auf Maximum des Instrumentausschlages geregelt wird. (Die Anordnung ist identisch mit der zur Schleifenmessung und wird in § 52 genauer beschrieben.) Die Spitzenkurve bei niederfrequentem Wechselstrom stimmt weitgehend mit der ballistisch gemessenen („Kommutierungskurve") überein. Aus der Spitzenkurve folgt die Permeabilität[1]:

$$\mu \equiv \frac{B_{max}}{\mu_0\, H_{max}} \qquad \text{DIN } 40\,130\; \S\,4\,(1)\; d. \qquad (3)$$

---

[1] Die durch Gl. (3) und Gl. (4) definierte Größe ist die relative Permeabilität ($\mu \equiv \mu_{rel}$) im Gegensatz zur absoluten Permeabilität $\mu_{abs} \equiv \dfrac{B_{max}}{H_{max}} = \mu_0\, \mu_{rel}$ (DIN 40 130 § 1). μ bzw. μ_s ist eine dimensionslose Zahl, $\mu_{abs} = \mu_0\, \mu_{rel}$ hat im praktischen Maßsystem die Dimension $\dfrac{\text{Vs}}{\text{A cm}}$.

Sie ist bei kleinen Feldstärken angenähert gleich der auf den Scheitelwert der Grundwelle von H bezogenen „Scheinpermeabilität":

$$\mu_s \equiv \frac{B_{max}}{\mu_0 H_{1\,max}}, \qquad \text{DIN } 40130 \ \S\ 4\ (1)\ a, \qquad \text{DIN } 41301. \qquad (4)$$

Die Definitionen Gl. (3) und (4) setzen sinusförmigen Verlauf von B voraus.

51. Anfangspermeabilität[1]**.** Die Permeabilität bei kleinen Feldstärken, im Grenzfall $H = 0$ die „Anfangspermeabilität", wird außerordentlich stark beeinflußt von Remanenz, überlagertem Gleichfeld (Erdfeld), mechanischen Beanspruchungen (Druck, Zug, Biegung) und Alterung, so daß die Messungen nur bei eindeutig definierter Vorbehandlung der Prüflinge reproduzierbar sind. Von praktischem Interesse sind Messungen bis herab zu 10^{-4} A/cm. Sie sind mit Meßkontakt und Spiegelgalvanometer möglich, wenn Störspannungen nach § 102 ausgeschaltet werden[2]. Zur Messung der Scheinpermeabilität μ_s Gl. (50.4) ist die Grundwelle von $H_{(t)}$ zu messen, was vorteilhafterweise nicht an einer Gegeninduktivität, sondern an einem ohmschen Nebenwiderstand erfolgt. (Größere Empfindlichkeit, bessere Ausschaltung der Oberwellen.) Zur Ausschaltung der Oberwellen genügt die Ver-

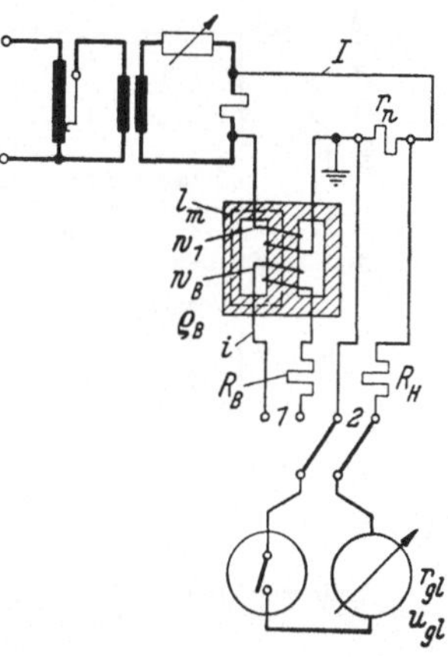

Abb. 92. Messung der Permeabilität bei kleinen Feldstärken („Anfangspermeabilität") mit Meßkontakt und Galvanometer.

wendung von 120/240° Schließzeit ($\varepsilon_1 T_k = 0{,}866$), wenn für sinusförmigen Verlauf $B_{(t)}$ gesorgt wird. Abb. 92 zeigt die Messung an einem nach DIN 41 301 gewählten Blechschnitt (M 42):

$$2\,B_{max} = \frac{R_B + \varrho_B + r_{gl}}{r_{gl}} \ \frac{u_{gl\,max}}{f\,w_B\,q\,\varepsilon_1\,T_k} \ \left[\frac{\text{Vs}}{\text{cm}^2}\right], \qquad (1)$$

$$H_{1\,max} = \frac{\sqrt{2}\,I_{1\,eff}\,w_1}{l_m} \ \left[\frac{\text{A}}{\text{cm}}\right]; \qquad I_{1\,eff} = 2{,}22\,\frac{R_H + r_n + r_{gl}}{r_n\,r_{gl}\,\varepsilon_1\,T_k}\,u_{gl\,max}. \qquad (2)$$

Mißt man B in $\dfrac{\text{Vs}}{\text{cm}^2}$ und H in A/cm, so ist in Gl. (50.2) bzw. (3) die Induktionskonstante $\mu_0 = 1{,}257 \cdot 10^{-8}\,\dfrac{\text{Vs}}{\text{A\,cm}}$ zu setzen. (Bei Verwendung der Einheiten Gauß und Oersted würde $\mu_0 = 1$ zu setzen sein, da $1\,\dfrac{\text{Vs}}{\text{cm}^2} = 10^8$ Gauß und $1\,\dfrac{\text{A}}{\text{cm}} = 1{,}257$ Oersted ist.) Die sekundären Amperewindungen $w_B\,i$ müssen klein sein gegenüber $w_1\,I$. Bei Verwendung einer Gegeninduktivität an Stelle von r_n (Messung von H_{max} und μ

---

[1] JELLINGHAUS, W.: Magn. Messungen an ferromagn. Stoffen. Berlin: Walter de Gruyter 1952.

[2] HOLLEUFER, W.: Metallkundl. Berichte Bd. 25. Berlin: Vlg. Technik 1951.

statt $H_{1\,max}$ und μ_s) gilt statt Gl. (2) die Gl. (50.1) (vgl. § 52). — Abb. 93 zeigt den charakteristischen Verlauf der Permeabilität bei kleinen Feldstärken für verschiedene Eisensorten. Bei gewissen Permalloysorten erreicht man Werte bis $\mu_s \approx 500\,000$.

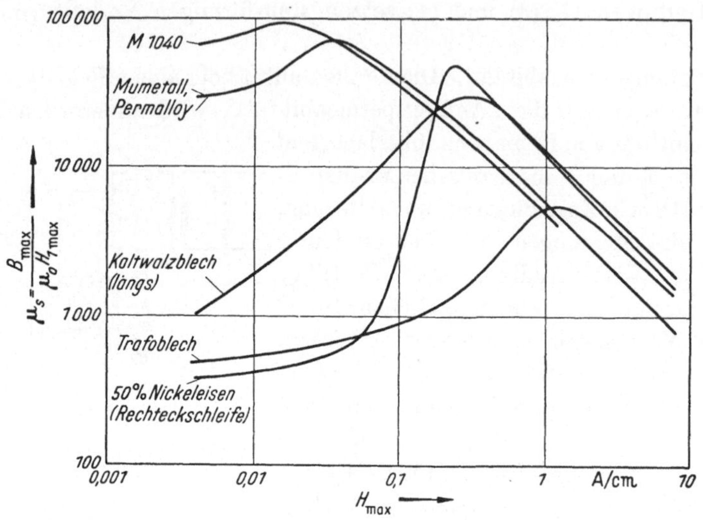

Abb. 93. Verlauf der Permeabilität bei kleinen Feldstärken bei verschiedenen Eisensorten.
(Nach Druckschriften der Vacuumschmelze Hanau.)

52. Dynamische Hystereseschleife. Man kann sie im Kathodenoszillographen sichtbar machen, wenn man ein Plattenpaar proportional mit $I_{(t)}$ ablenkt $\left(H_{(t)} = \dfrac{w_1 I_{(t)}}{l_m}\right)$, das andere proportional mit dem Integral der induzierten Spannung $\left(B_{(t)} = \dfrac{1}{2\,w_B\,q} \int u_B\,dt\right)$; die Integration führt die R/C-Schaltung Abb. 94 aus $\left(R \gg \dfrac{1}{\omega C}\right)$[1].

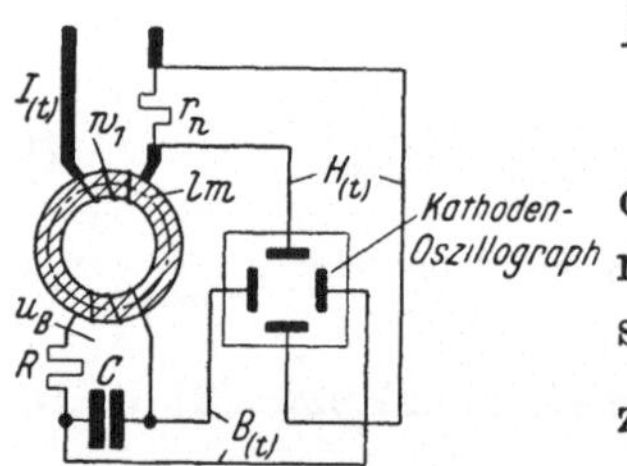

Abb. 94. Aufzeichnung der dynamischen Hystereseschleife im Kathodenoszillographen.

Genaue und empfindliche Messungen der dynamischen Schleife bei Niederfrequenz ermöglicht der Meßkontakt[2]. Da sein Drehspulinstrument integriert, liefert die induzierte Spannung $u_B = w_B\,q\,\dfrac{dB}{dt}$ an einer den Eisenkern q umschließenden Wicklung w_B direkt $B_{(t)}$, die Spannung $u_H = w_H\,q_H\,\mu_0\,\dfrac{dH}{dt}$

an einer Feldmeßspule $w_H\,q_H$ (bzw. an einer Gegeninduktivität) direkt $H_{(t)}$. Durch Ändern der Kontaktphase erhält man also zusammengehörende Wertepaare $B_{(t)}$ und $H_{(t)}$, d. h., wenn $B_{(t)}$ über $H_{(t)}$ aufgetragen wird, die dynamische Schleife.

[1] „Ferrograph", z. B. Förster, Reutlingen/Wttbg. — ATM 1951, J 8345—5.
[2] THAL, W.: ATM (1935) V 951—2.

Mißt man nach Abb. 95a einen Ringkern, so ist nach §§ 47 und 46 $(T_k = 180°,\ \pi\,\varepsilon_0 = 1)$:

$$2\,B_{\left(\tau + \frac{\pi}{2}\right)} = \frac{R_B + \varrho_B + r_{gl}}{r_{gl}}\ \frac{u_{gl(\tau)}}{f\,w_B\,q}\ \left[\frac{\text{Vs}}{\text{cm}^2}\right],\qquad(1)$$

$$2\,H_{\left(\tau + \frac{\pi}{2}\right)} = \frac{R_H + \varrho_H + r_{gl}}{r_{gl}}\ \frac{w_1}{l_m}\ \frac{u_{gl(\tau)}}{f\,M}\ \left[\frac{\text{A}}{\text{cm}}\right].\qquad(2)$$

Man kann (um bei Massenmessungen das Aufbringen der Wicklung w_1 auf den Prüfling zu ersparen) nach Abb. 95b den Ringkern mit *einer* Windung (w_1) und entsprechend großem Strom magnetisieren, für M benutzt man dann eine Toroidspule (§ 33). Hat

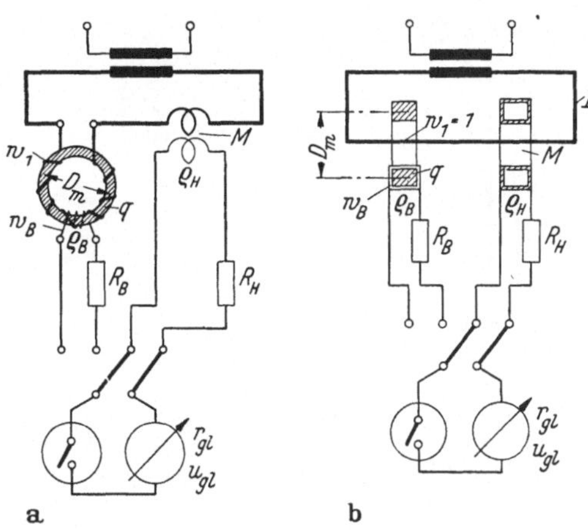

a

b

Abb. 95a u. b. Messung der dynamischen Hystereseschleife von Ringkernen mit dem Meßkontakt.

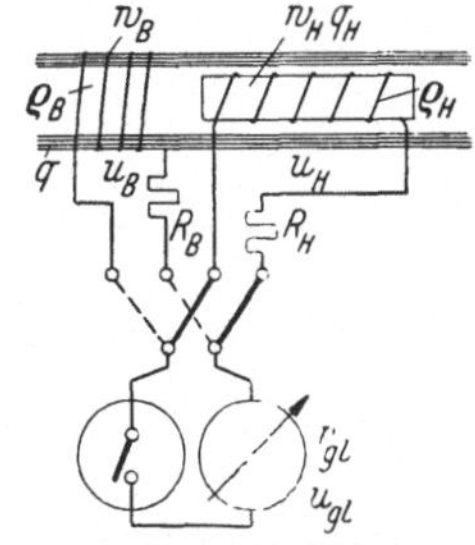

Abb. 96. Messung der dynamischen Hystereseschleife von Blechstreifen mit Feldmeßspule und Meßkontakt.

der Prüfling die Form von Blechstreifen, arbeitet man nach § 49 mit einer Feldmeßspule ($w_H\,q_H$) und erhält mit den Bezeichnungen von Abb. 96 statt Gl. (2)

$$2\,H_{\left(\tau + \frac{\pi}{2}\right)} = \frac{R_H + \varrho_H + r_{gl}}{r_{gl}}\ \frac{u_{gl(\tau)}}{f\,w_H\,q_H\,\mu_0}\ \left[\frac{\text{A}}{\text{cm}}\right].\qquad(2a)$$

Löst man die Gl. (1) bis (2a) nach R_B bzw. R_H auf, kann man dem jeweiligen Prüfling angepaßte Werte R_B bzw. R_H berechnen, die an der Skala des Drehspulinstrumentes bequeme runde Bereiche für B und H ergeben. Die Schließzeit T_k muß besonders bei Proben mit scharfem Sättigungsknie und bei großem B_{max} genau 180° sein (§ 2). Abb. 97 zeigt ein Beispiel für die Fehler (Verrundung der Ecken), die durch Abweichungen der Schließzeit von 180° auftreten. Stellt man die Kontaktphase jeweils auf Maximum von B und H, erhält man die Spitzenkurve (§ 50) und daraus die Permeabilität μ Gl. (50.3).

Die Messung nach Gl. (1) bis (2a) ist nur möglich, wenn die Probe keine Gleichstromvorerregung und keinen remanenten Magnetismus hat, d. h. wenn $B_{(t)}$ und $H_{(t)}$ symmetrisch zur Nullinie sind. Andernfalls muß nach dem Kurzkontaktverfahren (§ 2) gemessen werden, wobei wie in Abb. 94 dem Meßkontakt nicht die Differentiale der Meßgrößen B und H, sondern die Größen selbst zugeführt werden (Abb. 98).

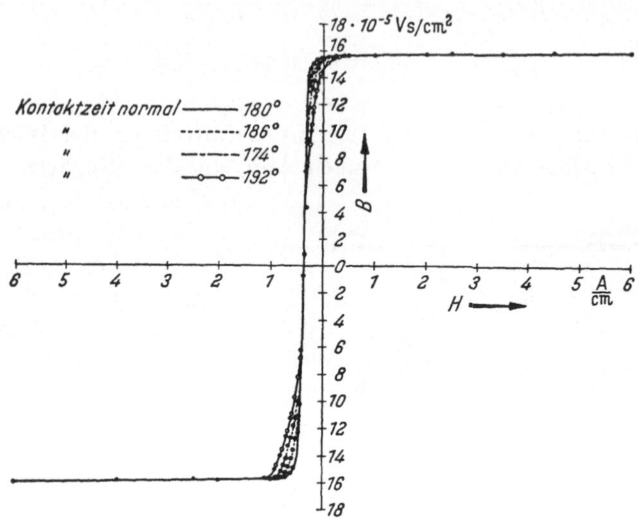

Abb. 97. Durch Schließzeitabweichungen hervorgerufene Fehler bei der Messung der dynamischen Hystereseschleife mit dem Meßkontakt. (Nickeleisen mit Rechteckschleife, Stromkreis mit Vordrossel wie Abb. 71.)

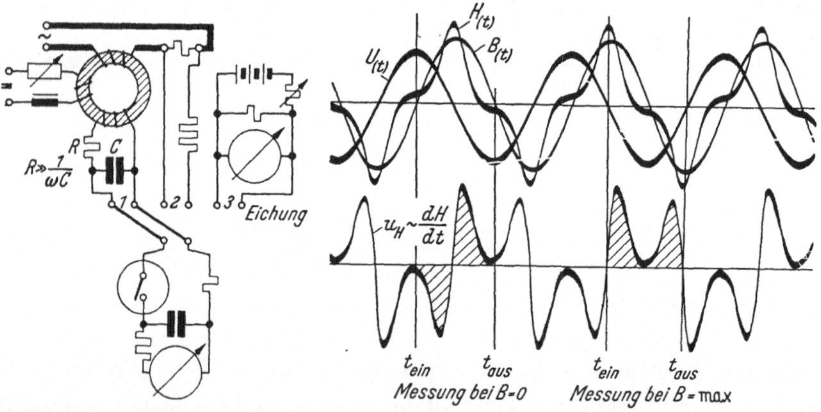

Abb. 98. Speicherverfahren zur Messung der dynamischen Hystereseschleife bei gleichstromvorerregten Kernen. Statt des Speicherverfahrens können auch zwei in Reihe geschaltete Meßkontakte verwendet werden, § 2.

Abb. 99. Zeitlicher Verlauf der Spannung $u_H \sim dH/dt$ an einer Feldmeßspule bei sinusförmigem Induktionsverlauf.

Die dynamische, d. h. bei Wechselstrom gemessene Schleife unterscheidet sich von der statischen, z. B. ballistisch gemessenen[1] durch die

---

[1] JELLINGHAUS, W.: Magn. Messungen an ferromagn. Stoffen. Berlin: Walter de Gruyter 1952.

Wirbelstromverbreiterung. Letztere hängt vom zeitlichen Verlauf $B_{(t)}$ ab, er muß daher bei Schleifenmessungen eindeutig definiert sein, d. h. im allgemeinen, es muß mit sinusförmigem Induktionsverlauf gemessen werden. Bei großen Induktionen ($B_{max} > 15\,000$ Gauß bei Siliziumeisen) läßt sich dies ohne künstliche Mittel nur bei großen Probenquerschnitten und ergiebiger Stromquelle angenähert verwirklichen. Bei großen Induktionen B_{max} schwankt dann die Feldstärke stark mit der speisenden Spannung, genaue Messungen sind daher nur an einer konstanten Stromquelle möglich. Infolge des steilen Anstieges von H mit B_{max} bei großen Induktionen B_{max} wird das Instrument bei der Messung kleiner H-Werte (Koerzitivkraft), wenn sie mit genügendem Instrumentausschlag erfolgen soll, stark überlastet. Um z. B. bei einem Spitzenwert $H_{max} = 100$ A/cm eine Koerzitivkraft 0,5 A/cm noch mit 1/10 des Vollausschlags zu messen, wird die Drehspule entsprechend der schraffierten Fläche in Abb. 99 links, deren Mittelwert angenähert null ist, etwa 20fach überlastet. Wegen der steilen Flanken der Spannung

$$u_H = w_H\, q_H\, \mu_0 \frac{dH}{dt}$$

besteht bei Messungen in der Nähe des Knies der Schleife die Gefahr von Fehlern durch Schließzeitabweichungen von $180°$, wie in Abb. 97 gezeigt wurde. Die Überlastung der Instrumente ist in der Regel thermisch zulässig (§ 93), sie bringt jedoch die Gefahr von Phasenfehlern durch Rähmchenvibration (§ 92) mit sich und erschwert außerdem die Zeigerablesung. Bei hohen Aussteuerungen B_{max} ($> 15\,000$ Gauß bei Siliziumeisen) muß daher der Wechselstromanteil vom Instrument ferngehalten werden, wofür Abb. 101 ein praktisches Beispiel zeigt. Die Mumetalldrossel ($\mu \approx 10\,000$) in Abb. 101 hat beispielsweise nach Gl. (26.1) eine Induktivität

$$L \approx \mu_0\, \mu\, w^2 \frac{q}{l} \approx 1{,}25 \cdot 10^{-8}\, 10^4\, 750^2 \frac{3}{10} \approx 21 \text{ H}\,,$$

also einen Grundwellenwiderstand 6600 Ohm.

53. Direkte Messung der Breite der dynamischen Schleife. Für gewisse Zwecke, z. B. die Verlustbestimmung aus der Schleifenfläche nach § 54, interessiert besonders die Breite ΔH der Schleife als Funktion von B (Abb. 100). Sie kann aus den nach § 52 gemessenen Einzelwerten H_1 und H_2 berechnet werden: $\Delta H = H_1 - H_2$. Bei großen Werten B wird H_1 bzw. H_2 sehr groß im Verhältnis zu ΔH, die Bestimmung von ΔH aus der Differenz also ungenau. Dies läßt sich durch die in § 18 beschriebene direkte Breitenmessung vermeiden[1]. Danach wird zunächst bei geschlossenem Schalter K (Abb. 101) in Stellung 1 durch Schwenken der Phase des Meßkontaktes M_1 ein gewünschter Induktionswert B eingestellt, darauf bei offenem Schalter K die Kontaktphase von M_2 so ein-

---

[1] AEG-Mitt. (1952) Heft 7/8.

geregelt, daß $u_{gl} = 0$ wird ($B_1 = B_2$ in Abb. 100). Es ist dann:

$$\Delta H = \frac{R_H + \varrho_H + r_{gl}}{r_{gl}} \frac{u_{gl}}{f\, w_H\, q_H\, \mu_0} \left[\frac{\mathrm{A}}{\mathrm{cm}}\right] \quad \text{Streifenmessung mit} \atop \text{Feldmeßspule } w_H\, q_H \, , \tag{1}$$

$$\Delta H = \frac{R_H + \varrho_H + r_{gl}}{r_{gl}} \frac{w_1\, u_{gl}}{l_m\, f\, M} \left[\frac{\mathrm{A}}{\mathrm{cm}}\right] \quad \text{Ringmessung mit} \atop \text{Gegeninduktivität } M \, , \tag{1a}$$

$$2\,B = \frac{R_B + \varrho_B + r_{gl}}{r_{gl}} \frac{u_{gl}}{f\, w_B\, q} \left[\frac{\mathrm{Vs}}{\mathrm{cm^2}}\right]. \tag{2}$$

Dabei ist r_{gl} der wirksame Widerstand der in Abb. 101 strichliert eingerahmten Galvanometerschaltung an den Klemmen AB und u_{gl} die

Gleichspannung an den Klemmen AB. Der Meßbereich der in Abb. 101 eingerahmten Schaltung, die den Galvanometerstrom vom Wechselstrom

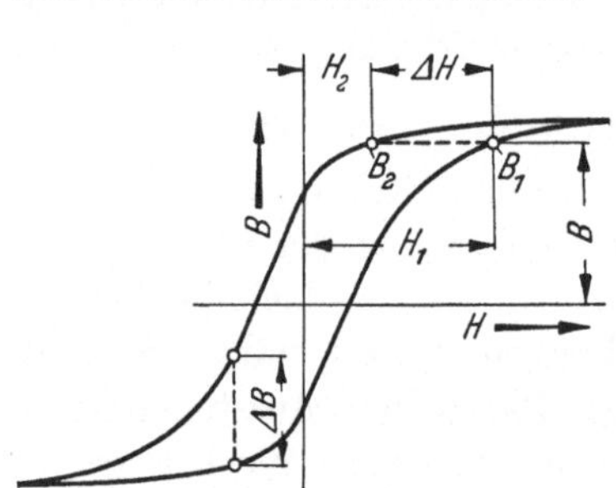

Abb. 100. Zur direkten Messung der Schleifenbreite ΔH bzw. ΔB.

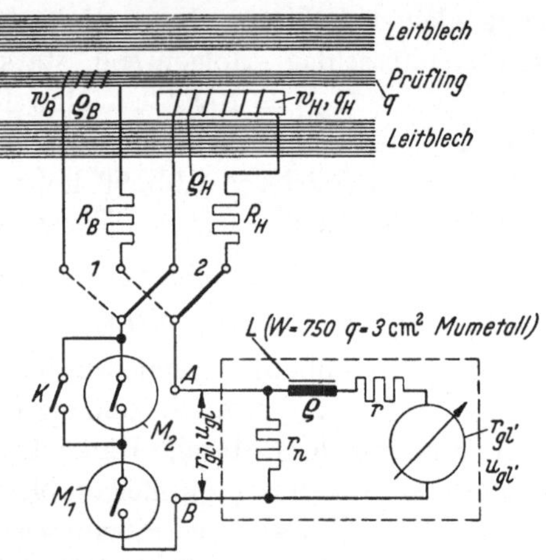

Abb. 101. Direkte Breitenmessung mit zwei in Reihe geschalteten Meßkontakten. Glättung des Instrumentstromes. Probenanordnung (als Beispiel) nach Abb. 90c.

befreit, läßt sich nach § 94 berechnen. Und zwar ist für den Fall $R_H + \varrho_H \gg r_n$ die Schaltung so zu berechnen, als wenn die Induktivität L nicht vorhanden wäre [Gl. (94.1a) und (94.1b)]. Für diesen Fall gilt also:

$$u_{gl} = \frac{\varrho + r + r_{gl}' + r_n}{r_{gl}'}\, u_{gl}' \, ; \qquad r_{gl} = \frac{r_n\,(\varrho + r + r_{gl}')}{r_n + \varrho + r + r_{gl}'}. \tag{3}$$

Man kann die in Abb. 101 eingerahmte Schaltung auch mit einem geeichten Millivoltmeter an den Klemmen AB bei nicht zu großer Induktion B_{max}, bei der noch kein Zeigerschwirren auftritt, empirisch eichen oder kontrollieren.

Man kann statt der Breiten ΔH auch die dazu senkrechten Breiten ΔB der Schleife direkt messen (Abb. 100)[1]. Die ΔB-Messung ist wegen des großen Wertebereiches H, der auszumessen ist, etwas lästiger auszuführen, liefert aber für den Flächeninhalt der Schleifenspitzen bei hohen Induktionen die sichersten Werte. Die ΔH-Messung verlangt bei

---

[1] AEG-Mitt. (1952) Heft 7/8.

hohen Induktionen im Bereich des Maximums der Breitenkurve (B_2 in Abb. 102) konstantes Netz und sehr zuverlässig schaltende Meßkontakte.

Erst durch Anwendung der direkten Breitenmessung wird die Verlustbestimmung aus der Fläche der Schleife auch bei hohen Induktionen zuverlässig (§ 54)[1].

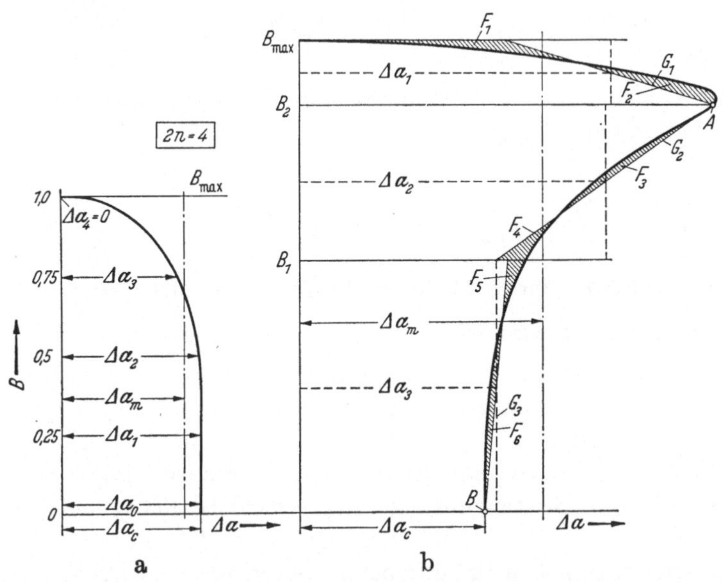

Abb. 102a u. b. Zur Bestimmung der mittleren Schleifenbreite Δa_m; links: Nach SIMPSONscher Regel; rechts: Durch zeichnerische Aufteilung in Trapeze. (Der Index $_H$ ist im Bild bei allen α-Werten der Einfachheit halber fortgelassen).

54. Verlustbestimmung aus der Fläche der dynamischen Schleife. Nach Gl. (18.10) ist, wenn statt des Volumens $l\,q$ das Gewicht $G = s\,l\,q$ eingeführt wird:

$$\frac{N}{G} \equiv V = 2\,\frac{f}{s}\,\Delta H_m\,B_{max} \quad \left[\frac{\text{Watt}}{\text{kg}}\right]. \tag{1}$$

Dabei ist ΔH_m die mittlere Breite der Schleife. Sie ist bei kleinen Induktionen B_{max} (bei denen die Form der Hystereseschleife sich einer Ellipse nähert, Abb. 102a) kleiner als die doppelte Koerzitivkraft (Δa_c in Abb. 102). Bei großen Induktionen B_{max} ist dagegen im oberen Teil der Schleife ΔH und damit im Allgemeinen auch ΔH_m größer als die doppelte Koerzitivkraft (Abb. 102b).

---

[1] Das Verfahren wurde an Ringkernen aus Siliziumeisen, deren Verluste gleichzeitig kalorimetrisch gemessen wurden, geprüft und bis zu Induktionen $B_{max} = $ 19 000 Gauß mit einer Unsicherheit von wenig mehr als $\pm 1\%$ in Übereinstimmung mit der kalorimetrischen Messung gefunden. Bis $B_{max} = 15000$ G wurde es auch von der PTB geprüft. Vgl. ferner M. A. RICHARD, Rev. Gen. De L'Elektricité (1954) S. 715/21.

Man kann Gl. (1) so umformen, daß statt B_{max} und ΔH_m die zugehörigen Instrumentausschläge $\alpha_{B\,max}$ und $\Delta\alpha_{H\,m}$ erscheinen. Dazu setzt man Gl. (52.1) bzw. (52.2a) und (52.2) unter Berücksichtigung von $G = s\,l\,q$ in Gl. (1) ein und erhält, wenn $u_{gl} = c\,\alpha$ gesetzt wird: (c Empfindlichkeit des Drehspulinstrumentes in V/Sktl):

$$V = \frac{1}{G/l}\,\frac{(R_B + \varrho_B + r_{gl})\,(R_H + \varrho_H + r_{gl})}{r_{gl}^2\,f\,w_B\,w_H\,q_H\,\mu_0}\,c^2\,\frac{\Delta\alpha_{Hm}}{2}\,\alpha_{B\,max}\quad\left[\frac{\text{Watt}}{\text{kg}}\right]\qquad(2)$$

oder bei Ringkernen mit Feldmessung über eine Gegeninduktivität $\left(M = \dfrac{w_1\,w_H\,q_H\,\mu_0}{l},\;\;\S\,46\right)$:

$$V = \frac{1}{G}\,\frac{(R_B + \varrho_B + r_{gl})\,(R_H + \varrho_H + r_{gl})}{r_{gl}^2\,f\,M}\,\frac{w_1}{w_B}\,c^2\,\frac{\Delta\alpha_{Hm}}{2}\,\alpha_{B\,max}\quad\left[\frac{\text{Watt}}{\text{kg}}\right].\qquad(2a)$$

Wenn die Breite der Schleife direkt mit zwei Meßkontakten (nach Abb. 101) gemessen wird, ist in Gl. (2) und (2a) an die Stelle von $\dfrac{\Delta\alpha_{Hm}}{2}$ der mittlere Instrumentausschlag α_{Hm} selbst einzusetzen, vgl. Gl. (18.13).[1]

Die Ermittlung von $\Delta\alpha_{Hm}$ bzw. α_{Hm} aus den nach § 52 oder § 53 gemessenen Werten $\alpha_H = f(B)$ kann mit dem Planimeter erfolgen (Genauigkeit $\pm\,1\%$)[2]. Man trägt dazu für die halbe Schleife $\Delta\alpha_H = \alpha_{H1} - \alpha_{H2}$ [bei der direkten Breitenmessung entsprechend Gl. (53.1) und (1a) einfach α_H] wie in Abb. 102 auf. Solange $\Delta\alpha_H = f(B)$ keine Spitze aufweist, sondern zu hohen Induktionen monoton abnimmt (Abb. 101a), ist statt des Planimeters die SIMPSONsche Regel bequem anwendbar ($2\,n =$ Zahl der Streifen $=$ gerade Zahl!):

$$\Delta\alpha_m = \frac{0,5\,\Delta\alpha_0 + 2\,\Delta\alpha_1 + \Delta\alpha_2 + 2\,\Delta\alpha_3 + \cdots + 0,5\,\Delta\alpha_{2n}}{3\,n}.\qquad(3)$$

Man kann, besonders bei Breitenkurven wie Abb. 101b, auch das folgende zeichnerische Verfahren anwenden, das recht genau ist: Man legt (mit einem durchsichtigen Lineal) durch den (beliebigen) Punkt A zwei Geraden G_1 und G_2 und durch den Punkt B eine Gerade G_3 derart, daß (nach Augenmaß) die Flächen $F_1 = F_2$; $F_3 = F_4$; $F_5 = F_6$ werden. Es ist dann, wenn $\Delta\alpha_1$, $\Delta\alpha_2$, $\Delta\alpha_3$ die mittleren Breiten der drei durch G_1, G_2 und G_3 begrenzten Trapeze sind:

$$\Delta\alpha_m = \frac{(B_{max} - B_2)\,\Delta\alpha_1 + (B_2 - B_1)\,\Delta\alpha_2 + B_1\,\Delta\alpha_3}{B_{max}}.\qquad(4)$$

Man kann, wenn man viele Blechproben ähnlicher Qualität (d. h. ähnlicher Breitenkurven) zu messen hat, auch empirische Formeln für die mittlere Breite $\Delta\alpha_m$ aufstellen. Beispielsweise gilt für Dynamo- und Trafoblech bei $B_{max} = 15\,000$ Gauß, wenn $\Delta\alpha_4$, $\Delta\alpha_{10}$ und $\Delta\alpha_{13}$ die Breiten

---

[1] Einfluß der Instrumentkonstanten c: vgl. § 97.
[2] Bequemer ist ein Integrimeter, z. B. von A. Ott, Kempten (Bayern).

bei 4000, 10 000 und 13 000 Gauß bedeuten:

$$\Delta\alpha_m \approx \frac{\alpha_4 + 1{,}5\,\alpha_{10} + 0{,}4\,\alpha_{13}}{3} \tag{5}$$

und entsprechend bei $B_{max} = 10\,000$ Gauß:

$$\Delta\alpha_m \approx \frac{0{,}94\,\alpha_2 + 1{,}02\,\alpha_8}{2}\,. \tag{5a}$$

Man braucht zur Anwendung dieser Formeln nur drei bzw. zwei Punkte zu messen, was bei Massenmessungen von Vorteil ist.

Die Bestimmung der mittleren Breite aus den Meßpunkten ist so einfach, daß der dafür notwendige Zeitaufwand gegenüber der Messung selbst bzw. gegenüber ihrer Vorbereitung nicht ins Gewicht fällt. Zur Zeichnung der Breitenkurve $\Delta H = f(B)$ (deren Form in Abhängigkeit von B_{max} gewisse Rückschlüsse auf die Heranziehung der magnetisch weichen und magnetisch härteren Bereiche zur Magnetisierung des Blechs zuläßt), kann man sich je nach der Maximalinduktion und je nach der gewünschten Genauigkeit auf $2 \cdots 10$ Punkte beschränken. Fehler der einzelnen Meßpunkte heben sich bei der Zeichnung und Mittelwertbildung zum Teil heraus.

Wenn $\Delta H = f(B)$ richtig gemessen wird, ist die Verlustbestimmung aus der Fläche der Schleife das zuverlässigste Verfahren zur Verlustbestimmung. Zu beachten ist, daß man den zeitlichen Verlauf $B_{(t)}$ zu kontrollieren hat, was einfach durch Schwenken der Kontaktphase bei der B-Messung erfolgt (Tab. 2, S. 9). Weicht er von der Sinusform ab, werden (im Gegensatz zum Grundwellenmeßverfahren § 57) die Verluste bei dem betreffenden zeitlichen Verlauf von B richtig gemessen. Sie sind, um die für Sinusform definierte „Verlustzahl" zu erhalten, lediglich auf Sinusform zu reduzieren, was § 55 beschreibt.

55. Reduktion der Verluste auf Sinusform. Aus den in § 48 genannten Gründen ist es bei hohen Maximalinduktionen schwer, sinusförmigen Induktionsverlauf zu erreichen. Am besten gelingt es mit großen Probenquerschnitten. Letztere sind aber unbequem und erfordern, auch wenn sie nur als Leitpakete nach Abb. 90c benutzt werden, große Magnetisierungsscheinleistung. Aus diesen Gründen ist es manchmal das Einfachste, sich mit der unvermeidbaren Spannungsverzerrung abzufinden und die Verluste mit Hilfe von Messungen bei künstlich weiterverzerrter bzw. entzerrter Spannung auf Sinusform zu extrapolieren[1]. Nimmt man an, daß die Eisenverluste V' einen Anteil V_H (Hysterese) enthalten, der unabhängig von der Kurvenform der Spannung ist, und einen Anteil V'_W (Wirbelströme), der mit dem Quadrat des Effektivwertes der Spannung anwächst (dies wäre exakt der Fall, wenn ein konstanter „Widerstand"

---

[1] NEUMANN u. PFAFFENBERGER: Arch. f. Elektrotechn. Bd. 27 (1933) S. 291; KOPPELMANN: AEG-Mitt. (1952) H. 7/8; MARDUS: ETZ A (1953) H. 15.

der Wirbelstrombahnen existierte), so wird (Abb. 103):

$$V' = V_H + V_W \left(\frac{f_e}{1,11}\right)^2. \tag{1}$$

Dabei ist f_e der Formfaktor der Spannung u_B. Für Sinusform ist $f_e = 1,11$, V_W in Gl. (1) sind also die Wirbelstromverluste bei Sinusform.

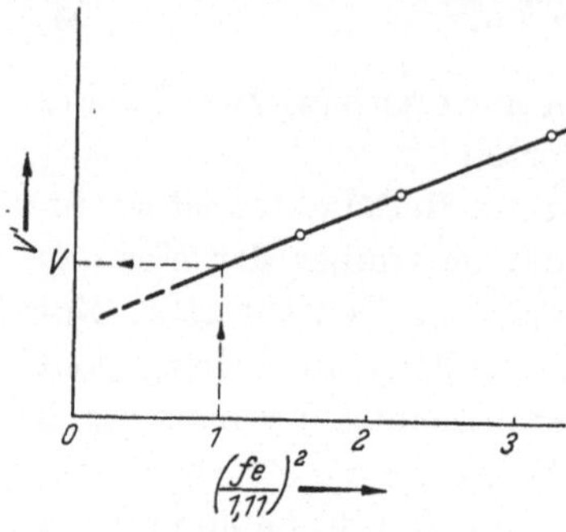

Abb. 103. Reduktion der Verlustmessungen auf Sinusform durch Formfaktorvariation.

Nach Gl. (1) ist $V' = f\left[\left(\frac{f_e}{1,11}\right)^2\right]$ eine Gerade, die bei $\frac{f_e}{1,11} = 1$ die auf Sinusform reduzierten Verluste V darstellt. Die zusätzliche Verzerrung erfolgt in einfacher Weise durch Einschalten einer Drossel oder eines Widerstandes in den Magnetisierungsstromkreis (Dr in Abb. 104a)[1].

Der Formfaktor $f_e = \dfrac{u_{B\,eff}}{u_{B\,m}}$ läßt sich nach § 6 (Abb. 6) recht genau messen. Eine

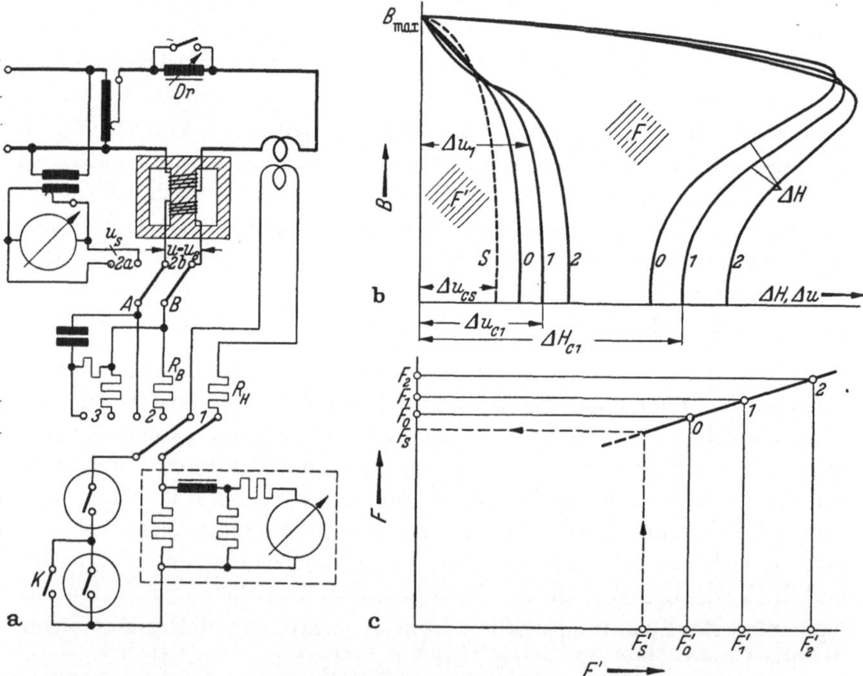

Abb. 104a—c. Reduktion der Verlustmessungen auf Sinusform durch Formfaktorvariation. Messung des Formfaktors durch Messung des Effektivwertes der Spannung u_B nach Abb. 35 u. 36.

---

[1] Durch Vorschalten von Eisendrosseln kann man in gewissen Fällen den Verlauf $B = f(t)$ auch entzerren, d. h. der Sinusform näher bringen oder sie sogar überschreiten. Bei Prüflingen aus Siliziumeisen gelingt letzteres beispielsweise durch Vorschalten von Eisennickeldrosseln geeigneter Abmessungen.

andere Möglichkeit der Formfaktor- bzw. Effektivwertmessung (die weniger apparativen Aufwand aber etwas mehr Aufwand für die Auswertung verlangt) wurde in Abb. 35 angegeben. Man ermittelt dazu in Stellung 3 der Schaltung Abb. 104a über eine Differenzierschaltung in ähnlicher Weise, wie in Stellung 1 die Breite $\Delta H = f(B)$ gemessen wird, auch $\Delta u = f(B)$. Dann ist nach Gl. (18,11) die Fläche F' (Abb. 104b) ein Maß für u_{Beff}^2, also bei gegebenem B_{max}, d. h. gegebenem Mittelwert u_{Bm} der Spannung, ein Maß für f_e^2. Trägt man die Verlustflächen F_0, F_1, F_2 bei verschiedenen Verzerrungen über den zugehörigen Spannungsflächen F'_0, F'_1, F'_2 auf (Abb. 104c), so ergibt sich die gleiche Gerade wie in Abb. 103. Legt man in Stellung 2a an die Klemmen AB statt u eine *sinusförmige* Spannung u_s von gleichem Mittelwert wie u, so kann man in Stellung 3 die zur Sinusform gehörende Fläche F'_s messen[1], aus dem Diagramm Abb. 104c folgt dann durch Extrapolation die auf Sinusform reduzierte Verlustfläche F_s und daraus die mittlere Schleifenbreite ΔH_m und die Verlustzahl V bei Sinusform.

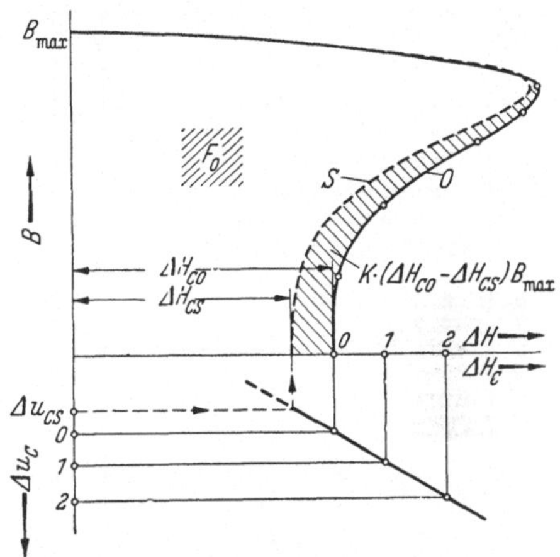

Abb. 105. Angenäherte Reduktion der Verlustmessungen auf Sinusform durch Reduktion der dynamischen Koerzitivkraft ΔH_{c_0} auf Sinusform.

Für manche praktischen Zwecke genügt es, nur die dynamische Koerzitivkraft ΔH_c ($\equiv \Delta H$ für $B = 0$) auf Sinusform zu reduzieren und den übrigen Verlauf der Breitenkurve $\Delta H = f(B)$ zu schätzen (Abb. 105). Setzt man:

$$V = V_0 \frac{F_0 - K(\Delta H_{c\,0} - \Delta H_{c\,s})\,B_{max}}{F_0}. \tag{2}$$

(V = Verlustzahl bei Sinusform; V_0 = Verlustzahl ohne künstliche Verzerrung, aber nicht ganz sinusförmig), so muß $K < 1$ sein, da erfahrungsgemäß die Wirbelstromverbreiterung der Schleife im Mittel kleiner ist als bei $B = 0$[2]. Messungen an verschiedenen Trafo- und Dynamoblechen bei $B_{max} = 10 \cdots 18\,000$ Gauß ergaben bei verschiedener Art der Verzerrung (Drossel, Widerstand) für K Werte zwischen 0,7 und 0,9. Diese

---

[1] Aus den Daten der Differenzierschaltung (Stellung 3 in Abb. 104a) kann Δu_s bzw. F'_s auch berechnet werden (Tab. 19 D, S. 201). — Man kann auch B_{max} soweit (z. B. auf die Hälfte) verringern, daß $u_{(t)}$ sinusförmig wird und den dann gemessenen Wert Δu entsprechend der Absenkung von B_{max} vergrößern.

[2] Bei konstantem Widerstand der Wirbelstrombahnen würde die schraffierte Fläche in Abb. 105 angenähert eine halbe Ellipse, also $K = \dfrac{\pi}{4} = 0{,}785$ sein.

Unsicherheit bedeutet, da sie nur in ein Korrekturglied eingeht, das etwa 10% ausmacht ($V/V_0 \approx 0{,}9$), eine Unsicherheit von nur wenigen Prozenten. Den Sinuswert Δu_{cs} mißt man durch Anlegen einer sinusförmigen Spannung u_s, die gleichen Mittelwert wie u_B hat (Abb. 104a). Δu_{cs} wird ebenso wie Δu_{c0}, Δu_{c1} usw. an der Stelle $B = 0$ gemessen und, wie in Abb. 105 angedeutet, gegen ΔH_{c0}, ΔH_{c1} usw. aufgetragen.

Das beschriebene Verfahren (Abb. 104) ist auch zur Reduktion der Leerlaufverluste großer Umspanner geeignet, wenn (beispielsweise im Prüffeld) die Speisespannung durch den Leerlaufstrom verzerrt wird.

56. Trennung von Hysterese- und Wirbelstromverlust.

Extrapoliert man in Abb. 103 die Verlustgerade bis $\dfrac{f_e}{1{,}11} = 0$, so schneidet sie nach Gl. (55.1) auf der Ordinatenachse den Hystereseverlustanteil ab. Es ist aber zweifelhaft, ob der Ansatz Gl. (55.1) so weit extrapoliert werden darf, da die Theorie der Wirbelströme in Eisenblechen keinen konstanten „Wirbelstromwiderstand", wie er bei Gl. (55.1) vorausgesetzt ist, ergibt[1]. Der gleiche Vorbehalt ist auch gegenüber der üblichen Verlusttrennung durch Frequenzvariation zu machen, bei der man, (wenn Nachwirkungsverluste nicht in Frage kommen) mit einer Verlustformel:

$$V = V_H \frac{f}{50} + V_W \left(\frac{f}{50}\right)^2 \qquad (1)$$

rechnet[2], die ebenfalls konstanten Wirbelstromwiderstand voraussetzt.

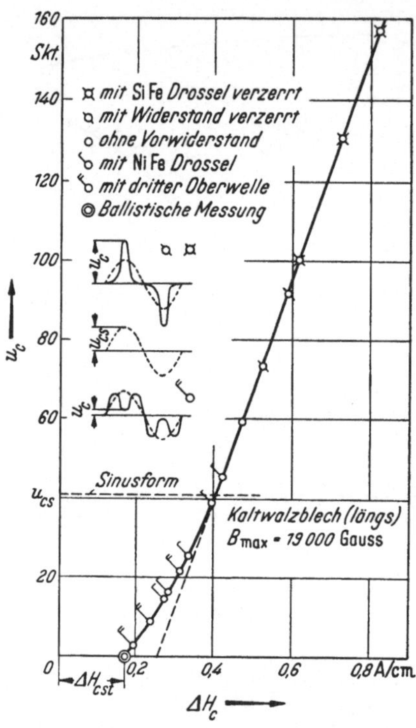

Abb. 106. Zur Prüfung der Verlustreduktion auf Sinusform: Dynamische Koerzitivkraft ΔH_c als Funktion des Augenblickswertes u_c der Spannung (ΔH_{cst} = ballistisch gemessene statische Koerzitivkraft).

Zur Prüfung der Berechtigung der in § 55 angewendeten Extrapolation auf Sinusform wurden Messungen der Schleifenbreite ΔH_c an Siliziumeisen ausgeführt[3]. Und zwar wurde der Augenblickswert u_c der Spannung im

---

[1] EMDE, F.: E u. M (1908) S. 702 und 726; KÜPFMÜLLER: Theoret. Elektrotechn. S. 231. Springer 1941; OLMANN, W.: Frequenzgang d. Wirbelstromeinflusses bei Übertragerblechen. Z. f. techn. Physik (1929) Nr. 12 S. 595/98.

[2] JELLINGHAUS, W.: Magn. Messungen S. 144/146. Berlin: Walter de Gruyter 1952.

[3] Zusammen mit P. C. HERMANN und G. KOPPELMANN.

Zeitpunkt $B = 0$ gegenüber der Sinusform sowohl erhöht (durch Widerstand oder SiFe-Drossel in Abb. 104a) als auch bis nahe null vermindert
(durch NiFe-Drossel bzw. durch Überlagerung einer dritten Spannungs-
Oberwelle). Außerdem wurde (ballistisch) die statische Breite ΔH_{cst} gemessen. Es ergab sich eine Abhängigkeit $\Delta H_c = f(u_c)$, die oberhalb von
u_{cs} auffällig genau linear war, unterhalb von u_{cs} dagegen mit einer
Krümmung auf den statischen Wert ΔH_{cst} zielte (Abb. 106). Ähnliche
Kurven ergaben sich auch, wenn statt bei $B = 0$ bei $B > 0$ gemessen
wurde, ein Zeichen dafür, daß die Wirbelstromverbreiterung der
Schleifen nicht unter Annahme eines konstanten Widerstandes der
Wirbelstrombahnen berechnet werden kann. Zur Extrapolation der verzerrten Wechselstrommessungen auf Sinusform ist der Ansatz Gl. (55.1)
aber genau genug.

57. Verlustmessung aus Grund- und Oberwellen. Bei sinusförmiger
Spannung U_B sind die Eisenverluste nach § 19 ($U_{Beff} =$ Leerlaufspan-
nung der Wicklung w_B):

$$N_1 = \frac{w_1}{w_B} U_{Beff} I_{1eff} \cos \varphi_1 . \tag{1}$$

U_{Beff} muß dabei, damit die primären Wicklungs-
verluste ausgeschieden werden, an einer besonderen
Wicklung (w_B in Abb. 107) gemessen werden, die
den gleichen Fluß umfaßt wie w_1. Der Wirkstrom
$I_{1eff} \cos \varphi_1$ wird nach § 13 an einem fehlwinkelfreien
Nebenwiderstand gemessen. Je nach der Höhe der
Induktion werden dabei die Oberwellen allein durch
eine Schließzeit von $120/240°$ oder durch Doppelbzw. Vierfachmessung ausgeschaltet. Wird nach
Abb. 107 mit einem in „U_{eff}" und „I_{eff}" geeichten

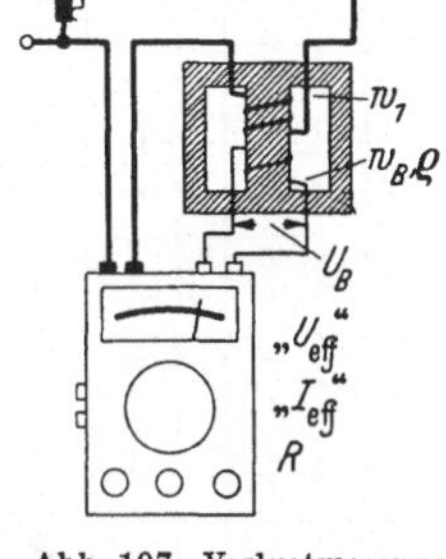
Abb. 107. Verlustmessung aus der mit dem Vektor-messer ermittelten Grund-welle des Magnetisierungs-stromes.

Vektormesser gemessen, so ist statt Gl. (1): ($R =$ Widerstand des Span-
nungsmeßbereichs „U_{eff}")

$$N_1 = k \frac{w_1}{w_B} \frac{R + \varrho}{R} \, „U_{eff}" \, „I_{eff} \cos \varphi" , \tag{1a}$$

Einfachmessung ($T_k = 120/240°$):

$$k = \frac{1}{0,866 \cdot 0,866} = 1,333 = \frac{4}{3} ,$$

Doppelmessung (des Stromes) ($T_k = 120/240°$):

$$k = \frac{1}{0,866 \cdot 0,866 \cdot 0,951} = 1,402 ,$$

Vierfachmessung (des Stromes) ($T_k = 154,3/205,7°$):

$$k = \frac{1}{0,975 \cdot 0,975 \cdot 0,866 \cdot 0,951} = 1,277 .$$

Bei Streifenmessungen mit Feldmeßspule entspricht letztere einer Gegeninduktivität, hebt also gegenüber der Ohmschen Messung, die bei Ringen oder Kernen (Abb. 107) möglich ist, die Oberwellen um einen der Ordnungszahl n entsprechenden Faktor an, so daß ihrer Ausschaltung erhöhte Aufmerksamkeit gewidmet werden muß. Zwischen der mittleren Breite ΔH_m der Schleife, der Koerzitivkraft H_c und der Wirkkomponente $H_{1\,eff} \cos \varphi_1$ besteht, da die Fläche der Schleife für sinusförmiges $B_{(t)}$ und $H_{(t)}$ eine Ellipse darstellt, folgende Beziehung:

$$\Delta H_m = \frac{\pi}{4}\, 2\, H_c = \frac{\pi}{2}\, \sqrt{2}\, H_{1\,eff} \cos \varphi_1 \,. \tag{2}$$

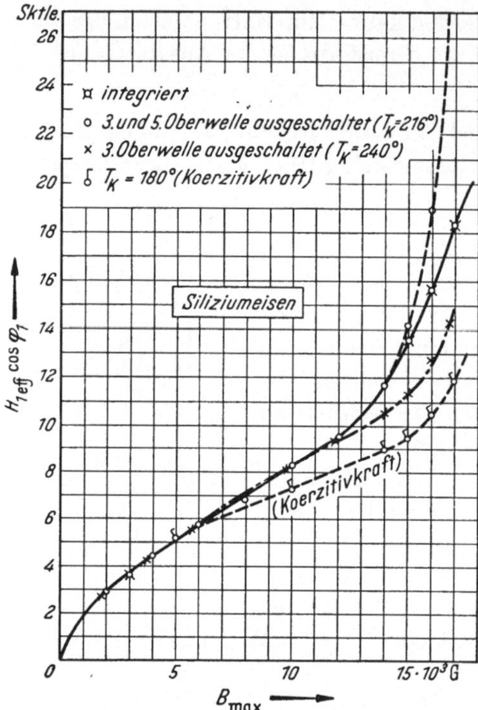

Abb 108. Beispiel für die fortschreitende Annäherung verschiedener Meßverfahren an die integrierte Messung. (Siliziumeisen, $V_{10} \approx 1,5$ W/kg, Messung mit Feldmeßspule). Die Induktion war oberhalb von $B_{max} \approx 11000$ G nicht mehr sinusförmig, das Grundwellenverfahren lieferte hier also entsprechend Gl. (4) zu hohe Eisenverluste.

Damit wird aus Gl. (54.1):

$$\frac{N_1}{G} = \pi\, \frac{f}{s}\, \sqrt{2}\, H_{1\,eff} \cos \varphi_1\, B_{max} \,. \tag{3}$$

$\sqrt{2}\, H_{1\,eff} \cos \varphi_1$ ist dabei der Scheitelwert der mit der Spannung phasengleichen Grundwellenkomponente, er wird nach den Formeln Gl. (52.2a) bzw. (52.2) und nach den Grundwellenverfahren § 112 gemessen. Abb. 108 gibt einen Überblick über den Einfluß der Oberwellen auf die Grundwellenmessung bei Streifenmessungen mit Feldmeßspule (Siliziumeisen, vgl. auch Tab. 6 S. 35).

Das Grundwellenverfahren darf auch bei genügender Ausschaltung der Oberwellen der Feldstärke bzw. des Stromes *nur mit Vorsicht angewendet werden.* Denn schon verhältnismäßig kleine Verzerrungen der Spannung U_B können große Fehler zur Folge haben. Das hat folgende Ursache: Eine sinusförmige Klemmenspannung U_1 kann den Leistungsverlust der Stromoberwellen im Widerstand r_i der Magnetisierungswicklung nicht decken [Gl. (17.9)]. Bei $r_i = 0$ und verlustlosem Eisenkern würde die Grundwelle I_1 gegenüber U_1 um genau 90° verschoben sein. Bei $r_i > 0$ tritt eine Wirkkomponente $I_{1\,eff} \cos \varphi_1$ auf, die nicht nur den Leistungsverlust $r_i\, I_{1\,eff}^2$, sondern auch den Leistungsverlust der Oberwellen an r_i deckt, d. h. der Eisenkern wirkt als Frequenzwandler. Es wird ihm eine Grundwellenleistung $\Delta N_1 = r_i \sum\limits_{n>1} I_{n\,eff}^2$ zugeführt, die *nicht im Eisen verbraucht*, sondern als Oberwellenleistung an den Widerstand r_i zurückgeliefert wird. Bei der Messung der Eisenverluste nach Gl.(1) bzw.(3) werden letztere also um den Bruchteil $\dfrac{\Delta N_1}{N_1} = \dfrac{r_i}{N_1} \sum\limits_{n>1} I_{n\,eff}^2$ zu groß gemessen. Dieser Fehler tritt neben der Erhöhung der Eisenverluste durch Verzerrung der Spannung, d. h. durch erhöhte Wirbelströme, zusätzlich auf und kann ein Vielfaches von letzterer sein. Ist D der Innendurchmesser, δ der Wicklungsauftrag, w_1 die Windungszahl und l die Länge der (kreisförmigen) Magnetisierungsspule, so wird:

$$\frac{\Delta N_1}{N_1} = \frac{r_i}{N_1} \sum_{n>1} I_{n\,eff}^2 = \frac{\pi \varrho \, w_1^2}{f_{Cu}\, l}\left(1 + \frac{D}{\delta}\right)\left(\frac{l}{w_1} H_{1\,eff}\right)^2 \frac{1}{s\, l\, q\, V} \sum_{n>1} \frac{I_{n\,eff}^2}{I_{1\,eff}}$$

$$= \frac{\pi \varrho}{s\, f_{Cu}}\left(1 + \frac{D}{\delta}\right)\frac{H_{1\,eff}^2}{q\, V} \sum_{n>1} \left(\frac{I_{n\,eff}}{I_{1\,eff}}\right)^2 . \tag{4}$$

$\varrho =$ spez. Widerstand des Wicklungskupfers der Magnetisierungswicklung ($\varrho_{Cu} = 2 \cdot 10^{-6}$); $s =$ spez. Gewicht des Prüflings ($7{,}8 \cdot 10^{-3}$ bei Eisen); $f_{Cu} =$ Füllfaktor der Magnetisierungswicklung; $V =$ Verlustzahl, $q =$ Eisenquerschnitt. Für Siliziumblech ist beispielsweise bei $B_{max} = 1{,}5 \cdot 10^{-4}\,\dfrac{V_s}{cm^2}$ (15 000 Gauß) die Feldstärke $H_{1\,eff} \approx 20\,\dfrac{A}{cm}$ und $\sum\limits_{n>1} \left(\dfrac{I_{n\,eff}}{I_{1\,eff}}\right)^2 \approx 0{,}6^2 + 02^2, + 0{,}1^2 \approx 0{,}4$. Bei $V_{15} = 3\,\dfrac{Watt}{kg}$, $q = 10\ cm^2$, $f_{Cu} = 0{,}4$, $\dfrac{D}{\delta} = 10$ wird also $\dfrac{\Delta N_1}{N_1} \approx 0{,}12$.

Bei den in Abb. 108 wiedergegebenen Messungen betrug der in (4) berechnete Fehler bei 16 800 G etwa $\dfrac{\Delta N_1}{N_1} = 0{,}30$[1]. Die oberste mit $T_k = 216°$ gemessene Kurve in Abb. 108 war noch um etwa 6%, d. h. um den Fehler der nicht ganz ausgeschalteten siebten Oberwelle zu groß, so daß für die tatsächliche Grundwellenkomponente bei 16 800 G etwa 27(1—0,06) = 25,4 Sktle anzunehmen sind. Vermindert man diesen Wert um den oben genannten Fehler durch Spannungsverzerrung, so erhält man für den auf die Eisenverluste entfallenden Anteil der Wirkkomponente 25,4 (1—0,30) = 17,8 Sktle, was etwa mit der ausgezogenen Kurve in Abb. 108 übereinstimmt; letztere gibt den aus der Schleifenintegration rückwärts errechneten, die Eisenverluste deckenden Anteil der Wirkkomponente an.

---

[1] Vgl.: „Die Meßtechnik des mech. Präzisionsgleichrichters", AEG-Eigenverlag (1948), Seite 153. — Die in Abb. 108 mit $T_k = 216°$ angeführte Messung ist nicht die Doppelmessung, sondern ein ähnliches, älteres Grundwellenverfahren, vgl. ETZ (1949), S. 125/29.

Andere Schwierigkeiten der Grundwellenmessung liegen darin, daß bei großem B_{max} die Phasenverschiebung φ_1 sehr groß wird (Tab. 12) und außerdem die Oberwellen, die aus der Messung auszuschalten sind, die Größenordnung der Grundwelle selbst erreichen. Praktisch kann man ohne besondere Vorkehrungen die Eisenverluste bei sinusförmigem Netz und reichlich bemessenem Regelumspanner, kräftiger Magnetisierungswicklung und nicht zu kleinem Eisenquerschnitt bis etwa $B_{max} = 12\,000$ Gauß (Siliziumeisen) mit einer Unsicherheit von vielleicht $\pm 2\%$ nach dem Grundwellenverfahren (Doppelmessung) ermitteln. Bei höheren Werten B_{max} müssen besondere Vorkehrungen getroffen werden, um die Fehler des Grundwellenverfahrens zu vermeiden (§ 58). Ist $B_{(t)}$ bzw. $U_{B(t)}$ so weitgehend sinusförmig, daß der in Gl. (4) berechnete Fehler verschwindet, ist eine Reduzierung der gemessenen Verluste auf Sinusform (§ 55) nicht mehr erforderlich.

Tabelle 12. *Phasenverschiebung* $\cos \varphi_1$ *der Grundwelle des Magnetisierungsstromes gegenüber der Spannung bei verschiedenen Eisensorten und Induktionen.*

	$\cos \varphi_1$ bei $B_{max} =$		
	10 000 G	15 000 G	17 000 G
Dynamoblech längs	0,45	0,135	0,030
Dynamoblech quer	0,45	0,070	0,020
Trafoblech	0,30	0,015	0,005

58. Eisenmeßgeräte. Im EPSTEIN-Apparat, der seit Jahrzehnten als Meßgerät für Dynamo- und Transformatorenblech Anwendung findet, wird an einer aus vier Blechstäben zusammengesetzten Streifenprobe ($30 \times 30 \times 500$ mm, 10 kg; im Ausland auch kleinere Abmessungen) mit einem Dynamometer die Verlustleistung N gemessen[1]. Die Induktion B_{max} wird dabei nach Gl. (47.6) mit einem Effektivwertmesser (Dreheisen) ermittelt. Letzteres ist durch die Möglichkeit, B_{max} und $B_{(t)}$ ohne Beeinflussung durch den Formfaktor mit einem Gleichrichterinstrument, insbesondere sehr genau mit dem Meßkontakt zu messen (§ 47), meßtechnisch überholt. Weitere Mängel des EPSTEIN-Verfahrens sind: Ungleichmäßige Magnetisierung der Stäbe über ihre Länge, Einfluß des Drucks, mit dem die Stäbe gebündelt werden, undefinierte Verluste in den vier Stoßstellen und großer Schnittkanteneinfluß[2]. Für Eisennickellegierungen ist das Verfahren wegen zu großem Materialverbrauch und zu kleiner Wattmeterausschläge ungeeignet. Die Magnetisierbarkeit kann nur ballistisch (mit der ungenauen Feldmeßspule Abb. 90a) mit Gleichstrom gemessen werden; die Messung der dynami-

---

[1] GUMLICH, E. u. G. ROGOWSKI: ETZ (1912) S. 262.

[2] Z. f. Elektrotechn. Bd. 1 (1948) S. 13/18 und 23/28.

schen Schleife ist nicht möglich. Mit wachsender Induktion ($B_{max} > 15\,000$ Gauß) werden die Fehler des EPSTEIN-Apparates unkontrollierbar[1].

Thermische Verlustmeßverfahren[2] haben bislang keine praktische Bedeutung erlangt, Brückenverfahren[3] eignen sich wie das in §57 beschriebene Grundwellenverfahren nur für den Bereich kleiner Induktionen. Ein interessantes Eisenblech-Prüfgerät, bei dem die Feldstärke an der Oberfläche eines einzelnen Blechstreifens

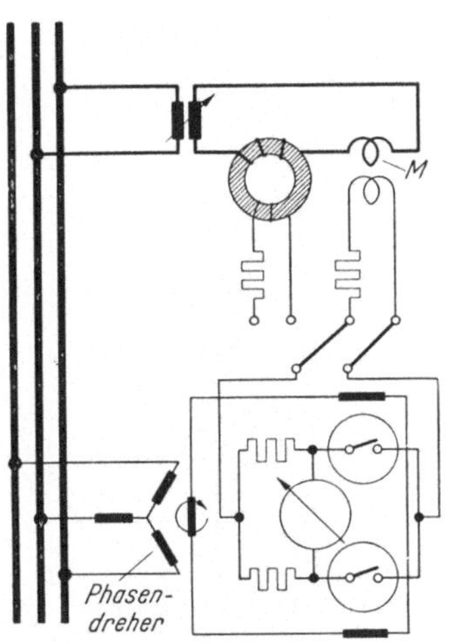

Abb. 109a. Grundschaltung des Ferrometers von Siemens & Halske (1954). Die Schaltung der Meßkontakte entspricht Abb. 136e.

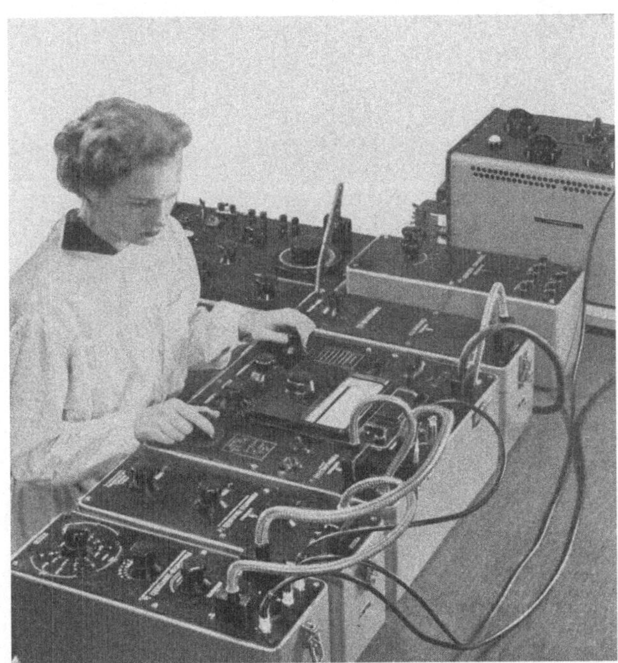

Abb. 109b. Ferrometermeßplatz (1955). Hinten rechts ein Streifenjoch nach Abb. 90c, hinten links das Stromversorgungsgerät.

---

[1] PETZ, H.: ETZ A (1956) H. 1 S. 17/21. — OCHSENFELD, R.: Arch. Eisenhüttenw. Bd. 25 (1954) S. 293/98.

[2] KRÄCHTER u. LINDEMANN: ETZ Bd. 73 (1952) S. 362.

[3] HOHLE, W.: Arch. f. Elektrot. (1931) S. 813/825 „Messung d. Eisenverluste im EPSTEIN-Apparat m. d. Wechselstrombrücke"; SCHWEIZERHOF, S.: Z. Techn. Physik Bd. 22 (1941) S. 66/75.

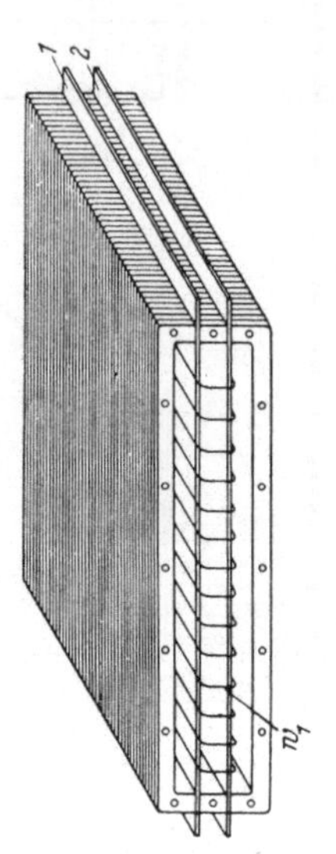

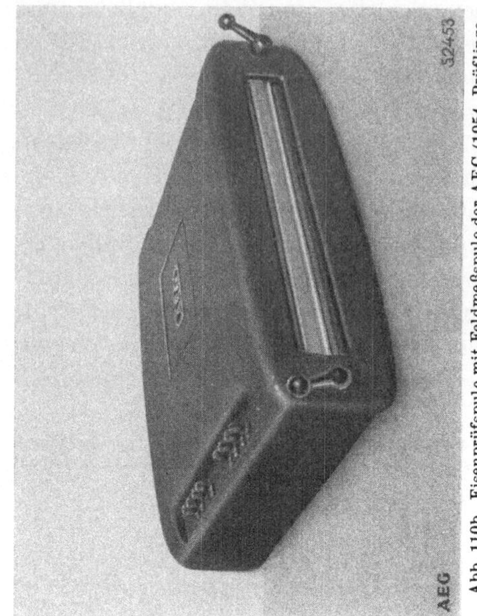

Abb. 110b. Eisenprüfspule mit Feldmeßspule der AEG (1954, Prüflinge 500 × 500 mm).

Abb. 110a. Eisenprüfspule mit Feldmeßspule der AEG (1954, Prüflinge 60 × 500 mm).

$(30 \times 200 \text{ mm})$ direkt gemessen wird, wurde von P. C. HERMANN angegeben[1].

Ein universelles Gerät („Ferrometer") zur Aufnahme der Wechsel-
strom-Hystereseschleife mit Meßkontakten besonders an Ringproben
wurde von W. THAL entwickelt[2] und wird heute (1954) in verbesserter
Form hergestellt (Siemens)[3]. Abb. 109 zeigt die Grundschaltung, die
nach dem in Abb. 95 beschriebenen Verfahren arbeitet, und die
Ansicht des Gerätes. Zur Messung von Blechstreifen wird ein Streifen-
Meßjoch mit Leitpaket benutzt (Abb. 90c). Mit dem Gerät können die
Eisenverluste sowohl aus der Fläche der Schleife (ohne direkte Breitenmessung nach § 53) als auch nach dem Grundwellenverfahren § 57 gemessen werden. Um letzteres bequem und bis zu hohen Induktionen
anwenden zu können, wird mit Filtern und Blindstromkompensation
(§ 29) gearbeitet. An die Stromversorgung werden dabei aus den in
§ 57 genannten Gründen besondere Anforderungen bezüglich Sinusform gestellt.

Mit einer Feldmeßspule nach Abb. 90b arbeiten die Eisenprüfspulen
in Abb. 110 (AEG). Die Spule Abb. 110a ist für Streifen 60×500 mm,
die Spule Abb. 110b für Bleche 500×500 mm eingerichtet, die längs
und quer zur Walzrichtung ohne Schnittkanteneinfluß gemessen werden
können. Wegen des verhältnismäßig kleinen Probequerschnittes ist $B_{(t)}$
bei hohen Induktionen verzerrt, die Verlustmessung, die durch direkte
Breitenmessung nach § 53 erfolgt, muß daher bei hohen Induktionen
($B_{max} > 15\,000$ Gauß) nach § 55 auf Sinusform reduziert werden. Die
Geräte der Abb. 109 und 110 sind auch für Messungen der Anfangspermeabilität und auch für hochwertige Eisennickellegierungen verwendbar. In diesen Abbildungen sind *1* und *2* die Probebleche.

Zur Messung der magnetischen Eigenschaften ganzer Tafeln ($B_{max} \leq$
$12\,000$ Gauß) sind Geräte teils ohne, teils mit Meßkontakten gebaut worden, auch „Anlegejoche" zum Aufsetzen auf die Blechtafeln werden in
Verbindung mit Meßkontakten (für $B_{max} \leq 10 \cdots 12\,000$ Gauß) zur Verlustmessung benutzt[4].

---

[1] Z. f. Techn. Phys. Bd. 13 (1932) S. 541/549; ATM (1933) J 65—2; JELLING-
HAUS, W.: Magn. Messungen an ferromagn. Stoffen. Berlin: Walter de Gruyter
1952.

[2] ATM (Febr. 1935) V 951—2.

[3] KRUG, W.: Arch. f. Eisenhüttenwesen Bd. 23 (1952) H. 5/6 S. 207/15; ferner
H. 11/12 S. 449/57.

[4] SKIRL, W.: Elektr. Messungen S. 764. Berlin: Walter de Gruyter 1936; HOL-
BROOK, H. S.: Sheet Metal Industries Juni 1949 S. 1203 ff.; KOPPELMANN, F.: ETZ
Bd. 70 (1949) S. 463/67; O. E. PÖLLOT, u. H. AICHHOLZ: ETZ A (1954) S. 14/16;
KRUG, W.: Arch. f. Eisenhüttenwesen Bd. 23 (1952) S. 454/55; KOPPELMANN, F.:
E u. M (1951) S. 226/229.

VIII. Umspanner.

59. Überblick über Umspanner[1]. Im Leerlauf ist ein Umspanner eine Eisendrossel, im Kurzschluß angenähert eine Luftdrossel, da im Kurzschluß die Sättigung im Eisen so klein ist, daß der Magnetisierungsstrom vernachlässigbar ist (Abb. 112d und e). Die drei schraffierten Dreiecke im Diagramm Abb. 111 charakterisieren die Abweichungen eines Umspanners vom Idealfall. Je nach dem Verwendungszweck kann man den Leerlaufstrom I_0 und die Spannungsabfälle $I\,\omega\,L$ bzw. $I\,r$ durch geeignete Konstruktion kleiner oder größer, aber niemals — auch bei Meßwandlern nicht — null machen.

Die primäre und sekundäre Streuinduktivität ist (§ 26):

$$L_1 = \mu_0\,w_1^2\,\frac{q_{L_1}}{l_{L_1}}\;;\qquad L_2 = \mu_0\,w_2^2\,\frac{q_{L_2}}{l_{L_2}}\,.\tag{1}$$

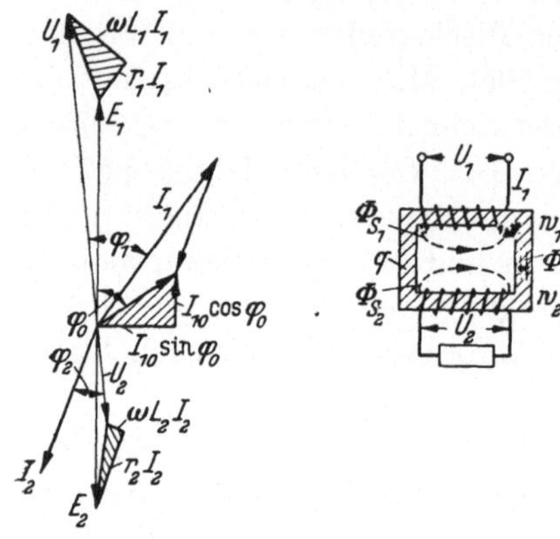

Abb. 111. Vektordiagramm und Streuflußschema eines Umspanners.

(q_L = mittlerer Querschnitt, l_L = mittlere Länge der Streuflüsse Φ_s in Abb. 111). Bei praktisch ausgeführten Umspannern (z. B. Abb. 113) läßt sich (im Gegensatz zu der Wicklungsanordnung auf getrennten Schenkeln in Abb. 111) q_L und l_L recht gut schätzen. Abb. 112 zeigt die

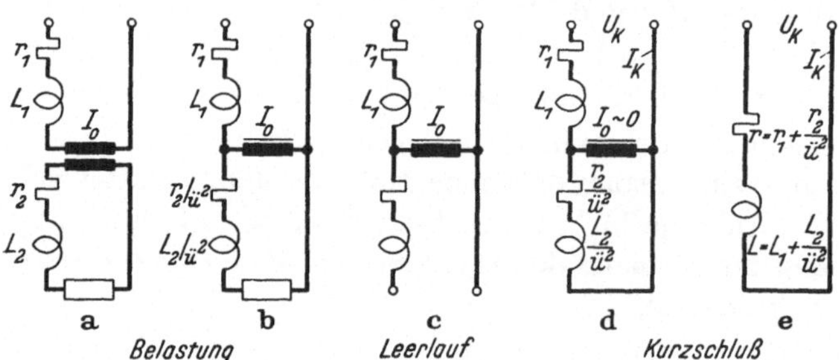

Abb. 112a—e. Ersatzschaltbilder eines Umspanners. $\ddot{u} = \dfrac{w_2}{w_1} = $ „Übersetzung" (§ 62).

Ersatzschaltbilder des Umspanners bei Last, im Leerlauf und im Kurzschluß. Definiert man wie üblich eine „Kurzschlußspannung": (siehe Abb. 116)

$$\varepsilon \equiv \frac{U_k}{I_k}\,\frac{I_{nenn}}{U_{nenn}}\;;\qquad \varepsilon_{ind} \equiv \frac{U_k\sin\varphi_k}{I_k}\,\frac{I_{nenn}}{U_{nenn}} = \frac{\omega\,L\,I_{nenn}}{U_{nenn}}\,,\tag{2}$$

---

[1] ARNOLD: Wechselstromtechnik Bd. 2. Springer 1936; RICHTER: Elektrische Maschinen Bd. 3. Springer 1932; VIDMAR: Transformatoren. Springer 1925.

so erhält man für letztere (bei Röhrenwicklung nach Abb. 113):

$$\varepsilon_{ind} \approx \sqrt{2}\,\mu_0 \frac{w_1 I_{1\,nenn}}{q\,B_{max}} \frac{q_L}{l_L} \approx \frac{1,8}{C} \frac{q_L}{l_L}\,; \qquad C \equiv \frac{q \cdot B_{max}\,10^8}{w_1 I_{1\,nenn}}\,. \tag{3}$$

Bei üblichen Umspannern ist die Kennzahl

$$C = 200 \cdots 500 \frac{\mathrm{Vs}}{\mathrm{A}} \cdot \left(B_{max} \text{ in } \frac{\mathrm{Vs}}{\mathrm{cm}^2}\right).$$

Ob der Streufluß Φ_s mit der primären oder mit der sekundären Wicklung verkettet gedacht wird, ist gleichgültig.

Auch der Leerlaufstrom I_0 läßt sich angenähert berechnen:

$$\frac{I_0}{I_{nenn}} \approx \frac{C}{\mu\,\mu_0\,10^8} \frac{l}{q} \tag{4}$$

($l =$ Länge des Eisenweges, $q =$ Querschnitt des Eisenweges, $\mu =$ mittlere Permeabilität des Eisenkernes bei der Aussteuerung bis B_{max}).

Läßt man die Abmessungen eines Umspanners bei konstanter Induktion B_{max} und konstanter Stromdichte geometrisch ähnlich wachsen, so erhält man die Wachstumsgesetze:

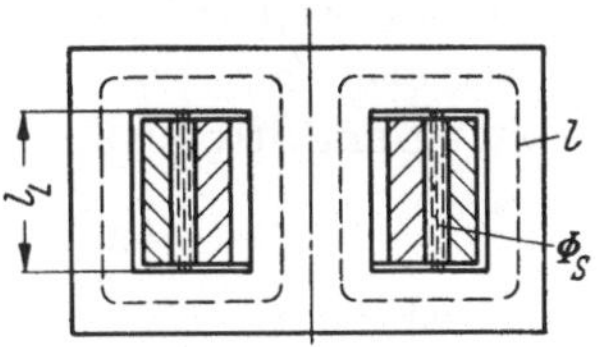

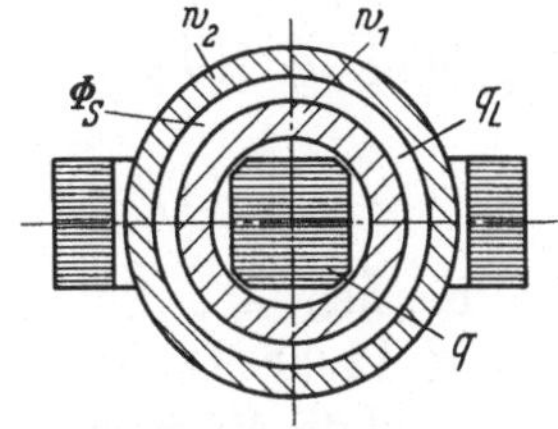

Abb. 113. Zur Berechnung der Kurzschlußspannung eines Mantelumspanners mit Röhrenwicklung.

$$G \sim N^{3/4}; \quad V \sim N^{3/4}; \quad v \equiv \frac{V}{N} = N^{-1/4} \tag{5}$$

($G =$ aktives Gewicht; $V = V_{Cu} + V_{Fe} =$ Gesamtverluste).

60. Umspanner im Leerlauf (Eisendrossel). Üblicherweise wird der Leerlaufstrom, wenn sein zeitlicher Verlauf interessiert, mit dem Oszillographen aufgenommen und die Verluste, wenn sie groß genug sind, mit Dynamometern gemessen. Beide Aufgaben lassen sich, und zwar auch bei sehr kleinen Objekten, mit dem Meßkontakt nach den Verfahren, die in §§ 1 bis 16 und §§ 43 bis 58 angegeben werden, gut lösen. Die Induktion B_{max} im Eisen, die Leerlaufstrom und Verluste bestimmt, sollte man stets nach Gl. (47.1) bis (47.5) mit dem Meßkontakt und nicht nach Gl. (47.6) mit Effektivwertmessern ermitteln. Eine Schaltung, die auch für kleinste Übertrager und Drosseln verwendet werden kann, zeigt Abb. 114. In Stellung 1 mißt man nach § 47 die Induktion:

$$2\,B_{max} = \frac{R + r_{gl}}{r_{gl}} \frac{u_{gl}}{f\,w\,q} = \frac{\text{,,}U_{eff}\text{''}}{2,22\,f\,w\,q} \left[\frac{\mathrm{Vs}}{\mathrm{cm}^2}\right] \quad T_k = 180^\circ\,. \tag{1}$$

Wenn der Spannungsabfall von I_0 an der Umspannerwicklung eine Rolle spielt, muß u_{gl} bzw. „U_{eff}" an einer besonderen stromlosen Wicklung, z. B. an der Sekundärwicklung oder an einer Hilfswicklung von wenigen Windungen (Stellung 1′) gemessen werden. In Stellung 2 lassen sich nach § 13 die Wirk- und Blindkomponenten der Grundwelle von I_0 messen, in Stellung 3 der zeitliche Verlauf $I_{0\,(t)}$ nach § 2 und die Oberwellen nach

§ 14. Den Effektivwert des Stromes mißt man mit einem Thermoumformer (I_{eff}) oder nach § 4.

Bei großen Umspannern kann man nach Abb. 115 über Strom- und
Spannungswandler mit einem in „I_{eff}" und „U_{eff}" geeichten Vektormesser arbeiten. Für die Grundwellen- und Grundwellenkomponenten-
messung am Stromwandler gilt dann (Stellung 2):

$$I_{01\,eff} = \ddot{u}_1\, k\, „I_{eff}" . \qquad \text{(Tab. 19 B, S. 201.)} \tag{2}$$

Dabei ist nach § 72:

Einfachmessg. ($T_k = 120°/240°$): $k = \dfrac{1}{0{,}866} = 1{,}154$

Doppelmessg. ($T_k = 120°/240°$): $k = \dfrac{1}{0{,}866 \cdot 0{,}951} = 1{,}213$

Vierfachmessg. ($T_k = 154{,}3°/205{,}7°$): $k = \dfrac{1}{0{,}975 \cdot 0{,}866 \cdot 0{,}951} = 1{,}245$.

Bei Kernen aus Siliziumeisen wende man die Einfachmessung bei
$B_{max} < 12\,000$ Gauß, die Doppelmessung bei $B_{max} = 12 \cdots 15\,000$
Gauß und die Vierfachmessung bei $B_{max} =$
$15 \cdots 18\,000$ Gauß an. Die Gegeninduk-
tivität M zur Messung des zeitlichen Ver-

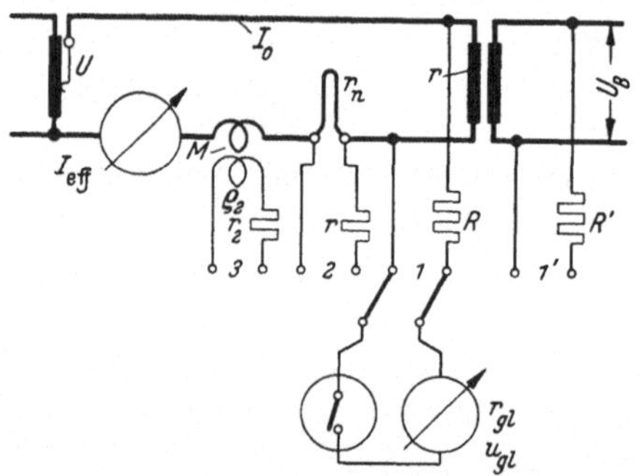

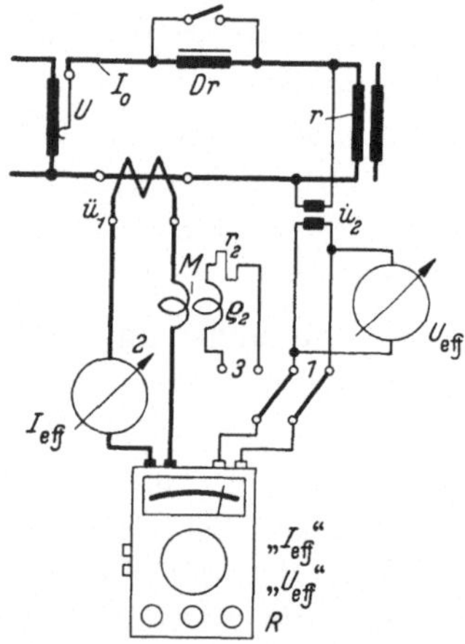

Abb. 114. Leerlaufversuch kleiner Umspanner (Übertrager) mit dem Meßkontakt.

Abb. 115. Leerlaufversuch größerer Umspanner mit dem Meßkontakt.

laufs und der Oberwellen von I_0 kann in den Sekundärkreis des Stromwandlers $\ddot{u}_1$ gelegt werden. Nach Gl. (9.2) ist dann:

$$2\,I_{0(\tau + \frac{\pi}{2})} = \ddot{u}_2 \frac{r_2 + \varrho_2 + R}{R}\, \frac{„U_{eff}"(\tau)}{2{,}22\,f\,M} \quad (T_k = 180°) . \tag{3}$$

Der leerlaufende Umspanner (Drossel) kann als Eisenprobe im Sinne des
§ 49 aufgefaßt und demgemäß aus Gl. (1) und (3) die Spitzenkurve und
die dynamische Schleife des Eisenkerns ermittelt werden. Sofern für die
Verlustmessung kein geeignetes Dynamometer zur Verfügung steht (bei
kleinen Übertragern oder bei Umspannern mit großem B_{max}), wendet
man die in § 18 beschriebenen Verfahren an, die in §§ 52 bis 55 besonders

auf Eisenmessung zugeschnitten sind. Aus den gemessenen Gesamtverlusten V findet man die Eisenverluste $V_{\mathrm{Fe}} = V - r\,I_{0eff}^2$, wobei r der Wechselstromwiderstand der erregten Umspannerwicklung ist.

Im allgemeinen läßt sich die Netzspannung U trotz der Belastung mit dem verzerrten I_0 genügend genau sinusförmig halten. Nur bei sehr großen Transformatoren und verhältnismäßig schwachem Netz (Leerlaufversuch sehr großer Umspanner im Prüffeld) ist dies nicht der Fall, es kann dann durch Zusatzverzerrung mit der Drossel Dr in Abb. 115 nach § 55 auf Sinusform reduziert werden. Mißt man die Verluste nach dem Grundwellenverfahren (Meßstellen 1 und 2 in der Abb. 115), so ist gemäß § 57 besondere Vorsicht geboten, da die Verluste der Oberwellen des Leerlaufstromes am inneren Widerstand der Spannungsquelle, z. B. des Netzes mitgemessen werden.

61. Kurzschlußversuch von Umspannern (Luftdrossel). Er wird (bei großen Objekten) üblicherweise mit Strommesser, Spannungsmesser und Leistungsmesser ausgeführt (Abb. 116a). Mit dem Meßkontakt läßt sich der Kurzschlußversuch — auch bei kleinsten Objekten — so genau und einfach durchführen (Abb. 116b), daß die Leistungsmessermethode dagegen als veraltet zu gelten hat.[1] Die Absolutgenauigkeit des Drehspulinstrumentes geht in die Messung nicht ein, Korrekturen sind, wenn ein genügend empfindliches Galvanometer benutzt wird, auch bei kleinen Objekten nicht erforderlich.

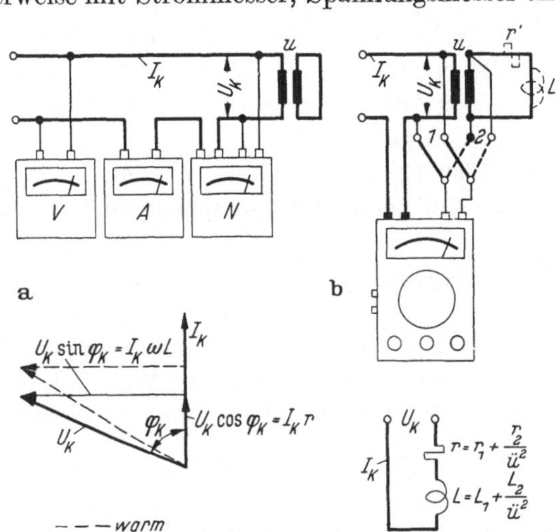

Abb. 116a u. b. Kurzschlußversuch von Umspannern. a) Altes Verfahren (größere Umspanner), b) Mit Meßkontakt (kleine und große Umspanner).

Man mißt nach § 13 direkt die Wirk- und Blindkomponente der Kurzschlußspannung, zur Kontrolle auch nach § 15 den Winkel φ_k:

$$r = \frac{U_k \cos \varphi_k}{I_k} \; ; \qquad \omega L = \frac{U_k \sin \varphi_k}{I_k} , \tag{1}$$

$$\left.\begin{aligned} \varepsilon &= \frac{\sqrt{r^2 + (\omega L)^2}\, I_{nenn}}{U_{nenn}} = \frac{U_k}{I_k}\frac{I_{nenn}}{U_{nenn}} ; \\[2mm] \varepsilon_{ind} &= \frac{\omega L\, I_{nenn}}{U_{nenn}} = \frac{U_k \sin \varphi_k}{I_k}\frac{I_{nenn}}{U_{nenn}} . \end{aligned}\right\} \quad \text{vergl. Gl. (59.2)} \tag{2}$$

---

[1] Arch. f. Elektrotechn. Bd. 39 (1948) S. 164/83.

Da praktisch kein Magnetisierungsstrom fließt, sind nur die Oberwellen des speisenden Netzes zu berücksichtigen, indem zur Kontrolle beispielsweise die Messung mit $T_k = 120/240°$ wiederholt wird. Besonders einfach ergibt sich nach § 30 aus der Messung des Winkels φ_k die Erwärmung der Wicklungen während des Versuchs. Wie mit dem Leistungsmesser erhält man nach Gl. (1) den Wechselstromwiderstand einschließlich aller Zusatzverluste. Bei großen Strömen und Spannungen mißt man über Wandler. Ist der ohmsche und induktive Widerstand des äußeren sekundären Kurzschlußkreises r' und L' in Abb. 116b nicht zu vernachlässigen (Kurzschlußverbindung oder sekundärer Strommesser), so mißt man auch die Komponenten der Sekundärspannung (Stellung 2 in Abb. 116b) und erhält:

$$r = \frac{(U_k \cos \varphi_k)_1 - \dfrac{1}{\ddot u}\,(U_k \cos \varphi_k)_2}{I_k} \;;\quad \omega L = \frac{(U_k \sin \varphi_k)_1 - \dfrac{1}{\ddot u}\,(U_k \sin \varphi_k)_2}{I_k}. \tag{3}$$

Das letzte Verfahren leitet über zu einer Methode, den Spannungsabfall und daraus r und L nicht im Kurzschluß, sondern im Betrieb zu messen (§ 63). Der Kurzschlußversuch bei Drehstrom wird mit dem Meßkontakt nach § 64 ausgeführt.

62. Übersetzungsverhältnis, Windungszahlen, Windungssinn. Für die Messung des Leerlaufübersetzungsverhältnisses $\ddot u_0$ sind nach dem Kompensationsprinzip[1] arbeitende „Übersetzungsmesser" auf dem Markt. Für Hochspannung wurden von SCHERING[2] Brückenschaltungen angegeben.

Mit dem Meßkontakt kann man in der Kompensationsschaltung Abb. 117 messen. Man gleicht die Widerstände R_1 und R_2 so ab, daß die Spannung $\varDelta u$ im Leerlauf (K offen) verschwindet. Es ist dann für $\ddot u < 1$:

$$\frac{1}{\ddot u_0} \equiv \frac{U_1}{U_2} = \frac{R_1 + R_2}{R_1}\,\frac{\ddot u_1}{\ddot u_2}. \tag{1}$$

Bei Umspannern mit $\ddot u > 1$ wird der Spannungsteiler R_1/R_2 in Abb. 117 auf die Sekundärseite gelegt, Gl. (1) ist dann entsprechend zu ändern.

Der Spannungsabfall des Leerlaufstromes I_0 in der Primärwicklung bewirkt, daß U_1 und U_2 nicht genau phasengleich sind, d. h. daß $\varDelta u$ durch Regeln von R_1 und R_2 nicht ganz zum Verschwinden gebracht werden kann. Man gleicht so ab, daß die in Richtung von U_2 fallende Komponente von $\varDelta u$ verschwindet. Durch den in Abb. 117 angedeuteten Spannungsteiler C/r kann man auch die senkrechte Komponente kompensieren. Bei Niederspannung können die Wandler $\ddot u_1$ und $\ddot u_2$ fortfallen. Wegen des Spannungsabfalles des Leerlaufstromes ist $\ddot u_0$ von U_1 abhängig.

----

[1] BRION-VIEWEG: Starkstrom-Meßtechnik S. 363. Springer 1933.
[2] SCHERING, A. u. BURMESTER: Z. Instrumentenkunde Bd. 44 (1924) S. 97.

Das Verhältnis der Windungszahlen $\ddot{u} \equiv \dfrac{w_2}{w_1}$ („Übersetzung") ist angenähert gleich der Leerlaufübersetzung $\ddot{u}_0$ bei gegenüber dem Nennwert *verminderter Spannung* (I_0 klein!). Zur Messung der Windungszahlen selbst benötigt man eine Hilfswicklung bekannter Windungszahl w_3, die den gleichen Fluß umfaßt wie w_1 und w_2, was am genauesten bei kleiner Streuung, d. h. bei Erregung des Eisenkernes etwa bis zur maximalen Permeabilität (bei normalem Siliziumeisen bei $B_{max} \approx 5000$ Gauß) zu erreichen ist. Es ist dann:

$$w_2 = w_3 \frac{u_{gl\,2}}{u_{gl\,3}}. \tag{2}$$

Durch Oberwellen entstehen dabei keine Fehler. Bei Verwendung eines Kompensators (§ 89) läßt sich die Genauigkeit von Brückenschaltungen erreichen. Man kann auch die Hilfswicklung w_3 speisen und U_1 und U_2 nach Abb. 117 gegeneinander kompensieren, Gl. (1) ergibt dann die Übersetzung $\ddot{u} = \dfrac{w_2}{w_1}$. Bei Hochspannung stellt die sekundäre Wicklungskapazität unter Umständen eine so hohe Belastung dar, daß sie berücksichtigt werden muß.

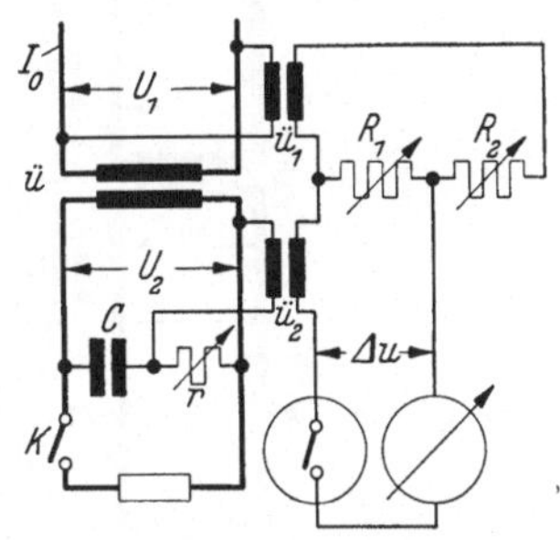

Abb. 117. Messung des Übersetzungsverhältnisses von Umspannern mit dem Meßkontakt.
$$\left(\ddot{u} = \frac{w_2}{w_1} < 1\right)$$

Den Wicklungssinn findet man unmittelbar aus der Ausschlagsrichtung von u_{gl} in den Stellungen 1 und 1' in Abb. 114 bei ungeänderter Phase des Meßkontaktes.

63. Spannungsabfall im Betrieb. Er läßt sich aus den im Kurzschlußversuch gemessenen Werten r und L für jede Belastung auf Grund des Ersatzschaltbildes bzw. des Vektordiagramms berechnen bzw. konstruieren (Abb. 111 und 112).

Mit dem Meßkontakt kann er nach Größe und Richtung im Betrieb gemessen werden[1]. Dazu gleicht man in der Schaltung Abb. 118 im Leerlauf (K offen) den Spannungsteiler R_1/R_2 so ab, daß $\varDelta U_2 = 0$ wird. Es ist dann nach Gl. (62.1) für $\ddot{u} < 1$:

$$\frac{1}{\ddot{u}} \approx \frac{1}{\ddot{u}_0} = \frac{\ddot{u}_1}{\ddot{u}_2} \frac{R_1 + R_2}{R_1}. \tag{1}$$

Belastet man jetzt mit dem Schalter K, so erscheint bei ungeänderter Einstellung des Spannungsteilers an den Klemmen 1 der auf die Sekundärseite bezogene innere Spannungsabfall $\varDelta U_2$ des Umspanners bei der betreffenden Belastung:

$$\varDelta U_2 = \frac{R + \dfrac{R_1\,R_2}{R_1 + R_2}}{R}\; „U_{eff}". \tag{2}$$

<hr>

[1] Arch. f. Elektrotechn. Bd. 39 (1948) S. 164/83.

Mit dem Strom I_2 bildet er den Winkel φ_k des Kurzschlußdreiecks, mit der Spannung U_2 den Winkel $\varphi_2 = \varphi_k - \varphi$. Durch vektorielle Subtraktion findet man aus ΔU_2 die Spannungsänderung $|\ddot{u}\,U_1| - |U_2|$ des Umspanners bei der betreffenden Belastung.

Man kann mit der Schaltung der Abb. 118 auch die Kurzschlußdaten r und L des Umspanners und damit die Kurzschlußspannung ε bzw. ε_{ind}

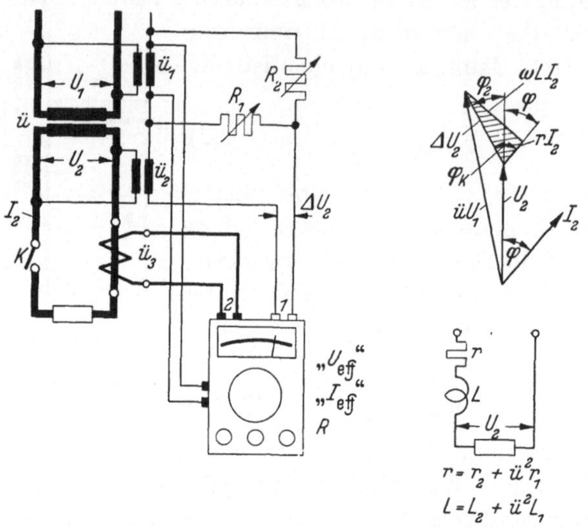

Abb. 118. Messung des Spannungsabfalles von Umspannern im Betrieb mit dem Meßkontakt
$$\left(\ddot{u} = \frac{w_2}{w_1} < 1 \right).$$

ermitteln[1]. Dazu mißt man die Komponenten $\Delta U_2 \cos \varphi_k$ und $\Delta U_2 \sin \varphi_k$ von ΔU_2 in bezug auf I_2. Es wird dann entsprechend § 61:

$$r = r_2 + \ddot{u}^2\, r_1 = \ddot{u}_2 \frac{\Delta U_2 \cos \varphi_k}{I_2}\,; \qquad \omega L = \omega(L_2 + \ddot{u}^2 L_1) = \ddot{u}_2 \frac{\Delta U_2 \sin \varphi_k}{I_2}\,, \quad (3)$$

$$\varepsilon = \ddot{u}_2 \frac{\Delta U_2}{I_2} \frac{I_{2\,nenn}}{U_{2\,nenn}}\,; \qquad \varepsilon_{ind} = \ddot{u}_2 \frac{\Delta U_2 \sin \varphi_k}{I_2} \frac{I_{2\,nenn}}{U_{2\,nenn}}\,. \qquad (4)$$

Ist die Belastung nicht groß im Verhältnis zum Leerlaufstrom, so gilt statt Gl. (3) und (4) genauer:

$$r = \ddot{u}_2 \frac{(\Delta U_2 \cos \varphi_k) - (\Delta U_2 \cos \varphi_k)_0}{I_2}\,;$$

$$\omega L = \ddot{u}_2 \frac{(\Delta U_2 \sin \varphi_k) - (\Delta U_2 \sin \varphi_k)_0}{I_2}\,, \qquad (3a)$$

$$\varepsilon = \sqrt{r^2 + (\omega L)^2}\, \frac{I_{2\,nenn}}{U_{2\,nenn}}\,; \qquad \varepsilon_{ind} = \omega L\, \frac{I_{2\,nenn}}{U_{2\,nenn}}\,. \qquad (4a)$$

Dabei sind $(\Delta U_2 \cos \varphi_k)_0$ bzw. $(\Delta U_2 \sin \varphi_k)_0$ die Komponenten der Spannung ΔU_2 im Leerlauf (K offen). Sie hängen von der Einstellung des

---

[1] Arch. f. Elektrotechn. Bd. 39 (1948) S. 164/83.

Spannungsteilers R_1/R_2 ab. Letztere wird zweckmäßig so gewählt, daß ΔU_2 im Leerlauf möglichst klein ist. Gl. (3a) und (4a) gelten jedoch für jede Einstellung des Spannungsteilers; Bedingung ist nur, daß sie bei Belastung und Leerlauf unverändert bleibt. — Bei Niederspannung können die Spannungswandler $\ddot{u}_2$ und $\ddot{u}_3$ entbehrt werden.

Das Verfahren stellt die Messung der Kurzschlußdaten r und L eines Umspanners im Betrieb dar[1]. Messungen an einem einphasigen Mantelumspanner ergaben über einen weiten Bereich der Belastung (herab bis zu kleinen Belastungen von der Größenordnung des Leerlaufstromes) Übereinstimmung mit dem Kurzschlußversuch.

64. Drehstromumspanner. Der Leerlaufstrom wird wie bei einphasigen Umspannern untersucht (§ 60). Er kann in den drei Phasen verschieden groß sein, bei symmetrischen Sternschaltungen fehlt die dritte, neunte, fünfzehnte Oberwelle im Strom. — Die Leerlaufverluste können, wenn geeignete Dynamometer nicht zur Verfügung stehen, mit dem Meßkontakt nach § 23 gemessen werden. — Die Verfahren zur direkten Messung der Komponenten der Kurzschlußspannung bzw. des Spannungsabfalls, die in §§ 61 und 63 beschrieben werden, lassen sich auch auf Drehstromumspanner anwenden. Bei Umspannern mit gegenseitiger induktiver Beeinflussung der Phasen können dabei besonders in der Bestimmung von r Fehler auftreten. Diese Fehler lassen sich durch eine Verfeinerung des Verfahrens vermeiden, bei der Widerstand und Streuinduktivität jeder einzelnen Phase und außerdem auch die Streuinduktivität der Phasen gegeneinander gemessen werden[2].

IX. Eichung von Instrumenten.

65. Maßsystem. Das praktische Normal der Spannung (Gleichspannung) ist das WESTON-Element mit $1{,}0186^4\ \mathrm{V_{abs}}$ (gesättigt 20° C, § 89). Praktische Einheiten des Widerstandes sind Normalwiderstände in den Staatsinstituten (Deutschland PTB). Sie sind auf etwa $1/1000\%$ genau. (Der PTB kann man Widerstände zum genauen Vergleich mit diesen Normalwiderständen einsenden.) Mit Hilfe eines Normalwiderstandes und eines Normalelementes läßt sich die Einheit der Stromstärke (Gleichstrom) nach dem ohmschen Gesetz $I = \dfrac{U}{R}$ mit dem Kompensator darstellen. 1 A scheidet in der Sekunde 1,1181 mg Silber ab, 1 Ohm wird durch einen Hg-Faden von 1 mm² Querschnitt und 106,246 cm Länge bei 0° C dargestellt. Diese unrunden Zahlen haben ihre Ursache darin, daß

---

[1] Im Gegensatz zu Abb. 112 und 116 sind r und L hier auf die Sekundärseite bezogen.

[2] Arch. f. Elektrotechn. Bd. 39 (1948) S. 164/83.

die elektrischen Einheiten im Anschluß an das „absolute elektromagnetische System" [(CGS)$_{\text{magn}}$] definiert sind[1], und zwar auf folgende Weise:

1 A$_{\text{abs}}$ ist der Strom, der in einem geradlinigen Draht von der Länge l nach der Gleichung: (980665 Dyn = 1 Kilopond)

$$P = \frac{2}{100} I_1 I_2 \frac{l}{r} \ \text{Dyn} \tag{1}$$

auf einen gleichen Strom im Abstand $r = 1$ cm je Längeneinheit die Kraft $P = \frac{2}{100}$ Dyn ausübt. [Der Faktor 2 in Gl. (1) rührt daher, daß die elektrodynamische Kraftwirkung seinerzeit von GAUSS und WEBER an Kreisströmen bzw. magnetischen Dipolen definiert wurde, bei der Umrechnung auf geradlinige Stromfäden ergibt sich der Faktor 2; der Faktor $\frac{1}{100}$ ergibt sich daraus, daß 1 A als 1/10 der absoluten elektromagnetischen Stromeinheit definiert ist.]

1 V$_{\text{abs}}$ ist die Spannung, die nach der Gleichung:

$$N = 10^7 I U \ \ \text{Erg/s} \tag{2}$$

mit dem Strom 1 A die Leistung 10^7 Erg/s $\equiv$ 1 Joule/s $\equiv$ 1 Watt ergibt.

1 Ω_{abs} ist der Widerstand, der nach dem ohmschen Gesetz bei 1 A$_{\text{abs}}$ einen Spannungsabfall von 1 V$_{\text{abs}}$ hat.

Der Anschluß der praktischen Einheiten (WESTON-Normalelement und Normalwiderstandsrollen) an dieses theoretische Maßsystem ist durch sorgfältige Messungen erfolgt. In Deutschland wurde dieser Anschluß auf folgende Weise hergestellt[2]: Auf Grund der Definition des Ampere und des Volt läßt sich die Induktivität von Drahtspulen genau (auf 6 Stellen!) berechnen[3]. Solche auf Marmor gewickelte Spulen mit genau berechneter Induktivität wurden in der MAXWELL-Brücke[4] mit einer Kapazität verglichen und letztere ihrerseits in der MAXWELLschen Unterbrecherbrücke (§ 36) bei bekannter Frequenz mit einem ohmschen Widerstand.

Aus der Definition des Ampere in Gl. (1) läßt sich ebenso wie die Induktivität auch die zwischen stromdurchflossenen Spulen wirkende anziehende bzw. abstoßende Kraft sehr genau berechnen. Mit Hilfe der „Stromwaage" kann man demzufolge das absolute Ampere durch Wiegen darstellen[5]. Schickt man den so „abgewogenen" Strom von 1 A$_{\text{abs}}$ durch einen Normalwiderstand von 1 Ω_{abs}, ergibt sich an ihm der Spannungsabfall von 1 V$_{\text{abs}}$, durch Vergleich mit Hilfe des Kompensators daraus

---

[1] KÖSTERS, W.: Arch. f. Elektrotechn. Bd. 39 (1948) S. 148. KOHLRAUSCH: Praktische Physik Bd. 1 (1955) S. 1/22.

[2] GRÜNEISEN u. GIEBE: Wiss. Abhandl. d. PTR (1922).

[3] Das Schema dieser Berechnung gibt Gl. (26.1) und (65.12) bis Gl. (65.15).

[4] KOHLRAUSCH: Praktische Physik Bd. 2 (1951) S. 213.

[5] JÄGER: Handbuch der Physik Bd. 16 (1927).

die Spannung des Normalelementes, und zwar zu $1{,}0186^4\,\mathrm{V_{abs}}$. Seit dem 1. 1. 48 sind statt der bis dahin geltenden „internationalen" Einheiten (die auf Grund älterer, weniger genauer Messungen an das absolute System angepaßt waren) die genauer an das elektrodynamische Maßsystem $\mathrm{(CGS)_{magn}}$ angepaßten „absoluten" Einheiten gesetzlich verbindlich[1]. Für die Umrechnung gilt:

$$
\left.
\begin{aligned}
1\,\mathrm{A_{int}} &= q\ \ \mathrm{A_{abs}} = q \cdot 10^{-1}\ \ \mathrm{(CGS)_{magn}} \\
1\,\mathrm{V_{int}} &= p\,q\ \mathrm{V_{abs}} = p\,q \cdot 10^{8}\ \ \mathrm{(CGS)_{magn}} \\
1\,\Omega_{\mathrm{int}} &= p\ \ \Omega_{\mathrm{abs}} = p \cdot 10^{9}\ \ \mathrm{(CGS)_{magn}}
\end{aligned}
\quad
\begin{aligned}
p &= 1{,}00049 \\
q &= 0{,}99985
\end{aligned}
\right\} \tag{3}
$$

$1000\,\Omega_{\mathrm{int}}$ sind also $1000{,}49\,\Omega_{\mathrm{abs}}$.

Neben dem elektromagnetischen Maßsystem hat noch das elektrostatische Bedeutung. In ihm wird nach der Gleichung:

$$
P = \frac{Q_{e1}\,Q_{e2}}{r^2}\ \mathrm{Dyn} \tag{4}
$$

diejenige Ladung als Einheit definiert, die auf eine gleiche im Abstand $r = 1$ cm die Kraft 1 Dyn ausübt. — Das elektrostatische Volt (V_e) ist nach der Gleichung:

$$
A = Q_e\,U_e\ \mathrm{Erg} \tag{5}
$$

als diejenige Potentialdifferenz definiert, die mit der elektrostatischen Ladungseinheit die Arbeit 1 Erg ergibt. Zur Umrechnung der elektrostatischen Ladung Q_e auf die elektromagnetische Q gilt:

$$
\frac{Q}{Q_e} = \frac{10}{c} \tag{6}
$$

wobei c eine Konstante ist, die sich theoretisch (MAXWELL) und experimentell als Lichtgeschwindigkeit $c = 2{,}9979 \cdot 10^{10}$ cm/s ergibt. [Der Faktor 10 in Gl. (6) berücksichtigt, daß die praktische Einheit der Ladung, das Coulomb, nur $1/10$ der elektromagnetischen ist.] Aus der Definition des elektrostatischen und des elektromagnetischen Volts in Gl. (2) und (5)

$$
A = Q\,U \cdot 10^7\ \mathrm{Erg} = Q_e\,U_e\ \mathrm{Erg} \tag{7}
$$

folgt mit Gl. (6):

$$
\frac{U_e}{U} = \frac{10^8}{c} = \frac{1}{299{,}79}\,. \tag{8}
$$

Aus der aus Gl. (4) und (5) theoretisch berechenbaren elektrostatischen Kapazität K_e des Kugelkondensators

$$
K_e \equiv \frac{Q_e}{U_e} = \frac{r_1\,r_2}{r_1 - r_2}\quad [\mathrm{cm}]\quad (r_1;\,r_2 = \text{Kugelradien}) \tag{9}
$$

---

[1] KÖSTERS: Zit. S. 140.

folgt für einen Plattenkondensator mit der Fläche F ($r_1 = \infty$, $r_1 - r_2 = d$)

$$K_e \equiv \frac{Q_e}{U_e} = \frac{1}{4\pi}\frac{F}{d} \quad [\text{cm}]. \tag{10}$$

Durch Einsetzen von Gl. (6) und (8) folgt aus Gl. (10):

$$K \equiv \frac{Q}{U} = \frac{10}{c}Q_e\frac{10^8}{c}\frac{1}{U_e} = \frac{10^9}{c^2}K_e = \frac{10^9}{4\pi c^2}\frac{F}{d} \quad [\text{Farad}]$$

$$K = \varepsilon_0\frac{F}{d} \quad [\text{Farad}]; \qquad \varepsilon_0 \equiv \frac{10^9}{4\pi c^2} = 8{,}854 \cdot 10^{-14}\frac{\text{As}}{\text{Vcm}} \tag{11}$$

wobei ε_0 als „Influenzkonstante" bezeichnet wird. Berechnet man einen Kondensator nach Gl. (11) in Farad und mißt man ihn andererseits in Farad, z. B. in der MAXWELLschen Unterbrecherbrücke (§ 36), so ergibt sich experimentell der Betrag der Konstanten c, d. h. der Lichtgeschwindigkeit[1]. Der Influenzkonstanten ε_0 der Elektrostatik entspricht in der Elektrodynamik die Induktionskonstante $\mu_0 = \frac{4\pi}{10}10^{-8}\frac{\text{Vs}}{\text{Acm}}$. Sie läßt sich auf folgende Weise aus den Definitionen des elektromagnetischen Maßsystems herleiten: Im Abstand r von einem vom Strom I durchflossenen geradlinigen Leiter bewege sich ein paralleler Leiter von der Länge l um kleine Beträge dr in der Zeit dt hin und her. Die induzierte Spannung ist dann nach dem Induktionsgesetz (§ 43):

$$u = B\,l\frac{dr}{dt} = \mu_0 H\,l\frac{dr}{dt} \quad [\text{V}]; \quad H = \frac{I}{2\,r\,\pi} \quad \left[\frac{\text{A}}{\text{cm}}\right]. \tag{12}$$

Die auf den Leiter wirkende elektrodynamische Kraft P ist nach Gl. (1)

$$P = \frac{2}{100}I\,i\,\frac{l}{r} \quad [\text{Dyn}]. \tag{13}$$

Setzt man mechanische und elektrische Arbeit während der Zeit dt einander gleich:

$$Pdr = u\,i\,dt\,10^7 \quad [\text{Erg}]$$

$$\frac{2}{100}I\,i\,\frac{l}{r}\cdot\frac{dr}{dt}\,dt = \mu_0\frac{I}{2\,r\,\pi}\,l\frac{dr}{dt}\,i\,dt\,10^7, \tag{14}$$

so folgt für die Induktionskonstante:

$$\mu_0 = \frac{4\pi}{10}10^{-8} = 1{,}257 \cdot 10^{-8}\frac{\text{Vs}}{\text{A cm}}. \tag{15}$$

Die für Gleichstrom definierten Strom- und Spannungseinheiten gelten ohne weiteres für die Augenblickswerte von Wechselstrom. Effektivwerte und Mittelwerte bei Wechselstrom folgen aus den Definitionen des § 1. Mit Meßkontakt, Kompensator und WESTON-Normalelement lassen sich eine Reihe von „absoluten" Wechselstrommessungen ausführen (§§ 7, 10, 67, 89), wobei zum Teil die Frequenz bekannt sein

---

[1] GRIMSEHL: Lehrbuch d. Physik 2 S. 178; WEBER u. KOHLRAUSCH (1856).

muß. Letzteres ist nicht der Fall bei Benutzung der in §§ 40 und 42 beschriebenen „Normalspannung", die eine an das WESTON-Element angeschlossene frequenzproportionale Wechselspannung (Halbwellenmittelwert) darstellt.

66. Eichung von Drehspulinstrumenten. Normalerweise erfolgt die Eichung mit dem Gleichstromkompensator nach Abb. 119 (bei großen Spannungen mit Spannungsteiler, bei kleinen Spannungen mit Zwischenkreis oder DIESSELHORST-Kompensator[1]). In Stellung 1 regelt man mit R auf einen bestimmten Gleichstrom $\left(I_{gl} = \dfrac{u_{gl}}{r_n}\right)$ und vergleicht damit den vom Instrument angezeigten Strom. In Stellung 2 mißt man die Spannung an den Galvanometerklemmen und erhält auf diese Weise den Widerstand r_{gl} des In-

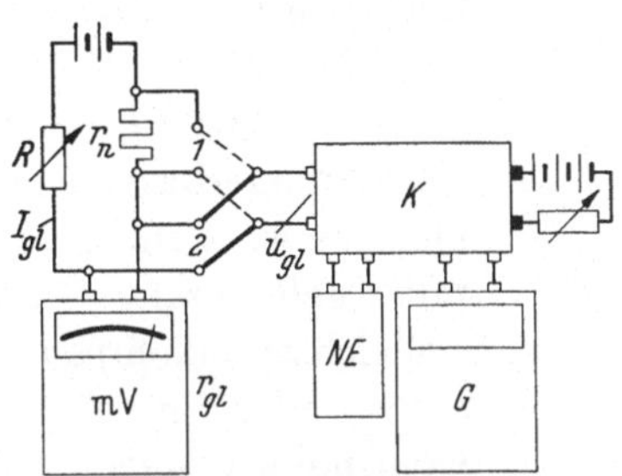

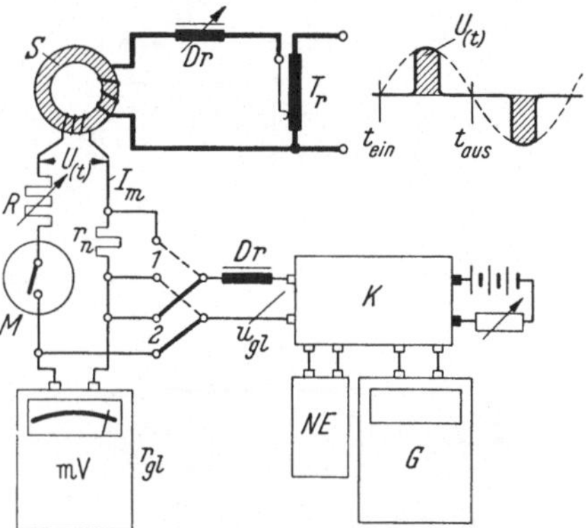

Abb. 119. Absolute Eichung von Drehspulinstrumenten mit Gleichstrom.

Abb. 120. Absolute Eichung von Drehspulinstrumenten mit verzerrtem, gleichgerichtetem Wechselstrom.

strumentes. Die Eichung kann nach Abb. 120 auch mit Wechselstrom erfolgen, indem man in Stellung 1 den Spannungsabfall des durch den Meßkontakt M gleichgerichteten Stromes I_m am Normalwiderstand r_n kompensiert $\left(I_m = \dfrac{u_{gl}}{r_n}\right)$ und damit die Anzeige des Instrumentes vergleicht. In Stellung 2 mißt man wie in Abb. 119 die Spannung $u_{gl} = r_{gl} I_m$ und damit den Widerstand des Instrumentes. Um von Schwankungen des Wechselstromnetzes und von Unregelmäßigkeiten der Schließzeit und der Schaltphase des Meßkontaktes unabhängig zu werden, kann man der Wechselspannung mit Hilfe eines Sättigungswandlers S (Nickeleisenkern mit Rechteckschleife) und einer Vordrossel Dr den in Abb. 120

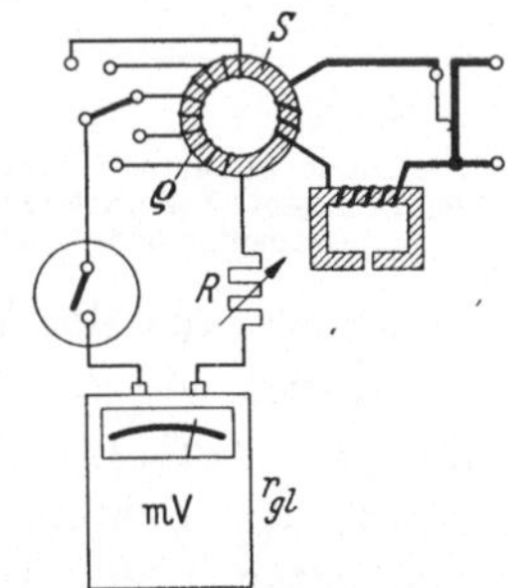

Abb. 121. Prüfung der Skalentreue von Drehspulinstrumenten bei verzerrtem, gleichgerichtetem Wechselstrom.

angedeuteten zeitlichen Verlauf geben und durch Regeln von T_r und Dr diese Form variieren, um zu prüfen, ob die Eichung unabhängig von der

---

[1] KOHLRAUSCH: Praktische Physik Bd. 2 (1951) S. 32/36.

Spannungsform ist, was mit Rücksicht auf die Verwendung des Instrumentes zusammen mit dem Meßkontakt erforderlich ist (§ 92). In manchen Fällen interessiert nicht so sehr die Absoluteichung, als vielmehr die Skalentreue des Drehspulinstrumentes. Sie kann nach Abb. 119 oder 120, einfacher aber auch nach Abb. 121 geprüft werden. Der Sättigungskern S ist mit Teilwicklungen gleicher Windungszahl versehen, so daß beim Zuschalten von Windungen bei $R + r_{gl} \gg \varrho$ der Instrumentausschlag genau proportional mit der eingeschalteten Gesamtwindungszahl ansteigen muß. Die Prüfung auf Galvanometerrückwirkung wird in § 92 behandelt.

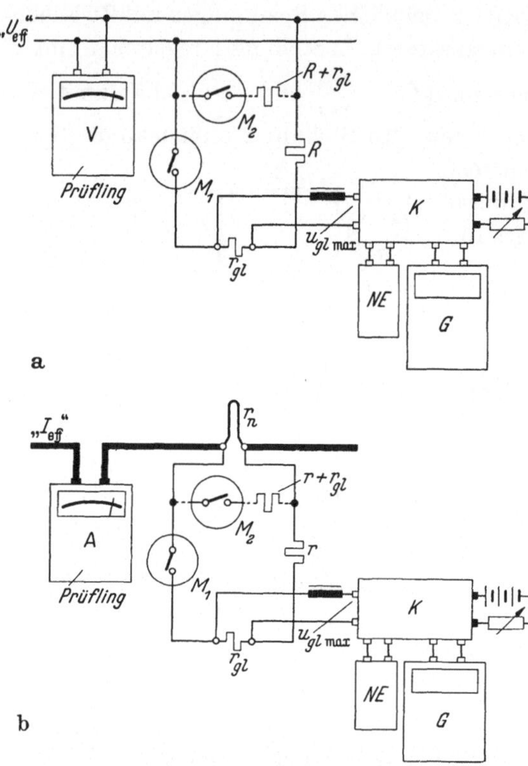

Abb. 122a u. b. Absolute Eichung von Gleichrichterinstrumenten (Vielfachmesser, Vektormesser) mit zwei Meßkontakten in Opposition und Gleichstromkompensator.

67. Eichung von Gleichrichterinstrumenten.

Sie wird am besten mit Meßkontakt und Gleichstromkompensator oder geeichtem Drehspulinstrument ausgeführt (Abb. 122 und 123). Denn einerseits können damit auch kleine Bereiche (Milliampere und Millivolt) geeicht werden, andererseits fällt der Einfluß der Kurvenform der Eichspannung bzw. des Eichstromes aus der Messung heraus, wenn das zu eichende Instrument ebenso wie der Meßkontakt Mittelwerte anzeigt, was bei Sperrschichtgleichrichtern nicht exakt, aber doch angenähert der Fall ist. Abb. 122 zeigt Schaltungen zur absoluten Eichung mit dem Gleichstromkompensator (§ 89). Wenn die Spannungsquelle („U_{eff}") nicht niederohmig genug bzw. die Stromquelle („I_{eff}") nicht hochohmig genug ist, können durch die einwellige Belastung mit dem Strom des Meßkontaktes M_1 Fehler auftreten (§ 76), wenn nämlich das zu eichende Instrument nicht die gleiche Halbwelle wie der Meßkontakt oder beide Halbwellen von „U_{eff}" bzw. „I_{eff}" mißt. Durch einen in Phasenopposition arbeitenden zweiten Meßkontakt M_2 oder durch Verwendung von Vollwellenschaltungen (§ 73) kann dieser Fehler vermieden werden. Aus den Widerständen des Eichkreises berechnet sich die Meßgröße nach § 96: (Halbwellengleichrichtung)

$$\left.\begin{array}{l} \text{,,}U_{eff}\text{``} = 2{,}2214\,\dfrac{R + r_{gl}}{r_{gl}}\,u_{gl\,max}\,, \\[3mm] \text{,,}I_{eff}\text{``} = 2{,}2214\,\dfrac{r_n + r + r_{pl}}{r_n\,r_{gl}}\,u_{gl\,max}\,. \end{array}\right\} \tag{1}$$

Bei geringeren Anforderungen kann man statt des Kompensators an die Stelle von r_{gl} ein geeichtes Millivoltmeter setzen oder einen geeichten Vektormesser benutzen. Arbeitet letzterer in Halbwellenschaltung, kann man nach Abb. 123 einen zweiten in Phasenopposition verwenden, um Fehler durch einseitigen Meßstrom zu vermeiden (§ 76). Die Schließzeit muß in Abb. 122 und 123 genau 180° sein und die Kontaktphase sorgfältig auf Maximum des Instrumentausschlages eingestellt werden. Eichspannung bzw. Eichstrom müssen symmetrisch zur Nullinie sein, im übrigen haben Abweichungen von der Sinusform (solange der elektrolytische Mittelwert gleich dem arithmetischen ist, Abb. 5) in erster Näherung keinen Einfluß auf die Eichung.

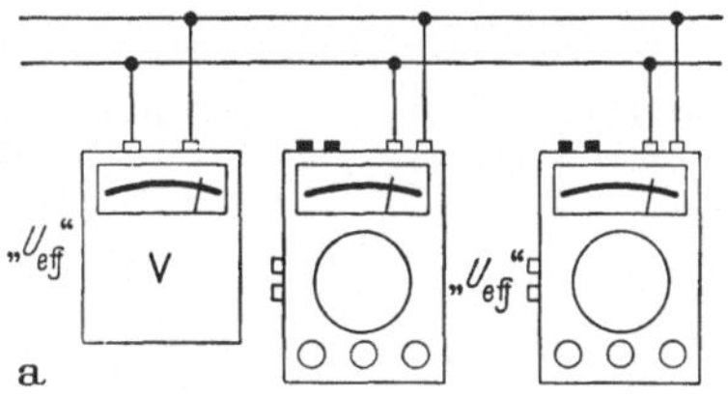
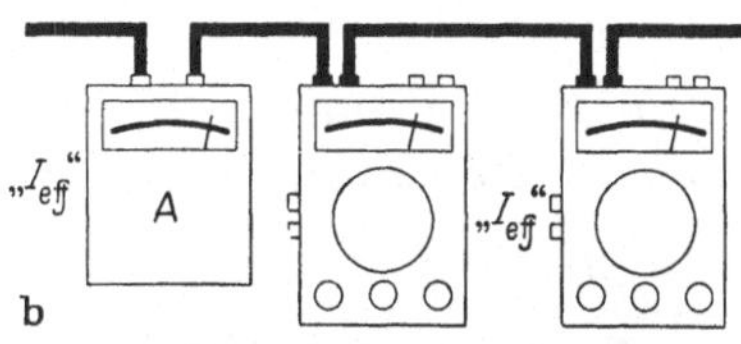

Abb. 123a u. b. Eichung von Gleichrichterinstrumenten (z. B. Vielfachmessern) mit zwei Vektormessern in Opposition. (Einer der beiden in Opposition arbeitenden Vektormesser braucht nicht Eichgenauigkeit haben).

68. Eichung von Effektivwertmessern. Steht eine genügend sinusförmige Spannung zur Verfügung, kann die Eichung von Effektivwertmessern nach § 67 erfolgen. Für Sinusform ist „U_{eff}“ = U_{eff} und „I_{eff}“ = I_{eff}. Bei Abweichungen von der Sinusform ist:

$$U_{eff} = \frac{f_s}{1{,}1107}\,\text{,,}U_{eff}\text{``};\qquad I_{eff} = \frac{f_e}{1{,}1107}\,\text{,,}I_{eff}\text{``},\tag{1}$$

d. h. es treten Eichfehler entsprechend der Abweichung des Formfaktors vom Sinuswert (1,1107) auf. Der Formfaktor kann nach § 6 Abb. 6 gemessen werden. Bei kleinen Verzerrungen, wie sie vielfach große öffentliche Netze aufweisen, stimmt der Effektivwert auch für Eichungen genau genug mit der Grundwelle überein [Gl. (12.1)]. Man kann in diesem Fall die Anzeige des zur Eichung benutzten Meßkontaktes nach Abb. 18 auf Grundwelle korrigieren. Unter Umständen ist es, da ja nur geringe Leistung erforderlich ist, einfacher, Eichspannung bzw. Eichstrom durch Siebmittel sinusförmig zu machen. Die Prüfung auf Restoberwellen kann dabei in doppelten Differenzierschaltungen erfolgen (Tab. 19H u. I, Seite 202).

Abgesehen von der Eichung von Präzisionsinstrumenten (Klasse 0,1 und 0,2) wird in manchen Fällen die normale Netzspannung soweit sinusförmig sein, daß man sie zur Eichung von Betriebs- und Schalttafelinstrumenten (Kl. 0,5 ··· 2,5) nach Abb. 123 benutzen kann (vergl. § 3). Dieses Verfahren hat den Vorteil, daß im Vektormesser viele und auch kleine Meßbereiche gleichbleibender Genauigkeit zur Verfügung stehen.

Zur Untersuchung der Anzeige von Dreheiseninstrumenten bei sehr stark verzerrter Meßgröße kann der Effektivwert nach Abb. 3 oder nach Abb. 35 gemessen werden, die erreichbare Genauigkeit dürfte dabei etwa $\pm$ 0,2% sein.

69. Eichung von Strom- und Spannungswandlern. Die Fehlergrößen seien nach Abb. 124 folgendermaßen definiert[1]:

$$
\begin{aligned}
F \equiv \frac{\varDelta I \cos \beta}{I_2} \; ; &\qquad F \equiv \frac{\varDelta U \cos \beta}{U_2} \quad \text{„Übersetzungsfehler''} , \\[2mm]
\delta \equiv \frac{\varDelta I \sin \beta}{I_2} \; ; &\qquad \delta \equiv \frac{\varDelta U \sin \beta}{U_2} \quad \text{„Fehlwinkel''} .
\end{aligned}
\tag{1}
$$

Zur Umrechnung des Fehlwinkels in Minuten gilt: $\delta_{min} = \dfrac{360 \cdot 60}{2\pi}\delta = 3440\,\delta$. Beim Stromwandler ist der Fehlerstrom $\varDelta I$ der Magnetisierungsstrom des Eisenkerns; er wächst stark mit der Induktion B_{max} im Eisen,

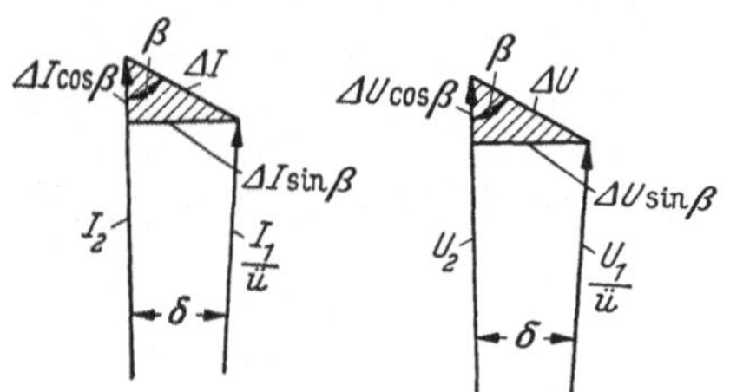

d. h. mit der Sekundärspannung des Wandlers. Letztere ist bei gegebenem Sekundärstrom um so größer, je *größer* der Außenwiderstand, d. h. die „Bürde'' des Sekundärkreises ist. — Bei Spannungswandlern rührt die Differenzspannung $\varDelta U$ vom Spannungsabfall des Leerlauf- und Belastungsstromes an den inneren ohmschen und induktiven Streu-Widerständen her. Sie wachsen mit dem sekundären Belastungsstrom.

Abb. 124. Zur Definition der Fehler von Strom- und Spannungswandlern.

duktiven Streu-Widerständen her. Sie wachsen mit dem sekundären Belastungsstrom.

---

[1] Nach VDE 0414/55 sind die Fehler von Wandlern folgendermaßen festgesetzt ($\ddot{u}$ = Nennübersetzungsverhältnis):

$$
F \equiv 100\,\frac{\ddot{u}\,I_2 - I_1}{I_1}\,\% \qquad \text{(Stromwandler)}
$$

$$
F \equiv 100\,\frac{\ddot{u}\,U_2 - U_1}{U_1}\,\% \qquad \text{(Spannungswandler)} .
$$

Diese Definitionen stimmen mit obigen Gln. (1) praktisch (d. h. bei kleinen Werten F und kleinen Winkeln δ) überein. Der Übersetzungsfehler ist *positiv* ($F > 0$), wenn die *Sekundärgröße größer* ist als dem Übersetzungsverhältnis entspricht. Legt man den Windungssinn so fest, daß bei fehlwinkelfreiem Wandler Primär- und Sekundärspannung eine Phasenverschiebung von $0°$ (nicht $180°$!) haben, so wird der Fehlwinkel *positiv* gerechnet, wenn die *sekundäre* Größe der *primären* *voreilt*.

Die Wandlerfehler lassen sich ohne Spezialeinrichtungen[1] verhältnismäßig einfach mit dem Meßkontakt ermitteln[2]. Abb. 125a zeigt eine solche Schaltung für Stromwandler[3]. Die Sekundärseiten des Prüflings und eines Vergleichswandlers werden gegeneinander geschaltet, so daß im Querwiderstand R der Differenzstrom ΔI fließt. Von letzterem werden nach § 13 die Komponenten $\Delta I \cos \beta$ und $\Delta I \sin \beta$ in bezug auf I_n gemessen und daraus nach Gl. (1) die Fehlergrößen berechnet. Der Strommeßbereich wird nach Tab. 19B, S. 202 berechnet. Der Querwiderstand R darf, um die Bürde klein zu halten („Bürdenverschiebung") nicht zu groß

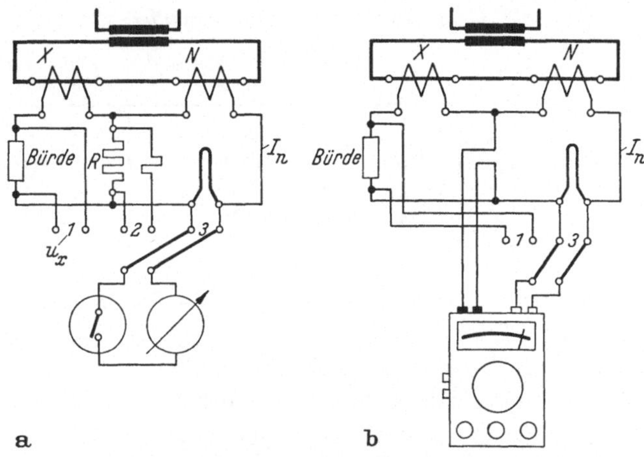

Abb. 125a u. b. Messung der Fehler von Stromwandlern mit einem Meßkontakt (a) oder „Vektormesser" (b).

werden, bei Präzisionswandlern (Klasse 0,1 und 0,2 in Tab. 13) kommt man aus diesem Grunde nicht mit einem 60 mV 20 Ohm-Instrument aus, sondern muß empfindlichere Instrumente benutzen. Bei Verwendung eines Vektormessers nach Abb. 125b kann man dabei die eingebauten Strommeßbereiche nach Gl. (96.7) auch für empfindlichere Instrumente benutzen. Da ΔI und I mit dem gleichen Instrument gemessen werden, fallen seine Absolutfehler aus der Messung heraus.

Als Magnetisierungsstrom enthält der Fehlerstrom ΔI Oberwellen; die Fehler in Gl. (1) sind für seine Grundwelle definiert. In vielen Fällen genügt die Ausschaltung der dritten Oberwelle durch $T_k = 120/240°$, zur Kontrolle kann in Zweifelsfällen Doppel- oder Vierfachmessung nach §§ 12 und 13 angewendet werden.

Abb. 126 zeigt eine Schaltung zur Prüfung von Spannungswandlern. Größe und Phase des Bürdenstromes I_x kann hier ebenso wie in Abb. 125

---

[1] Hohle, W.: Arch. f. Elektrotechn. Bd. 27 (1933) S. 849/55 (gebaut von mehreren deutschen Firmen); Bauer, R.: Die Meßwandler, Springer, 1953.

[2] Elektrotechnik Bd. 3 (1949) H. 3 S. 81/85; Frequenz Bd. 3 (1949) H. 12.

[3] Sieber, O.: Siemens Zeitschrift. Bd. 9 (1929) S. 845; ATM Z 224—3 (1932).

Tabelle 13. *Fehlergrenzen für Strom- und Spannungswandler nach VDE 0414/55.*
Fehlergrenzen für Stromwandler.

Klasse	Stromfehler $\pm F$ in % bei				Fehlwinkel $\pm \delta$ in Minuten bei			
	$1{,}2\,I_n$	$1{,}0\,I_n$	$0{,}2\,I_n$	$0{,}1\,I_n$	$1{,}2\,I_n$	$1{,}0\,I_n$	$0{,}2\,I_n$	$0{,}1\,I_n$
0,1	0,1	0,1	0,2	0,25	5	5	8	10
0,2	0,2	0,2	0,35	0,5	10	10	15	20
0,5	0,5	0,5	0,75	1,0	30	30	40	60
1	1,0	1,0	1,5	2,0	60	60	80	120
3	—	3,0	—	—	—	—	—	—

Fehlergrenzen für Spannungswandler.

Klasse	Primäre Spannung	Spannungsfehler $\pm F$ in %	Fehlwinkel $\pm \delta$ in Minuten
0,1	$0{,}8...1{,}2\,U_n$	0,1	5
0,2	$0{,}8...1{,}2\,U_n$	0,2	10
0,5	$0{,}8...1{,}2\,U_n$	0,5	20
1	$0{,}8...1{,}2\,U_n$	1,0	40
3	$1{,}0\,U_n$	3,0	—

die Bürdenspannung u_x gemessen werden. Die Differenzspannung ΔU ist bei sinusförmiger Speisespannung sinusförmig, den Oberwellen braucht also keine besondere Beachtung geschenkt werden.

Die angegebenen Verfahren messen eigentlich $F_x - F_n$ bzw. $\delta_x - \delta_n$, die Fehlergrößen F_n und δ_n des Vergleichswandlers müssen also zu den Meßwerten Gl. (1) addiert werden.

Zur Prüfung der Vergleichswandler selbst oder in Fällen, in denen ein geeigneter Vergleichswandler (er muß gleiches Nennübersetzungsverhältnis wie der Prüfling haben) nicht zur Verfügung steht, werden absolute Kompensationsverfahren angewendet[1]. Abb. 127 zeigt eine derartige Schaltung für Stromwandler, bei welcher der Differenzstrom ΔI statt mit Wechselstromkompensator und Vibrationsgalvanometer mit Meßkontakt und Galvanometer gemessen wird[2]. Die induktionsarmen Nebenwiderstände r_{n1} und r_{n2} (zusammengefaltete Manganinbänder, Abb. 55) sind dabei so abgeglichen, daß $\dfrac{r_{n2}}{r_{n1}} = \ddot{u} =$ Nennübersetzung des Wandlers ist. Bringt man in der Stellung 1 durch Vergrößerung von R die Empfindlichkeit des Galvanometers auf $\dfrac{1}{n}$ gegenüber Stellung 2, so erhält man, wenn α_F bzw. α_δ dem Wirk- bzw. Blindanteil der Spannung δu in bezug auf u entspricht:

$$F = \frac{\alpha_F}{n\,\alpha_1}, \qquad \delta = \frac{\alpha_\delta}{n\,\alpha_1}. \tag{2}$$

---

[1] Schering, H., u. E. Alberti: Tätigkeitsbericht der PTR. Z. Instrumentenkunde Bd. 37 (1917) S. 98/99. — [2] Frequenz Bd. 3 (1949) H. 12.

Die Oberwellen werden wie in Abb. 125 ausgeschaltet. Der Nebenwiderstand r_{n1} muß für den großen Primärstrom I_1 ausgelegt werden; damit der Leistungsumsatz $r_{n1}\,I_1^2$ in ihm nicht zu groß wird, verwendet man zweckmäßig als Instrument ein Spiegel- oder Lichtmarkengalvanometer;

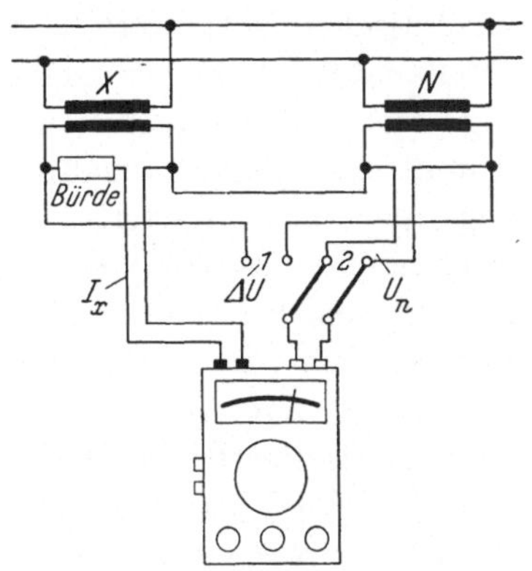

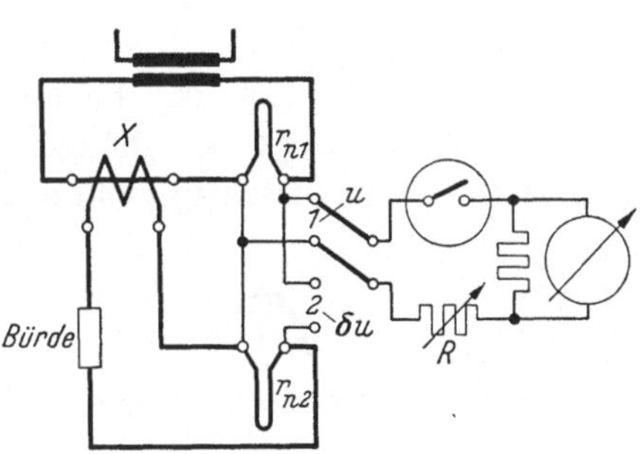

Abb. 126. Messung der Fehler von Spannungswandlern mit dem Vektormesser.

Abb. 127. Absolute Messung der Fehler von Stromwandlern mit Nebenwiderständen.

seine Absolutgenauigkeit fällt aus der Messung heraus. Man kann n mit dem Widerstand R so einregeln, daß $\alpha_F = \alpha_1$ bzw. $\alpha_\delta = \alpha_1$ wird, dann entfallen auch Skalenfehler des Instrumentes. — Auch für Spannungswandler lassen sich Schaltungen entsprechend Abb. 127 angeben[1]. Die Verwendung des Meßkontaktes hat bei all diesen Schaltungen den Vorteil, daß die Komponenten der Fehlergröße nicht kompensiert, sondern als Instrumentausschläge abgelesen werden, was das Verfahren vereinfacht und seine Empfindlichkeit erhöht.

Abb. 128 zeigt eine Schaltung, bei der statt der Nebenwiderstände von Abb. 127 Gegeninduktivitäten benutzt werden, was den

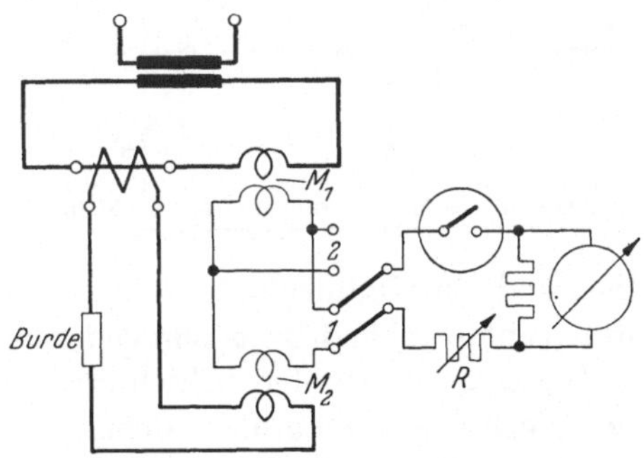

Abb. 128. Absolute Messung der Fehler von Stromwandlern mit Gegeninduktivitäten.

Vorteil bietet, daß der Leistungsverlust im Nebenwiderstand vermieden wird, d. h. auch Wandler mit großen und größten Primärströmen absolut geeicht werden können. [HELKE: ETZ-A (1953) S. 263].

---

[1] HOHLE, W., u. W. HÜTER: Prüfung von Höchstspannungswandlern. Phys. Z. 39 (1938) H. 7 S. 288/96; ZINN, E. u. FORGER: Messung von Spannungswandlern mit der Stromwandler-Meßeinrichtung nach SCHERING-ALBERTI ETZ A (1954) H. 20 S. 687/90 u. H. 24 S. 805; LINCKH, H. E.: VDE Fachberichte (1953) I S. 8.

X. Theorie des Meßkontaktes.

70. Wirkungsweise des Meßkontaktes. Der Meßkontakt ist ein Synchronschalter, mit dem periodisch Teile aus der zu messenden Wechselstromgröße herausgeschnitten und auf das Drehspulinstrument geschaltet werden. Letzteres zeigt den elektrolytischen Mittelwert (§§ 1 und 5) dieser periodischen Teilabschnitte. Meßkontakt und Instrument bilden zusammen eine Integriereinrichtung, wobei die Integrationsgrenzen durch den Ein- und Ausschaltzeitpunkt des Synchronschalters gegeben sind[1]. Da sich die Schaltvorgänge periodisch wiederholen, kommt im Instrument bei genügender mechanischer Trägheit seines Systems ein Dauerausschlag zustande (§ 71). In dem besonderen Fall, daß die Ein- und Ausschaltzeitpunkte auf Anfang und Ende der Halbwelle eingestellt werden (Abb. 129a), wirkt die Anordnung wie ein Drehspulinstrument mit vorgeschaltetem, einseitig durchlässigem Ventil, d. h. als Gleichrichter. Da der Widerstand des geschlossenen Kontaktes sehr klein ist ($\approx 10^{-2}\ \Omega$) und der des sich öffnenden Kontaktes sprunghaft sehr groß ($> 10^8\ \Omega$) wird, ist die Gleichrichtung im Gegensatz zu Ventilen (Sperrschichtgleichrichter, Röhrengleichrichter) ideal und daher die erreichbare Meßgenauigkeit und Empfindlichkeit groß. Im Gegensatz zu Ventilen lassen sich durch entsprechende Einstellung der mechanischen Schließ- und Öffnungszeitpunkte auch andere Abschnitte als die einseitigen Halbwellen aus der Wechselspannung herausschneiden. Der Kontakt öffnet und schließt in diesem Fall nicht strom- bzw. spannungslos (Abb. 129b und 129c). Strom und Spannung des Drehspulinstrumentes sind aber so klein, daß das Schalten bei ohmschem Meßkreis ohne Schaltentladungen und in sehr kurzer Zeit ($< 10^{-5}$ s) erfolgt. Eine „Gleichrichtung" kommt dabei nur begrenzt (Abb. 129b) oder gar nicht (Abb. 129c) zustande. Trotzdem sind diese Fälle bedeutsam, da sie die Messung der Phasenlage (§ 15) und der Wirk- und Blindkomponenten (§ 13) ermöglichen.

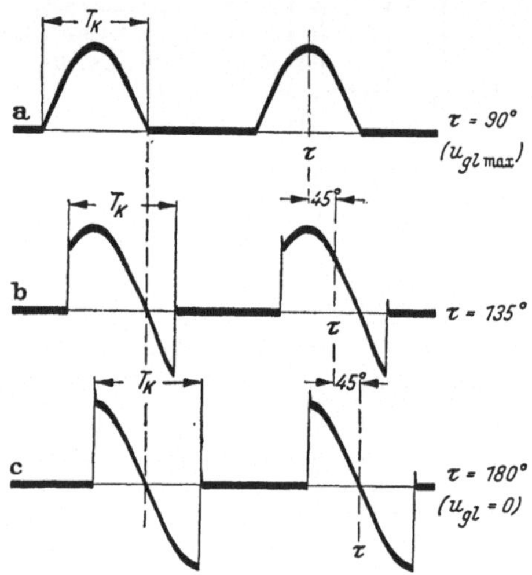

Abb. 129a—c. Dem Drehspulinstrument bei 180° Schließzeit zugeführte Ausschnitte aus der Meßgröße. Halbwellen-Gleichrichtung.

---

[1] Elektrische Integrationsverfahren mit *festen* Integrationsgrenzen: WITTKE, H.: Frequenz (1955) Nr. 2 S. 49/57.

Die Schließzeit T_k je Periode kann durch Eingriff in die Mechanik des Kontaktantriebs (§ 86) oder durch Reihen- bzw. Parallelschaltung von zwei Kontakten (§ 99) auf kleinere oder größere Werte als 180° gebracht werden (Abb. 130 u. 131), was unter anderem zur Oberwellen-

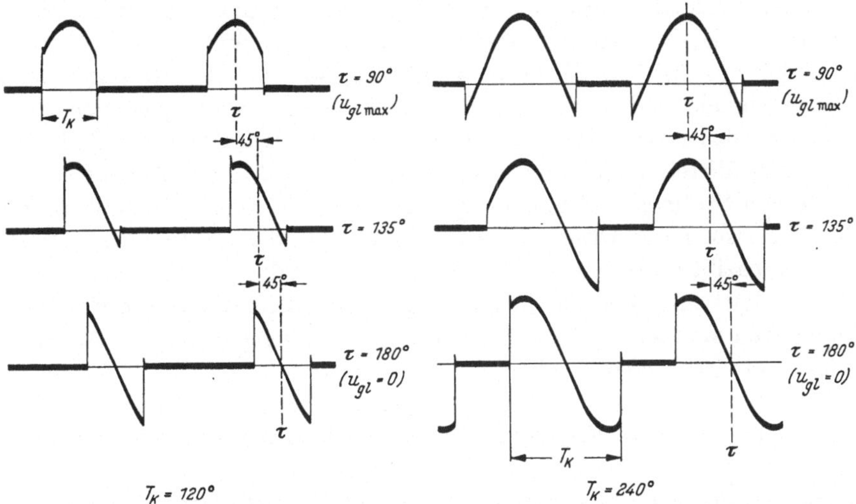

Abb. 130. Dem Drehspulinstrument bei 120° (links) oder 240° (rechts) Schließzeit zugeführte Ausschnitte aus der Meßgröße.

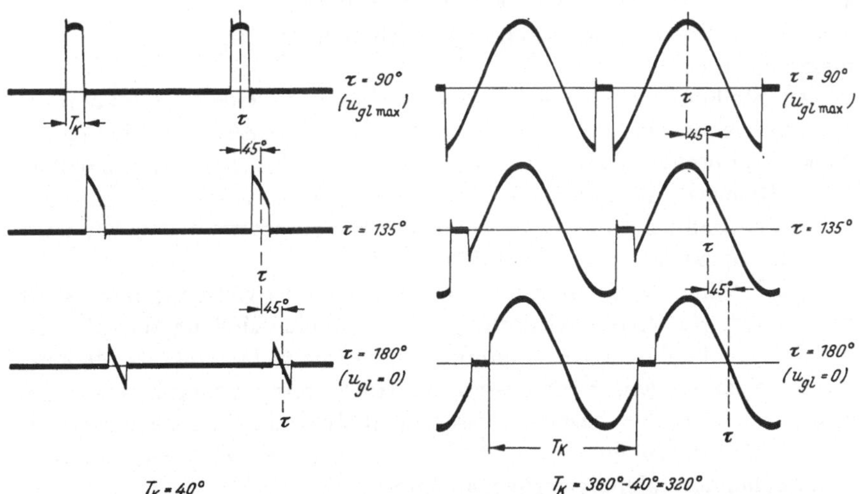

Abb. 131. Dem Drehspulinstrument bei 40° (links) oder 320° (rechts) Schließzeit zugeführte Ausschnitte aus der Meßgröße. τ = Mitte der Schließzeit, vgl. Abb. 133.

ausschaltung verwendet werden kann (§ 12). Kurze Schließzeiten werden beispielsweise zur Messung der Kurvenform benutzt (§ 2).

Das Drehspulinstrument zeigt *grundsätzlich Mittelwerte und nicht Effektivwerte*. Hierin unterscheidet der Meßkontakt sich nicht von anderen Gleichrichterinstrumenten, die trotz dieser Eigenschaft und trotz geringerer Genauigkeit große Verbreitung gefunden haben. Wegen seiner großen Spannungsempfindlichkeit kann er zur Wechselstrommessung an Nebenwiderständen benutzt werden. Bei Verwendung eines Meßstellenwählers (wie er in vielen Schaltbildern dieses Buches angedeutet ist) lassen sich mit einem einzigen Instrument schnell hintereinander verschiedene Meßgrößen erfassen, was für die Messung von Phasenwinkeln und Wirk- und Blindkomponenten wichtig ist und bei Widerstandsmessungen den Absolutfehler des Instrumentes ausschaltet.

Außer Mittelwerten können mit dem Meßkontakt auch Augenblickswerte von Strömen und Spannungen gemessen werden (§ 2), und zwar durch Messung des Differentials der Meßgröße, das an Induktivitäten bzw. Kapazitäten auftritt (§ 74). Die Integration durch Meßkontakt und Drehspulinstrument macht in diesem Fall die Differenziation durch die induktiven bzw. kapazitiven Widerstände rückgängig, so daß die Augenblickswerte der Meßgröße abhängig von der Kontaktphase, d. h. ihr zeitlicher Verlauf gemessen wird. Durch Mehrfachmessungen lassen sich die Oberwellen und ihre Komponenten und auch Grundwelle und Grundwellenkomponenten ermitteln. Der Frequenzbereich (für die Grundwelle) ist durch die mechanische Bewegung des Kontaktes je nach der Konstruktion auf Niederfrequenz (bei dem Vektormesser Abb. 159 z. B. auf 15 ··· 80 Hz) beschränkt. Um einen Faktor zwei bis fünfmal höhere Grundwellenfrequenzen lassen sich nach dem Prinzip der Oberwellenmessung erfassen[1].

An Stelle des Drehspulinstrumentes kann ein Gleichstromkompensator verwendet und dadurch absolute Genauigkeit erzielt werden (§ 89). Neben Halbwellenschaltungen sind auch Vollwellenschaltungen möglich, neben Reihenschaltung von Kontakt und Instrument Parallelschaltung; im letzten Fall zeigt das Instrument den Mittelwert der Spannung während der *Öffnungszeit* des Kontaktes (§ 73).

Der Meßkontakt ist in seinen Anwendungen so vielseitig, daß es auf dem Gebiet stationärer Niederfrequenz kaum eine Meßaufgabe gibt, die mit ihm nicht gelöst werden könnte. Auf einigen Gebieten (z. B. Messung kleiner Spannungen, Eisenmessungen, Hochstrommessungen) ist er geradezu unentbehrlich. Dieser Vielseitigkeit steht der Nachteil gegenüber, daß die Anforderungen an die Aufmerksamkeit bei der Messung größer sind als bei normalen Zeigerinstrumenten.

71. Formeln für den Instrumentausschlag bei ohmschen Vor- und Nebenwiderständen. Die Meßgröße U_n bzw. I_n (Grundwelle oder einzelne Teilwelle) wird im allgemeinen durch Vor- und Nebenwiderstände, Stromwandler, Spannungswandler usw. umgeformt, bevor sie dem

---

[1] FUNK, G., u. W. HOLLEUFER: Messung mittlerer Frequenzen mit dem Vektormesser. AEG-Mitt. (1952) Heft 7/8.

Gleichrichter zugeführt wird; der Gleichrichter formt seinerseits die Wechselspannung in Gleichspannung um. Wir definieren (Abb. 132):

$$S \equiv \frac{U_n}{u_n}\,; \qquad S = \frac{I_n}{u_n}\left[\frac{\mathrm{A}}{\mathrm{V}}\right] \qquad \text{Schaltungskonstante}$$

$$\varepsilon_0 \equiv \left(\frac{u_{gl}}{u_{1\,max}}\right)_{T_k=180°} \qquad \text{Gleichrichterkonstante}$$

$$\varepsilon_{nT_k} \equiv \frac{\left(\dfrac{u_{gl}}{u_{n\,max}}\right)_{T_k}}{\varepsilon_0} \qquad \text{Oberwellenempfindlichkeit.} \qquad (1)$$

Die Schaltungskonstante S ist für Spannungsmessung eine dimensionslose Zahl, *für Strommessung ein Leitwert*. (Bei Differenzierschaltungen tritt außer der Größenumformung auch eine Phasenumformung auf, sie wird später behandelt, p in § 74). Die Spannung u_n und der Widerstand

$r_0 = \dfrac{u_n}{i_n}$ ist definiert *für die Meßzeit*, also bei Halbwellengleichrichtung mit Reihenschaltung von Kontakt und Instrument für die *Schließzeit*, bei Parallelschaltung für die *Öffnungszeit*. Abb. 132 rechts zeigt z. B. eine einfache Spannungsmessung mit ohmschem Vorwiderstand R und Halbwellengleichrichtung mit Reihenschaltung

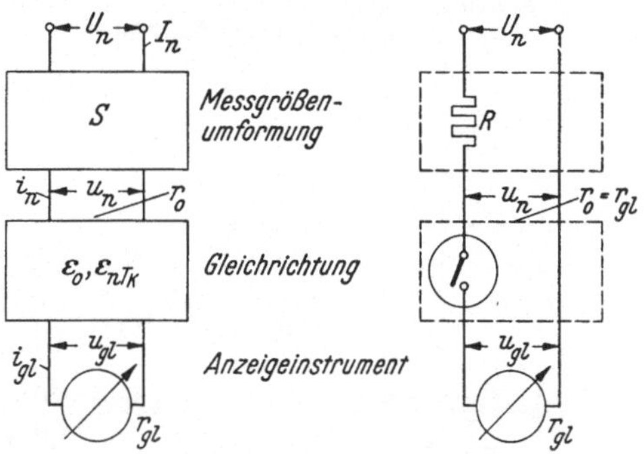

Abb. 132. Zur Definition von Schaltungskonstante S, Gleichrichterkonstante ε_0 und Oberwellenempfindlichkeit ε_{nT_k}.

von Kontakt und Instrument. In diesem Fall ist (während der Schließzeit) $r_0 = r_{gl}$ und $S = \dfrac{R+r_{gl}}{r_{gl}}$ (weitere Beispiele siehe § 73). Die Aufteilung des Verhältnisses $\dfrac{u_{gl}}{u_{n\,max}}$ in „Gleichrichterkonstante" ε_0 und „Oberwellenempfindlichkeit" ε_{nT_k} hat sich als zweckmäßig erwiesen. Beide Größen werden im folgenden berechnet.

Das Drehspulinstrument zeigt nach § 5 mit den Einschränkungen des § 92 den auf die volle Periode T bezogenen (elektrolytischen) Mittelwert der Spannung u_n während der Meßzeit, also bei Halbwellengleichrichtung und Reihenschaltung von Kontakt und Instrument:

$$u_{gl} = \frac{1}{T}\int\limits_{t_{ein}}^{t_{aus}} u_n\,dt = f\int\limits_{t_{ein}}^{t_{aus}} u_n\,dt\,. \qquad (2)$$

Hat die Meßgröße den zeitlichen Verlauf:

$$U_{n(t)} \text{ bzw. } I_{n(t)} = A_n \sin n\,\omega\,t + B_n \cos n\,\omega\,t\,, \qquad (3)$$

so wird sie durch die vorhandenen ohmschen Vor- und Nebenwiderstände um einen Faktor S, der in § 73 berechnet wird, verkleinert:

$$u_{n(t)} = \frac{1}{S}\,(A_n \sin n\,\omega\,t + B_n \cos n\,\omega\,t)\,. \tag{4}$$

Damit wird aus Gl. (2), wenn τ nach Abb. 133 *die Mitte der Kontaktschließzeit* T_k (,,Kontaktphase``) bezeichnet:

$$u_{gl(\tau)} = \pi\,\varepsilon_0 \int\limits_{\tau-0,5\,T_k}^{\tau+0,5\,T_k} u_n\,dt = \frac{\pi\,\varepsilon_0}{S} \int\limits_{\tau-0,5\,T_k}^{\tau+0,5\,T_k} (A_n \sin n\,\omega\,t + B_n \cos n\,\omega\,t)\,dt\,. \tag{5}$$

Nach Gl. (2) ist dabei für Halbwellengleichrichtung $\pi\,\varepsilon_0 = 1$, für Voll-
wellengleichrichtung $\pi\,\varepsilon_0 = 2$, für die Schaltung e der Abb. 136 ist
$0 < \pi\,\varepsilon_0 < 2$. Die Auswertung des Integrals Gl. (5) ergibt für beliebige
Ordnungszahlen n: (τ in Bogenmaß)

$$u_{gl(\tau)} = \frac{\varepsilon_0\,\varepsilon_n\,T_k}{S}\,(A_n \sin n\,\tau + B_n \cos n\,\tau) = \varepsilon_0\,\varepsilon_n\,T_k\,u_{n(\tau)} = \frac{\varepsilon_0\,\varepsilon_n\,T_k}{S}\,U_{n(\tau)}. \tag{6}$$

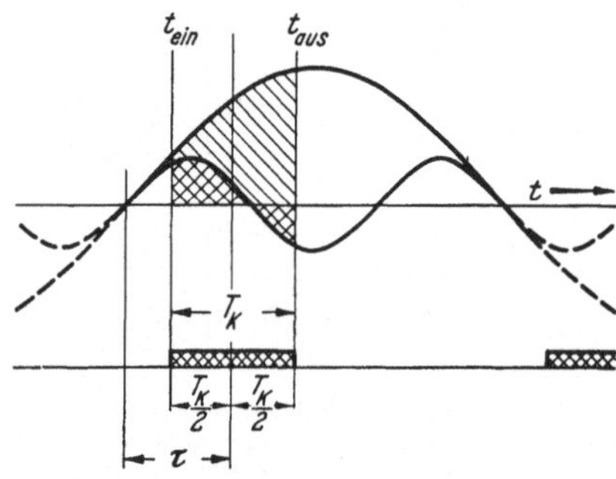

Abb. 133. Zur Definition der Kontaktphase τ.
(Als Beispiel für die Meßgröße ist die Sinus-
komponente der Grundwelle und einer dritten
Oberwelle gezeichnet).

Dabei ist:

$$\varepsilon_n\,T_k \equiv \frac{1}{n}\,\sin n\,\frac{T_k}{2}\,. \tag{7}$$

(Die Nullmarke für die Kontaktphase τ an der Drehskala des Meßkontaktes bzw. des vorgeschalteten
Phasendrehers ist so einzustellen,
daß für $\omega t = 0$ auch $\tau = 0$ ist). Die
Oberwellenempfindlichkeit $\varepsilon_n\,T_k$ ist
in Tab. 14 und Abb. 134 berechnet.
Für Doppel- und Vierfachmessungen wird der Begriff der Oberwellenempfindlichkeit in § 72 er-
weitert.

Sind gleichzeitig mehrere Teilwellen mit sin- und cos-Komponenten
vorhanden, erhält man durch einfache Überlagerung statt Gl. (6):

$$u_{gl(\tau)} = \frac{\varepsilon_0}{S}\,\sum_n \varepsilon_n\,T_k\,(A_n \sin n\,\tau + B_n \cos n\,\tau)\,. \tag{8}$$

Ist nur die sin-Komponente einer einzelnen Frequenz vorhanden, und
stellt man die Kontaktphase auf $\tau = \frac{\pi}{2}$, d. h. auf Maximum des Instrumentausschlages, so wird aus Gl. (8):

$$A_n = \sqrt{2}\,A_{n\,eff} = \frac{\pi\,S}{\pi\,\varepsilon_0\,\varepsilon_n\,T_k \sin n\,\frac{\pi}{2}}\,u_{gl\,max}\,. \tag{9}$$

Für den Sonderfall $T_k = 180°$ wird aus Gl. (9) (da $\varepsilon_{n\,180°} \sin n\,\frac{\pi}{2} =
\frac{1}{n}\,\sin^2 n\,\frac{\pi}{2}$ für alle n positiv ist):

$$A_{n\,eff} = \frac{\pi}{\sqrt{2}}\,\frac{S}{\pi\,\varepsilon_0}\,n\,u_{gl\,max} = 2{,}2214\,\frac{S}{\pi\,\varepsilon_0}\,n\,u_{gl\,max}\,. \tag{10}$$

Tabelle 14. *Oberwellenempfindlichkeit* $\varepsilon_n T_k = \dfrac{1}{n}\sin n\dfrac{T_k}{2}$.

T_k	180°	120° (240°)	144° (216°)	154,3° (205,7°)	163,7° (196,3°)	166,3° (193,7°)	90° (270°)	60° (300°)	30° (330°)	360°
Gleichstrom	$\dfrac{\pi}{2}$	1,047 (2,095)	1,256 (1,885)	1,346 (1,794)	1,428 (1,713)	1,45 (1,69)	0,785 (2,355)	0,524 (2,638)	0,264 (2,86)	π
$1/n$	0	0	0	0	0	0	0	0	0	0
Grundwelle	1	0,866	0,951	0,975	0,990	0,993	0,707	0,5	0,259	0
$n=2$	0	$\overset{+}{(-)}\,^1/_2\,0{,}866$	$\overset{+}{(-)}\,^1/_2\,0{,}588$	$\overset{+}{(-)}\,^1/_2\,0{,}433$	$\overset{+}{(-)}\,^1/_2\,0{,}281$	$\overset{+}{(-)}\,^1/_2\,0{,}237$	$\overset{+}{(-)}\,^1/_2\,1{,}0$	$\overset{+}{(-)}\,^1/_2\,0{,}866$	$\overset{+}{(-)}\,^1/_2\,0{,}5$	0
3	$-\,^1/_3$	0	$-\,^1/_3\,0{,}588$	$-\,^1/_3\,0{,}782$	$-\,^1/_3\,0{,}910$	$-\,^1/_3\,0{,}935$	$+\,^1/_3\,0{,}707$	$+\,^1/_3\,1{,}0$	$+\,^1/_3\,0{,}707$	0
4	0	$\overset{-}{(+)}\,^1/_4\,0{,}866$	$\overset{-}{(+)}\,^1/_4\,0{,}951$	$\overset{-}{(+)}\,^1/_4\,0{,}782$	$\overset{-}{(+)}\,^1/_4\,0{,}538$	$\overset{-}{(+)}\,^1/_4\,0{,}464$	0	$\overset{+}{(-)}\,^1/_4\,0{,}866$	$\overset{+}{(-)}\,^1/_4\,0{,}866$	0
5	$+\,^1/_5$	$-\,^1/_5\,0{,}866$	0	$+\,^1/_5\,0{,}433$	$+\,^1/_5\,0{,}756$	$+\,^1/_5\,0{,}823$	$-\,^1/_5\,0{,}707$	$+\,^1/_5\,0{,}5$	$+\,^1/_5\,0{,}966$	0
6	0	0	$\overset{+}{(-)}\,^1/_6\,0{,}951$	$\overset{+}{(-)}\,^1/_6\,0{,}975$	$\overset{+}{(-)}\,^1/_6\,0{,}756$	$\overset{+}{(-)}\,^1/_6\,0{,}662$	$\overset{-}{(+)}\,^1/_6\,1{,}0$	0	$\overset{+}{(-)}\,^1/_6\,1{,}0$	0
7	$-\,^1/_7$	$+\,^1/_7\,0{,}866$	$+\,^1/_7\,0{,}588$	0	$-\,^1/_7\,0{,}538$	$-\,^1/_7\,0{,}661$	$-\,^1/_7\,0{,}707$	$-\,^1/_7\,0{,}5$	$+\,^1/_7\,0{,}966$	0
8	0	$\overset{+}{(-)}\,^1/_8\,0{,}866$	$\overset{+}{(-)}\,^1/_8\,0{,}588$	$\overset{-}{(+)}\,^1/_8\,0{,}975$	$\overset{-}{(+)}\,^1/_8\,0{,}910$	$\overset{-}{(+)}\,^1/_8\,0{,}823$	0	$\overset{-}{(+)}\,^1/_8\,0{,}866$	$\overset{+}{(-)}\,^1/_8\,0{,}866$	0
9	$+\,^1/_9$	0	$-\,^1/_9\,0{,}951$	$-\,^1/_9\,0{,}433$	$+\,^1/_9\,0{,}281$	$+\,^1/_9\,0{,}464$	$+\,^1/_9\,0{,}707$	$-\,^1/_9\,1{,}0$	$+\,^1/_9\,0{,}707$	0
10	0	$\overset{-}{(+)}\,^1/_{10}\,0{,}866$	0	$\overset{+}{(-)}\,^1/_{10}\,0{,}782$	$\overset{+}{(-)}\,^1/_{10}\,0{,}990$	$\overset{+}{(-)}\,^1/_{10}\,0{,}935$	$\overset{+}{(-)}\,^1/_{10}\,1{,}0$	$\overset{-}{(+)}\,^1/_{10}\,0{,}866$	$\overset{+}{(-)}\,^1/_{10}\,0{,}5$	0
11	$-\,^1/_{11}$	$-\,^1/_{11}\,0{,}866$	$+\,^1/_{11}\,0{,}951$	$+\,^1/_{11}\,0{,}782$	0	$-\,^1/_{11}\,0{,}237$	$+\,^1/_{11}\,0{,}707$	$-\,^1/_{11}\,0{,}5$	$+\,^1/_{11}\,0{,}259$	0
12	0	0	$\overset{+}{(-)}\,^1/_{12}\,0{,}588$	$\overset{+}{(-)}\,^1/_{12}\,0{,}433$	$\overset{-}{(+)}\,^1/_{12}\,0{,}990$	$\overset{-}{(+)}\,^1/_{12}\,0{,}993$	0	0	0	0
13	$+\,^1/_{13}$	$+\,^1/_{13}\,0{,}866$	$-\,^1/_{13}\,0{,}588$	$-\,^1/_{13}\,0{,}975$	$-\,^1/_{13}\,0{,}281$	0	$-\,^1/_{13}\,0{,}707$	$+\,^1/_{13}\,0{,}5$	$-\,^1/_{13}\,0{,}259$	0
14	0	$\overset{+}{(-)}\,^1/_{14}\,0{,}866$	$\overset{-}{(+)}\,^1/_{14}\,0{,}951$	0	$\overset{+}{(-)}\,^1/_{14}\,0{,}910$	$\overset{+}{(-)}\,^1/_{14}\,0{,}993$	$\overset{-}{(+)}\,^1/_{14}\,1{,}0$	$\overset{+}{(-)}\,^1/_{14}\,0{,}866$	$\overset{-}{(+)}\,^1/_{14}\,0{,}5$	0
15	$-\,^1/_{15}$	0	0	$+\,^1/_{15}\,0{,}975$	$+\,^1/_{15}\,0{,}538$	$+\,^1/_{15}\,0{,}237$	$-\,^1/_{15}\,0{,}707$	$+\,^1/_{15}\,1{,}0$	$-\,^1/_{15}\,0{,}707$	0

Für $\tau = 0$ wird, wenn nur sin-Glieder vorhanden sind, $u_{gl} = 0$ (Null-stellung für sin-Glieder). — Sind nur cos-Glieder vorhanden, und stellt man die Kontaktphase auf $\tau = 0$, d. h. auf Maximum des Instrument-ausschlages, so wird aus Gl. (8):

$$B_n = \sqrt{2}\, B_{n\,eff} = \frac{\pi\,S}{\pi\,\varepsilon_0\,\varepsilon_{n\,T_k}}\, u_{gl\,max}\,. \tag{11}$$

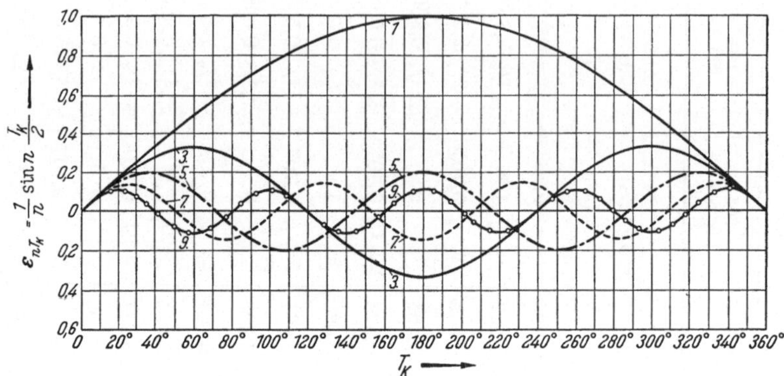

Abb. 134. Oberwellenempfindlichkeit $\varepsilon_{n\,T_k}$ als Funktion der Kontaktzeit T_k.

Für den Sonderfall $T_k = 180°$ wird aus Gl. (11) für ungerade Werte n:

$$B_{n\,eff} = \mp \frac{\pi}{\sqrt{2}} \frac{S}{\pi\,\varepsilon_0}\, n\, u_{gl\,max} = \mp 2,2214\, \frac{S}{\pi\,\varepsilon_0}\, n\, u_{gl\,max} \quad \begin{array}{l} -: n = 3, 7, 11 \ldots . \\[4pt] +: n = 5, 9, 13 \ldots \end{array} \tag{12}$$

Für $\tau = 0,5\,\pi$ wird, wenn nur cos-Glieder vorhanden sind, $u_{gl} = 0$ (Null-stellung für cos-Glieder). Für alle geraden Oberwellen ist bei $T_k = 180°$ die Empfindlichkeit $\varepsilon_{n\,T_k} = 0$, *sie werden also bei $T_k = 180°$ nicht mit-gemessen.*

Bezeichnet man nach § 5 den Halbwellenmittelwert einer symmetri-schen Spannung mit U_m, so ist, da die cos-Glieder keinen Beitrag zu U_m liefern, die sin-Glieder andererseits nur mit $\frac{1}{n}$ in den Mittelwert eingehen:

$$U_m = \frac{2}{\pi} \sum_n \frac{1}{n}\, A_n = \frac{2\,\sqrt{2}}{\pi} \sum_n \frac{1}{n}\, A_{n\,eff}. \tag{13}$$

Damit wird aus Gl. (10), wenn man nach Gl. (1.4) den Effektivwert einer sinusförmigen Spannung, die gleichen Mittelwert wie die Meßgröße hat, mit „U_{eff}" bezeichnet, also „U_{eff}" $= \frac{\pi}{2\,\sqrt{2}}\, U_m = 1{,}1107\, U_m$ setzt:

$$\left. \begin{array}{l} \text{„}U_{eff}\text{"} = 2{,}2214\, \dfrac{S}{\pi\,\varepsilon_0}\, u_{gl\,max} \\[10pt] \text{„}I_{eff}\text{"} = 2{,}2214\, \dfrac{S}{\pi\,\varepsilon_0}\, u_{gl\,max} \end{array} \quad (T_k = 180°)\,. \right\} \tag{14}$$

Dieses Ergebnis läßt sich auch direkt, d. h. ohne Zerlegung in Teilwellen ableiten. Es ist (t_0 = Beginn der Halbwelle):

$$u_{gl} = \pi\,\varepsilon_0\,f \int\limits_{t_0}^{t_0+0,5\,T} u_{(t)}\,dt = \frac{\pi\,\varepsilon_0\,f}{S} \int\limits_{t_0}^{t_0+0\,5\,T} U_{(t)}\,dt \qquad (15)$$

mit

$$U_m = 2\,f \int\limits_{t_0}^{t_0+0,5\,T} U_{(t)}\,dt \quad \text{und} \quad \text{,,}U_{eff}\text{``} = \frac{\pi}{2\,\sqrt{2}}\,U_m = 1{,}1107\,U_m \qquad (16)$$

erhält man aus Gl. (15) die Gl. (14).

Ist die Meßgröße eine Gleichspannung bzw. ein Gleichstrom mit der Amplitude A_0, so wird der Instrumentausschlag:

$$u_{gl} = \frac{\pi\,\varepsilon_0}{S}\,\frac{T_k}{T}\,A_0\,. \qquad (17)$$

Damit Gl. (8) auch für Gleichstrom gilt, definieren wir als ,,Gleichstromempfindlichkeit'':

$$\varepsilon_{0\,T_k} \equiv \pi\,\frac{T_k}{T}\,. \qquad (18)$$

Diese Größe ist in Tab. 14 mit eingetragen. Für Halbwellengleichrichtung ($\pi\,\varepsilon_0 = 1$) mit $T_k = 180°$ ($\varepsilon_{0\,T_k} = \frac{\pi}{2}$) wird nach Gl. (8) und (18) die Instrumentspannung $u_{gl} = \dfrac{0,5}{S}\,A_0$.

Die Funktion auf der rechten Seite von Gl. (8) bezeichnen wir als ,,Integralkurve'' der Meßgröße. Ihr zeitlicher Verlauf ist wegen der für die verschiedenen Oberwellen verschieden großen Oberwellenempfindlichkeit nicht identisch mit dem zeitlichen Verlauf der Meßgröße (ausgenommen Differenzierschaltungen mit $T_k = 180°$ in § 74!). Auch für verschiedene Schließzeiten T_k hat sie verschiedenen Verlauf (vgl. Abb. 25). Man erhält sie, wenn man den Instrumentausschlag α bzw. u_{gl} als Funktion der Kontaktphase τ aufzeichnet.

72. Empfindlichkeit bei Doppelmessungen. Nach Tabelle 14 und Abb. 134 wird bei bestimmten Schließzeiten die Empfindlichkeit für einzelne Oberwellen null. Dies kann zur Ausschaltung der betreffenden Oberwellen benutzt werden. Durch Doppel- bzw. Vierfachmessungen[1] lassen sich, wie im folgenden gezeigt wird, weitere Oberwellen ausschalten wodurch weitere Annäherung an die Grundwellenmessung erreicht wird (§ 12). Unter ,,Doppelmessung'' verstehen wir dabei zwei Instrumentablesungen bei gleich großer positiver und negativer Winkelabweichung β_1 von derjenigen Schaltphase (,,Grundstellung''), bei der gemessen werden soll. In Abb. 135 ist der Instrumentausschlag für eine beliebige

---

[1] Hermann, P. C.: Grundwellenmessungen mit Meßkontakten ohne Grundwellenfilter, Frequenz 8 (1954) S. 379/82.

Schließzeit T_k zerlegt in die beiden Komponenten $\alpha_W \sin n\tau$ und $\alpha_B \cos n\tau$ aufgetragen. An der Stelle τ_0 würde man für die betreffende Teilwelle einen Ausschlag $\alpha = \alpha_W$ erhalten. Mißt man statt dessen bei $\tau_0 - \beta_1$ und $\tau_0 + \beta_1$ und bildet man den arithmetischen Mittelwert aus beiden Ablesungen, so wird nach Abb. 135:

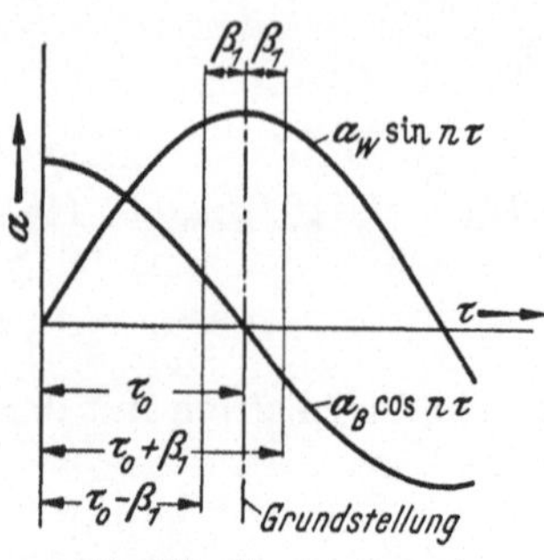

Abb. 135. Grundgedanke der Doppelmessung.

$$\frac{\alpha_{\tau_0 - \beta_1} + \alpha_{\tau_0 + \beta_1}}{2} = \alpha_W \cos n\,\beta_1\,, \qquad (1)$$

da sich aus der gebildeten Summe die Ausschläge $\pm\,\alpha_B \sin n\,\beta_1$ der cos-Komponente herausheben. War die Empfindlichkeit für die Einzelmessung ε_{nT_k}, so wird sie für die Doppelmessung:

$$\varepsilon_{nT_k\beta_1} = \varepsilon_{nT_k} \cos n\,\beta_1\,. \qquad (2)$$

Für $\beta_1 = \pm \dfrac{\pi}{2\,n}$ wird $\varepsilon_{nT_k\beta_1} = 0$. Wählt man z. B. $T_k = 120/240^\circ$ und $\beta_1 = 18^\circ$, so wird nach Gl. (2) und Tab. 14:

$$\left.\begin{aligned}
&\varepsilon_{3T_k\beta_1} = 0 \\[4pt]
&\varepsilon_{5T_k\beta_1} = \frac{1}{5}\,0{,}866 \cos (5 \cdot 18)^\circ = 0 \\[4pt]
&\varepsilon_{1T_k\beta_1} = 0{,}866 \cos 18^\circ = 0{,}866 \cdot 0{,}951 = 0{,}824\,,
\end{aligned}\;\;
\begin{aligned}
&\text{Doppelmessung} \\
&T_k = 120/240^\circ \\
&\beta_1 \pm 18^\circ
\end{aligned}\right\} \quad (3)$$

d. h. die dritte, neunte usw. und die fünfte, fünfzehnte usw. Oberwelle werden nicht mitgemessen, die Grundwelle dagegen noch mit einer Empfindlichkeit 0,824; die Empfindlichkeiten für die übrigen Oberwellen ergeben sich aus Gl. (2), sie sind in Tab. 15 zusammengestellt.

Tabelle 15. *Oberwellenempfindlichkeit der Doppel- und Vierfachmessung.*
Ohmsche Schaltungen [Differenzierschaltungen vgl. Gl. (74.7)].

n	Doppelmessung $T_k = 120^\circ$ (240°)		Vierfachmessung $T_k = 154{,}3^\circ$ (205,7°)	
	ε_{nT_k}	$\varepsilon_{nT_k\beta_1}$	ε_{nT_k}	$\varepsilon_{nT_k\beta_1\beta_2}$
1	0,866	0,824	0,975	0,803
3	0	0	$-\frac{1}{3}$ 0,782	0
5	$-\frac{1}{5}$ 0,866	0	$+\frac{1}{5}$ 0,433	0
7	$+\frac{1}{7}$ 0,866	$-\frac{1}{7}$ 0,508	0	0
9	0	0	$-\frac{1}{9}$ 0,433	0
11	$-\frac{1}{11}$ 0,866	$+\frac{1}{11}$ 0,824	$+\frac{1}{11}$ 0,782	$-\frac{1}{11}$ 0,642
13	$+\frac{1}{13}$ 0,866	$-\frac{1}{13}$ 0,508	$-\frac{1}{13}$ 0,975	$+\frac{1}{13}$ 0,497
15	0	0	$+\frac{1}{15}$ 0,975	0
2	$\overset{+}{(-)}\frac{1}{2}$ 0,866	$\overset{+}{(-)}\frac{1}{2}$ 0,700	$\overset{+}{(-)}\frac{1}{2}$ 0,433	$\overset{-}{(+)}\frac{1}{2}$ 0,175
4	$\overset{-}{(+)}\frac{1}{4}$ 0,866	$\overset{-}{(+)}\frac{1}{4}$ 0,268	$\overset{-}{(+)}\frac{1}{4}$ 0,782	$\overset{-}{(+)}\frac{1}{4}$ 0,121
6	0	0	$\overset{+}{(-)}\frac{1}{6}$ 0,975	$\overset{-}{(+)}\frac{1}{6}$ 0,301
8	$\overset{+}{(-)}\frac{1}{8}$ 0,866	$\overset{-}{(+)}\frac{1}{8}$ 0,700	$\overset{-}{(+)}\frac{1}{8}$ 0,975	$\overset{-}{(+)}\frac{1}{8}$ 0,394
10	$\overset{-}{(+)}\frac{1}{10}$ 0,866	$\overset{+}{(-)}\frac{1}{10}$ 0,866	$\overset{+}{(-)}\frac{1}{10}$ 0,782	$\overset{+}{(-)}\frac{1}{10}$ 0,391
12	0	0	$\overset{-}{(+)}\frac{1}{12}$ 0,433	$\overset{+}{(-)}\frac{1}{12}$ 0,350
14	$\overset{+}{(-)}\frac{1}{14}$ 0,866	$\overset{-}{(+)}\frac{1}{14}$ 0,268	0	0

Spaltet man die beiden Ablesungen der Doppelmessung wieder in je zwei Doppelmessungen mit der Winkelabweichung $\pm\,\beta_2$ auf und bildet man aus den vier Ablesungen den Mittelwert („Vierfachmessung"), so ergibt eine ähnliche Überlegung wie oben in Abb. 135: (vgl. Abb. 19b)

$$\varepsilon_{n\,T_k\,\beta_1\,\beta_2} = \varepsilon_{n\,T_k}\,\cos n\,\beta_1\,\cos n\,\beta_2\,. \tag{4}$$

Hier wird sowohl für $\beta_1 = \pm\,\dfrac{\pi}{2\,n_1}$ als auch für $\beta_2 = \pm\,\dfrac{\pi}{2\,n_2}$ die Meßempfindlichkeit $\varepsilon_{n\,T_k\,\beta_1\,\beta_2} = 0$. Man kann also zwei Oberwellen n_1 und n_2 zusätzlich ausschalten. Wählt man z. B. $T_k = 154{,}3/205{,}7°$ und führt die Vierfachmessung mit $\beta_1 = \pm\,30°$ und $\beta_2 = \pm\,18°$ aus, so wird nach Gl. (4) und Tab. 14:

$$\left.\begin{aligned}
\varepsilon_{3\,T_k\,\beta_1\,\beta_2} &= \frac{1}{3}\,0{,}782\,\cos\,(3\cdot30)°\,\cos\,(3\cdot18)° = 0 \\[1.5em]
\varepsilon_{5\,T_k\,\beta_1\,\beta_2} &= \frac{1}{5}\,0{,}433\,\cos\,(5\cdot30)°\,\cos\,(5\cdot18)° = 0 \\[1.5em]
\varepsilon_{7\,T_k\,\beta_1\,\beta_2} &= 0 \\[0.5em]
\varepsilon_{1\,T_k\,\beta_1\,\beta_2} &= 0{,}975\,\cos\,30°\,\cos\,18° \\
&= 0{,}975\cdot0{,}866\cdot0{,}951 = 0{,}803\,,
\end{aligned}\right\} \tag{5}$$

(Vierfachmessung, $T_k = 154{,}3/205{,}7°$, $\beta_1 = \pm\,30°$, $\beta_2 = \pm\,18°$), d. h. die dritte, neunte usw., die fünfte, fünfzehnte usw. und die siebente, einundzwanzigste usw. Oberwelle sind ausgeschaltet, während die Grundwelle noch mit einer Empfindlichkeit 0,803 gemessen wird. Die nach Gl. (4) berechnete Empfindlichkeit für die übrigen Oberwellen gibt Tab. 15. Die Doppel- und die Vierfachmessung wird zur Messung der Grundwelle bzw. ihrer Komponenten §§ 12 und 13 benutzt.

73. Meßkontaktschaltungen mit ohmschen Vor- und Nebenwiderständen. Außer der Reihenschaltung kann auch Parallelschaltung von Meßkontakt und Instrument verwendet werden (Abb. 136b). Beide Anordnungen sind Halbwellenschaltungen. Abb. 136c—f zeigt Vollwellenschaltungen mit vier bzw. zwei Meßkontakten[1]. Für alle Schaltungen gilt nach Gl. (71.3) bis (71.7):

$$u_{gl(\tau)} = \varepsilon_0\,\varepsilon_{n\,T_k}\,u_{n(\tau)} \tag{1}$$

wobei die Größe ε_0 entsprechend ihrer Definition in Gl. (71.1) die in Abb. 136 angegebenen Werte hat. Zur Erweiterung des Meßbereichs kann man ohmsche Vor- und Nebenwiderstände benutzen. Die nach Gl. (71.1) für die Berechnung des Meßbereichs charakteristischen Größen S berechnen sich beispielsweise für die Schaltungen der Abb. 137:

$$\left.\begin{aligned}
S &\equiv \frac{U_n}{u_n} = \frac{R\,(r_n + r + r_{gl}) + r_n\,(r + r_{gl})}{r_n\,r_{gl}} \quad\text{(Spannungsmessung)} \\[1.5em]
S &\equiv \frac{I_n}{u_n} = \frac{r_n + r + r_{gl}}{r_n\,r_{gl}} \quad\left[\frac{\mathrm{A}}{\mathrm{V}}\right] \qquad\text{(Strommessung)}\,.
\end{aligned}\right\} \tag{2}$$

---

[1] Pfannenmüller, H.: ATM (1932) Z 540—3.

Die Vollwellenschaltung 1c wird man wegen des großen Aufwandes von
vier Meßkontakten und die Schaltung 1f wegen des erforderlichen Son-
derinstrumentes mit zwei Wicklungen ungern anwenden. Die Schaltungen
1d und 1e haben gegenüber den Halbwellenschaltungen den Vorteil, daß
sie bei Kontaktschließzeiten $T_k = 180°$ zeitlich konstanten Widerstand

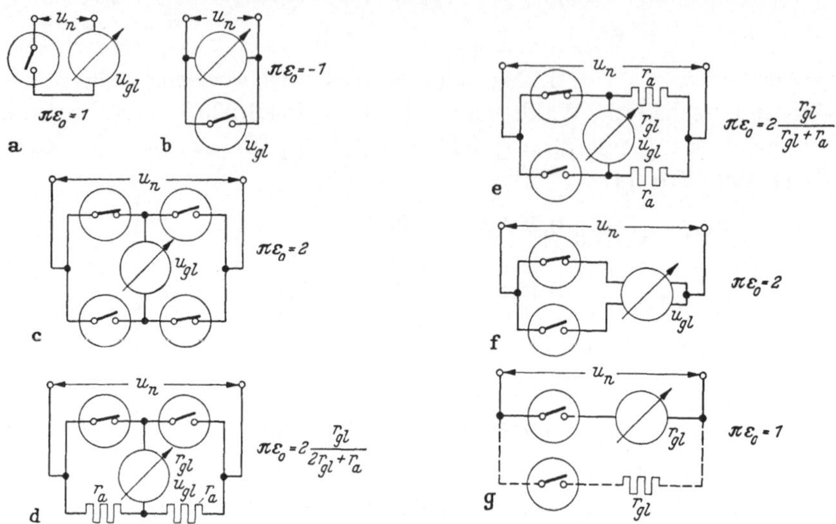

Abb. 136a—g. Gleichrichterkonstante ε_0 verschiedener Halbwellen- und Vollwellenschaltungen. (Die Schaltung e wird im Siemens-Ferrometer benutzt, Abb. 109).

haben, also konstante Belastung der Meßgröße ergeben, Tab. 16, und daß
sie auf gewisse Störspannungen weniger empfindlich sind als Halbwellenschaltungen (§§ 76, 92 und 102). Der größeren Einfachheit wegen kann
man trotzdem fast immer die Halbwellenschaltungen benutzen. Nur in

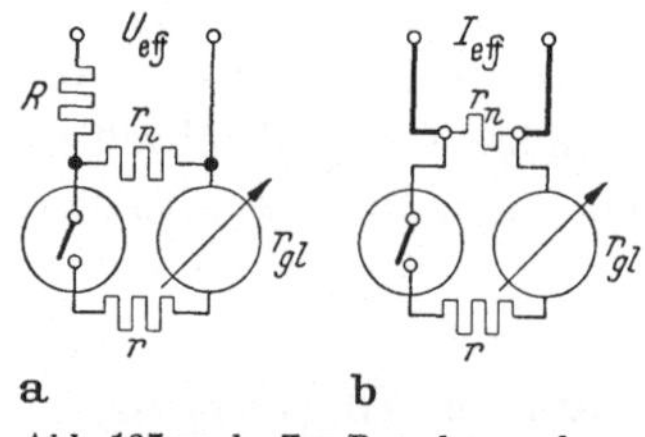

Abb. 137a u. b. Zur Berechnung der Schaltungskonstanten S.

besonderen Fällen muß man bei ihnen
darauf achten, daß nicht durch die
Pulsation ihres Widerstandes und die damit verbundene einseitige Belastung der
Meßgröße Fehler auftreten. Will man die
einseitige Belastung der Meßgröße vermeiden, kann man nach Abb. 136g
einen zweiten Kontakt in Gegenphase
zum eigentlichen Meßkontakt zuschalten
(„Oppositionskontakt“). Durch diesen zweiten Kontakt wird der Meßbereich nicht beeinflußt.

In manchen Fällen ist es erwünscht, den pulsierenden Strom des
Drehspulinstrumentes zu glätten. (§ 94). Bei Parallelschaltung von
Meßkontakt und Instrument (Abb. 136b) variiert der Widerstand der
Meßschaltung weniger als bei Reihenschaltung. Andererseits spielt der
Übergangswiderstand (r_k) des geschlossenen Kontaktes unter Umständen

eine Rolle gegenüber dem Instrumentwiderstand (§ 95). Zusammengefaßt spielen bei der Wahl der Gleichrichterschaltung folgende Gesichtspunkte eine Rolle: Meßbereich, Eigenverbrauch, einseitige Belastung der Meßgröße, Einfluß des Kontaktwiderstandes, Dämpfung des Galvanometers, Galvanometerrückwirkung, Einfluß von Fremdspannungen, Glättung des Instrumentstromes.

Tabelle 16. *Widerstand r_0 der Gleichrichterschaltungen der Abb. 136 und 137 bei offenem und geschlossenem Kontakt.*

Abbildung	offen	geschlossen
136a	∞	r_{gl}
136b	r_{gl}	$0\,(r_k)$
136c (180°)	r_{gl}	r_{gl}
136d (180°)	$r_a + \dfrac{r_{gl}\,r_a}{r_{gl} + r_a}$	$r_a + \dfrac{r_{gl}\,r_a}{r_{gl} + r_a}$
136e (180°)	$\dfrac{r_a\,(r_{gl} + r_a)}{2\,r_a + r_{gl}}$	$\dfrac{r_a\,(r_{gl} + r_a)}{2\,r_a + r_{gl}}$
136f (180°)	r_{gl}	r_{gl}
136g (180°)	r_{gl}	r_{gl}
137a	$R + r_n$	$R + r_n\,\dfrac{r + r_{gl}}{r_n + r + r_{gt}}$
137b	r_n	$r_n\,\dfrac{r + r_{gl}}{r_n + r + r_{gl}}$

74. Differenzierschaltungen. Für den Meßkontakt sind Schaltungen mit differenzierenden, d. h. induktiven und kapazitiven Vorschaltelementen, besonders die Schaltungen der Abb. 138, *von großer Bedeutung,* da bei ihnen die integrierende Wirkung des Drehspulinstrumentes aufgehoben und daher nicht Mittelwerte, sondern Augenblickswerte gemessen werden. Bei den Schaltungen der Abb. 138 wird ein Strom bzw. eine Spannung

$$I_{n(t)} \text{ bzw. } U_{n(t)} = A_n \sin n\,\omega\,t + B_n \cos n\,\omega\,t \tag{1}$$

in eine Spannung (während der Schließzeit)

$$u_n = \frac{1}{S_{Diff}}\,\frac{1}{n\,\omega}\,\frac{dI_n}{dt}\,; \qquad S_{Diff} \equiv \frac{r + \varrho_2 + r_{gl}}{r_{gl}}\,\frac{1}{n\,\omega\,M}\,\left[\frac{\text{A}}{\text{V}}\right] \quad \text{(Abb. 138a),} \tag{2a}$$

$$u_n = \frac{1}{S_{Diff}}\,\frac{1}{n\,\omega}\,\frac{dU_n}{dt}\,; \qquad S_{Diff} \equiv \frac{r + r_n + r_{gl}}{r_n\,r_{gl}}\,\frac{1}{n\,\omega\,C} \quad \text{(Abb. 138b)} \tag{2b}$$

umgeformt. Führt man die Differenziation aus, ergibt sich:

$$u_n = \frac{1}{S_{Diff}}\,[A_n \sin\,(n\,\omega\,t + p) + B_n \cos\,(n\,\omega\,t + p)]\,; \qquad p = \frac{\pi}{2}\,. \tag{3}$$

Setzt man Gl. (3) in (71.6) ein, so wird:

$$u_{gl(\tau)} = \frac{\varepsilon_0\,\varepsilon_n\,T_k}{S_{Diff}}\,[A_n \sin(n\,\tau + p) + B_n \cos(n\,\tau + p)]\,. \tag{4}$$

Die Funktion auf der rechten Seite von Gl. (4) bezeichnen wir wieder als „Integralkurve" der Meßgröße. Abgesehen davon, daß im Gegensatz

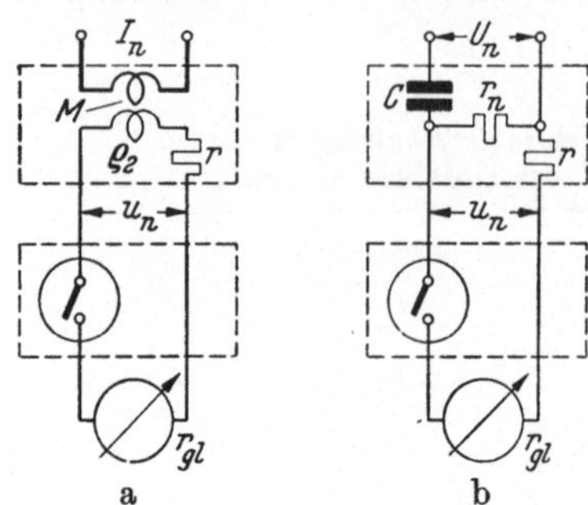

Abb. 138a u. b. Zur Definition der Schaltungskonstanten S_{Diff}.

zu ohmschen Vor- und Nebenwiderständen S_{Diff} hier frequenzabhängig ist, tritt eine Phasendrehung der Integralkurven gegenüber der Meßgröße von $p = \frac{\pi}{2}$ auf.

Für den Fall, daß nur ungerade Oberwellen vorhanden sind, läßt sich Gl. (4) so umformen, daß rechts die Meßgröße selbst (ohne Phasendrehung p) auftritt. Dazu machen wir von folgender Beziehung Gebrauch:

$$\left.\begin{aligned}
\sin(n\,\tau + p) &= \sin[n(\tau - p) - (n-1)p]\\
&= \sin n(\tau + p)\cos(n-1)p - \cos n(\tau + p)\sin(n-1)p\,,\\
\cos(n\,\tau + p) &= \cos[n(\tau + p) - (n-1)p]\\
&= \cos n(\tau + p)\cos(n-1)p + \sin n(\tau + p)\sin(n-1)p\,.
\end{aligned}\right\} \tag{5}$$

Setzt man Gl. (5) in Gl. (4) ein, so wird, da $\sin(n-1)p$ für alle ungeraden n null ist:

$$u_{gl(\tau-p)} = \frac{\varepsilon_0\,\varepsilon_{n\,T_k\,Diff}}{n\,S_{Diff}}\,(A_n \sin n\,\tau + B_n \cos n\,\tau) \tag{6}$$

wobei die Größe

$$\varepsilon_{n\,T_k\,Diff} \equiv \varepsilon_{n\,T_k}\,n\cos(n-1)p = \sin n\,\frac{T_k}{2}\cos(n-1)\,\frac{\pi}{2} \tag{7}$$

als „Oberwellenempfindlichkeit der Differenzierschaltungen" (für ungerade n) bezeichnet werden soll. Sie ist in Abb. 139 aufgetragen. Wie man aus Abb. 139 entnimmt, wird bei $T_k = 180°$ für alle ungeraden Oberwellen $\varepsilon_{n\,T_k\,Diff} = 1$. Damit wird aus Gl. (6):

$$u_{gl(\tau-p)} = \frac{\varepsilon_0}{n\,S_{Diff}}\,(A_n \sin n\,\tau + B_n \cos n\,\tau)\quad\begin{aligned}&T_k = 180°\\&n\text{ ungerade}\,.\end{aligned} \tag{8}$$

Sind gleichzeitig beliebig viele ungerade Oberwellen beider Komponenten vorhanden, also

$$I_{(t)} \text{ bzw. } U_{(t)} = \sum_n (A_n \sin n\,\omega\,t + B_n \cos n\,\omega\,t)\,, \tag{9}$$

so folgt durch einfache Überlagerung aus Gl. (8) für die beiden Schaltungen der Abb. 138:

$$u_{gl\left(\tau-\frac{\pi}{2}\right)} = \frac{\varepsilon_0}{n\,S_{Diff}}\,I_{(\tau)} = \pi\,\varepsilon_0\,f\,M\,\frac{r_{gl}}{r + \varrho_2 + r_{gl}}\,2\,I_{(\tau)} \quad\text{(Abb. 138a),} \tag{10a}$$

$$u_{gl\left(\tau-\frac{\pi}{2}\right)} = \frac{\varepsilon_0}{n\,S_{Diff}}\,U_{(\tau)} = \pi\,\varepsilon_0\,f\,C\,\frac{r_n\,r_{gl}}{r + r_n + r_{gl}}\,2\,U_{(\tau)} \quad\text{(Abb. 138b)} \tag{10b}$$

d. h. beide Schaltungen messen bei ungeraden n und $T_k = 180°$ den zeitlichen Verlauf, also die Kurvenform der Meßgröße, und zwar um $p = \frac{\pi}{2}$ gegenüber der Phase der Meßgröße versetzt (§ 2).

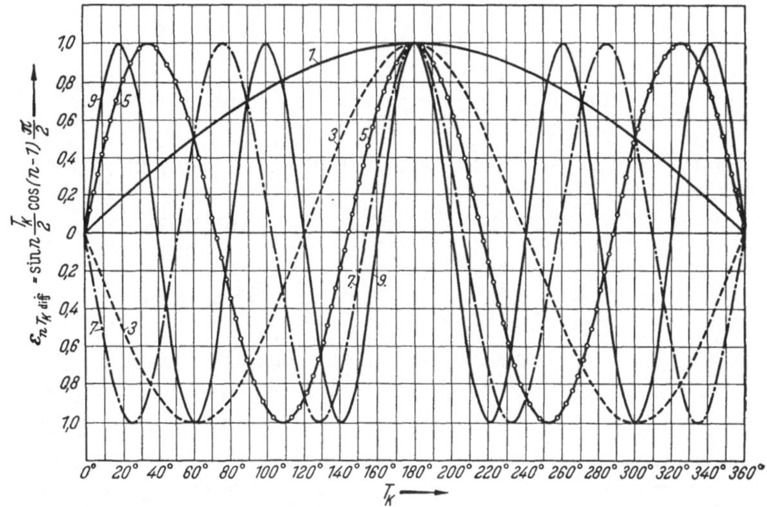

Abb. 139. Oberwellenempfindlichkeit $\varepsilon_{n\,T_k\,Diff}$ der Differenzierschaltungen abhängig von der Kontaktzeit T_k.

Man kann die Gl. (10) auch auf folgende einfachere Weise ableiten: Die Integration der Spannung Gl. (2a) nach (71.5) ergibt für beliebige Werte von n und T_k:

$$u_{gl(\tau)} = \pi\,\varepsilon_0 \int\limits_{\tau-0,5\,T_k}^{\tau+0,5\,T_k} u_n\,dt = \frac{\varepsilon_0}{2\,n\,S_{Diff}} \int\limits_{\tau-0,5\,T_k}^{\tau+0,5\,T_k} dI_n$$

$$= -\frac{\varepsilon_0}{2\,n\,S_{Diff}} \left[I_{(\tau-0,5\,T_k)} - I_{(\tau+0,5\,T_k)} \right]. \tag{11}$$

Oder mit den Bezeichnungen von Abb. 133 für die beiden Schaltungen von Abb. 138

$$u_{gl(\tau)} = -\pi\,\varepsilon_0 \int M \frac{r_{gl}}{r + \varrho_2 + r_{gl}} (I_{ein} - I_{aus}) \tag{12a}$$

$$T_k \text{ beliebig, } n \text{ beliebig}$$

$$u_{gl(\tau)} = -\pi\,\varepsilon_0 \int C \frac{r_n\,r_{gl}}{r + r_n + r_{gl}} (U_{ein} - U_{aus}), \tag{12b}$$

d. h. es wird bei beliebigem T_k und n (auch geradzahlig!) die Differenz der Augenblickswerte in den Schaltzeitpunkten t_{ein} und t_{aus} gemessen. Spezialisiert man die Messung auf $T_k = 180°$ und gerade Werte n, so wird $I_{ein} - I_{aus} = 2\,I_{\left(\tau - \frac{\pi}{2}\right)}$ und $U_{ein} - U_{aus} = 2\,U_{\left(\tau - \frac{\pi}{2}\right)}$, d. h. es entsteht aus Gl. (12) die Gl. (10).

Die Gl. (2) gelten nur, wenn die Gegeninduktivität M wirbelstromfrei und der Kondensator C verlustfrei ist. Ist dies nicht der Fall, treten

„innere" Fehlwinkel δ_i auf (§§ 33 und 35). Außerdem haben beide Schaltungen der Abb. 138 „äußere", in der Schaltung begründete Fehlwinkel δ_s (§ 24):

$$\operatorname{tg} \delta_s = n \frac{\omega L_2}{r + \varrho_2 + r_{gl}} \qquad \text{(Abb. 138a)}, \qquad (13a)$$

$$\operatorname{tg} \delta_s = n \frac{r_n (r + r_{gl})}{r + r_n + r_{gl}} \omega C \qquad \text{(Abb. 138b)}. \qquad (13b)$$

Mit Tab. 19C und D, S. 201 wird aus Gl. (13) $\left(\frac{L_2}{M} = \frac{w_2}{w_1}, \ \S\,33 \right)$:

$$\operatorname{tg} \delta_s = 2{,}22\, n\, \frac{L_2}{M}\, \frac{i_{gl}}{\text{„}I_{eff}\text{"}} \qquad \text{(Abb. 138a)}, \qquad (14a)$$

$$\operatorname{tg} \delta_s = 2{,}22\, n\, \frac{u_{gl}}{\text{„}U_{eff}\text{"}} \qquad \text{(Abb. 138b)}, \qquad (14b)$$

Dabei ist i_{gl} bzw. u_{gl} der Gleichstrom bzw. die Gleichspannung am Instrument. Zu Gl. (14) kommt noch der innere Fehlwinkel δ_i von M bzw. C, der ebenfalls mit der Frequenz anwächst. Eine Folge dieser Frequenzabhängigkeit ist, daß die Oberwellen mit zunehmender Ordnungszahl verschoben gemessen werden. Durch gut gebaute Gegeninduktivitäten und Kondensatoren und Verwendung empfindlicher Anzeigeinstrumente [i_{gl} und u_{gl} in Gl. (14) klein!] läßt sich dieser Fehler klein halten. — Der Einfluß von Schließzeitabweichungen vom Sollwert (180°) ist in Gl. (78.3) berechnet.

75. Fehler durch den Kontaktwiderstand. Nach § 81 ist der Kontaktwiderstand r_k bei gegebenem Kontaktdruck und Edelmetallkontakten in erster Annäherung eine vom Strom, von der Spannung und von der Zeit unabhängige Konstante. Als solcher kann er bei der Berechnung der Meßbereiche berücksichtigt werden. Durch r_k wird keine Phasendrehung, sondern nur eine Amplitudenänderung, und zwar eine Verringerung des Instrumentausschlages bewirkt. Für den Fall der Reihenschaltung von Kontakt und Instrument (Abb. 140a) erhält man durch eine einfache Rechnung für den durch r_k bewirkten Fehler der Instrumentanzeige:

$$F \equiv \frac{u_{gl} - u_{gl}\,(r_k = 0)}{u_{gl}} = - \frac{r_k}{R + r_{gl} + r_k}. \qquad (1)$$

Selbst für den Fall $R = 0$ ist, da $r_k < 0{,}1\ \Omega$ und $r_{gl} > 10\ \Omega$ ist, der Fehler $F < 1\%$. Er kann dadurch, daß man in die Formeln zur Meßbereichberechnung (Tab. 19A$\cdots$K, S. 201) statt r_{gl} den Wert $r_{gl} + r_k$ einsetzt (wobei man in r_k auch den Widerstand der Verbindungsleitungen einrechnen kann), vermieden werden. Soll die Unsicherheit von r_k (Kontaktdruck, Temperatur, Verschmutzung usw.) ausgeschaltet werden, muß $R + r_{gl}$ durch Wahl einer geeigneten Schaltung oder eines empfindlichen Instrumentes genügend groß gegen r_k gemacht werden.

Bei Parallelschaltung von Instrument und Kontakt (Abb. 140b) fließt auch während der Schließzeit ein Strom, und zwar der Strom i', durch das Instrument. Mit den Bezeichungen der Abb. 140c ist die Spannung u' bei *geschlossenem* Kontakt:

$$u' = \frac{\dfrac{r_k\, r_{gl}}{r_k + r_{gl}}}{R + \dfrac{r_k\, r_{gl}}{r_k + r_{gl}}}\, U = \frac{r_{gl}}{r_{gl} + R\left(1 + \dfrac{r_{gl}}{r_k}\right)}\, U\,. \tag{2}$$

Damit wird:

$$\left.\begin{aligned}
i' &= -\frac{u'}{r_{gl}} = -\frac{U}{r_{gl} + R\left(1 + \dfrac{r_{gl}}{r_k}\right)}\,; \\[2mm]
i &= \frac{U}{R + r_{gl}}\,.
\end{aligned}\right\} \tag{3}$$

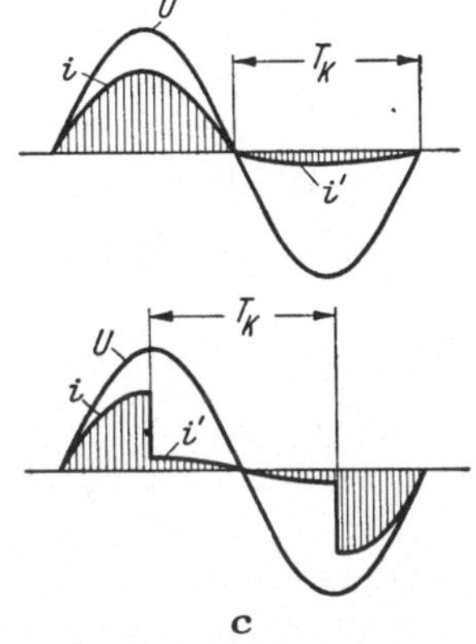

Abb. 140a—c. Wirkung des Kontaktwiderstandes r_k bei Parallelschaltung von Instrument und Kontakt.

Für den durch r_k bewirkten Fehler folgt aus Gl. (3):

$$\begin{aligned}
F &\equiv \frac{i'}{i} = -\frac{R + r_{gl}}{r_{gl} + R\left(1 + \dfrac{r_{gl}}{r_k}\right)} \\[2mm]
&= -\frac{\dfrac{r_k}{r_{gl}}\left(1 + \dfrac{r_{gl}}{R}\right)}{1 + \dfrac{r_k}{r_{gl}}\left(1 + \dfrac{r_{gl}}{R}\right)}\,.
\end{aligned} \tag{4}$$

Vernachlässigt man im Nenner bei $R > r_{gl}$ das zweite Glied, das kleiner als 10^{-2} ist, gegen eins, so wird:

$$\left.\begin{aligned}
F &\approx -\left(\frac{r_k}{r_{gl}} + \frac{r_k}{R}\right) \\[2mm]
&\quad (R > r_{gl} \text{ und } r_k \ll r_{gl})\,.
\end{aligned}\right\} \tag{4a}$$

Um den Fehler klein zu halten, muß also nicht nur $r_k \ll r_{gl}$ sondern auch $r_k \ll R$ sein, d. h. Parallelschaltung ist nicht ohne Vorwiderstand möglich. Dies darf bei Anwendung der Parallelschaltung nicht übersehen werden (§ 95).

Man kann bei Parallelschaltung r_k künstlich durch Widerstände vor dem Kontakt vergrößern und dadurch die Unsicherheit von r_k (Kontaktdruck, Temperatur, Verschmutzung usw.) verringern. Dieses als „Teilgleichrichtung" bezeichnete Verfahren wird in § 95 behandelt.

76. Wirkungen des Meßstromes. Bei der Berechnung der Meßbereiche in § 96 wird vorausgesetzt, daß sich beim Schalten des Meßkontaktes *sofort* die zum jeweiligen Schaltzustand (offen oder geschlossen) gehörende *stationäre Stromverteilung* einstellt, d. h. daß kein Ausgleichstrom auftritt. Dies ist genau genommen nur in rein ohmschen Stromkreisen der Fall. Der Meßstrom bewirkt in diesem Fall lediglich eine

Absenkung der Meßgröße, die gegebenenfalls berücksichtigt werden muß. Beispielsweise ist bei der Strommessung an einem Nebenwiderstand nach Abb. 141a, wenn der Meßstrom $i \ll I$ vernachlässigt wird:

$$I \approx I_n = 2{,}2214 \, \frac{r + r_{gl}}{r_n \, r_{gl}} \, u_{gl} \,. \tag{1}$$

Berücksichtigt man den Meßstrom i, so wird:

$$I = 2{,}2214 \, \frac{r + r_n + r_{gl}}{r_n \, r_{gl}} \, u_{gl} \,. \tag{2}$$

Bei geschlossenem Meßkontakt ist durch die Parallelschaltung von $r + r_{gl}$ zu r_n der Gesamtwiderstand kleiner als r_n, d. h. der Strom I ist,

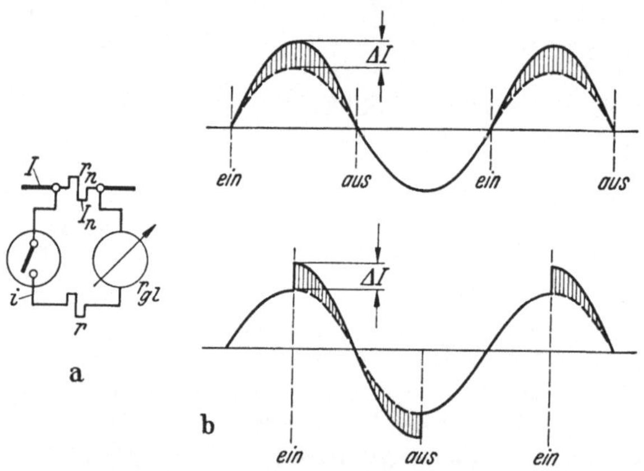

Abb. 141a u. b. Rückwirkung des schaltenden Meßkontaktes auf die Meßgröße.

besonders wenn die sonstigen Widerstände im Stromkreis nicht viel größer als r_n sind, bei geschlossenem Kontakt um einen gewissen Betrag ΔI größer als bei offenem Kontakt (Abb. 141b). Bei genauen Messungen muß dies berücksichtigt werden, z. B. bei der Eichung von Instrumenten §§ 66 bis 68, oder bei der Messung ohmscher Widerstände § 25.

Für allgemeinere Fälle, d. h. für Widerstände mit Phasenverschiebung, lassen sich auf folgende Weise Formeln ableiten, die den Einfluß des Meßstromes auf das Meßergebnis abzuschätzen gestatten: Bei der Spannungsmessung Stellung 1 Abb. 142a würde bei *konstanter Spannung* U_x die Gesamtspannung U bei Hinzukommen des Meßstromes i auf den Wert U' erhöht werden müssen (Abb. 142b). Da tatsächlich nicht U_x, sondern die Netzspannung U konstant ist, vermindert sich U_x auf den Wert $U'_x \approx U_x - \Delta U_x$ und der Winkel φ_x auf den Wert $\varphi'_x = \varphi_x - \Delta \varphi_x$. Für ΔU_x ergibt sich aus Abb. 142b:

$$\frac{\Delta U_x}{U_x} \approx \frac{\Delta U}{U} \approx \frac{\Delta U}{U_x} \approx \frac{i \, (r_n + r_1)}{U_x} \approx \frac{r_n + r_1}{R + r_{gl}} \qquad (r_n + r_1 \ll R_x) \,. \tag{3}$$

Mit $U_x \approx i\,(R + r_{gl})$ und $u \approx r_n\,I_x$ wird daraus nach § 71 für Halbwellengleichrichtung mit $T_k = 180°$:

$$\frac{\Delta U_x}{U_x} \approx \left(1 + \frac{r_1}{r_n}\right)\frac{i\,u}{I_x\,U_x} \approx \left(1 + \frac{r_1}{r_n}\right)\left(1 + \frac{r}{r_{gl}}\right) 2,22^2\,\frac{i_{gl\,1}\,u_{gl\,2}}{I_x\,U_x}\,. \qquad (4)$$

Für $\Delta\varphi_x$ folgt aus Abb. 142b:

$$\Delta\varphi_x \approx \delta\,\frac{\Delta U_x}{U_x} \approx \frac{I_x\,(r_n + r_1)}{U_x}\sin\varphi\,\frac{\Delta U_x}{U_x} \approx \frac{r_n + r_1}{R_x}\sin\varphi\,\frac{\Delta U_x}{U_x}\,. \qquad (5)$$

$\Delta\varphi_x$ ist bei nacheilendem Strom nacheilend. In vielen Fällen wird man $i_{gl\,1}\cdot u_{gl\,2}$ durch Wahl eines genügend empfindlichen Instrumentes so klein im Verhältnis zu $I_x\,U_x$ halten können, daß $\dfrac{\Delta U_x}{U_x} \approx 0$ und daher erst recht $\Delta\varphi_x \approx 0$ ist. Andernfalls muß man die Messung nach Gl. (4) bis Gl. (5) korrigieren.

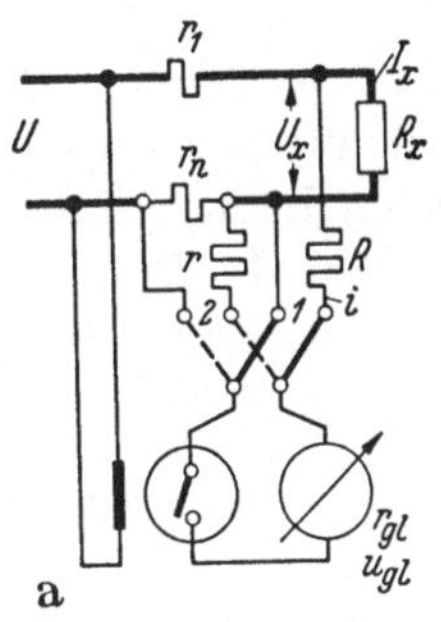

Für die Strommessung in Stellung 2 folgt aus Abb. 142c, wenn berücksichtigt wird, daß sich r_n durch Parallelschalten des Instrumentes um den Betrag $\Delta r_n \approx r_n\,\dfrac{r_n}{r + r_{gl}}$ vermindert:

$$\Delta\varphi_x \approx \frac{I_x\,\Delta r_n\sin\varphi}{U_x}$$

$$\approx \frac{r_n}{R_x}\,\frac{r_n}{r + r_{gl}}\sin\varphi\,. \qquad (6)$$

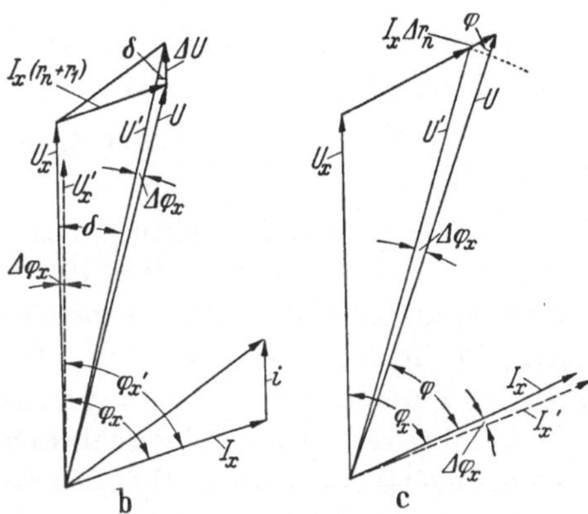

Abb. 142a—c. Zur Abschätzung der infolge des Eigenverbrauchs des Meßkontaktes erforderlichen Korrekturen.

Mit $\dfrac{r_n}{R_x} \approx \dfrac{u}{U_x}$ und $\dfrac{r_n}{r + r_{gl}} \approx \dfrac{u}{I_x\,(r + r_{gl})}$ wird aus Gl. (6) nach § 71 für Halbwellengleichrichtung mit $T_k = 180°$ und $u \approx r_n\,I_x \approx \left(1 + \dfrac{r}{r_{gl}}\right) 2,22\,u_{gl\,2} = (r + r_{gl})\,2,22\,i_{gl\,2}$:

$$\Delta\varphi_x \approx \frac{\sin\varphi}{r + r_{gl}}\,\frac{u^2}{I_x\,U_x} \approx \left(1 + \frac{r}{r_{gl}}\right) 2,22^2\,\frac{i_{gl\,2}\,u_{gl\,2}}{I_x\,U_x}\sin\varphi\,. \qquad (6a)$$

$\Delta\varphi_x$ ist nacheilend bei nacheilendem Strom. Gleichzeitig mit $\Delta\varphi_x$ tritt eine Vergrößerung des Stromes auf:

$$\frac{\Delta I_x}{I_x} \approx \frac{\Delta U_x}{U_x} \approx \frac{\Delta U}{U_x} \approx \frac{I_x\,\Delta r_n\cos\varphi}{U_x} = \Delta\varphi_x\,\frac{\cos\varphi}{\sin\varphi}\,. \qquad (7)$$

Durch Wahl genügend empfindlicher Instrumente kann man auch diese Korrekturen in vielen Fällen vernachlässigbar klein machen. Legt man in Schalterstellung 1 an die Meßstelle 2 einen Ersatzwiderstand r_{gl}, so fallen die Korrekturen Gl. (6) bis (7) fort. — Die Erregung des Meßkontaktes ist direkt an U zu legen und gegebenenfalls U beim Umschalten von Stellung 1 auf 2 konstant zu regeln. — Setzt man in obigen Formeln an die Stelle von $r_n + r_1$ den primären induktiven Widerstand ωL_1 und an die Stelle von r_n die Größe ωM, so können sie zur Abschätzung der Fehler bei Strommessung mit Gegeninduktivität M statt mit r_n benutzt werden.

Die bei der Berechnung der Meßbereiche (§ 96) gemachte Voraussetzung, daß sich beim Schalten sofort die stationäre Stromverteilung einstellt, ist nur in ohmschen Stromkreisen erfüllt. Kapazität und Induktivität hat beim Schalten Ausgleichvorgänge zur Folge. Bezeichnen die Amplituden A_1, B_1 den Zustand unmittelbar *vor*, A_2, B_2, D den Zustand unmittelbar *nach* dem Schalten des Meßkontaktes im Zeitpunkt t_0, so ist z. B. im Fall der Abb. 13a bei $U = U_{max} \sin \omega t$:[1]

$$\left. \begin{aligned} i_1 &= A_1 \sin \omega t + B_1 \cos \omega t \,, \\[2mm] i_2 &= A_2 \sin \omega t + B_2 \cos \omega t + D\, e^{-\frac{t - t_0}{T_0}} \,. \end{aligned} \right\} \qquad (8)$$

Im Schaltzeitpunkt t_0 ist $i_1 = i_2$, damit folgt aus Gl. (8) für die Konstante D des Ausgleichstromes:

$$D = (A_1 - A_2) \sin \omega t_0 + (B_1 - B_2) \cos \omega t_0 \,. \qquad (9)$$

A_1, B_1, A_2, B_2 lassen sich aus den Daten des Stromkreises berechnen. Nach Gl. (9) wird die Amplitude des Ausgleichstroms um so kleiner, je weniger die durch das Schalten des Kontaktes bewirkte Widerstandsänderung im Gesamtstromkreis ins Gewicht fällt (§ 73). Außerdem muß nach § 77 die Zeitkonstante T_0 des Ausgleichstromes klein genug gegenüber der Periodendauer T sein, und zwar muß die Zeitkonstante jedes Teilstromkreises sowohl bei geschlossenem als auch bei geöffnetem Kontakt genügend klein sein. Beispielsweise ist in Abb. 13a bei offenem bzw. geschlossenem Kontakt:

$$T_0 = r_n\, C \quad \text{bzw.} \quad T_0 = \frac{r_n\,(r + r_{gl})}{r_n + r + r_{gl}}\, C \qquad (10)$$

also in beiden Fällen $T_0 \leq r_n\, C$. Aus der Bedingung $\dfrac{T_0}{T} \ll 1$ für vernachlässigbares Ausgleichglied wird damit $r_n\, f\, C \ll 1$. Ohne Nebenwiderstand, d. h. mit $r_n = \infty$, wäre diese Bedingung nicht erfüllt, die Schaltung also nicht möglich. Es träte durch das Ausgleichglied eine Gleichstromaufladung des Kondensators auf, und der Gleichstrom im Instrument würde auf null absinken.

77. Fehler durch den Einschaltstrom. Nur in rein ohmschen Stromkreisen stellt sich beim Schalten des Meßkontaktes sofort der stationäre

<hr>

[1] Rüdenberg, R.: Elektrische Schaltvorgänge. Berlin/Göttingen/Heidelberg: Springer 1953.

Strom ein, bei induktiven oder kapazitiven Widerständen im Stromkreis tritt nach § 76 ein überlagerter Ausgleichstrom auf, der bei der Berechnung der Meßbereiche in §§ 71, 74 und 96 nicht berücksichtigt wurde. Er ist in der Schaltung der Abb. 143 beim Einschalten des Kontaktes:

$$i' = i_{ein}\, e^{-\frac{t}{T_0}}; \qquad T_0 = \frac{L_2}{r + \varrho_2 + r_{gl}} = \frac{\operatorname{tg}\delta_s}{\omega}; \qquad \operatorname{tg}\delta_s = \frac{\omega L_2}{r + \varrho_2 + r_{gl}}. \qquad (1)$$

Dabei ist L_2 die gesamte Induktivität im Sekundärkreis von M (Leitungen, Drehspule, sekundäre Induktivität von M bei offener Primärwicklung). Der Amplitudenfehler bei Komponentenmessung wird also, wenn $i = \sqrt{2}\, i_{eff} \sin n\,\omega\, t$ ist:

$$F \equiv \frac{\varDelta i_{gl}}{i_{gl}} = \frac{i_{ein} \displaystyle\int_0^{T_k} e^{-\frac{t}{T_0}}\, dt}{\sqrt{2}\, i_{eff} \displaystyle\int_\varphi^{\varphi + T_k} \sin n\,\omega\, t\, dt}. \qquad (2)$$

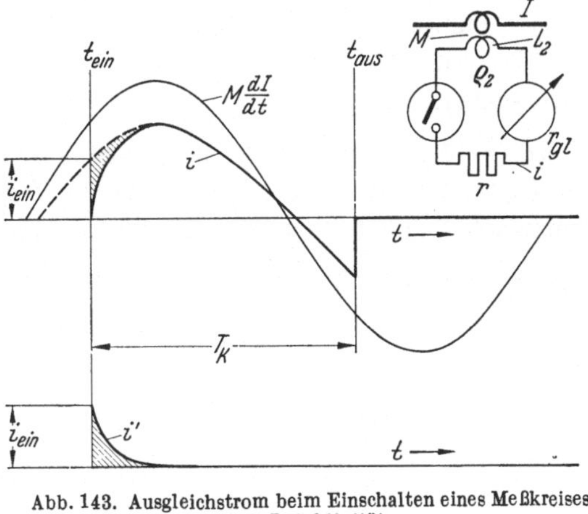

Abb. 143. Ausgleichstrom beim Einschalten eines Meßkreises mit Induktivität.

Beim Ausschalten des Kontaktes wird der Strom i praktisch abgehackt, so daß hier kein Ausgleichstrom zu berücksichtigen ist. Mit $i_{ein} = \sqrt{2}\, i_{eff} \sin n\,\varphi$[1] wird aus Gl. (2) und aus Gl. (71.6):

$$F = \frac{\sin n\,\varphi \displaystyle\int_0^{T_k} e^{-\frac{t}{T_0}}\, dt}{\dfrac{2}{\omega}\, \varepsilon_n T_k \cos n\,\varphi} = \frac{T_0 \operatorname{tg} n\,\varphi}{\dfrac{2}{\omega}\, \varepsilon_n T_k}\left(1 - e^{-\frac{T_k}{T_0}}\right) = \frac{\operatorname{tg} n\,\varphi}{\varepsilon_n T_k}\, \frac{\operatorname{tg}\delta_s}{2}\left(1 - e^{-\frac{T_k}{T_0}}\right). \qquad (3)$$

Für $T_k \gg T_0$, $n\,\varphi = 45°$ und $\varepsilon_n T_k = 1$ wird nach Gl. (3) der Fehler $F = \frac{\operatorname{tg}\delta_s}{2}$. Wenn $\operatorname{tg}\delta_s$ in der Größenordnung 10^{-3} ist, ist der Amplitudenfehler also bei Zeigerinstrumenten zu vernachlässigen.

Der Ausgleichstrom hat bei Phasenmessungen zur Folge, daß die Phase der Meßgröße um einen Winkel $\delta\varphi = \omega\,\delta t$ zu früh gemessen wird. Für δt gilt, solange $T_k \gg T_0$ ist, unabhängig von der Schließzeit bei symmetrischen Meßgrößen ($i_{ein} = -\, i_{aus}$):

$$2\,\delta t\, i_{ein} = i_{ein} \int_0^{T_k} e^{-\frac{t}{T_0}}\, dt \qquad (T_k \gg T_0). \qquad (4)$$

---

[1] t zählt vom Zeitpunkt t_{ein}; in diesem Zeitpunkt hat i den Phasenwinkel φ.

Aus Gl. (4) ergibt sich mit Gl. (1):

$$\delta\varphi = \frac{\operatorname{tg}\delta_s}{2}\left(1 - e^{-\frac{T_k}{T_0}}\right) \approx \frac{\operatorname{tg}\delta_s}{2} \approx \frac{\delta_s}{|2}. \tag{5}$$

Die Phase von i wird um den halben Fehlwinkel δ_s zu früh gemessen. Da der Sekundärstrom i seinerseits gegenüber dem Sollwert um den Winkel δ_s nacheilt, vermindert also der Ausgleichstrom den Phasenfehler der Gegeninduktivität auf die Hälfte. In anderen Schaltungen als der der Abb. 143 ist der Einfluß des Einschaltstromes auf ähnliche Weise zu untersuchen.

78. Fehler durch Schließzeitabweichungen[1]. Nach § 71 und § 73 ist der Instrumentausschlag bei ohmschen Vorwiderständen und in Differenzierschaltungen, was die Schließzeit angeht, proportional der Größe $\varepsilon_{nT_k} = \dfrac{1}{n}\sin n\dfrac{T_k}{2}$. Der bei ungewollten Schließzeitabweichungen δ auftretende Fehler des Instrumentausschlages α ist also:

$$F_n \equiv \frac{\alpha_{T_k} - \alpha(T_k + \delta)}{\alpha_{T_k}} = \frac{\varepsilon_{n\,T_k} - \varepsilon_{n(T_k + \delta)}}{\varepsilon_{n\,T_k}} = 1 - \cos n\frac{\delta}{2} + \frac{\sin n\dfrac{\delta}{2}}{\operatorname{tg}\dfrac{n\,T_k}{2}}. \tag{1}$$

Für kleine Werte $\dfrac{n\,\delta}{2}$ wird daraus bei $T_k \neq 180°$:

$$F_n \approx \frac{n\dfrac{\delta}{2}}{\operatorname{tg} n\dfrac{T_k}{2}} \approx \frac{0{,}0175\, n\dfrac{\delta°}{2}}{\operatorname{tg} n\dfrac{T_k}{2}} \qquad T_k \neq 180°, \; n \text{ beliebig}. \tag{2}$$

Für $T_k = 180°$ wird aus Gl. (1) bei *ungeraden* Oberwellen:

$$F_n = 1 - \cos n\frac{\delta}{2} \approx \frac{1}{2}\left(\frac{\pi}{180°} n\frac{\delta°}{2}\right)^2 \approx \frac{(n\delta°)^2}{26\,300} \qquad \begin{array}{l} T_k = 180° \\ n \text{ ungerade}. \end{array} \tag{3}$$

Die Gl. (2) erhält man auch direkt durch Differenzieren:

$$F_n \approx \frac{1}{\alpha}\frac{d\alpha}{dT_k}\delta = \frac{1}{\varepsilon_{n\,T_k}}\frac{d\varepsilon_{n\,T_k}}{dT_k}\delta = \frac{\dfrac{n}{2}\cos n\dfrac{T_k}{2}}{\sin n\dfrac{T_k}{2}} = \frac{n\dfrac{\delta}{2}}{\operatorname{tg} n\dfrac{T_k}{2}}. \tag{4}$$

Der Fehler ist also bei kleinen Abweichungen δ proportional der Steigung $\dfrac{d\varepsilon_{n\,T_k}}{dT_k}$ der Empfindlichkeitskurve Abb. 134. Für ohmsche Schaltungen und Differenzierschaltungen ist er gleich groß. Bei $T_k = 180°$ und ungeraden Oberwellen ist er für kleine Abweichungen δ angenähert null, für größere Abweichungen δ ist er in Abb. 144 nach Gl. (3) aufgetragen. Praktisch läßt sich $\delta < 1°$ einhalten, für die Grundwelle ist dann der

---

[1] Vgl. Pfannenmüller: ATM (1934) Z 540—5.

Fehler auch bei Kompensatormessungen vernachlässigbar klein (§ 3). Für $T_k = 120/240°$ sind die Fehler in Abb. 145 nach der Näherungsgleichung Gl. (2) angegeben. Für die Grundwelle ist hier der Fehler bei $\delta = 1°$ bereits so groß (0,5%), daß genaue Messungen mit $T_k = 120/240°$, beispielsweise zur Ermittlung der Grundwellenkomponenten, nur nach vorheriger genauer Einstellung der Schließzeit (§ 81) ausführbar sind. Bei Gleichstrommessungen ist nach Gl. (71.18) der Fehler $F = \dfrac{\delta}{T_k}$, bei $T_k = 180°$ also $F = 0{,}0055\,\delta°$.

Die abgeleiteten Formeln gelten —ebenso wie die Größe $\varepsilon_n\,T_k$ selbst—

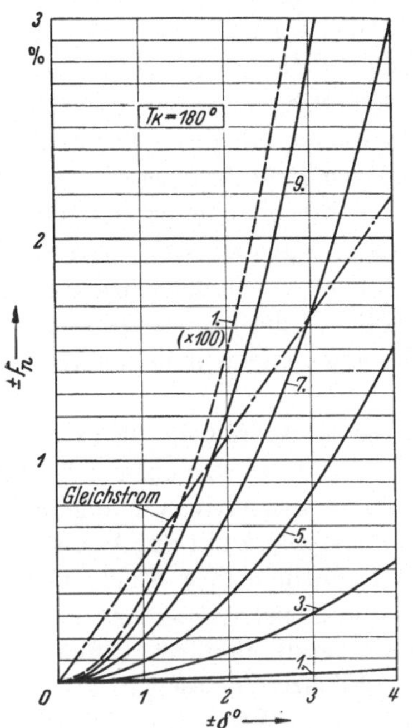

Abb. 144. Fehler durch Schließzeitabweichungen vom Sollwert (180°).

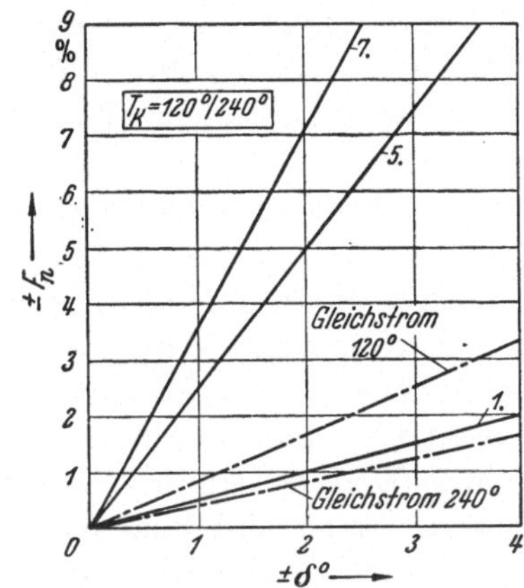

Abb. 145. Fehler durch Schließzeitabweichungen vom Sollwert (120/240°).

auch für Komponentenmessungen. Die Nullstellung ($u_{gl} = 0$) ist bei sinusförmigen Meßgrößen unabhängig von der Schließzeit und damit auch von Fehlern der letzteren. Bei verzerrten Meßgrößen ist der Einfluß der Schließzeit auf die Nullstellung nach Gl. (15.5) zu berechnen. Zusätzliche Fehler, besonders bei der Komponentenmessung, treten auf, wenn die Schließzeit sich mit der Kontaktphase ändert (§§ 81, 82, 100).

XI. Konstruktion und Eigenschaften des Meßkontaktes.

79. Überblick über die konstruktive Entwicklung des Meßkontaktes.

Im Jahre 1880, d. h. in der Frühzeit der Elektrotechnik, wurde von Joubert ein scheibenförmiger Synchronkontakt mit Schleifbürsten zur Messung der Kurvenform von Wechselstromgrößen (Kurzkontaktverfahren § 2) vorgeschlagen[1]. Statt der Schleifkontakte wurden später

---

[1] Joubert: J. d. Physique 9 (1880).

auch synchron bewegte Druckkontakte benutzt[1] und außer der Kurvenform auch andere Wechselstromgrößen gemessen[2]. Bis etwa zum Jahre
1930 blieb die Anwendung dieser Meßkontakte auf einzelne Sonderfälle
beschränkt. 1929 brachte S & H den „Schwinggleichrichter“, einen
relaisartigen Synchrongleichrichter mit Druckkontakten heraus[3], der
bald darauf im „Ferrometer“ für Eisenmessungen[4] und auch als „Vektormesser“ mit Vor- und Nebenwiderständen als Universalmeßgerät für
Wechselstrom[5] angewendet wurde. Etwa gleichzeitig wurde von der
AEG ein mechanischer Gleichrichter mit Schleifkontakt und Motorantrieb für Eisenmessungen entwickelt[6]. 1934 wurde diese Konstruktion
durch einen „Schwinggleichrichter“ mit Druckkontakt ersetzt, der durch
ein in der Phase einstellbares Drehfeld in Resonanzschwingungen versetzt wurde[7]. 1947 brachte die AEG einen „Vektormesser“ heraus, der
einen Druckkontakt mit motorischem Antrieb als Meßgleichrichter ent-
hielt (Abb. 154, 155 u. 159), während von S & H der relaisartige Schwinggleichrichter in verbesserter Form für Eisenmessungen beibehalten wurde
(Abb. 153).

Die Verbreitung dieser Geräte ist bis heute (1955) im Verhältnis
zu anderen Wechselstrominstrumenten in engeren Grenzen geblieben.
Der Grund dafür dürfte, abgesehen von konstruktiven Mängeln der
älteren Ausführungen, darin liegen, daß der Meßkontakt zur Ausnutzung
seiner vielseitigen Möglichkeiten mehr Kenntnisse der Elektrotechnik
voraussetzt als andere Meßgeräte. An seine Konstruktion sind folgende
Anforderungen zu stellen: Der Kontakt muß prellfrei öffnen und
schließen. Dauer und Phasenlage der Schließzeit müssen in möglichst
weiten Grenzen einstellbar und die eingestellten Werte zeitlich konstant
und fehlerfrei abzulesen sein. Der Kontaktwiderstand soll klein und der
Kontakt hoch belastbar sein. Er muß frei von Thermospannungen und
anderen Fremdspannungen sein. Der mögliche Frequenzbereich soll
mindestens 45 ··· 55 Hz und die Erregung möglichst einphasig sein.
Schließlich muß der eigentliche Meßkontakt mit Instrument und Vor-
und Nebenwiderständen fest zusammengebaut und seine Handhabung
einfach sein.

80. Kontaktdruck und Kontaktwiderstand. Der Widerstand des geschlossenen Kontaktes soll nicht größer als einige 10^{-2} Ω sein, damit er
auch bei Verwendung eines niederohmigen Instrumentes, z. B. eines Instrumentes 20 Ohm 60 mV oder 10 Ohm 45 mV der Klasse 0,2 vernach-

---

[1] ARNOLD: Theorie d. Wechselströme Bd. 1 S. 366. Springer 1922.

[2] BEDELL, F.: J. Franklin Inst. Bd. 176 (1913) S. 385/404.

[3] SIEBER, O.: Siemens-Zeitschrift 9 (1929) S. 845.

[4] THAL, W.: ATM (1934) J 60 1—4. — [5] ATM Juli (1934) J 94—4.

[6] HERMANN, P. C.: Z. f. techn. Physik (1932) Nr. 11 S. 541/549; NEUMANN,
E. G., u. J. PFAFFENBERGER: Arch. f. Elektr. 37 (1933) S. 287/294.

[7] FROBÖSE, E.: Arch. f. Elektrotechn. Bd. 32 (1938) S. 209/21.

lässigbar ist. Dazu ist bei reiner Oberfläche des Kontaktes ein Druck von einigen Gramm erforderlich[1]. Die mechanische Bewegung des Kontaktes bringt es mit sich, daß beim Einschalten und Ausschalten Druckschwankungen[2] auftreten, die, wenn sie zu groß werden, zum Prellen führen. Der Widerstand eines periodisch schaltenden Kontaktes ist während der jeweiligen Schließzeiten größer als in ruhend geschlossenem Zustand (§ 81). Sicherheitshalber rechne man mit dem doppelten Ruhewiderstand. Auf keinen Fall dürfen Prellungen auftreten, was sich durch genügend große Vorspannung der Kontaktfeder, kleine Kontaktmasse und durch Dämpfung der Eigenschwingungen der Kontaktfeder erreichen läßt. Durch Fremdschichten auf den Kontaktflächen kann bei unedlem Kontaktmetall der Kontaktwiderstand auf das 10- bis 100fache des Wertes bei reiner Oberfläche ansteigen[3]. Der Kontakt muß daher aus Edelmetall, beispielsweise Gold, gefertigt sein, Staub und Öl müssen fern gehalten und der spezifische Kontaktdruck groß gewählt werden. Verfahren zur Messung des Kontaktwiderstandes werden in §§ 81, 95 und 99 angegeben. Eine Verformung der Kontaktflächen durch zu hohen spezifischen Druck führt zu Änderungen der Schließzeit. Die Trenn- und Schließgeschwindigkeit soll, um diesen Einfluß und auch den der Stoffwanderung (§ 83) klein zu halten, groß und die Schließzeit außerdem auf bequeme Weise kontrollierbar und nachstellbar sein.

Unmittelbar nach der Kontakttrennung ist der Isolationswiderstand der Luftstrecke, wenn die Spannung unterhalb von etwa 300 V (Minimumspannung!) bleibt, praktisch unendlich groß ($> 10^9\ \Omega$). Auf dieser sprunghaften Änderung des Kontaktwiderstandes um etwa 10 Größenordnungen beruht seine für Meßzwecke fast ideale Richtkennlinie, die von Sperrschichtgleichrichtern auch nicht annähernd erreicht wird.

Der Kontaktwiderstand kann in der Brückenschaltung Abb. 147 im Betrieb gemessen werden[4], bei Parallelschaltung von Kontakt und Instrument auch nach Gl. (95.1) oder nach Abb. 180.

81. Schließzeit des Meßkontaktes. Bei Messungen mit von 180° abweichender Schließzeit, z. B. 120/240° zur Ausschaltung der dritten Oberwelle, ist die genaue Einhaltung dieses Wertes erforderlich, während Messungen mit 180° im allgemeinen nicht besonders hohe Anforderungen an ihre Einhaltung stellen (§ 78). Eine Ausnahme bildet die Messung stark verzerrter Kurven in Differenzierschaltungen (§§ 2 u. 52).

---

[1] HOLM, R.: Die techn. Physik d. elektr. Kontakte, S. 72. Springer 1941.

[2] Kathodenoszillogramme des infolge schwankenden Druckes schwankenden Kontaktwiderstandes siehe O. SCHIERTZ, Radio Mentor 1 (1951) S. 026/029.

[3] MACKH, H.: ATM (1949) J 04—1; HOLM, R.: ATM (1950) J 04—4.

[4] Durch zwei Messungen mit verschiedenem R oder r ergibt sich aus der Gleichung (3) sowohl T_k als auch r_k. Man wähle dabei r von gleicher Größenordnung wie r_k.

Abb. 146 zeigt Schaltungen zur Messung der Schließzeit. Schaltung a setzt ein Instrument ohne Skalenfehler voraus. Man mißt die Instrumentausschläge α_1, α_2 in den Stellungen 1 und 2 des Schalters K. Es ist dann unter der Voraussetzung, daß die Spannung der Stromquelle bei intermittierendem Strom i ebenso groß ist wie bei Dauerstrom:

$$\frac{T_k}{T} = \frac{u_{gl\,2}}{u_{gl\,1}} = \frac{\alpha_2}{\alpha_1}\,. \tag{1}$$

Bei höheren Anforderungen kann statt des Instrumentes ein Gleichstromkompensator verwendet werden (§ 89). Steht nur ein Galvano-

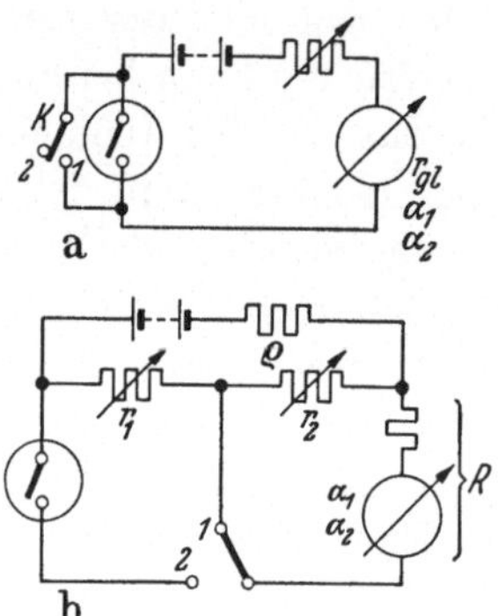

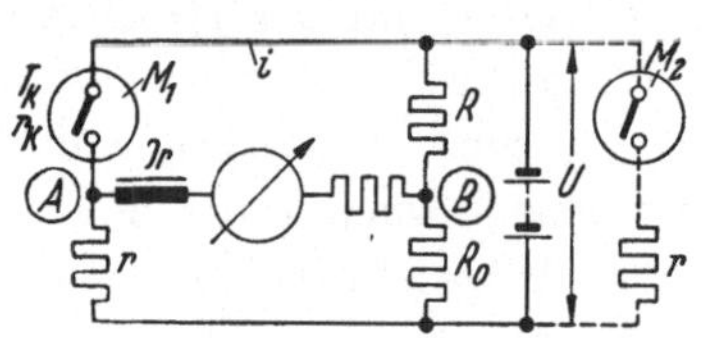

Abb. 146a u. b. Schaltungen zur Schließzeitmessung.   Abb. 147. Brückenschaltung zur Schließzeitmessung.

meter mit unbekannten Skalenfehlern zur Verfügung, kann die Schaltung Abb. 146b verwendet werden. Unter der Voraussetzung, daß mit r_2 oder mit r_1 auf $\alpha_1 = \alpha_2$ geregelt wird, ist:

$$\frac{T_k}{T} = \frac{r_2}{r_1 + r_2} \frac{(r_1 + r_2 + R)\,\varrho + (r_1 + r_2)\,R}{(R + r_2)\,(\varrho + r_1) + R\,r_2}\,. \tag{2}$$

Besonders genau läßt sich die Schließzeit in der Brückenschaltung Abb. 147 messen. Der Oppositionskontakt M_2 dient hier dazu, die Spannungsquelle während der Öffnung von M_1 ebenso zu belasten wie bei geschlossenem M_1. Die Mumetalldrossel Dr verhindert das Abfließen von Wechselstrom von A nach B; es gilt dann für das Brückengleichgewicht:

$$T_k = \frac{R_0}{R_0 + R}\left(1 + \frac{r_k}{r}\right); \quad \text{bei } r_k \ll r \text{ also: } T_k = \frac{R_0}{R_0 + R}\,. \tag{3}$$

Der Brückenpunkt A darf (ähnlich wie bei der MAXWELLschen Unterbrecherbrücke § 36) keine nennenswerte Kapazität gegen Erde haben, der Isolationswiderstand des offenen Kontaktes M_1 muß sehr groß gegen r sein. Unter diesen Voraussetzungen läßt sich T_k mit einer Genauigkeit von 0,1 Promill messen, und zwar bei in weiten Grenzen geänderter Spannung U bzw. — durch Variation von r — geändertem Strom i. Abb. 148 zeigt das Ergebnis solcher Messungen an einem Druckkontakt entsprechend Abb. 154 bis 156. Zwischen 0,1 und 300 Volt änderte sich die Schließzeit (180°) nur um etwa $2{,}5^0/_{00} = 0{,}45°$, bei Spannungen über 300 V nahm sie wesentlich stärker zu (Beginn von Entladungen vor der metallischen Berührung). Bei $U = 100$ V hatte eine Änderung des Widerstandes r von 10^3 bis 10^5 Ohm ($i = 100 \cdots 1$ mA) keinen nachweisbaren Einfluß auf die Schließzeit. Bei kleinen Widerständen r ermöglicht das Verfahren nach Gl. (3) auch die Messung des (dynamischen) Kontaktwiderstandes r_k, der wegen der Druckschwankungen nicht vom Schließzeitpunkt an konstant, sondern unmittelbar nach dem Schließzeitpunkt größer ist als später, so daß der gemessene zeitliche Mittelwert mit wachsender Schließzeit abnimmt.

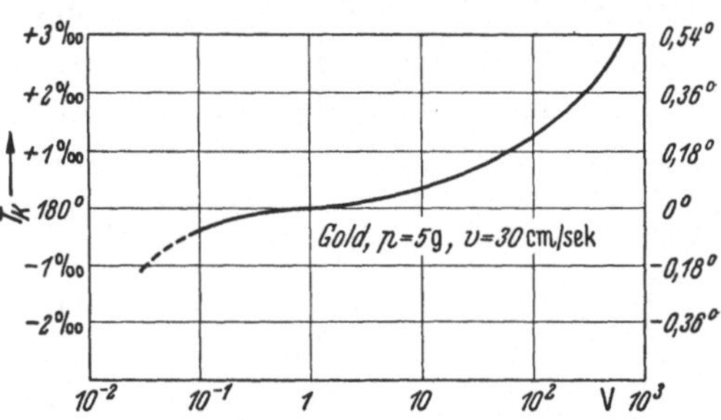

Abb. 148. Abhängigkeit der Schließzeit von der Spannung bei einem Goldkontakt. (Kontaktdruck 5 g, Schaltgeschwindigkeit 30 cm/s.)

In Abb. 149 ist eine Schaltung angedeutet, die sich zur Messung der Schließzeit bei sehr kleinen Spannungen u eignet. Die Teilspannung u läßt sich durch Ändern von r variieren. Ist T_k unabhängig von u und ist außerdem $R \gg r$, so zeigt das Instrument unabhängig von r bzw. u stets den gleichen Ausschlag (Störspannungsbeseitigung s. § 102).

Mit den angegebenen Schaltungen wurde an Kontakten nach Abb. 155 festgestellt, daß sich ihre Schließzeit,

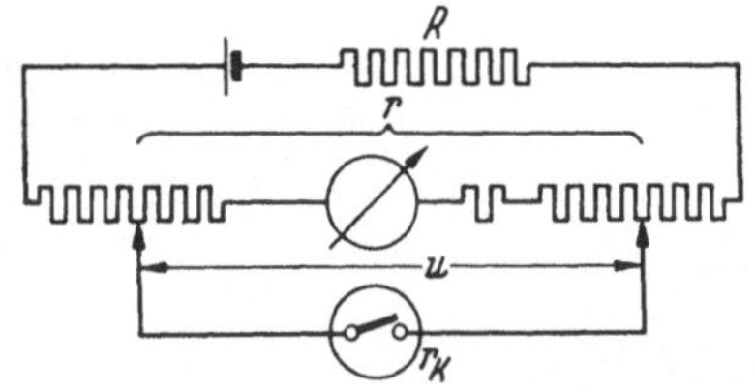

Abb. 149. Schaltung zur Messung der Schließzeit T_k bei sehr kleinen Spannungen u.

abgesehen von dem Bereich hoher Spannungen über 300 V, im Laufe von 24 Stunden nicht nachweisbar änderte.

Bei sehr kleinen ($< 30°$) und sehr großen ($> 330°$) Schließzeiten, wo bei der Konstruktion Abb. 154 die Trenn- und Schließgeschwindigkeit klein ist, wird die Schließzeit ungenau. Man schaltet dann besser zwei Kontakte mit je etwa 180° Schließzeit in Reihe oder parallel und kann durch Ändern der Kontaktphase eines der beiden Kontakte die Schließzeit der Reihen- oder Parallelschaltung auch auf sehr kleine bzw. sehr große Werte bringen (Abb. 178).

Die Phasenregelung der Schließzeit muß so konstruiert sein, daß sich bei Änderung der Kontaktphase die Schließzeit nicht ändert, da Änderungen der Schließzeit nicht nur ihre eigenen Fehler, sondern auch Fehler der Kontaktphase zur Folge haben (Abb. 185). Eine Abhängigkeit der

Schließzeit von der Kontaktphase kann beim Schwinggleichrichter § 85 durch Oberwellen des vorgeschalteten Phasendrehers[1], beim motorisch angetriebenen Meßkontakt § 86 durch Schwankungen der Winkelgeschwindigkeit des Motors (zu kleine Schwungmassen) hervorgerufen werden. Auch bei guten Konstruktionen muß die Schließzeit einstellbar und kontrollierbar sein. Diese Kontrolle ist bei Schaltungen mit Vollwellengleichrichtung, bei denen auch die gegenseitige Phasenlage (180° Verschiebung!) der Kontakte zu kontrollieren ist, lästiger als bei Halbwellengleichrichtung mit nur einem Kontakt[2].

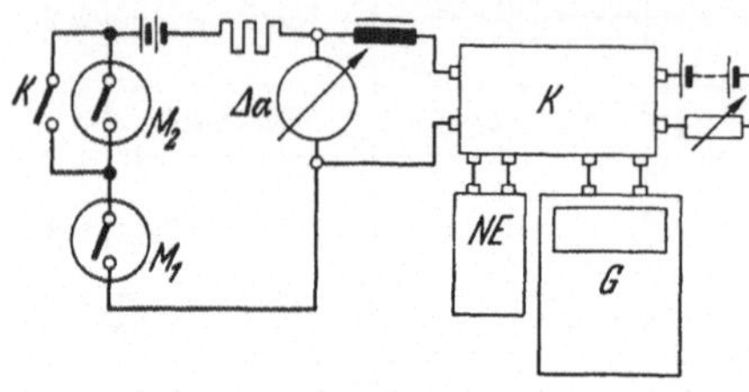

Abb. 150. Schaltung zur Prüfung der Winkeltreue (Ausschlagverfahren). Bei Instrumenten ($\Delta\alpha$) ohne Skalenfehler kann auch ohne Kompensator gemessen werden.

82. Winkeltreue. Wir verstehen darunter, daß die tatsächliche Kontaktphase τ mit dem an der Winkelskala abgelesenen Wert übereinstimmt. Beim Relaisschwinger mit Drehstromphasendreher (§ 85) können durch Nutenfelder, Unsymmetrie oder Skalenfehler des Phasendrehers oder durch Unsymmetrie des Drehstromnetzes Abweichungen von der Winkeltreue auftreten. Beim motorisch angetriebenen Kontakt (§ 86) haben Skalenfehler und Schwankungen der Winkelgeschwindigkeit des (einphasigen bzw. nur mit Hilfsphase arbeitenden) Antriebmotors ebenfalls Fehler zur Folge. Außer diesen „inneren", in der Konstruktion begründeten Fehlern treten beim Messen Winkelfehler durch ungenaue Einregelung bzw. nachträgliche Änderung der Nullstellung auf (§ 100). Da praktisch die 90°-Schwenkung oft anzuwenden ist (Komponentenmessung), muß besonders diese Phasenschwenkung genau sein.

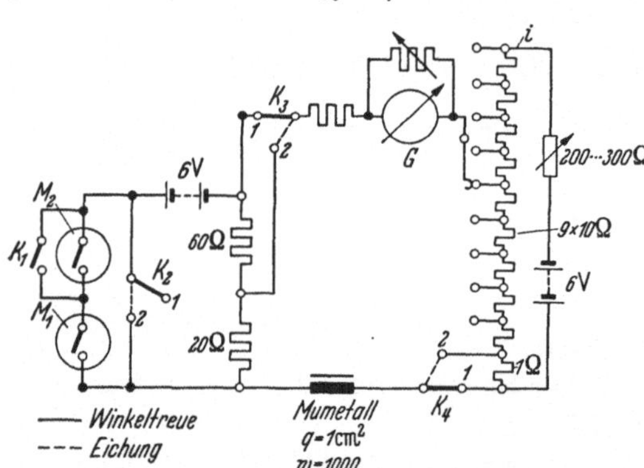

Abb. 151. Kompensationsschaltung zur Prüfung der Winkeltreue. (An die Stelle des Instrumentes $\Delta\alpha$ in Abb. 150 ist der Widerstand $60 + 20 = 80\,\Omega$ des linken Spannungsteilers gesetzt).

Die Winkeltreue kann nach Abb. 150 durch Reihenschaltung des zu untersuchenden Meßkontaktes M_1 mit einem zweiten Kontakt, an dessen Winkeltreue keine Anforderungen gestellt werden, erfolgen[3]. Hat das

[1] Pfannenmüller, H.: ATM (1953) Z 541—2 Abb. 5.
[2] Krug, W.: Arch. f. Eisenhüttenwesen Bd. 23 (1952) S. 207/15.
[3] Froböse, E.: Arch. f. Elektrotechn. Bd. 32 (1938) Heft 4 S. 219.

verwendete Galvanometer keine Skalenfehler, so muß der Änderung $\Delta\tau$ der Kontaktphase von M_1 eine genau proportionale Änderung $\Delta\alpha$ des Instrumentausschlages entsprechen. Durch Verwendung eines Gleichstromkompensators an Stelle des Galvanometers kann das Verfahren sehr genau gestaltet werden, so daß Winkelfehler kleiner als $0{,}1°$ feststellbar sind. Überbrückt man M_2 mit K, läßt sich prüfen, ob die Schließzeit T_k bei Änderungen der Kontaktphase ungeändert bleibt. Abb. 151 gibt die Daten einer nach dem Kompensationsverfahren (Abb. 150) ausgeführten Anordnung. In der gezeichneten Stellung 1 der Schalter K_1 bis K_4 wird die Winkeltreue von M_1 gemessen, nach Überbrückung von M_2 mit K_1 die Schwankung der Schließzeit von M_1 bei Änderung seiner Kontaktphase. In der gestrichelten Stellung 2 der Schalter K_2 bis K_4 erfolgt die Eichung durch Regelung des Kompensatorhilfsstromes i. Und zwar wird i so eingeregelt, daß der Spannungsabfall an $9 \times 10{,}0\ \Omega$ des rechten Teilers ebenso groß ist wie der an $20{,}0$ Ohm des linken Teilers. Bei Umschaltung des linken Teilers auf $80\ \Omega$ ist der Kompensationskreis dann bei $T_k = 90{,}0°$ (bzw. $91{,}0°$) abgeglichen. Durch Verringerung von T_k um je $10°$ durch Drehen der Phase von M_1 und entsprechendes Zurückgehen mit dem Abgriff des rechten Teilers kann in jedem der vier Quadranten von M_1 die Winkeltreue in je 9 Stufen geprüft werden.

Durch zweckmäßige Konstruktion läßt sich der Winkelfehler eines Meßkontaktes unter die Einstell- und Ablesegenauigkeit der Winkelskala ($\approx 0{,}1°$) herabdrücken.

83. Belastbarkeit des Meßkontaktes. Zur Zündung einer Entladung beim Ausschalten sind, solange der Strom im Augenblick der Kontaktöffnung kleiner als etwa $0{,}4$ A ist (was bei Meßkontakten in der Regel zutrifft) mindestens 300 Volt (Minimumspannung) anspringende Spannung erforderlich, ebenso zum Überschlag kurz vor der metallischen Berührung (§ 81). Bis zu dieser Spannungs- und Stromgrenze besteht keine Gefahr einer groben Zerstörung des Kontaktes durch Schaltentladungen. Stromstärken bis zu $0{,}4$ A bilden bei einem Widerstand $r_k \approx 10^{-2} \cdots 10^{-1}$ Ohm auch keine thermische Gefährdung des Kontaktes.

Dagegen ist mit dem Unterbrechen und Schließen des Stromes eine Wanderung von Kontaktmaterial von einer Elektrode zur andern verbunden („Stoffwanderung")[1], welche im Laufe der Zeit die Kontaktflächen und damit die Schließzeit verändert. Die gewanderte Stoffmenge hängt außer vom Kontaktmaterial von der Stromstärke, von der Spannung und vom geschalteten Stromkreis ab. Bei kleinen Strömen von einigen Milliampere, wie sie ein Meßkontakt normalerweise zu schalten hat, wird sie erst nach Stunden spürbar. Sie wirkt sich auf die Kontaktzeit um so stärker aus, je kleiner die Trenn- und Schließgeschwindigkeit

---

[1] Holm, R.: Die techn. Physik d. elektr. Kontakte. Springer 1941.

ist. Ist letztere beispielsweise $v = 200$ mm/s, so kann eine Stoffwanderungsspitze von $h = 0{,}1$ mm Höhe eine Schließzeitänderung von $\frac{2h}{v} = 10^{-3}$ s $= 18°$ zur Folge haben. Aus diesem Grunde ist es notwendig, bei Meßkontakten, deren Schaltgeschwindigkeit klein ist, nur kleine Ströme und Spannungen zuzulassen (beispielsweise 1 mA und 1 V beim Schwinggleichrichter § 85). Außerdem wird man ein Kontaktmaterial mit kleiner Neigung zur Stoffwanderung wählen. Viel höhere Belastungen, nämlich Ströme bis einige 100 mA und Spannungen bis 300 V kann man zulassen, wenn Schaltgeschwindigkeit und Kontakthub groß gewählt und der Meßkontakt auf schnelle Messung und Nachstellung der Schließzeit eingerichtet ist. Das Kontaktmaterial kann in diesem Fall weich sein (z. B. reines Gold), was die Gefahr des Prellens verringert. — Für Sonderzwecke kann man bei Verwendung eines Löschkreises einen Kontakt wie in § 86 mit einem Dauerstrom bis zu 1 A bzw. kurzzeitigen Stromspitzen bis zu einigen A belasten.

84. Zeitliche Konstanz. Schließzeit und Kontaktphase müssen, soweit sie nicht willkürlich geändert werden, zeitlich konstant und unabhängig von Schwankungen der Temperatur, der Frequenz, ferner unabhängig von mechanischen Erschütterungen und Lageänderungen sein. Die Forderung zeitlicher Konstanz gilt auch für den Kontaktwiderstand, da er nicht ohne weiteres kontrollierbar und einstellbar ist; sie läßt sich praktisch nur durch Verwendung von Kontakten aus hochwertigem Edelmetall (z.B. Gold, nicht Silber) in einer vor Staub und Schmutz geschützten Kammer verwirklichen. Die Schließzeit läßt sich bei zweckmäßiger Konstruktion wohl über Stunden, nicht aber über die gesamte Lebensdauer eines Meßkontaktes konstant halten (S. 175). Sie muß daher einstellbar und jederzeit kontrollierbar sein (§ 81).

Mehr noch als die Schließzeit ist ihre Phasenlage durch äußere Einflüsse gefährdet. Besonders haben Schwankungen des Erregerstromes (Größe, Phasenlage, Oberwellen) Einfluß auf die Kontaktphase. Änderungen des Erregerstromes können durch Schwankungen der speisenden Netzspannung, aber auch durch Erwärmung der Erregerwicklung des Meßkontaktes selbst hervorgerufen werden. Durch Schwankungen der Netzspannung können Pendelungen der Kontaktphase entstehen. Die Ausschaltung dieser Einflüsse ist zum Teil Sache der Konstruktion des Meßkontaktes, zum Teil seiner Bedienung (§§ 99 und 100).

85. Schwinggleichrichter. Als motorloser Meßkontakt befindet sich heute der Schwingkontaktgleichrichter von S & H auf dem deutschen Markt.[1] Abb. 152 zeigt das Prinzip, Abb. 153 die Ausführung (1954). Eine

---

[1] Pfannenmüller, H.: ATM (1932) Z 540 1—4; Arch. f. Elektr. Bd. 28 (1934) S. 356; Wiss. Veröff. Siemens Bd. 13 (1934) S. 1; Neue Ausführung: Krug, W.: Arch. f. Eisenhüttenwesen Bd. 23 (1952) S. 207/215.

Zunge Z mit hoher Eigenfrequenz wird durch ein einem Dauermagneten überlagertes Wechselfeld in Schwingungen versetzt. Die Zunge trägt einen Kontakt K_1, der in der Ruhestellung einen festen Gegenkontakt K_2 gerade berührt. Bei Wechselstromerregung werden die Kontakte während einer Halbwelle getrennt, während der anderen aufeinander ge-

preßt. Durch einen Phasendreher Ph kann die Kontaktphase gegenüber der zu messenden Spannung gedreht werden. Die Nennschließzeit beträgt 180°. Sie kann mit Hilfe des Streufeldes eines auf der Kappe des Gleichrichters drehbar angebrachten Dauermagneten (Abb. 153 rechts) nachgeregelt werden. Ohne Nachregelung schwankt sie nach Angabe des Herstellers über

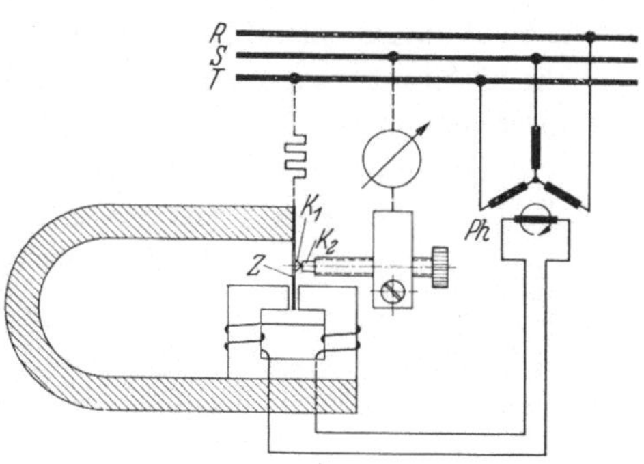

Abb. 152. Schwinggleichrichter (Siemens & Halske).

lange Zeiträume im allgemeinen nur um $\pm 5^0/_{00}$ (0,9°). Der Kontakt ist mit 1 mA und 1 V belastbar. Im „Ferrometer" von S & H (§ 58) wird der Schwingkontaktgleichrichter in der Schaltung Abb. 136e benutzt, d. h. es werden zwei Geräte in Brückenschaltung (Vollwellengleich-

Abb. 153. Schwinggleichrichter (Siemens & Halske 1954),
Frequenzbereich 10···100 Hz und darüber.

richtung verwendet). Der Phasendreher ist ein kleiner festgebremster Drehstrommotor. Er hat zur Drehung des Rotors Grob- und Feintrieb mit einer 180°-Skala nach beiden Richtungen. Eine Nonius-Nullmarke dient zur Festlegung der Nullstellung. Der Stator ist gegenüber dem Rotor von jeder Nullstellung aus um 90° schwenkbar, so daß schnell von der Wirk- zur Blindkomponentenmessung umgestellt werden kann. Zur Kontrolle der Schließzeiten (Abb. 146b) und der 180°-Versetzung der beiden Kontakte dient ein besonderes Zusatzgerät (Abb. 129 vorn).

Das „Ferrometer" ist, wie sein Name sagt, auf Eisenmessungen zugeschnitten, kann jedoch für die meisten in diesem Buch beschriebenen Wechselstrommessungen verwendet werden. Außerdem wird der Schwinggleichrichter als Betriebsmeßgerät für Sonderzwecke eingesetzt. Als praktisch ruhendes Gerät bedarf er wenig Wartung und hat (bei geringer Strombelastung) hohe Lebensdauer.

86. Meßkontakt mit Motorantrieb. Der seit 1947 auf dem Markt befindliche Meßkontakt der AEG ist ein Laboratoriumsgerät für allgemeine Wechselstrommessungen. Der eigentliche Kontakt besteht aus einer feststehenden dreieckförmigen Kontaktspitze K_1 aus Gold (Abb. 154), die bei geschlossenem Kontakt auf einer bewegten Kontaktzunge K_2, ebenfalls aus Gold, aufliegt. K_2 ist an einer Stahlfeder F befestigt, deren rechtes in Abb. 154 nicht mehr gezeichnetes Ende fest eingespannt ist (Abb. 156). Das freie Ende der Stahlfeder wird von einem mit Meßfrequenz umlaufenden Exzenterzapfen E periodisch im Takt der Umlauffrequenz von der Kontaktspitze K_1 abgehoben und wieder aufgelegt. Abb. 155 zeigt vier Phasen dieser periodischen Bewegung. Der Exzenterzapfen (polierter Stahl) gleitet während der Öffnungszeit auf einem auf der Stahlfeder aufgelötetem Silberblech. Die Anordnung Stahl–Silber ist bei den kleinen Drücken von 5···10 g ohne Schmierung langem Dauerbetrieb gewachsen. Die Spitze K_1 berührt K_2 etwas oberhalb der Mittelachse der Stahlfeder. Dadurch tritt beim Schließen des Kontaktes eine kleine Verschränkung der Stahlfeder auf, die zsammen mit einem dämpfenden Überzug das Prellen vermeidet. Das Gewicht des Federkopfes K_2 und der Abstand b sind aus dem gleichen Grunde klein gehalten. Die Kontaktspitze K_1 ist an einem sichelförmigen Schwenkhebel (Abb. 156) befestigt, der mit der Rändelschraube in Abb. 156 rechts unten geschwenkt werden kann. Dadurch bewegt sich K_1 in Richtung des Doppelpfeiles in Abb. 154. Auf diese Weise ist die Dauer der Schließzeit von 30° bis 330° stetig einstellbar. Nur bei ganz kleinen und ganz großen Schließzeiten wird die Schließzeit wegen schleichender Trenn- und Schließbewegung unsicher. Abb. 157 zeigt einen Schnitt durch die Kontaktkammer K und den Antrieb. Der Exzenter E ist auf das obere Stirnende einer langen, senkrechten Welle W aufgesetzt. Die Welle läuft in Silberlagern L, wobei vor allem das Spiel des oberen Lagers außerordentlich eng gehalten ist. Die Silberlager L werden von einem Rohr R getragen, das allseits geschlossen und von unten in die Kontaktkammer K eingeschraubt ist. Auf dem Rohr R ist der Stator St des

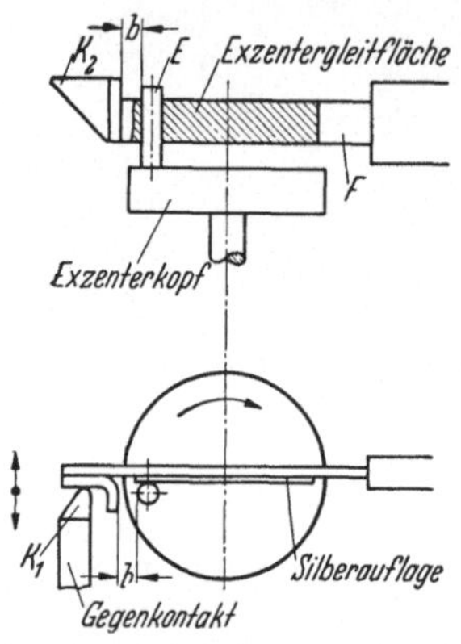

Abb. 154. Motorisch angetriebener Meßkontakt (AEG).

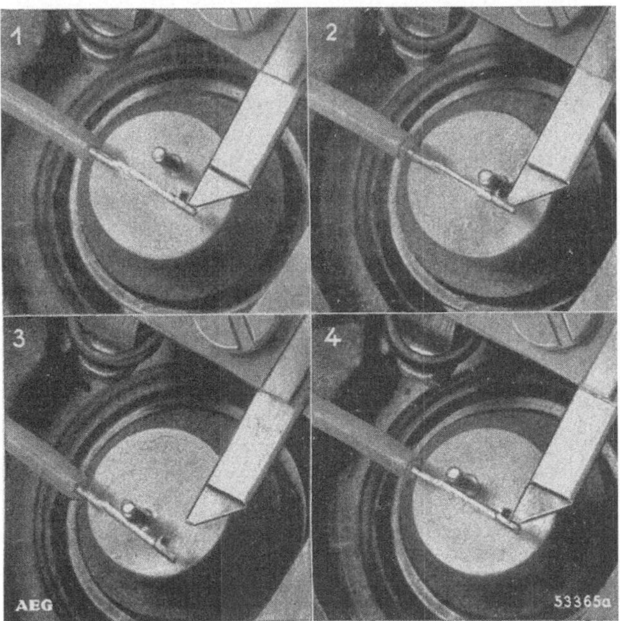

Abb. 155. Zeitlupenaufnahmen des motorisch angetriebenen Meßkontaktes von
Abb. 154. (Stellung 1: Kontakt geschlossen. Stellung 2: kurz vor dem Öffnen.
Stellung 3: offen. Stellung 4: kurz vor dem Schließen.)

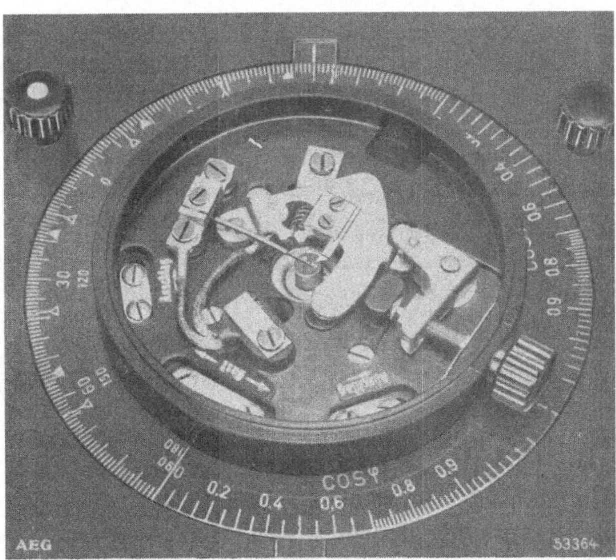

Abb. 156. Photographie des Meßkontaktes von Abb. 154 in der (geöffneten)
Kontaktkammer mit Winkelskala (τ) und cos φ-Skala. (1954).

Antriebmotors drehbar gelagert, seine Phasenlage ist mit der Rändelschraube *Rs* (mit weißem Punkt in Abb. 156 u. 158) um etwa 300° schwenkbar. Der Motor arbeitet einphasig mit Hilfsphase und ist selbstanlaufend. Das Trägheitsmoment des Ankers ist so groß, daß die Schwankungen der Winkelgeschwindigkeit der Welle nur eine Abweichung von etwa 0,1° von der Winkeltreue zur Folge haben.

Gegenüber dem Relaisschwinger mit Drehstrom-Phasendreher hat der Motorantrieb den Vorteil, daß bei guter Konstruktion nur kleine innere Winkelfehler auftreten, während beim Phasendreher jede Unsymmetrie der speisenden Drehspannung unkontrollierbare Winkel-

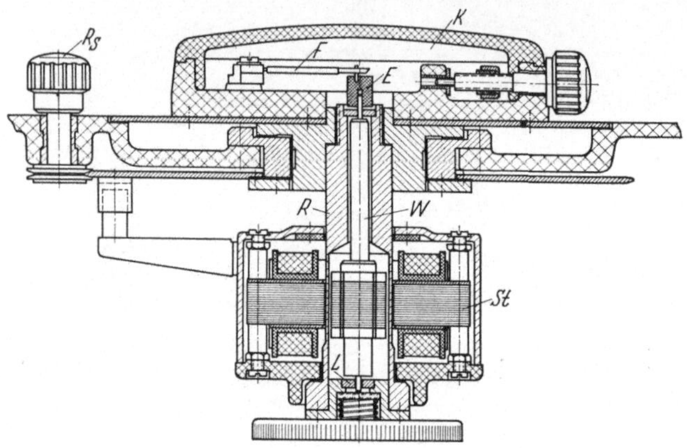

Abb. 157. Schnittzeichnung des Meßkontaktes von Abb. 156 mit Antriebmotor.

fehler zur Folge hat. Außerdem ist der erforderliche Drehstromanschluß für ein Laboratoriumsgerät unbequem. Andererseits ist der motorische Meßkontakt als Betriebsmeßgerät weniger geeignet als der Schwinggleichrichter.

87. Vektormesser. Dieser Name[1] wird für Meßkontakte gebraucht, die mit Anzeigeinstrument, Vor- und Nebenwiderständen, Umschaltern und Schließzeitüberwachungseinrichtung zu einem handlichen Laboratoriumsgerät zusammengebaut sind. Infolge des kleinen Eigenverbrauchs des Drehspulinstrumentes ist es möglich, ähnlich wie bei Vielfachmessern mit Sperrschichtgleichrichtern eine große Anzahl von Strom- und Spannungsmeßbereichen einzubauen. Abb. 158 zeigt z. B. ein Gerät (1954) mit folgenden Bereichen:

0,150   0,500   1,5   5   15   50   150   300   500 V
0,050   0,150   0,500   1,5   5   15 A

---

[1] Er wurde erstmalig für ein von S & H gebautes, heute nicht mehr auf dem Markt befindliches Gerät mit Schwingkontaktgleichrichter gebraucht, ATM Juli 1934 J 94—3. Neuerdings werden, vor allem im Ausland, auch auf anderen Prinzipien beruhende phasenempfindliche Meßgeräte mit ähnlichen Namen bezeichnet.

Sie sind in Effektivwerten „U_{eff}", „I_{eff}" für Sinusform und $T_k = 180°$ geeicht. Die Spannungsmeßbereiche haben einen Widerstand von $150\,\Omega/\mathrm{V}$, die Strombereiche einen Spannungsabfall von etwa 167 mV, entsprechend dem eingebauten 60 mV 20 Ohm Instrument. Durch Umschalter auf der Rückseite des Gehäuses kann auch Parallelschaltung von Kontakt und

Abb. 158. Vektormesser (AEG 1954) Normalausführung 45 ··· 60 Hz,
Halbwellengleichrichtung, Eigenverbrauch des Antriebmotors $\approx$ 6 Watt.

Instrument hergestellt, außerdem ein äußeres, genaueres oder empfindlicheres Instrument mit dem Kontakt verbunden werden. Zur Komponentenmessung dreht man das Kontaktgehäuse in Mittelstellung, wo es leicht einrastet. Durch Schwenken des Stators des Antriebmotors (Rändelschraube mit weißem Punkt) bringt man dann die Phase des Meßkontaktes in die Nullstellung der Bezugsgröße. Nach Umschalten auf die Meßgröße zeigt das Instrument die Blindkomponente der Meßgröße, nach Schwenken des Kontaktgehäuses um 90° (gegen Anschläge) die Wirkkomponente. Die eingebaute Schließzeitkontrolle entspricht der Schaltung Abb. 146a, sie wird durch Drücken der Taste oben rechts statt der Meßgröße auf das Instrument geschaltet. Mit der Rändelschraube am Kontaktgehäuse wird die Schließzeit auf gewünschte Werte eingeregelt.

Die Störspannung im Kreis des Meßkontaktes ist durch Abschirmung auf etwa 10^{-6} V herabgedrückt. Das Gerät beherrscht den Frequenzbereich von 45 bis 60 Hz, die Grenzen sind durch den Selbstanlauf des Antriebmotors gegeben, dessen Hilfsphase auf 50 Hz abgestimmt ist.

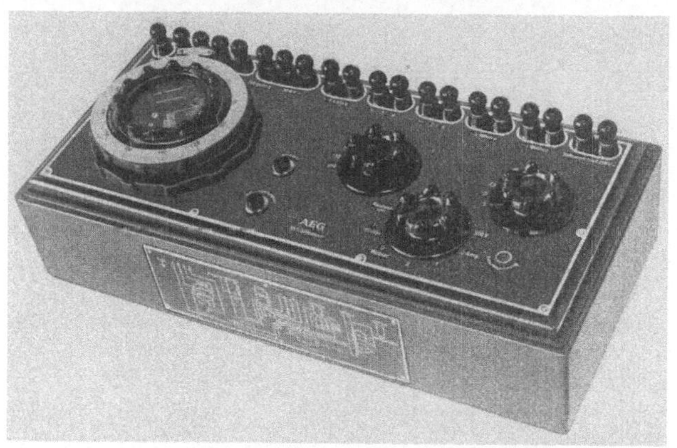

Abb. 159. Vektormesser (AEG 1947) Frequenzbereich 15···80 Hz.

Abb. 159 zeigt eine andere Ausführung (1947) mit einer größeren Zahl von Meßstellen. Die Kontaktphase wird bei diesem Gerät allein mit dem Kontaktgehäuse eingestellt, letzteres läßt sich beliebig im Kreis herum drehen, was für gewisse Anwendungen vorteilhaft ist.

Auch das Ferrometer (§ 58) ist ein Vektormesser für allgemeinen Laboratoriumsgebrauch, wenn es auch in erster Linie für Eisenmessungen zugeschnitten ist. Mit zwei Schwinggleichrichtern an einem einzigen Phasendreher lassen sich Vektormesser mit zwei Anzeigeinstrumenten bauen, von denen das eine die Wirkkomponente, das andere gleichzeitig die Blindkomponente anzeigt.

XII. Das Anzeigeinstrument.

88. Geeichte Drehspulinstrumente verwendet man für genaue Absolutmessungen, vor allem die Millivoltmeter 60 mV 20 Ohm oder 45 mV 10 Ohm der Kl. 0,2. Sie sind besonders in der modernen Ausführung mit Aluminium–Nickel-Magneten und ringförmigem Rückschluß zeitlich außerordentlich konstant und durch äußere Felder kaum beeinflußbar.[1] Der Eigenverbrauch beträgt allerdings einige Milliampere, übersteigt also den zulässigen Strom des Schwinggleichrichters § 85. Leider neigt

---

[1] EBINGER, A.: AEG-Mitteilungen (1951) H 516, S. 77/81.

bei den modernen, mit Rücksicht auf mechanische Güte leicht gebauten Systemen die Zeigerspitze zum Schwirren, was die Ablesung erschwert und außerdem Anzeigefehler zur Folge haben kann (§ 92), so daß man unter Umständen eine schwirrfreie Sonderausführung verwenden muß. Sie kann nach Abb. 160 mit einem empfindlicheren System, das durch Vor- und Nebenwiderstände auf die Empfindlichkeit der Normalinstrumente gebracht und damit auch temperaturkompensiert wird, gebaut werden. Mit einem derartigen Instrument (60 mV 20 Ohm) erreicht man ohne äußere Vor- und Nebenwiderstände bei Halbwellengleichrichtung mit $T_k = 180°$ nach § 96 kleinste Meßbereiche von „U_{eff}" = 2,2214 $60 \cdot 10^{-3} \approx 133$ mV und „I_{eff}" = 2,2214 $3 \cdot 10^{-3} \approx 6,7$ mA. Auch empfindlichere Instrumente, z.B. 10 mV 100 Ohm werden noch mit einer Klassengenauigkeit 0,2% gebaut. Sie sind in normaler Ausführung fast schwirrfrei. Sie haben gegenüber den erstgenannten, niederohmigeren Millivoltmetern den Nachteil, daß unter Umständen Maßnahmen gegen Störspannungen und Störströme zu treffen sind (§ 102), während dies bei den niederohmigen Instrumenten in der Regel nicht notwendig ist. Anderer-

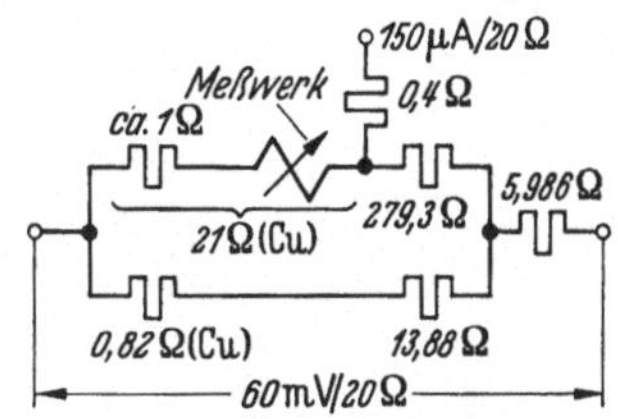

Abb. 160. Innenschaltung eines schwirrfreien Drehspulinstrumentes 60 mV 20 Ω Klasse 0,2 mit vollständiger Temperaturkompensation des 60 mV 20 Ω Bereiches zur Benutzung mit äußeren Vor- und Nebenwiderständen für Strom- und Spannungsmessungen.

seits haben sie den Vorteil, daß der Kontaktwiderstand, selbst wenn er 0,1 Ohm beträgt, gegenüber dem Instrumentwiderstand im allgemeinen zu vernachlässigen ist, während er bei einem 10 Ohm-Instrument bereits 1% ausmacht (§ 75).

Bei genauen Absolutmessungen ist die Art der Temperaturkompensation des verwendeten Instrumentes zu beachten. Instrumente, die nur als Millivoltmeter kompensiert sind (Spalte 1 Tab. 17 Seite 189), dürfen nicht mit Vorwiderständen für höhere Spannungen, sondern nur mit Nebenwiderständen zur Strommessung benutzt werden. Instrumente, die nur als Milliamperemeter kompensiert sind (Spalte 2 und 4, Tab. 17), dürfen nicht mit Nebenwiderständen für höhere Ströme, sondern nur mit Vorwiderständen zur Spannungsmessung benutzt werden. Nur Instrumente, die sowohl als Spannungsmesser wie auch als Strommesser kompensiert sind (wie das in Abb. 160 dargestellte an den 60 mV 20 Ω Klemmen, oder wie die Instrumente Spalte 2, 3, 5 · · · 9 der Tab. 17), die also temperaturunabhängigen Innenwiderstand haben, können beliebig mit Vor- oder Nebenwiderständen als Spannungs- oder Strommesser verwendet werden, ohne daß bei Temperaturschwankungen ihre Klassengenauigkeit gefährdet ist.

Als nächst empfindlichere Instrumenttype kommen geeichte Lichtzeigerinstrumente in Frage (Tab. 17 S. 189). Mit ihnen lassen sich kleinste

Meßbereiche von 1 mV bzw. 10^{-6} A mit einer Klassengenauigkeit 0,5 erzielen. Der Beseitigung von Störspannungen und Störströmen ist hier besondere Sorgfalt zu widmen, besonders bei den hochohmigen Typen, ebenso der Dämpfung durch den Außenkreis (§ 90), so daß man beim Aufbau von Laboratoriumsschaltungen nur zu ihnen greifen wird, wenn die Meßaufgabe ihre hohe Empfindlichkeit und ihren kleinen Eigenverbrauch verlangt.

89. Meßkontakt mit Gleichstromkompensator. Gleichstromkompensatoren messen Gleichspannungen mit großer absoluter Genauigkeit, nämlich durch Vergleich mit einem Normalelement (Abb. 161). Käufliche Geräte haben beispielsweise Meßbereiche bis 1,1 V oder 0,11 V mit

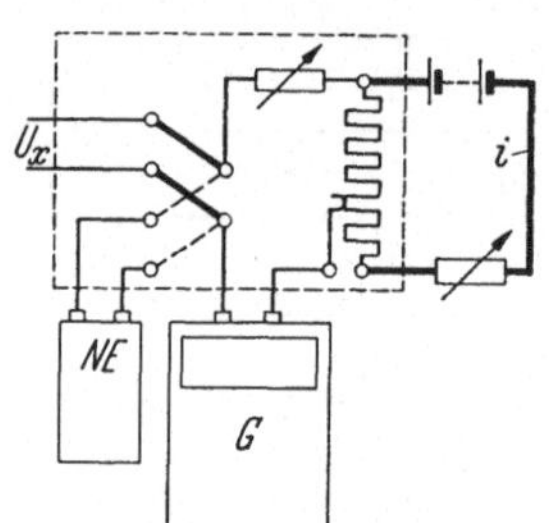

Abb. 161. Grundschaltung eines Gleichstromkompensators.

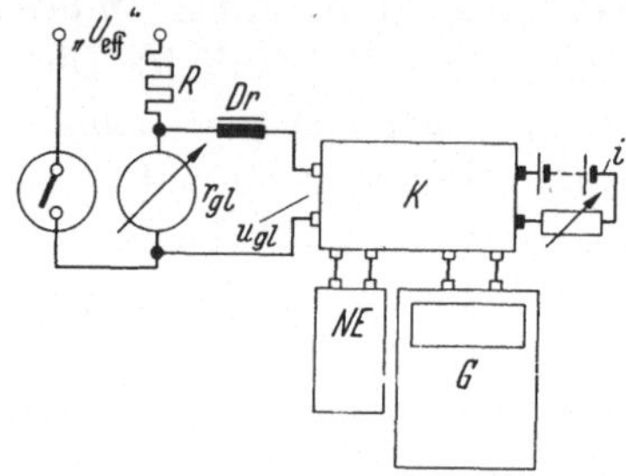

Abb. 162. Gleichstromkompensator zur Messung der Spannung u_{gl} am Drehspulinstrument (r_{gl}) des Meßkontaktes.

vier oder fünf Abgleichkurbeln. Für kleinere Spannungen werden Sonderausführungen gebaut, z. B. der thermokraftfreie Dieselhorst-Kompensator. Kleine Spannungen kann man auch mit einem Gleichstromzwischenkreis messen.[1] Für große Spannungen werden Widerstandsteiler benutzt. Ströme mißt man durch Kompensation ihres Spannungsabfalles an Normalwiderständen. Das WESTON-Normalelement (Kadmiumelement in der gebräuchlichen gesättigten Ausführung) hat eine Spannung ($t =$ Temperatur):

$$E = 1,01864 - 4,06 \cdot 10^{-5}\,(t-20) - 0,95 \cdot 10^{-6}\,(t-20)^2$$
$$+ 1 \cdot 10^{-8}\,(t-20)^3\,\mathrm{V_{abs}}\,. \qquad (1)$$

Die ungesättigte Ausführung hat unabhängig von der Temperatur eine Spannung $E = 1,01894\,\mathrm{V_{abs}}$, bei ihr besteht aber die Gefahr, daß die Spannung im Laufe der Zeit durch Selbstentladung ansteigt. Die Normalelemente sind nur mit Strömen bis 10^{-4} A belastbar.

Es ist einleuchtend, daß in allen Meßkontakt-Schaltungen die am Instrument auftretende Gleichspannung u_{gl} durch einen Gleichstromkompensator gemessen werden kann (Abb. 162). Entfernt man das Drehspulinstrument und setzt an seine Stelle einen induktionsfreien ohmschen Widerstand r_{gl}, so wird die Messung insofern zuverlässiger, als

---

[1] KOHLRAUSCH: Praktische Physik Bd. II S. 36 (1951).

die Galvanometerrückwirkung, die nach § 92 die Gefahr von Meßfehlern birgt, fortfällt.

Durch die Parallelschaltung des Kompensatorwiderstandes zum Widerstand r_{gl} wird der wirksame Widerstand der Parallelschaltung etwas kleiner als r_{gl}, was berücksichtigt werden müßte. Um dies und außerdem eine Belastung des Kompensators mit Wechselstrom zu verhindern, schaltet man in die Verbindungsleitung zum Kompensator eine Drossel Dr. Ihr Grundwellenwiderstand kann bei Verwendung von Mumetall leicht auf 10^6 Ohm ($L \approx 3000$ H) gebracht werden, was eine weitgehende Abriegelung des Kompensators bedeutet. Zur Berechnung der Spannung „U_{eff}" gilt dann die Formel (94.1). Ob die Drossel groß genug ist, d. h. der durch sie hindurchgelassene Wechselstrom vernachlässigt werden kann, läßt sich durch Vergrößern oder Verkleinern ihrer Induktivität (Anzapfungen) feststellen. Die Drossel, die in abgeglichenem Zustand des Kompensators frei von Gleichstrom ist, muß magnetisch abgeschirmt werden, damit keine Spannungen durch Fremdfelder oder durch Erschütterungen im Erdfeld in ihr erzeugt werden.

Durch Anwendung des Kompensators erhalten die Messungen mit dem Meßkontakt den Rang von Absolutmessungen, mit einer Unsicherheit von nur 10^{-3} bis 10^{-4}. Diese Steigerung der Absolutgenauigkeit ist nur sinnvoll, wo sie tatsächlich gebraucht wird, d. h. abgesehen von Eichungen nur in Sonderfällen. Sie wird andererseits auch dann sinnlos, wenn die Umformung der Wechselstromgröße in Gleichstrom durch den Meßkontakt nicht den gleichen Grad an Eindeutigkeit und Genauigkeit aufweist. Beispielsweise gehen Abweichungen der Schließzeit und der Kontaktphase in die Messung ein. Dieser Einfluß ist im Verhältnis zur Kompensatorgenauigkeit im allgemeinen nur dann klein, wenn der Meßkontakt in den Nulldurchgängen der Wechselstromgröße schaltet, also bei Messung von Halbwellenmittelwerten mit $T_k = 180°$ und bei der Messung von Scheitelwerten in Differenzierschaltungen.

Während bei Gleichstrom das Kompensationsverfahren sich dadurch auszeichnet, daß es die Meßgröße nicht mit einem Meßstrom belastet, bringt die Verwendung des Gleichstromkompensators für Wechselstrom einen gewissen Verbrauch mit sich. Einmal nimmt die Drossel Dr einen kleinen Wechselstrom auf. Außerdem muß aber der Gleichstrom des noch nicht abgeglichenen Kompensators auch bei geöffnetem Meßkontakt fließen können, was z. B. in Abb. 162 nicht möglich sein würde, wenn man das Instrument bzw. r_{gl} herausnehmen würde. Die Meßgröße wird also mit dem durch r_{gl} fließenden Strom belastet. Dieser Strom kann bei Kompensatormessungen wohl kleiner gehalten werden als bei Messungen mit einem Präzisionsinstrument, wird aber mindestens von der Größenordnung der Stromaufnahme von Lichtzeigerinstrumenten sein müssen.

Bei Kompensatormessungen ist bei Halbwellengleichrichtung der einseitigen Belastung der Meßgröße besondere Aufmerksamkeit zu widmen (§ 76), gegebenenfalls ist ein Oppositionskontakt oder Vollwellengleichrichtung anzuwenden.

Macht man in Abb. 163a die Schließzeit so klein bzw. in Abb. 163b so groß, daß während der Meßzeit T_k bzw. $(360° - T_k)$ die Meßgröße angenähert konstant ist, erhält man wie bei Gleichstrom praktisch ohne Eigenverbrauch den Mittelwert der Meßgröße während der Meßzeit [U_{T_k} in Gl. (5.2)]:

$$U_{T_k} = \frac{R + r_n}{r_n} u_{gl} \quad \text{bzw.} \quad U_{(360° - T_k)} = \frac{R + r_n}{r_n} u_{gl} . \tag{2}$$

Dabei ist u_{gl} die am Kompensator eingestellte Gleichspannung. Man kann so, wenn man T_k bzw. $(360° - T_k)$ klein genug macht, Scheitelwerte frequenzunabhängig und unabhängig von T_k messen, während die Messung nach Abb. 7 und Abb. 14 frequenzabhängig ist. Das Verfahren wird in Abb. 75 zur Messung der Amplitude einer zerhackten Gleichspannung benutzt.

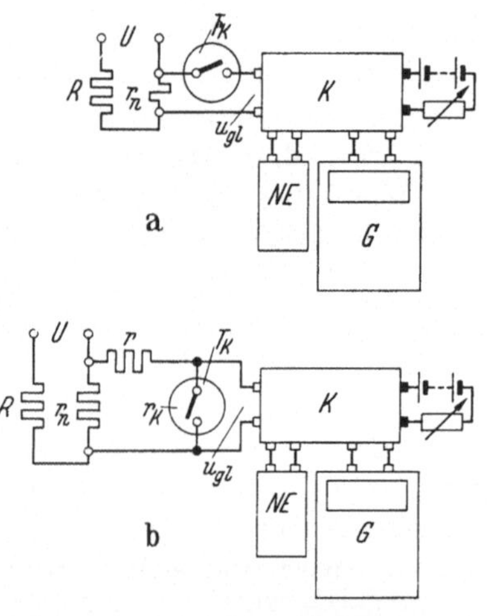

a

b

Abb. 163a u. b. Messung von Mittelwerten mit Gleichstromkompensator und Meßkontakt.

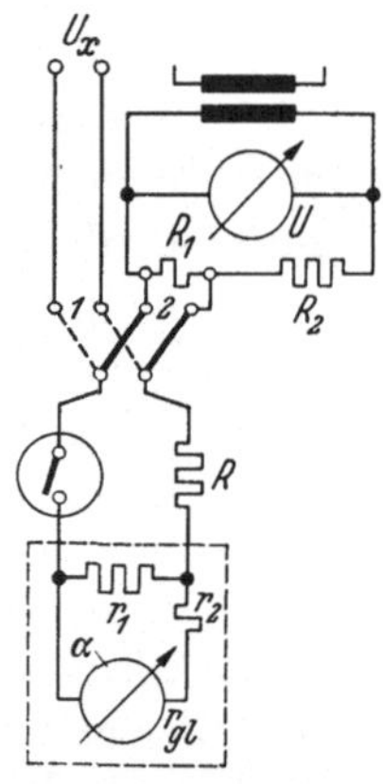

Abb. 164. Eichung einer Galvanometerschaltung mit einer bekannten Spannung U.

90. Galvanometer für Meßkontakt. Sie ermöglichen Wechselstrommessungen bis herab zu $c_i = 10^{-9}$ A/Sktl und $c_e = 10^{-6}$ V/Sktl (Tab. 17). Abgesehen davon, daß Galvanometer lästiger zu handhaben sind als Zeigerinstrumente, haben sie den Nachteil geringerer Absolutgenauigkeit. Dazu kommt, daß mit steigender Empfindlichkeit Störspannungen und Störströme hervortreten und schwieriger zu beseitigen sind (§ 102). Trotzdem füllt der Meßkontakt in Verbindung mit Galvanometern die große Lücke der Messung kleinster Wechselstromgrößen hervorragend aus, da seine Verfahren zur Messung von Mittelwerten, Augenblickswerten, Kurvenform, Grundwelle, Oberwellen, Komponenten und Phasenwinkeln auch bei kleinsten Meßgrößen möglich sind. Die bei Galvanometern angegebenen Empfindlichkeiten sind nur Richtwerte, die vor der Messung kontrolliert werden müssen. Statt dessen kann man die gesamte Galvanometerschaltung einschließlich Meßkontakt auch mit Wechselstrom eichen, indem man von der unbekannten Spannung auf eine bekannte umschaltet. Man erhält z. B. in der Anordnung Abb. 164, wenn $R_1 \ll R$ ist:

$$U_x = \frac{\alpha_1}{\alpha_2} \frac{R_1}{R_1 + R_2} U \,. \tag{1}$$

Die Absolutgenauigkeit des Galvanometers und der Widerstände R, r_1, r_2 geht also nicht in die Messung ein. Regelt man R_2 so, daß $\alpha_1 = \alpha_2$ wird, fallen auch Skalenfehler aus der Messung heraus. r_1 und r_2 dienen zur Einstellung der gewünschten Galvanometerdämpfung, R zur Einregelung einer gewünschten Empfindlichkeit. Statt mit Reihenschaltung kann auch mit Parallelschaltung von Meßkontakt und r_1 gearbeitet werden, was manchmal die Beseitigung von Störspannungen erleichtert (§ 164).

Galvanometer sind im allgemeinen hoch überlastbar. Wenn dabei die Gefahr von Fehlern durch Galvanometerrrückwirkung (§ 92) auftritt, kann der Wechselstromanteil des Meßstromes nach § 94 durch Glät-

Tabelle 17. *Beispiele von Drehspulinstrumenten verschiedener Empfindlichkeit* (vergl. § 88).

Type	Bereich			Klasse
	V	A	R_i Ω	
Millivoltmeter	$60 \cdot 10^{-3}$	$\approx 3 \cdot 10^{-3}$	≈ 20	0,2 (0,1)
Millivolt- und Milliamperemeter	$150 \cdot 10^{-3}$	$3 \cdot 10^{-3}$	50	0,2 (0,1)
	$10 \cdot 10^{-3}$	$0,1 \cdot 10^{-3}$	100	0,5 (0,2)
Mikroamperemeter	$\approx 10 \cdot 10^{-3}$	$10 \cdot 10^{-6}$	≈ 1000	0,5
Lichtmarken-Galvanometer (Millivolt- und Mikroamperemeter)	$30 \cdot 10^{-3}$	$0,3 \cdot 10^{-6}$	30 000	
	$10 \cdot 10^{-3}$	$1 \cdot 10^{-6}$	3 000	
	$3 \cdot 10^{-3}$	$3 \cdot 10^{-6}$	500	0,5
	$1 \cdot 10^{-3}$	$10 \cdot 10^{-6}$	30	
	$0,3 \cdot 10^{-3}$	$30 \cdot 10^{-6}$	10	

	c_e V/Skt	c_i A/Skt	R_i Ω	R_a Ω	T_0 s
Spiegel-Galvanometer	$3 \cdot 10^{-6}$	$0,1 \cdot 10^{-9}$	950	30 000	10
	$6,3 \cdot 10^{-6}$	$0,8 \cdot 10^{-9}$	675	8 000	3,5
	$0,25 \cdot 10^{-6}$	$2,2 \cdot 10^{-9}$	34	85	11
	$1 \cdot 10^{-6}$	$1,5 \cdot 10^{-9}$	70	650	5

tungsmittel vom Instrument ferngehalten werden. Man verwende bei Galvanometern mit Meßkontakt zur Speisung der eingebauten Beleuchtung Gleichstrom und nicht Wechselstrom, vor allem, wenn ein Umspanner in das Gehäuse eingebaut ist.

91. Andere Instrumente mit Meßkontakt. Bei genügend großer Belastbarkeit des Kontaktes kann man auch Gleichstromgeräte mit hohem Eigenverbrauch, wie Schalttafelinstrumente, Schreiber oder Zähler in Verbindung mit dem Meßkontakt für Wechselstrommessungen benutzen und Grundwelle, Scheitelwerte, Komponenten über längere Zeiten registrieren.

Schaltet man den Meßkontakt vor einen Effektivwertmesser, so wird der auf die volle Periode bezogene Effektivwert U_{eff} des vom Kontakt durchgelassenen Abschnittes der Meßgröße angezeigt:

$$U_{eff}^2 = \frac{1}{T} \int\limits_{t_{ein}}^{t_{aus}} U_{(t)}^2 \, dt = \frac{T_k}{T} \frac{1}{T_k} \int\limits_{t_{ein}}^{t_{aus}} U_{(t)}^2 \, dt \tag{1}$$

$$U_{eff} = \sqrt{\frac{T_k}{T}} \, U_{eff \, T_k} \; ; \qquad U_{eff \, T_k} \equiv \sqrt{\frac{1}{T_k} \int\limits_{t_{ein}}^{t_{aus}} U_{(t)}^2 \, dt} \; . \tag{2}$$

($U_{eff\,T_k}$ ist der auf die Schließzeit bezogene Effektivwert des durchgelassenen Abschnitts der Meßgröße). Für kleine Werte T_k wird aus Gl. (2):

$$U_{eff} = \sqrt{\frac{T_k}{T}} \, U_{(t)} \; . \tag{3}$$

d. h. es wird wie bei Drehspulinstrumenten der Augenblickswert der Meßgröße während der Schließzeit angezeigt, im Gegensatz zu Drehspulinstrumenten geht jedoch nicht T_k, sondern $\sqrt{T_k}$ in die Messung ein.

Schaltet man den Meßkontakt in den Spannungspfad eines elektrodynamischen Leistungsmessers, so wird die angezeigte Leistung:

$$N = \frac{1}{T} \int\limits_{t_{ein}}^{t_{aus}} I_{(t)} \, U_{(t)} \, dt = \frac{T_k}{T} \frac{1}{T_k} \int\limits_{t_{ein}}^{t_{aus}} I_{(t)} \, U_{(t)} \, dt \; , \tag{4}$$

$$N = \frac{T_k}{T} N_{T_k} \; ; \qquad N_{T_k} \equiv \frac{1}{T_k} \int\limits_{t_{ein}}^{t_{aus}} I_{(t)} \, U_{(t)} \, dt \; . \tag{5}$$

N_{T_k} ist der Mittelwert der Leistung während der Schließzeit. Das Verfahren kann beispielsweise benutzt werden, um die Verluste in Hg-Dampf- oder Sperrschichtgleichrichtern während der Durchlaßzeit (Spannungsabfall) und während der Sperrzeit (Rückstrom) getrennt zu messen. Für kleine Werte T_k wird aus Gl. (5):

$$N = \frac{T_k}{T} I_{(t)} U_{(t)} \,, \tag{6}$$

d. h. das Instrument zeigt den Augenblickswert $I_{(t)} U_{(t)}$ der Leistung mit um den Faktor $\frac{T_k}{T}$ verkleinerter Empfindlichkeit. Durch Schwenken der Kontaktphase lassen sich auf diese Weise die Leistungspulsationen und die negativen Augenblickswerte der Leistung des Bildes 32 ausmessen. — Beschickt man die Spannungsspule des Dynamometers über einen Meßkontakt mit Gleichspannung, so wird aus Gl. (4):

$$N = \frac{1}{T} U_{gl} \int\limits_{t_{ein}}^{t_{aus}} I_{(t)}\, dt = \frac{T_k}{T} U_{gl} I_{T_k} \; ; \; I_{T_k} \equiv \frac{1}{T_k} \int\limits_{t_{ein}}^{t_{aus}} I_{(t)}\, dt \tag{7}$$

d. h. das Instrument zeigt den (elektrolytischen) Mittelwert I_{T_k} des Stromes während der Schließzeit, bei $T_k = 180°$ und entsprechender Kontaktphase also den Halbwellenmittelwert I_m (§ 5).

Schaltet man einen Meßkontakt mit einem Sperrschichtgleichrichter in Reihe, so mißt die Anordnung den Mittelwert der positiven bzw. negativen Abschnitte während der Schließzeit (Abb. 165).

Schaltet man einen Meßkontakt vor einen Oszillographen, so kann man Abschnitte hoher Spannung vom Oszillographen fernhalten (Abschneider), so daß man die Abschnitte kleiner Spannung in vergrößertem Maßstab messen kann, ohne das Gerät zu überlasten.

92. Das Drehspulinstrument bei Wechselstrom („Galvanometerrückwirkung"). Abgesehen vom Gebiet sehr kleiner Frequenzen, wo das Instrument angenähert den Augenblickswert des Stromes in der Drehspule anzeigt, und

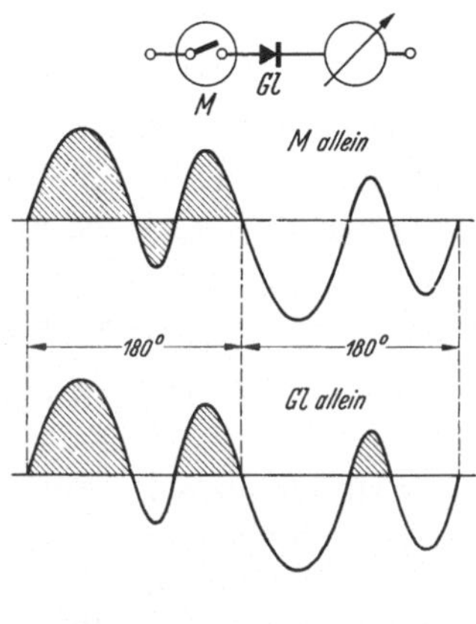

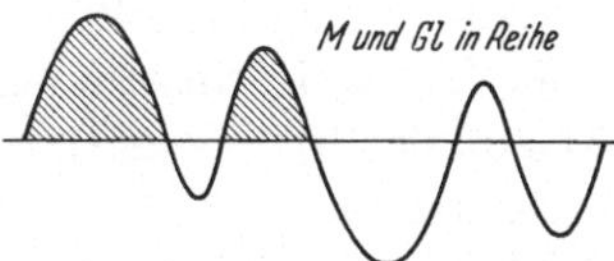

Abb. 165. Reihenschaltung von Meßkontakt und Sperrschichtgleichrichter.

vom Gebiet sehr hoher Frequenzen (wo die Wicklungskapazität des Rähmchens einen Nebenschluß zu den Windungen bildet) zeigt das Drehspulinstrument genau den elektrolytischen Mittelwert des Stromes der Drehspule an:

$$i_{gl} = \frac{1}{T} \int\limits_0^T i\, dt = f \int\limits_0^T i\, dt. \tag{1}$$

Vibriert die Drehspule (und der Zeiger) unter dem Einfluß des Wechselstromes i, ist i_{gl} in Gl. (1) der zeitliche Mittelwert des angezeigten Stromes. Diese Anzeige ist um so schlechter abzulesen bzw. zu schätzen, je stärker der Zeiger vibriert. Abgesehen von dieser Beeinträchtigung der Ablesegenauigkeit wird aber die Beziehung Gl. (1) durch die Vibration nicht beeinträchtigt.

Anders verhält sich dagegen die Spannung u an den Klemmen des Instrumentes, mit der in diesem Buch überall gerechnet wurde. Sie ist bei Gleichstrom genau proportional dem Strom i. Bei Wechselstrom treten jedoch neben dem ohmschen Spannungsabfall am Instrumentwiderstand r_{gl} zusätzliche Spannungen auf. Einmal eine Spannung $L_0 \dfrac{di}{dt}$ an der Induktivität L_0 der Drehspule. Diese wirkt wie andere im äußeren Stromkreis vorhandene Induktivitäten (Zuleitungen, Fehlwinkel von Vorwiderständen usw., §§ 76 und 77). Außerdem wird aber durch die Vibration der Drehspule eine Spannung

$$u^* = n \, B \, l \, 2 \, r \frac{d\beta}{dt} \tag{2}$$

induziert ($n = $ Windungszahl des Rähmchens, $B = $ Luftspaltinduktion, $l = $ Länge, $r = $ Radius, $\beta = $ Drehwinkel der Spule). Schwingt die Spule sinusförmig ($\beta = \beta_m + \Delta\beta \sin \omega t$), so wird:

$$\left.\begin{aligned} u^*_{1\,max} &= 2 \, n \, B \, l \, r \, \omega \, \Delta\beta = \frac{Md \, 10^{-7}}{1{,}02 \, i} \, \omega \, \Delta\beta, \\ Md &= 10{,}2 \, n \, B \, l \, 2 \, r \, i \, 10^6 \text{ mgcm.} \end{aligned}\right\} \tag{3}$$

($Md = $ Drehmoment). Für ein Instrument 10 mV 100 Ohm wird z. B. bei einer Schwingung der Zeigerspitze um $\pm 0{,}1$ mm bei einer Zeigerlänge von 100 mm die Winkelschwingung im Bogenmaß $\Delta\beta = \pm 10^{-3}$ (vorausgesetzt, daß die Zeigerspitze starr mit der Spule verbunden ist, was bei Lichtzeigerinstrumenten zutrifft). Aus Gl. (3) folgt mit $B = 3000$ Gauß ($3 \cdot 10^{-5}$ Vs/cm²), $i = 10^{-4}$ A, $n = 75$, $l = 2{,}7$ cm, $2 \, r = 1{,}5$ cm das Drehmoment $Md = 9$ mgcm und damit die Spannung $u^*_{eff} = 2 \cdot 10^{-3}$ V.

u^* ist eine Wechselspannung ohne Gleichstromglied. Der von ihr hervorgerufene Strom i^* überlagert sich dem zu messenden Strom i, nach Gl. (1) wird der von ihr herrührende Instrumentausschlag:

$$i^*_{gl} = \frac{1}{T} \int\limits_0^T i^* \, dt \, . \tag{4}$$

Wenn der vom Instrument her gesehene Gesamtwiderstand des Meßkreises ohmisch ist, und zwar während der Schließzeit des Meßkontaktes

R_1, während der Öffnungszeit R_2, so wird aus Gl. (4):

$$i_{gl}^* = \frac{1}{R_1 T} \int\limits_{t_{ein}}^{t_{aus}} u^* \, dt + \frac{1}{R_2 T} \int\limits_{t_{aus}}^{t_{aus}+T} u^* \, dt = \left(\frac{1}{R_1} - \frac{1}{R_2}\right) \frac{1}{T} \int\limits_{\tau-0,5\,T_k}^{\tau+0,5\,T_k} u^* \, dt \, . \tag{5}$$

Aus Gl. (5) folgt, daß i_{gl}^* in allen Schaltungen verschwindet, in denen sich der (vom Instrument her gesehene) Gesamtwiderstand mit dem Schalten des Meßkontaktes nicht ändert, also in allen Vollwellenschaltungen mit $T_k = 180°$ (c bis f in Abb. 136). In anderen, insbesondere Halbwellenschaltungen, ist $R_1 \neq R_2$, so daß i_{gl}^* nach Gl. (5) von null verschieden wird und als Störstrom einen Meßfehler verursacht. Um diesen Fehler abzuschätzen, vergleichen wir i_{gl}^* mit dem Strom i_{gl}, den eine Meßgröße $u_{1\,max} \sin \omega t$ hervorruft, nämlich nach Gl. (71.6):

$$i_{gl} = \varepsilon_0 \, \varepsilon_1 T_k \, u_{1\,max} \frac{1}{r_{gl}} \sin \omega \tau \equiv i_{gl\,max} \sin \omega \tau \, . \tag{6}$$

Die dabei induzierte Spannung $u_1^* = u_{1\,max}^* \sin(\omega t + \varphi^*)$ ruft nach Gl. (71.6) einen Gleichstrom

$$i_{gl}^* = \varepsilon_0 \, \varepsilon_1 T_k \, u_{1\,max}^* \left(\frac{1}{R_1} - \frac{1}{R_2}\right) \sin(\omega \tau + \varphi^*) \equiv i_{gl\,max}^* \sin(\omega \tau + \varphi^*) \tag{7}$$

hervor. Wenn — was praktisch der Fall ist — die anregende Frequenz ω groß im Verhältnis zur Eigenfrequenz ω_0 des (ungedämpften) Rähmchens ist, so eilt u_1^* der Spannung u_1 um $90°$ voraus[1], d. h. es ist $\varphi^* = 0,5\pi$. Der Störstrom i_{gl}^* beeinflußt also die Amplitude $i_{gl\,max}$ nicht, er täuscht aber eine Phasenverschiebung $\operatorname{tg} \delta^*$ der Meßgröße vor, die sich aus Gl. (6) und (7) berechnet:

$$\operatorname{tg} \delta^* = \frac{i_{gl\,max}^*}{i_{gl\,max}} = \frac{u_{1\,max}^*}{u_{1\,max}} r_{gl} \left(\frac{1}{R_1} - \frac{1}{R_2}\right) . \tag{8}$$

Zur Ermittlung von $\operatorname{tg} \delta^*$ aus Gl. (8) kann $u_{1\,max}^*$ aus der beobachteten Rähmchenvibration $\Delta\beta$ nach Gl. (3) berechnet werden. Man kann $\frac{u_{1\,max}^*}{u_{1\,max}}$ aber auch auf folgende Weise ermitteln: Mißt man, beispielsweise in einer der Schaltungen von Abb. 166, in denen das zu untersuchende Instrument G mit sinusförmigem Strom beschickt wird, die Spannung am Instrument, so findet man, daß sie bei festgekeiltem Rähmchen um einen Winkel $\delta' = \frac{\omega \, L_0}{r_{gl}}$ nacheilt, bei frei schwingenden Rähmchen dagegen um einen Winkel δ'' voreilt. Die gemessene Winkeldifferenz $(\delta'' - \delta')$ rührt von der Spannung u^* her, es ist daher:

$$\operatorname{tg} \delta' - \operatorname{tg} \delta'' \equiv \operatorname{tg} \delta \approx \frac{u_{1\,max}^*}{u_{1\,max}} . \tag{9}$$

---

[1] Fistl, K.: Wiss. Veröff. Siemens Bd. 20 (1942) S. 20/32.

Setzt man dies in Gl. (8) ein, wird:

$$\operatorname{tg} \delta^* = r_{gl}\left(\frac{1}{R_1} - \frac{1}{R_2}\right)\operatorname{tg} \delta . \qquad (10)$$

Bei der einfachen Spannungsmessung mit Vorwiderstand nach Abb. 167a ist $R_1 = R + r_{gl}$, $R_2 = \infty$, also wird nach Gl. (8) und (10) der Fehlwinkel $\operatorname{tg} \delta^* = \dfrac{r_{gl}}{R + r_{gl}}\operatorname{tg} \delta$. Bei üblichen Drehspulinstrumenten ist beispielsweise $\operatorname{tg} \delta = 0{,}02$. Damit wird in der Schaltung Abb. 167a ohne Vorwiderstand $\operatorname{tg} \delta^* = 0{,}02\ (\approx 1{,}1°)$, mit Vorwiderstand $= \dfrac{r_{gl}}{R + r_{gl}}\,0{,}02$.

Dieser Fehlwinkel hat bei Komponentenmessungen nach Gl. (13.4) Fehler zur Folge, die von der Größe

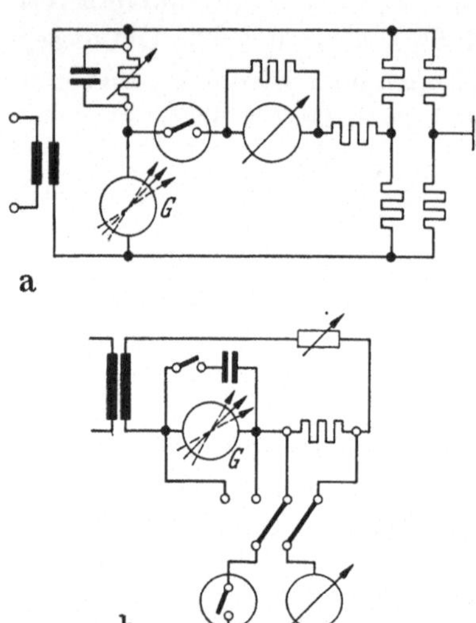

a

b

Abb. 166 a u. b. Schaltung zur Messung der Schwirrspannung. a) Brückenverfahren (Fehlwinkel), b) Komponentenmessung.

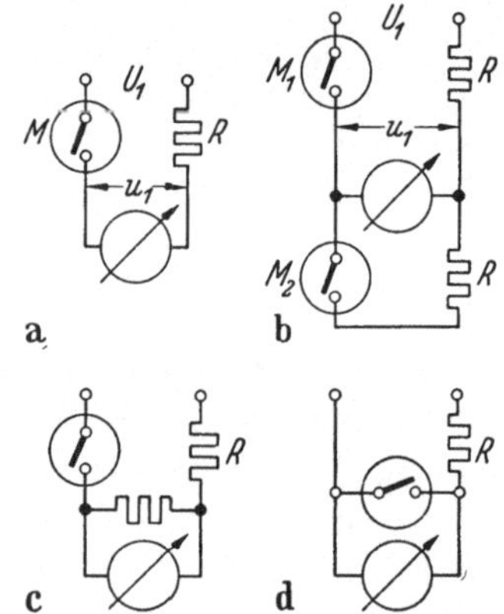

a

b

c

d

Abb. 167a—d. Zum Einfluß der Schaltung auf den Fehler durch die Schwirrspannung.

der Phasenverschiebung φ_1 abhängen. Mißt man den Phasenwinkel mehrerer Meßgrößen in der gleichen Schaltung, entfallen diese Fehler.

Bei Vollwellenschaltung treten keine Fehler durch Rähmchenvibration auf. Bei Halbwellenschaltung kann man sie durch die Störausgleichschaltung[1] Abb. 167b ebenfalls beseitigen, da der in Phasenopposition zu M_1 arbeitende Meßkontakt M_2 konstanten Außenwiderstand ($R_1 = R_2 = R + r_{gl}$) zur Folge hat. Durch Anwendung genügend empfindlicher Instrumente läßt sich $r_{gl}\left(\dfrac{1}{R_1} - \dfrac{1}{R_2}\right)$ in Gl. (10) stets klein machen. Schaltungen wie in Abb. 167c sind dazu geeignet, Schaltungen mit Parallelschaltung des Kontaktes zum Instrument wie in Abb. 167d ungeeignet.

Bei hohen Anforderungen bezüglich fehlwinkelfreier Messung (z. B. Eisenmessungen §§ 52 und 53) kann man den Wechselstromanteil des

---

[1] Froböse, E.: Arch. f. Elektrotechnik Bd. 32 (1938) S. 217.

Meßstromes vom Instrument fernhalten (§ 94) und dadurch die Rähmchenvibration überhaupt vermeiden.

93. Überlastung des Instrumentes. Als thermische Überlastung bezeichnen wir:

$$\ddot{U}_{therm} \equiv \left(\frac{i_{eff}}{i_{gl\,voll}}\right)^2 = \left(\frac{i_{eff}}{i_{gl\,max}}\right)^2 \ddot{u}^2 \; ; \qquad \ddot{u} \equiv \frac{i_{gl\,max}}{i_{gl\,voll}} \, . \tag{1}$$

(i_{eff} = Effektivwert des Instrumentstromes; $i_{gl\,voll}$ = Gleichstrom bei Vollausschlag des Instrumentes; $i_{gl\,max}$ = Gleichstrom bei auf maximalen Instrumentausschlag gedrehter Kontaktphase). Für eine Meßgröße $i_{(t)} = i_{max} \sin \omega\,t$ findet man für Halbwellengleichrichtung durch eine einfache Rechnung, wenn τ wie in Abb. 133 die Mitte der Kontaktschließzeit bedeutet (T_k, T und τ in Bogenmaß, $T = 2\pi$):

$$i_{eff} = \frac{i_{max}}{\sqrt{2}} \sqrt{\frac{T_k}{T} - \frac{\sin T_k}{T} \cos 2\tau} \, . \tag{2}$$

Damit wird aus Gl. (1), wenn nach Gl. (71.6) $i_{gl\,max} = \frac{1}{\pi}\,i_{max} \sin \frac{T_k}{2}$ gesetzt wird:

$$\ddot{U}_{therm} = \frac{\ddot{u}^2}{2} \frac{\dfrac{T_k}{T} - \dfrac{\sin T_k}{T} \cos 2\tau}{\left(\dfrac{\sin \dfrac{T_k}{2}}{\dfrac{T}{2}}\right)^2} \, . \qquad \text{(Halbwellenschaltung)} \tag{3}$$

Für die drei Fälle der Messung mit $T_k = 180°$, mit sehr kurzer Kontaktzeit ($T_k \approx 0$) und mit sehr langer Kontaktzeit ($T_k \approx 360°$) ergeben sich aus Gl. (3) im ungünstigsten Fall ($\cos 2\tau = \pm 1$) die in Tab. 18 zusammengestellten Überlastungen. Solange der Größtausschlag $i_{gl\,max}$ den Vollausschlag $i_{gl\,voll}$ nicht überschreitet ($\ddot{u} \leq 1$), wird das Instrument bei $T_k = 180°$ und Halbwellengleichrichtung um nur einen Faktor $\frac{\pi^2}{4} = 2{,}46$ thermisch überlastet. Bei $T_k \approx 0$ und noch mehr bei $T_k \approx 360°$ wird die Überlastung bei $\ddot{u} = 1$ bereits sehr groß, beim Kurzkontakt mit $T_k = 0{,}05\,T = 18°$ beispielsweise 20fach, beim Langkon-

Tabelle 18. *Thermische Überlastung $\ddot{U}_{therm}$ des Drehspulinstrumentes bei drei verschiedenen Schließzeiten T_k (Halbwellenschaltung).*

	$T_k = 180°$	$T_k \approx 0$	$T_k \approx 360°$
i_{eff}	$\dfrac{1}{\sqrt{2}}\dfrac{i_{max}}{\sqrt{2}}$	$\approx \sqrt{2}\sqrt{\dfrac{T_k}{T}}\dfrac{i_{max}}{\sqrt{2}}$	$\approx \dfrac{i_{max}}{\sqrt{2}}$
$i_{gl\,max}$	$\dfrac{i_{max}}{\pi}$	$\approx \dfrac{T_k}{T}\,i_{max}$	$\approx \dfrac{T - T_k}{T}\,i_{max}$
$\ddot{U}_{therm}$	$\ddot{u}^2\,\dfrac{\pi^2}{4}$	$\approx \ddot{u}^2\,\dfrac{T}{T_k}$	$\approx \ddot{u}^2\,\dfrac{1}{2}\left(\dfrac{T}{T - T_k}\right)^2$

takt mit $T_k = 0{,}95\,T = (360{-}18°)$ sogar 200fach. Ähnliche hohe Überlastungen ergeben sich bei $T_k = 180°$, wenn man zur Steigerung der Empfindlichkeit bei der Komponentenmessung oder bei der Nulleinstellung $\ddot{u} > 1$ macht.

Drehspulzeigerinstrumente sind thermisch dauernd etwa 10fach überlastbar, Lichtzeigergalvanometer $100 \cdots 1000$fach. (Die Verlustleistung im Rähmchen darf etwa 0,1 W werden, also $i_{eff} \leqq \sqrt{\dfrac{0{,}1}{r_{sp}}}$, $r_{sp} = $ Widerstand der Rähmchenwicklung.)

Mit zunehmender Überlastung (kleinere Vorwiderstände) nimmt auch die in § 92 behandelte Vibration des Rähmchens und damit der Fehl-

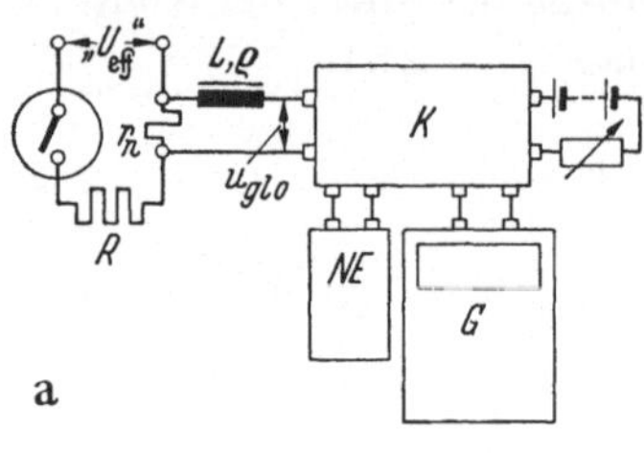

winkel δ^* zu. Thermische Überlastung und Rähmchenvibration kann man vermeiden, wenn man den Wechselstromanteil des Meßstromes am Instrument vorbei leitet (§ 94).

94. Glättung des Instrumentstromes. Zur Vermeidung von Zeigerschwirren, Galvanometerrückwirkung oder thermischer Überlastung kann der Instrumentstrom vom Wechselstromanteil getrennt werden (§§ 53 und 55). Am besten erfolgt die Glättung durch eine Drossel. In Abb. 168a wird eine Drossel L zur Glättung des

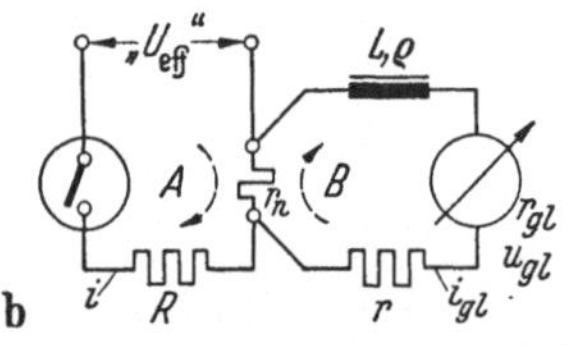

a

b

Abb. 168 a u. b. Glättung des Instrumentstromes.

Kompensatorstromes benutzt. Da L im abgeglichenen Zustand des Kompensators keinen Gleichstrom führt, tritt an ihrem ohmschen Widerstand kein Spannungsabfall auf. Unter der Voraussetzung $\omega L \gg r_n$ gilt dann nach § 96 (Halbwellengleichrichtung mit $T_k = 180°$):

$$\text{,,}U_{eff}\text{``} = 2{,}2214\,\frac{r_n + R}{r_n}\,u_{gl\,0} \tag{1}$$

wobei $u_{gl\,0}$ die am abgeglichenen Kompensator eingestellte Gleichspannung ist. Ersetzt man den Kompensator durch ein Instrument (Abb. 168b), so sinkt die Spannung an r_n durch den Strom i_{gl} etwas ab. Und zwar ist unter der Voraussetzung, daß i_{gl} ein reiner Gleichstrom ohne Wechselstromanteil ist ($\omega L \gg r_n$) bei beliebiger Schließzeit:

$$i\,(R + r_n) - i_{gl}\,r_n = U_{(t)} \tag{2}$$

$$\text{(Augenblickswerte im Kreis } A\text{)}$$

$$i_{gl}\,(\varrho + r + r_{gl})\,T = \int_0^{T_k} i\,r_n\,dt - i_{gl}\,r_n\,T \tag{3}$$

$$\text{(Spannungszeitintegral im Kreis } B\text{)}.$$

Aus Gl. (2) und (3) folgt:

$$i_{gl}\, r_{gl} = u_{gl} = \frac{r_{gl}}{\varrho + r + r_{gl} + r_n^*}\, u_{gl\,0}\,; \qquad r_n^* \equiv r_n \frac{R + r_n\left(1 - \dfrac{T_k}{T}\right)}{R + r_n}\,. \tag{4}$$

Dabei ist $u_{gl\,0}$ die am Instrument im Grenzfall $r_{gl} = \infty$ (Kompensatormessung) nach Gl. (1) auftretende Gleichspannung:

$$u_{gl\,0} = \frac{r_n}{R + r_n} \frac{1}{T_k} \int\limits_0^{T_k} U_{(t)}\, dt = \frac{r_n}{R + r_n} \frac{{}_{,,}U_{eff}{}^{,,}}{2{,}2214} \qquad (T_k = 180^\circ)\,. \tag{5}$$

Aus Gl. (1) und (4) folgt:

$$_{,,}U_{eff}{}^{,,} = 2{,}2214\, \frac{R + r_n}{r_n} \frac{\varrho + r + r_{gl} + r_n^*}{r_{gl}}\, u_{gl}\,. \tag{1a}$$

Für $R \gg r_n$ wird dabei $r_n^* = r_n$. Ohne Drossel L würde nach § 96 und Gl. (73.2) sein:

$$_{,,}U_{eff}{}^{,,} = 2{,}2214\, \frac{R + r_n}{r_n} \frac{\varrho + r + r_{gl} + \dfrac{r_n R}{r_n + R}}{r_{gl}}\, u_{gl}\,. \tag{1b}$$

Für $R \gg r_n$ stimmt Gl. (1b) mit (1a) überein, d. h. der Meßbereich kann berechnet werden als wenn L nicht vorhanden wäre. Die Schaltung Abb. 168b verhält sich also bei $\omega L \gg r_n$ so, als wenn r_n eine Gleichspannungsquelle $u_{gl\,0}$ mit dem inneren Widerstand r_n^*, bei $R \gg r_n$ also mit dem inneren Widerstand r_n wäre. In ähnlicher Weise lassen sich auch andere Schaltungen mit Glättung des Instrumentstromes berechnen. Stattdessen kann man sie auch experimentell eichen, indem man an die Stelle der unbekannten eine bekannte Meßgröße schaltet (§ 54).

Die Drossel L läßt sich bei Verwendung eines Nickeleisenkernes mit hoher Anfangspermeabilität bei einigen tausend Windungen auf $L \geqq 1000\,\mathrm{H}$, also $\omega L \geqq 3 \cdot 10^5\,\Omega$ bringen. Um ihren ohmschen Widerstand ϱ (der als Kupferwiderstand temperaturabhängig ist und daher klein gegen $r + r_{gl}$ sein soll) klein zu halten, wird man die Windungszahl nicht unnötig hoch wählen. Damit die Drossel keine induzierten Spannungen auffängt, schirme man sie, z. B. durch einen Mumetallmantel, magnetisch ab. Dadurch wird gleichzeitig bei Erschütterungen der Drossel die Erzeugung von Spannungen durch das Erdfeld oder durch andere Gleichstromfelder vermieden.

95. Parallelschaltung von Kontakt und Instrument (Teilgleichrichtung). Sie ist in vielen Schaltungen möglich, bietet aber nur in besonderen Fällen Vorteile gegenüber der Reihenschaltung. Bei Parallelschaltung spielt der Kontaktwiderstand r_k eine größere Rolle als bei Reihenschaltung (§ 75), da der Widerstand des offenen Kontaktes ($> 10^8$ Ohm) dem Ideal der absoluten Unterbrechung näher kommt als der Widerstand des geschlossenen Kontaktes ($\approx 10^{-2}$ Ohm) dem Ideal des absoluten Kurzschlusses. Schaltungen wie Abb. 169a sind daher um so unbrauchbarer, je kleiner r_n gegenüber r_k ist, da bei geschlossenem Kontakt das Instrument vom Spannungsabfall am Widerstand $\dfrac{r_n\,r_k}{r_n + r_k}$ gespeist wird und letzterer bei kleinem r_n wegen der Inkonstanz von r_k nicht eindeutig definiert ist. Man kann diesen Mangel wie in Abb. 169b durch einen Widerstand $r \gg r_k$ beseitigen. Man kann auch wie in Abb. 169c durch einen Widerstand $r_1 \gg r_k$ eine Schaltung mit definierter „*Teilgleichrichtung*" schaffen, Gl. (3) bis (5a).

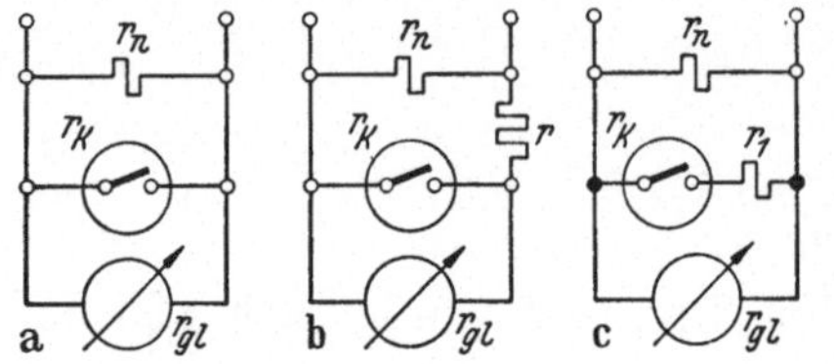

Abb. 169a—c. Einfluß des Kontaktwiderstandes bei Parallelschaltung von Instrument und Meßkontakt.

Bei Parallelschaltung ist die durch das Schalten bewirkte Widerstandsänderung im Meßkreis (§ 73) im allgemeinen kleiner als bei Reihenschaltung, so daß die Gefahr von Fehlern durch das Ausgleichglied § 77 bzw. durch Gleichstromaufladung § 76 geringer ist. Ein anderer Vorteil der Parallelschaltung ist, daß am geöffneten Kon-

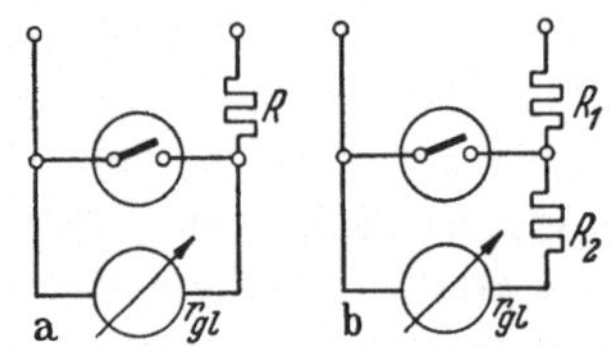

Abb. 170a u. b. Störspannungen bei Parallelschaltung von Instrument und Meßkontakt.

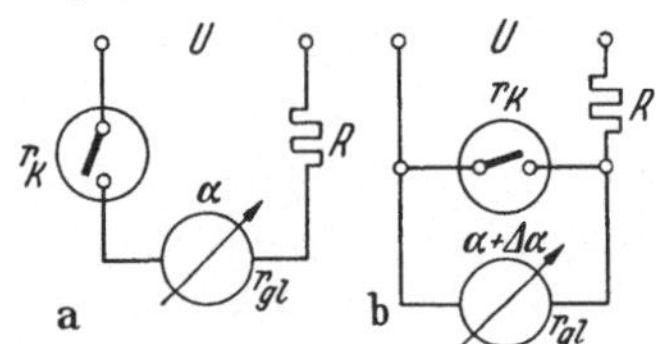

Abb. 171a u. b. Messung des Kontaktwiderstandes.

takt als Sperrspannung nur die Instrumentspannung auftritt, was bei der Messung hoher Spannungen eine Rolle spielen kann (§ 10).

Andererseits haben Störspannungen bei Parallelschaltung größeren Einfluß auf die Messung als bei Reihenschaltung, wenn nämlich Instrument und Kontakt ohne weitere Widerstände einen Kurzschlußkreis bilden (Abb. 170a) und die Störspannung ihren Sitz innerhalb dieses Kurzschlußkreises hat. Dieser Gefahr kann man dadurch entgegenwirken, daß man einen Teil des Vorwiderstandes wie in Abb. 170b in den Kurzschlußkreis legt. Bei Verwendung von Galvanometern ist dabei auf richtige Instrumentdämpfung Rücksicht zu nehmen. Da sich bei Parallelschaltung Störspannungen anders auswirken als bei Reihenschaltung, bietet die Ausführung einer Messung in beiden Schaltungen eine Möglichkeit, die Ausschaltung der Störspannungen zu kontrollieren.

Man kann die Parallelschaltung benutzen, um den Kontaktwiderstand zu messen. Ist bei gegebener Spannung U (Gleich- oder Wechselspannung) und genau 180° Schließzeit in Abb. 171a der Instrumentausschlag α, in Abb. 171b dagegen $\alpha + \varDelta\alpha$, so errechnet sich der Kontaktwiderstand r_k, wenn $r_k \ll R + r_{gl}$ ist:

$$r_k = R\,\frac{\Delta\alpha}{\alpha - \Delta\alpha}\,\frac{r_{gl}}{R + r_{gl}}\,; \qquad \frac{\Delta\alpha}{\alpha} = \frac{1 + \dfrac{R}{r_{gl}}}{1 + \dfrac{R}{r_{gl}} + \dfrac{R}{r_k}}\,. \tag{1}$$

Da bei Parallelschaltung während der Öffnungszeit des Kontaktes gemessen wird, so ist an Stelle von T_k in die Formel Gl. (71.7) zur Berechnung der Oberwellenempfindlichkeit $(360 - T_k)$ einzusetzen, außerdem dreht sich das Vorzeichen der Instrumentspannung um; es ist also:

$$\varepsilon_{nT_k} = -\frac{1}{n}\sin n\left(180° - \frac{T_k}{2}\right) = \mp\frac{1}{n}\sin n\,\frac{T_k}{2} \quad\begin{array}{l}-:n \text{ ungerade}\\ +:n \text{ gerade}.\end{array} \tag{2}$$

Man kann bei der Parallelschaltung r_k künstlich durch bekannte Widerstände vor dem Kontakt auf den Gesamtbetrag R_k vergrößern und erhält dann eine genau berechenbare Verminderung des Instrumentausschlages („Teilgleichrichtung"). Statt der in § 96 angegebenen, für $r_k = 0$ gültigen Schaltungskonstanten S ist dann nach Gl. (75.4) für die Schaltung Abb. 172a zu setzen:

$$S_{R_k} = S\,\frac{1}{1 - F} = S\left[1 + \frac{R_k}{r_{gl}}\left(1 + \frac{r_{gl}}{R}\right)\right]\,. \tag{3}$$

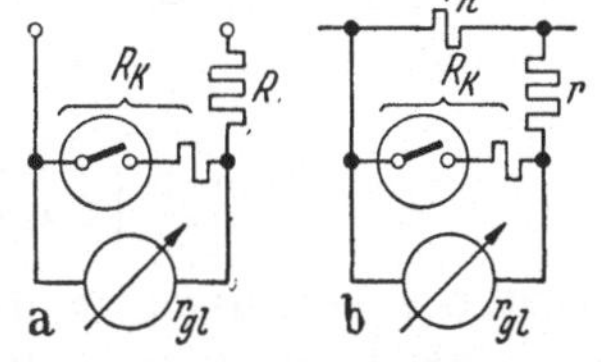

Abb. 172a u. b. „Teilgleichrichtung" bei Spannungsmessung (a) und Strommessung (b).

Gl. (3) bietet eine Möglichkeit, den Meßbereich einer Schaltung zu erweitern. Dabei hat die Unsicherheit des Kontaktwiderstandes um so geringeren Einfluß, je geringer sein Anteil am Gesamtwiderstand R_k ist. Bei Anwendung der Teilgleichrichtung muß die Überlastung des Instrumentes durch den nicht gleichgerichteten Wechselstromanteil beachtet werden.

Aus Gl. (3) folgt für die Schaltung Abb. 172a zur Spannungsmessung nach Tab. 19A, S. 201 für Halbwellengleichrichtung:

$$\text{„}U_{eff}\text{"} = 2{,}2214\,\frac{R + r_{gl}}{r_{gl}}\left[1 + \frac{R_k}{r_{gl}}\left(1 + \frac{r_{gl}}{R}\right)\right]u_{gl\,max}\,. \tag{4}$$

Und für die Strommessung nach Abb. 172b und Tab. 19B, S. 201:

$$\text{„}I_{eff}\text{"} = 2{,}2214\,\frac{r_n + r + r_{gl}}{r_n\,r_{gl}}\left[1 + \frac{R_k}{r_{gl}}\left(1 + \frac{r_{gl}}{r}\right)\right]u_{gl\,max}\,. \tag{5}$$

Für $r_n = \infty$ ist in Gl. (5) auch $r = \infty$ zu setzen und es wird:

$$\text{„}I_{eff}\text{"} = 2{,}2214\,\frac{r_{gl} + R_k}{r_{gl}}\,\frac{u_{gl\,max}}{r_{gl}} \qquad (r = \infty)\,. \tag{5a}$$

96. Berechnung von Meßbereichen. Die Grundlagen zu dieser Berechnung findet man in §§ 71 bis 74. Zusammengefaßt ergab sich folgendes: Wenn die Meßgröße den zeitlichen Verlauf

$$U_{(t)} = \sum_n (A_n \sin n\,\omega\,t + B_n \cos n\,\omega\,t) \tag{1}$$

hat, ist die vom Instrument angezeigte Gleichspannung:

$$u_{gl(\tau)} = \varepsilon_0 \sum_n \frac{\varepsilon_n}{S_n} \left[A_n \sin(n\tau + p) + B_n \cos(n\tau + p) \right]. \qquad (2)$$

Dabei ist bei ohmschen Vorwiderständen und Differenzierschaltungen:

$$\varepsilon_n \equiv \varepsilon_{n\,T_k} = \frac{1}{n} \sin n \frac{T_k}{2}, \qquad (2a)$$

bei Mehrfachmessungen:

$$\varepsilon_n \equiv \varepsilon_{n\,T_k\,\beta_1\,\beta_2} = \frac{1}{n} \sin n \frac{T_k}{2} \cos \beta_1 \cos \beta_2, \qquad (2b)$$

bei ohmschen Vorwiderständen:

$$S_n \equiv S \qquad [\text{Gl. (73.2)}]; \qquad p = 0, \qquad (2c)$$

bei Differenzierschaltungen:

$$S_n \equiv S_{Diff} \qquad [\text{Gl. (74.2)}]; \qquad p = \tfrac{\pi}{2}. \qquad (2d)$$

Aus Gl. (2) folgt, wenn nur eine einzige Teilwelle vorhanden ist und auf Maximum des Instrumentausschlages gestellt wird:

$$U_{n\,eff} = \frac{S_n}{\sqrt{2}\,\varepsilon_0\,\varepsilon_n} u_{gl\,max} = 2{,}2214 \frac{S_n}{\pi\,\varepsilon_0\,\varepsilon_n} u_{gl\,max}. \qquad (3)$$

Wird bei Vollausschlag des Instrumentes ein Meßbereich $U_{n\,eff\,voll}$ gewünscht, so muß nach Gl. (3) sein:

$$S_n = \sqrt{2}\,\varepsilon_0\,\varepsilon_n \frac{U_{n\,eff\,voll}}{u_{gl\,voll}} = \frac{\pi\,\varepsilon_0\,\varepsilon_n}{2{,}2214} \frac{U_{n\,eff\,voll}}{u_{gl\,voll}}. \qquad (4)$$

Handelt es sich um ein Galvanometer mit einer Spannungskonstanten c V/Sktle bei Gleichstrom, so ist $u_{gl} = c\,\alpha$ und damit nach Gl. (3) und (4):

$$U_{n\,eff} = U_{n\,eff\,voll} \frac{\alpha_{max}}{\alpha_{voll}} = 2{,}2214 \frac{S_n}{\pi\,\varepsilon_0\,\varepsilon_n} c\,\alpha_{max}. \qquad (5)$$

In Tab. 19 sind Formeln zur Berechnung der Meßbereiche oft vorkommender Schaltungen für Halbwellengleichrichtung zusammengestellt. Man kann die Formeln der Tab. 19 benutzen, um durch Wahl entsprechender Widerstände für ein gegebenes Instrument runde Meßbereiche zu schaffen. Fest abgeglichene runde Meßbereiche haben den Vorteil geringerer Gefahr von Versehen und Irrtümern, man wird daher nach Möglichkeit Geräte mit festen Meßbereichen benutzen. Wegen des kleinen Eigenverbrauchs der Drehspulinstrumente lassen sich Geräte mit vielfach umschaltbaren Bereichen gut bauen (Tab. 20).

Praktisch kommt der Fall vor, daß Vor- und Nebenwiderstände, die für ein bestimmtes Instrument ($u_{gl\,voll}$, $i_{gl\,voll}$, r_{gl}) abgeglichen sind, mit einem anderen, empfindlicheren Instrument ($u'_{gl\,voll}$, $i'_{gl\,voll}$, r'_{gl}) benutzt

Tabelle 19. *Meßbereichformeln häufig vorkommender Schaltungen.*

	T_k		
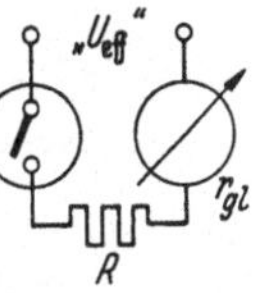 **A**	$180°$	$\text{„}U_{eff}\text{“} = 2{,}2214\,\dfrac{R + r_{gl}}{r_{gl}}\,u_{gl\,max}$ $[\text{„}U_{eff}\text{“} \equiv 1{,}1107\,U_m]$	$S = \dfrac{R + r_{gl}}{r_{gl}}$ Ohmsche Schaltung für Spannung
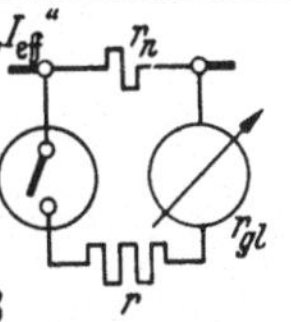 **B**	$180°$	$\text{„}I_{eff}\text{“} = 2{,}2214\,\dfrac{r_n + r + r_{gl}}{r_n\,r_{gl}}\,u_{gl\,max}$ $[\text{„}I_{eff}\text{“} \equiv 1{,}1107\,I_m]$	$S = \dfrac{r_n + r + r_{gl}}{r_n\,r_{gl}}$ Ohmsche Schaltung für Strom
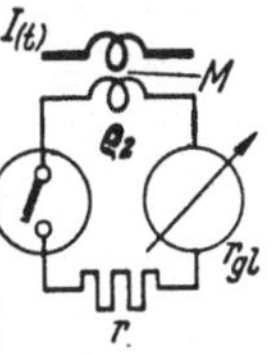 **C**	$180°$ $180°$ beliebig	$\text{„}I_{eff}\text{“} = 2{,}2214\,\dfrac{r + \varrho_2 + r_{gl}}{\omega\,M\,r_{gl}}\,u_{gl\,max}$ $\left[\text{„}I_{eff}\text{“} \equiv \dfrac{1}{\sqrt{2}}\,I_{max}\right]$ $2\,I_{\left(\tau + \frac{\pi}{2}\right)} = \dfrac{r + \varrho_2 + r_{gl}}{f\,M\,r_{gl}}\,u_{gl\,(\tau)}$ $I_{ein} - I_{aus} = \dfrac{r + \varrho_2 + r_{gl}}{f\,M\,r_{gl}}\,u_{gl}$	$S_{Diff} = \dfrac{r + \varrho_2 + r_{gl}}{n\,\omega\,M\,r_{gl}}$ Differenzierschaltung für Strom
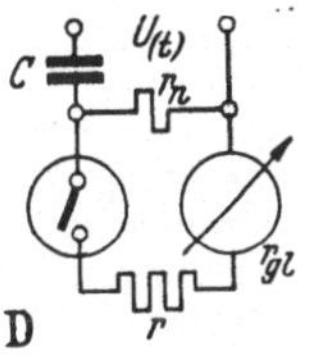 **D**	$180°$ $180°$ beliebig	$\text{„}U_{eff}\text{“} = 2{,}2214\,\dfrac{r_n + r + r_{gl}}{\omega\,C\,r_n\,r_{gl}}\,u_{gl\,max}$ $\left[\text{„}U_{eff}\text{“} \equiv \dfrac{1}{\sqrt{2}}\,U_{max}\right]$ $2\,U_{\left(\tau + \frac{\pi}{2}\right)} = \dfrac{r_n + r + r_{gl}}{f\,C\,r_n\,r_{gl}}\,u_{gl\,(\tau)}$ $U_{ein} - U_{aus} = \dfrac{r_n + r + r_{gl}}{f\,C\,r_n\,r_{gl}}\,u_{gl}$	$S_{Diff} = \dfrac{r_n + r + r_{gl}}{n\,\omega\,C\,r_n\,r_{gl}}$ Differenzierschaltung für Spannung
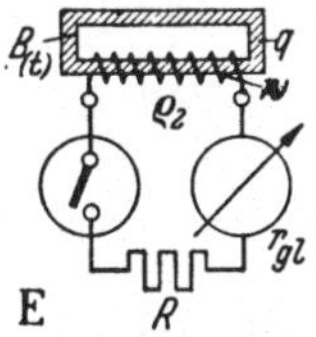 **E**	$180°$ beliebig	$2\,B_{\left(\tau + \frac{\pi}{2}\right)} = \dfrac{R + \varrho_2 + r_{gl}}{f\,w\,q\,r_{gl}}\,u_{gl\,(\tau)}$ $B_{ein} - B_{aus} = \dfrac{R + \varrho_2 + r_{gl}}{f\,w\,q\,r_{gl}}\,u_{gl}$	„Differenzierschaltung“ für Induktion
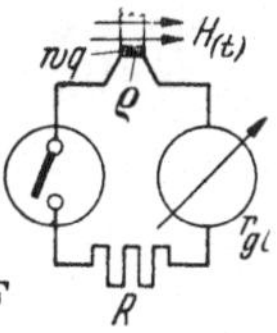 **F**	$180°$ beliebig	$2\,H_{\left(\tau + \frac{\pi}{2}\right)} = \dfrac{R + \varrho + r_{gl}}{f\,w\,q\,\mu_0\,r_{gl}}\,u_{gl\,(\tau)}$ $H_{ein} - H_{aus} = \dfrac{R + \varrho + r_{gl}}{f\,w\,q\,\mu_0\,r_{gl}}\,u_{gl}$	„Differenzierschaltung“ für Feldstärke

Tabelle 19 (Fortsetzung).

Schaltung	Formeln	Verwendung
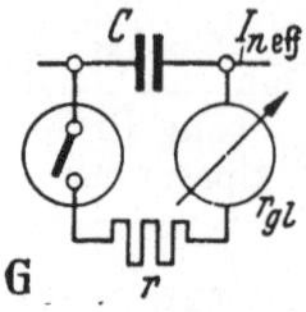 **G** — 180°	$$I_{neff} = 2{,}2214\,\frac{r+r_{gl}}{r_{gl}}\,n\,\omega\,C\,u_{gln}$$ $$r+r_{gl} \gg \frac{1}{n\,\omega\,C} \qquad u_{gln} = c\,\alpha_n$$ Mit Vorwiderstand $R \gg \dfrac{1}{n\,\omega\,C}$ auch für $U_{neff} = R I_{neff}$	Integrierschaltung für angenäherte Grundwellenmessung ($n=1$)
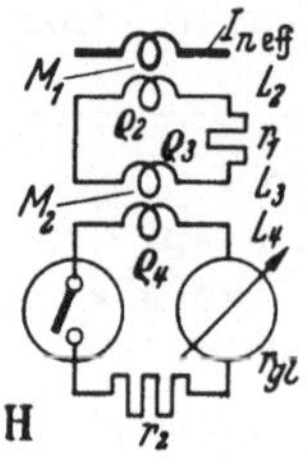 **H** — 180°	$$I_{neff} =$$ $$2{,}2214\,\frac{(r_1+\varrho_2+\varrho_3)(r_2+\varrho_4+r_{gl})}{n^2\,\omega^2\,M_1\,M_2\,r_{gl}}\,u_{gln}$$ $$u_{gln} = c\,\alpha_n$$ $$r_1 + \varrho_2 + \varrho_3 \gg n\,\omega\,(L_2+L_3)$$ $$r_2 + \varrho_4 + r_{gl} \gg n\,\omega\,L_4$$	Doppelte Differenzierschaltung für Oberwellenmessung von Strömen
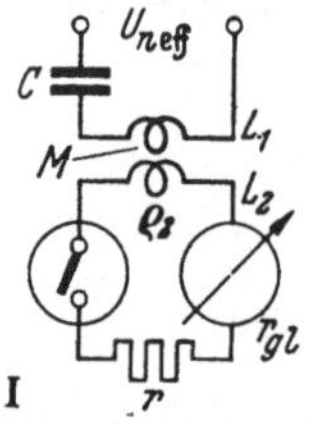 **I** — 180°	$$U_{neff} = 2{,}2214\,\frac{r+\varrho_2+r_{gl}}{n^2\,\omega^2\,C\,M}\,u_{gln}$$ $$u_{gln} = c\,\alpha_n$$ $$\frac{1}{n\,\omega\,C} \gg n\,\omega\,L_1$$ $$r + \varrho_2 + r_{gl} \gg n\,\omega\,L_2$$	Doppelte Differenzierschaltung für Oberwellenmessung von Spannungen
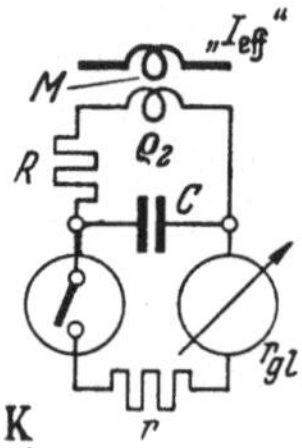 **K** — 180°	$$„I_{eff}" = 2{,}2214\,\frac{(r+r_{gl})(R+\varrho_2)\,C}{M\,r_{gl}}\,u_{gl\,max}$$ $$[„I_{eff}" \equiv 1{,}1107\,I_m]$$ $$R + \varrho_2 \gg \frac{1}{n\,\omega\,C}$$ $$\frac{1}{n\,\omega\,C} \ll r + r_{gl}$$	„Ohmsche" Schaltung für Grundwellenmessung von Strömen mit Gegeninduktivität (bei Hochstrom)
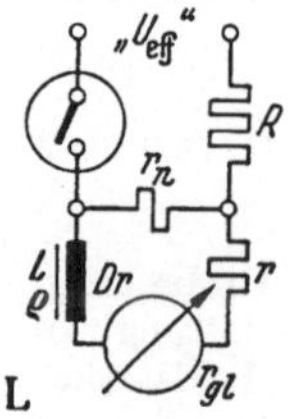 **L** — 180°	$$„U_{eff}" = 2{,}22\,\frac{R+r_n}{r_n}\,\frac{\varrho+r+r_{gl}+r_n^*}{r_{gl}}\,u_{gl\,max}$$ $$r_n^* = \frac{R+0{,}5\,r_n}{R+r_n}\,r_n\,\omega\,L \gg r_n$$ $$[„U_{eff}" \equiv 1{,}1107\,U_m]$$ Mit Kompensator statt Instrument: $$„U_{eff}" = 2{,}2214\,\frac{R+r_n}{r_n}\,u_{gl\,max}$$	Glättung des Instrumentstromes (§ 94)

werden sollen. Man kann dann, wenn auf die Dämpfung keine Rücksicht zu nehmen ist, nach Abb. 173 das empfindlichere Instrument mit folgenden Vor- und Nebenwiderständen auf die Empfindlichkeit des anderen bringen:

$$r_y = \frac{u_{gl\,voll}}{i'_{gl\,voll}} - r'_{gl}\;; \qquad r_x = \frac{i_{gl\,voll}}{i_{gl\,voll} - i'_{gl\,voll}}\,r_{gl}. \tag{6}$$

Um z. B. ein 10 mV 100 Ohm-Instrument auf die Daten eines 60 mV 20 Ohm-Instrumentes zu bringen, muß $r_y = 500$ Ohm und $r_x = 20,7$ Ohm sein.

Hat man mit r_n und r nach Abb. 174a einen Strommeßbereich (oder einen ganzen Satz solcher Bereiche nach Abb. 175b) für ein Instrument

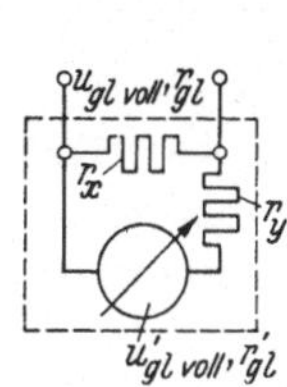

Abb. 173. Vorwiderstand r_y und Nebenwiderstand r_x zur Anpassung eines empfindlicheren Instrumentes an gewünschte Werte $u_{gl\,voll}$ und r_{gl}.

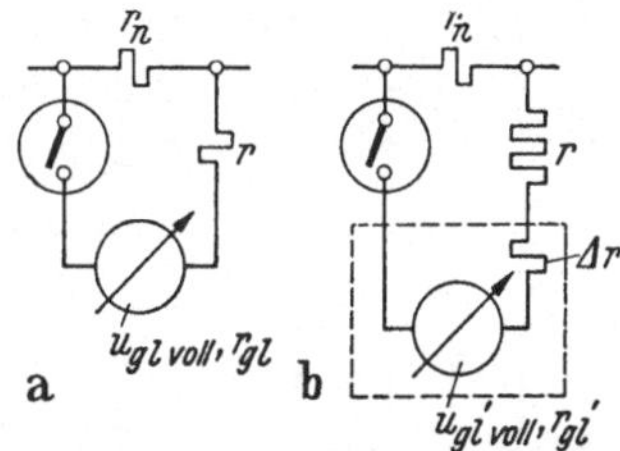

Abb. 174 a u. b. Anpassungswiderstand Δr zur Benutzung eines empfindlicheren Instrumentes an gegebenen Nebenwiderständen r_n.

$u_{gl\,voll}$, r_{gl} abgeglichen, so kann man diese Widerstände mit einem empfindlicheren Instrument $u'_{gl\,voll}$, r'_{gl} zur Erzielung eines (auf jeder Stufe) $n$fachen Bereiches benutzen, indem man nach Abb. 174b einen Widerstand

$$\Delta r = \left[\frac{(r + r_{gl})\,u_{gl\,voll}}{r_{gl}\,n\,u'_{gl\,voll}} - 1\right] r'_{gl} - r \tag{7}$$

vor das Instrument schaltet.

In Tab. 20 ist als Beispiel ein Satz von Vor- und Nebenwiderständen für zwei verschiedene Instrumenttypen nach folgenden Formeln be-

Tabelle 20. *Beispiele für je einen Satz von Vor- und Nebenwiderständen nach Abb. 175 für zwei verschiedene, vollständig temperaturkompensierte Instrumenttypen (vgl. § 88).*

Strom-bereich („A_{eff}")	60 mV/20 Ω r_n	10 mV/100 Ω r_n	Spannungs-bereich („V_{eff}")	60 mV/20 Ω R	10 mV/100 Ω R
$0,5 \cdot 10^{-3}$	—	$88,86$ Ω	$30 \cdot 10^{-3}$	—	$35,0$ Ω
$5,0 \cdot 10^{-3}$	—	$8,886$ Ω	$150 \cdot 10^{-3}$	$2,5$ Ω	$575,2$ Ω
$50 \cdot 10^{-3}$	$3,3321$ Ω	$0,8886$ Ω	$1,5$	$205,1$ Ω	$6\,652,5$ Ω
$0,5$	$0,3332$ Ω	$0,08886$ Ω	$15,0$	$2\,230,8$ Ω	$67\,425,0$ Ω
$5,0$	$0,03332$ Ω	$0,008886$ Ω	$150,0$	$22\,488,0$ Ω	$0,6751 \cdot 10^6$ Ω
$15,0$	$0,01111$ Ω	$0,002962$ Ω	$300,0$	$44\,996,0$ Ω	$1,350 \cdot 10^6$ Ω
Σr	25 Ω	200 Ω			

rechnet (Tab. 19A und B):

$$R = \frac{\text{„}U_{ef}\text{“}}{2,2214\ u_{gl\,voll}}\,r_{gl} - r_{gl}$$

$$r_n = \frac{2,2214\ u_{gl\,voll}}{\text{„}I_{eff}\text{“}\,voll}\,\frac{\Sigma r}{r_{gl}}\,; \qquad \sum r = r_{n\,max} + r_{gl} + r + r_k\,. \tag{8}$$

Die Übergangswiderstände des Meßbereichwählschalters spielen, wenn ein guter Schalter mit Silberkontakten verwendet wird, bei der Spannungsmessung neben R keine Rolle (Abb. 175a), bei der Strommessung liegen sie nicht im Meßkreis (Abb. 175b). Die Widerstände werden aus

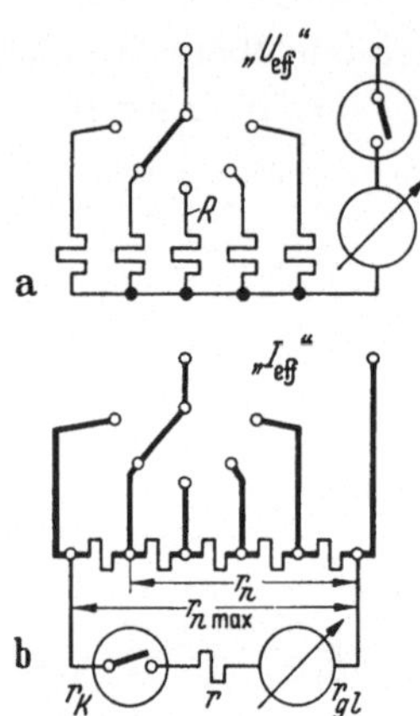

a

b

Abb. 175 a u. b. Vielfach umschaltbare Spannungs- (a) und Strom- (b) Meßbereiche mit Meßbereichwählschalter. (Das Instrument muß für genaue Messungen vollständig temperaturkompensiert sein, d. h. temperaturunabhängigen Innenwiderstand r_{gl} haben, § 88).

Manganindraht (kleine Thermokraft!) induktionsarm (WAGNER-WERTHEIMER) gewickelt und nach dem Altern mindestens mit der Klassengenauigkeit des Instrumentes abgeglichen (§ 31). Niederohmige Nebenwiderstände werden aus Manganinblech gefaltet (Abb. 55). Wegen der hohen Empfindlichkeit der Drehspulinstrumente lassen sich Meßbereiche bis zu einigen 100 A mit luftgekühlten Nebenwiderständen herstellen [vgl. Gl. (9.5)].

97. Einfluß von Instrumentfehlern. Der Instrumentfehler läßt sich bei Absolutmessungen durch Parallelschalten eines Gleichstromkompensators *während der Messung* unter Kontrolle bringen (§ 89). Ersetzt man dabei das Drehspulinstrument durch einen induktionsfreien ohmschen Widerstand, entfallen auch eventuelle Fehler durch Galvanometerrückwirkung (§ 92).

Bei manchen Messungen, insbesondere Widerstandsmessungen aller Art (ohmsche, induktive, kapazitive), bei denen das Verhältnis zweier Meßgrößen gesucht wird, fallen Absolutfehler des Instrumentes aus der Messung heraus, wenn für beide Meßgrößen ein und dasselbe Instrument verwendet wird, was beim Meßkontakt fast immer möglich ist. So ist beispielsweise der Kurzschlußversuch von Umspannern mit dem Meßkontakt unabhängig von Absolutfehlern des Instrumentes (§ 61). Auch bei Eisenverlustmessungen (§ 54) geht die Absolutgenauigkeit des Instrumentes nur zum Teil in die Messung ein. [Gl. (54.2); wenn $V \sim B^2$ ist, entfällt c)].

Manchmal kann man beim Vergleich zweier Meßgrößen durch Regelung der Vorwiderstände die Instrumentausschläge für beide Meßgrößen gleich groß machen (§§ 6, 25, 32, 34, 69). In diesen Fällen wird die Messung auch unabhängig von Teilungsfehlern der Instrumentskala und es gehen, abgesehen von Ablesefehlern, lediglich die Fehler der verwendeten Vor- und Nebenwiderstände in die Messung ein.

Bei der Einregelung der Nullstellung für Phasenwinkel- und Komponentenmessungen gehen Nullpunktsfehler des Instrumentes ein (§ 13 und § 15). Man muß daher den Nullpunkt vor der Messung genau einstellen. Um seinen Einfluß auf die Messung zu verringern, kann man den Nullabgleich mit vorübergehend erhöhter Empfindlichkeit vornehmen (§§ 15, 92, 93).

XIII. Handhabung.

98. Überblick über die Handhabung. Bei einem einfachen Zeigerinstrument sind Bedienungsfehler fast unmöglich. Aber sein Verwendungsbereich ist beschränkt, es mißt nur eine einzige Meßgröße und diese nur in einem engen Bereich (etwa 1 : 5). Vielfachmesser sind vielseitiger, verlangen aber schon Aufmerksamkeit bei der Wahl des Meßbereiches. Noch größer ist die Vielseitigkeit des Meßkontaktes. Diese Vielseitigkeit stellt natürlicherweise auf der anderen Seite höhere Anforderungen an die Bedienung. So bringt es die Möglichkeit der Phasenmessung mit sich, daß stets, bevor das Instrument überhaupt abgelesen werden kann, die Kontaktphase eingestellt werden muß. Diese Erschwernisse können aber, wie die Erfahrung gezeigt hat, durch entsprechende Konstruktion so gemildert werden, daß eine allgemeine Verwendung des Meßkontaktes als „Vektormesser" in Laboratorien und Prüffeldern möglich ist. Wer sich mit seinen Möglichkeiten und mit seiner Handhabung vertraut gemacht hat, wird ihn nicht gern wieder entbehren.

99. Schließzeit, Prellen, Kontaktwiderstand. Die Einstellung und Kontrolle der Schließzeit erfolgt am einfachsten nach Abb. 176. Sind α_1 und α_2 die Ausschläge des Instruments in Schalterstellung 1 und 2, so ist:

$$T_k = 360° \frac{\alpha_1}{\alpha_2}. \qquad (1)$$

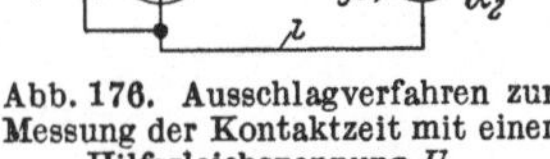

Abb. 176. Ausschlagverfahren zur Messung der Kontaktzeit mit einer Hilfsgleichspannung U.

Den Ausschlag α_2 regelt man zweckmäßigerweise mit R auf einen runden Betrag, beispielsweise 90 Sktl, so daß α_1 ein direktes Maß für T_k wird. Die Spannung U darf keine Oberwellen haben. Ihr innerer Widerstand muß unabhängig von i sein (was bei Akkumulatoren oder guten Trockenelementen der Fall ist). Das Drehspulinstrument darf keine Skalenteilungsfehler haben. Genauere Verfahren siehe § 81. Eine Schließzeit von 180° kann nach Abb. 177 auch mit dem Oszillographen und sinusförmiger Spannung nach Augenschein eingestellt werden (Schaltzeitpunkte genau in den Nulldurchgängen!). Für normale Messungen sinusförmiger Größen genügt eine Genauigkeit $T_k = 180° \pm 2°$ (§ 78). Bei Messungen stark verzerrter Größen in Differenzierschaltungen (z. B. Eisenmessungen bei hohen Induktionen) muß die Schließzeit von 180° genauer eingehalten werden, gegebenenfalls muß man sie vor und gar während der Messungen kontrollieren und nachstellen.

Bei Geräten mit in weiten Grenzen einstellbarer Schließzeit (§ 86) wird letztere bei Annäherung an die Grenzen $T_k \approx 0$ und $T_k \approx 360°$

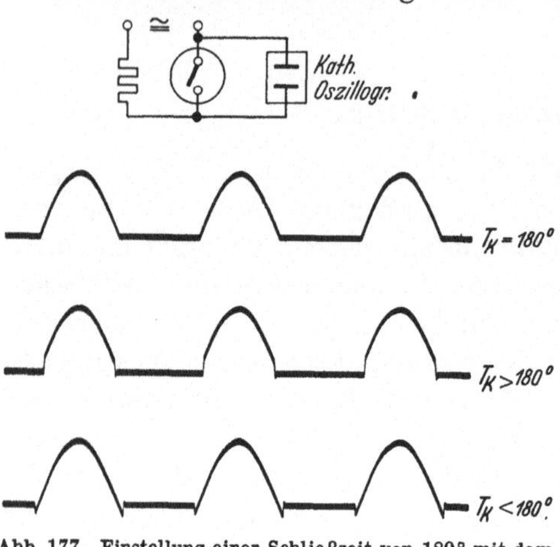

Abb. 177. Einstellung einer Schließzeit von 180° mit dem Oszillographen.

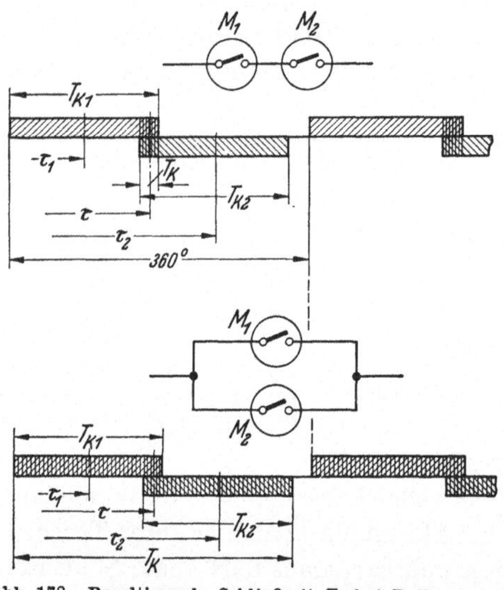

Abb. 178. Resultierende Schließzeit T_k bei Reihen- und Parallelschaltung zweier Meßkontakte.

ungenau. Man kann dann zwei Kontakte in Reihe oder parallel schalten (Abb. 178) und mit Einzelschließzeiten T_{k1} und T_{k2} von angenähert 180° durch Verschiebung der Kontaktphase τ_1 gegen τ_2 beliebig kurze oder lange Schließzeiten einstellen. Die Kontaktphasen τ_1 und τ_2 dürfen dabei nicht gegeneinander pendeln. Zur Regelung der Phase der Gesamtschließzeit T_k können entweder beide Kontakte einzeln um gleiche Beträge in der Phase verstellt oder beide Erregungen über einen gemeinsamen Phasendreher gespeist werden, wobei letzterer zur Ablesung der Kontaktphase eine geeichte Winkelskala haben muß. Von der Reihen- bzw. Parallelschaltung macht man mit Vorteil auch dann Gebrauch, wenn bei festem Ein- oder Ausschaltzeitpunkt der andere Schaltzeitpunkt, das heißt die Gesamtschließzeit zu ändern ist (z. B. Kurvenform unsymmetrischer Meßgrößen § 2).

Prellen der Kontakte tritt am ehesten beim Schließvorgang auf (Abb. 179). Es macht sowohl die Schließzeit als auch die Kontaktphase unsicher und macht daher zuverlässige Messungen unmöglich (Abb. 185). Bei guten Konstruktionen tritt es nur bei ungenügendem Kontaktdruck oder bei zerstörten Kontaktflächen (Stoffwanderung, Verbrennungen, Schmutz) auf. Die

Prellfreiheit kann in der Schaltung Abb. 179 mit einem Kathoden-oszillographen geprüft werden.

Bei Kontakten aus unedlen Metallen (auch Silber) kann der Kontaktwiderstand im Laufe der Zeit durch Fremschichten (Oxyd usw.) um Größenordnungen ansteigen, bei Silber z. B. von 0,05 Ohm auf 0,5 oder gar 5 Ohm. Bei Gold, Platin oder Edelmetall-Legierungen tritt dies

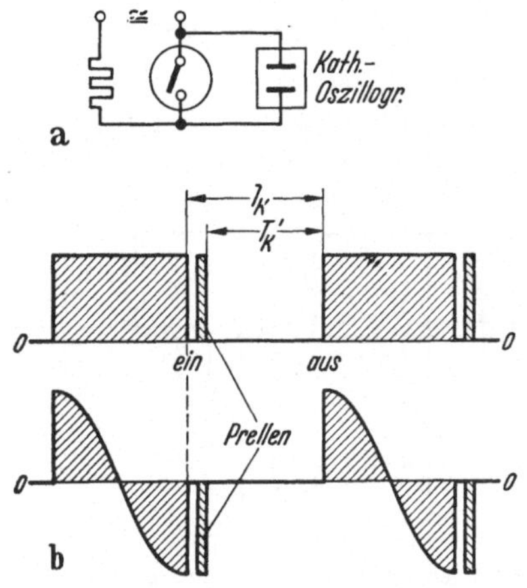

Abb. 179 a u. b. Beobachtung eines beim Einschalten prellenden Kontaktes mit dem Kathodenoszillographen.

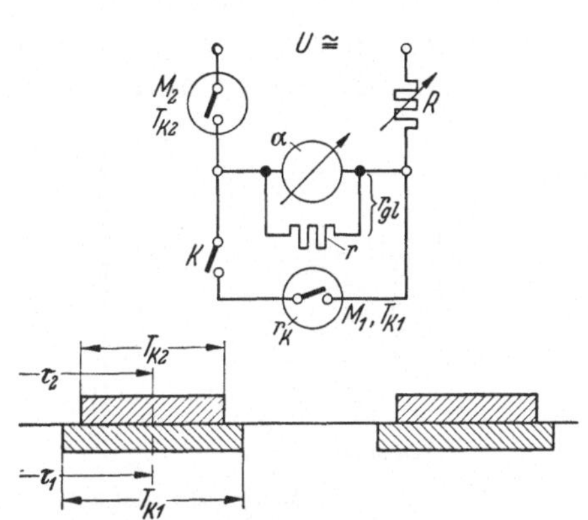

Abb. 180. Schaltung zur Messung des Kontakt-widerstandes.

nicht auf, es sei denn, daß die Kontaktflächen mechanisch verschmutzen (Staub, Fett, Fasern usw.). Der Kontaktwiderstand r_k läßt sich nach § 81 messen. Zur schnellen Kontrolle eignet sich die Schaltung Abb. 180. Der zu prüfende Kontakt M_1 wird parallel zu einem niederohmigen Instrument r_{gl} geschaltet (wobei r_{gl} durch Parallelschaltung eines Widerstandes r zum Instrument beliebig klein gemacht werden kann). Über einen Hilfskontakt M_2 führt man dem Instrument über einen Vorwiderstand $R \gg r_{gl}$ eine Gleich- oder Wechselspannung U von solcher Größe zu, daß bei offenem Schalter K das Instrument Vollausschlag α_{max} zeigt. Nach Schließen von K und Regeln der Kontaktphase von M_1 ($T_{k1} > T_{k2}$) auf die in Abb. 180 angedeutete Lage ($\tau_1 = \tau_2$) zeigt das Instrument einen

Restausschlag $\Delta\alpha = \dfrac{r_k}{r_k + r_{gl}}\alpha_{max}$, es ist also:

$$r_k = \frac{\Delta\alpha}{\alpha_{max} - \Delta\alpha}\, r_{gl} \, . \tag{2}$$

(Macht man T_{k2} klein, z. B. 20°, und T_{k1} groß, z. B. 180°, so kann man bei Änderung der Schaltphase von M_2 die in § 81 erwähnte Abnahme von r_k im Laufe der Schließzeit T_k beobachten). Ist r_k unzulässig groß, reinigt man die Kontaktflächen, indem man einen harten, in Alkohol getränkten Papierstreifen zwischen ihnen reibt. Außer dem eigentlichen

Kontaktwiderstand muß auch der Widerstand der Zuleitungen, Klemmen und Meßbereichschalter unter Kontrolle gehalten werden.

100. Einstellung der Kontaktphase. Für Sonderzwecke kann man der Kontaktphase eine feste, unveränderliche Lage zur Meßgröße geben. Abb. 181 zeigt z. B. eine Schaltung mit mechanischem Gleichrichter zur Registrierung der Wirkkomponente eines Stromes I mit einem Gleichstromschreiber. Wenn die Kontaktphase τ gegenüber dem Erregerstrom i um einen Winkel δ nacheilt, kann i durch einen Wechselstromwiderstand R gegenüber U um den Winkel δ voreilend gemacht werden, damit die Kontaktphase τ mit der Phase von U bzw. $I \cos \varphi$ übereinstimmt. Für derartige Anordnungen muß der Phasenwinkel des Meßkontaktes zeitlich

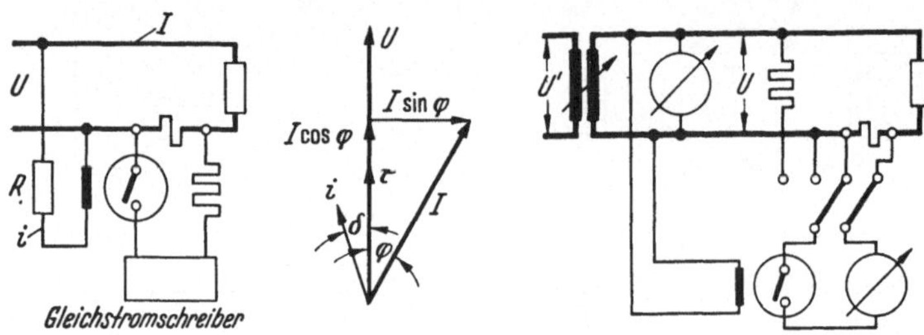

Abb. 181. Meßkontakt mit fester Kontaktphase.

Abb. 182. Speisung der Erregung des Meßkontaktes von der konstant geregelten Speisespannung U des Meßkreises.

konstant sein, was am besten bei Relaisschwingern zutrifft, besonders wenn man die erregende Kraft ihres Magnetsystems durch Sättigung unabhängig von der Größe von i macht[1].

Abgesehen von derartigen Sonderfällen werden im Laboratorium Geräte mit beliebig einstellbarer Kontaktphase gebraucht. Bei diesen Geräten können allmähliche Änderungen einer einmal eingestellten Kontaktphase (die bei motorischem Antrieb beispielsweise durch Erwärmung des Antriebmotors auftreten) durch Kontrolle und Nachregelung der Kontaktphase während der Messung leicht ausgeschaltet werden. Dagegen beeinträchtigen plötzliche Änderungen und Pendelungen der Kontaktphase (beispielsweise durch schwankende Erregerspannung) die Genauigkeit der Phasen-, Komponenten- oder Kurvenformmessung. Sie geben sich durch unruhige Nullstellung zu erkennen. Man versuche in solchen Fällen nach Abb. 182 die Netzspannung U, welche die Erregung des Kontaktes und das Meßobjekt speist, während der Messung konstant zu regeln, oder benutze von vornherein eine konstante Spannung (Maschinenaggregat). Die Erregerspannung muß nicht nur konstant sein, sondern auch eine starre Phasenlage zur Meßgröße haben. In der Schaltung Abb. 182, in der Meßkontakt und Meßobjekt von der gleichen Spannung U gespeist werden, ist dies der Fall, dagegen nicht in der unge-

---

[1] PFANNENMÜLLER: ATM (1953) Z 541—2 Abb. 5.

schickten Anordnung der Abb. 183, wo der Umspanner T_2 durch einen fremden Verbraucher V_2 wechselnd belastet ist, so daß sich der Spannungsabfall an T_2 und damit die Erregerspannung des Meßkontaktes gegenüber der Meßgröße während der Messung nach Größe und Phase verändert.

Man gewöhne sich daran, um Verwirrung bei der Richtungsbestimmung zu vermeiden, als Nullstellung von den beiden in Abb. 184 angedeuteten Möglichkeiten stets ein und dieselbe, z. B. die Einstellung Abb. 184b,

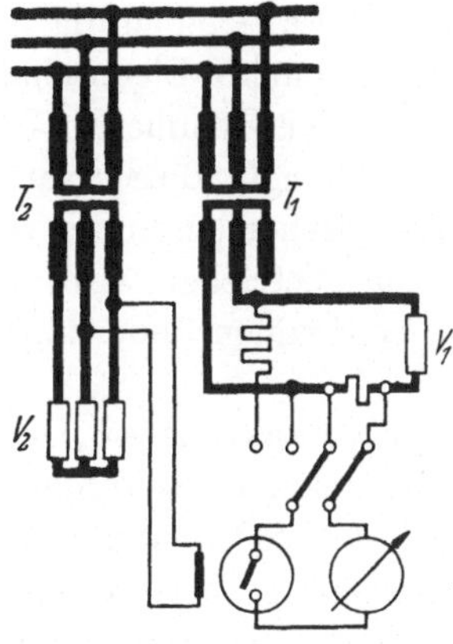

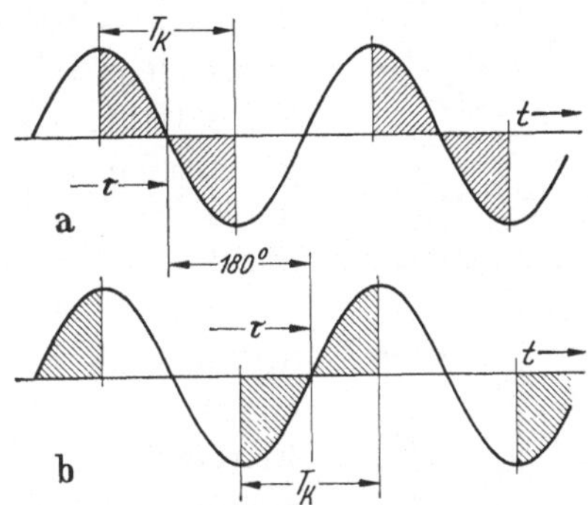

Abb. 183. Speisung der Erregung des Meßkontaktes von einer ungeeigneten, mit der Meßspannung nicht eindeutig zusammenhängenden Spannung.

Abb. 184a u. b. Zur Wahl der „Nullstellung".

bei der Verspätung der Kontaktphase τ positive Instrumentausschläge gibt, zu benutzen. Beim Nullabgleich muß der Zeiger des Instrumentes in diejenige Stellung gebracht werden, die er im stromlosen Zustand des Instrumentes hat (auch wenn diese vom Nullpunkt der Skala etwas abweichen sollte!).

Durch Prellen bewirkte Schwankungen ΔT_k der Schließzeit haben, wenn sie nur am Anfang oder nur am Ende von T_k auftreten, eine Unsicherheit $\Delta\tau = 0,5\,\Delta T_k$ der Nulleinstellung zur Folge (Abb. 185). Die gleiche Unsicherheit ergibt sich, wenn sich mit der Schwenkung der Kontaktphase die

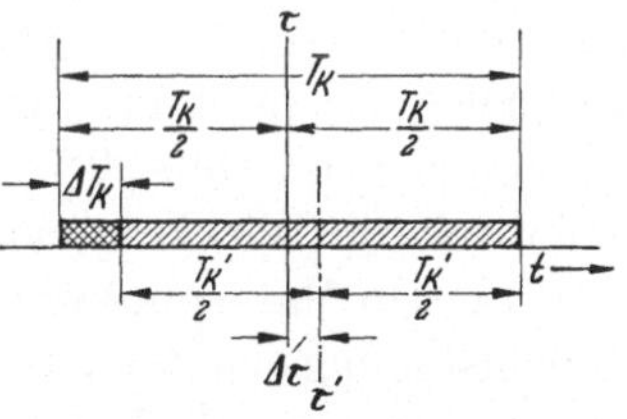

Abb. 185. Einfluß von Schließzeitschwankungen ΔT_k auf die Kontaktphase τ.

Schließzeit ändert. Genaue Phasenmessungen setzen daher prellfreie und mit der Kontaktphase unveränderliche Schließzeiten voraus (§§ 81 und 86).

Bei symmetrischen Meßgrößen sind unabhängig von der Schließzeit die beiden nach Abb. 184 möglichen Nullstellungen um genau 180° gegeneinander versetzt. Bei $T_k = 180°$ haben überlagerter Gleichstrom, bei anderen Schließzeiten auch geradzahlige Oberwellen Abweichungen von dieser 180°-Versetzung zur Folge und lassen sich daher auf diese Weise nachweisen. Es gibt allerdings auch andere Ursachen für solche Abweichungen, beispielsweise Fehler der Nulleinstellung in den Instrumentkreis induzierte Fremdspannungen (§ 102) oder mangelnde Winkeltreue (§ 82). Letztere fälscht jede Phasenmessung, so daß man sich bei jedem Meßkontakt über ihre Größe Rechenschaft geben muß. Sie bestimmt seine „Klassengenauigkeit" bezüglich Phasenmessungen.

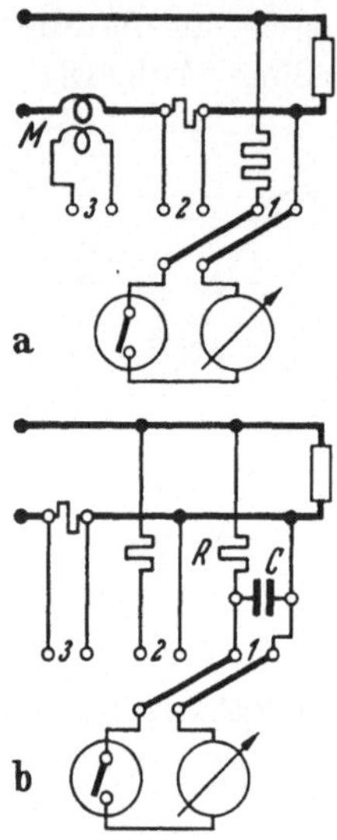

Abb. 186a u. b. Vermeidung der 90°-Schwenkung bei Komponentenmessungen.

Für die Relaisschwinger mit Drehstromphasendreher (§ 85) läßt sich keine solche Klasse angeben, da bei ihnen die Winkeltreue keine innere Eigenschaft des Gerätes ist, sondern von der Symmetrie des speisenden Drehstromnetzes abhängt. Dieser Nachteil entfällt, wenn der Phasendreher einphasig angeschlossen und mit Hilfsphase betrieben wird. In diesem Fall beeinflussen aber Frequenzänderungen die Winkeltreue[1].

Eine 90°-Schwenkung der Kontaktphase („Quadratur"), die bei Komponentenmessung sehr häufig angewendet wird, läßt sich durch Schwenkung des Erregerstromes in Kunstschaltungen[2], bei motorisch angetriebenen Kontakten auch mechanisch ausführen (§ 87). Die Genauigkeit der bei Relaisschwingern angewendeten elektrischen 90°-Schwenkung hängt wie ihre Winkeltreue von der Symmetrie des speisenden Drehstromnetzes, bei Verwendung von Kunstschaltungen von der Frequenz ab. Man kann in manchen Fällen die 90°-Schwenkung, die immer die Gefahr von Einstellfehlern mit sich bringt, ganz vermeiden, indem man die Nullstellung zur Meßstellung macht. Beispielsweise mißt man in Abb. 186a, wenn die Nullstellung an 1 vorgenommen wird, ohne 90°-Schwenkung an 2 direkt die Blindkomponente, an 3 direkt die Wirkkomponente des Stromes. Die Messung an 3 ist jedoch in stärkerem Maße oberwellenempfindlich. In Abb. 186b kann man 1 zur Nulleinstellung benutzen und an 3 ohne Schwenkung die Wirkkomponente des Stromes, an 2 die Wirkkomponente der Spannung messen. Der Meßkreis 1 ist verhältnismäßig unempfindlich gegen Oberwellen, er hat aber einen Eigenfehlwinkel $R \omega C$, der genügend klein gemacht oder als Korrektur berücksichtigt werden muß (S. 62).

101. Polarität der Anschlüsse, Vor- und Nacheilung. Eine eindeutige Aussage über die gegenseitige Phasenlage zweier Wechselstromgrößen ist nur möglich, wenn vorher die Richtung, in der sie positiv bzw. negativ

---

[1] PFANNENMÜLLER: Arch. f. Elektrotechnik Bd. 28 (1934) S. 356.
[2] FROBÖSE: Arch. f. Elektrotechn. Bd. 32 (1938) S. 212.

gerechnet werden, festgelegt ist. Die in Abb. 187 gemessene Spannung U eilt z. B. dem Strom um $90°$ vor, wenn die in der Abbildung angegebenen Richtungen für I und U als positiv festgelegt werden. Dieser Festlegung liegt die Vorstellung zugrunde, daß U als äußere eingeprägte Spannung einen mit I gleichsinnigen Strom i durch den Meßkreis treibt. Die durch den Strom I geweckte Gegenspannung E (bei Widerständen $— I R$, bei Induktivitäten $— L \dfrac{dI}{dt}$, bei Kapazitäten $— \int I\, dt$) wirkt der äußeren Spannung U entgegen, d. h. sie ist um $180°$ gegen U verschoben, treibt aber den Meßstrom i in der gleichen Richtung durch das Instrument wie U. In manchen Fällen ist es zweckmäßig und anschaulich, eine vom Strom geweckte

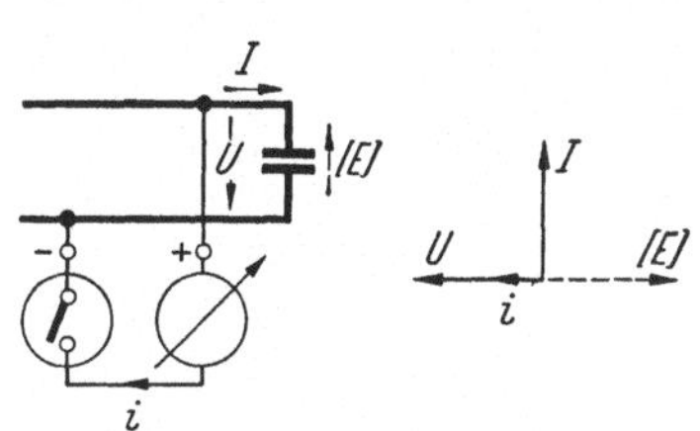

Abb. 187. Zur Festlegung der positiven Strom- und Spannungsrichtung bei Wechselstrom.

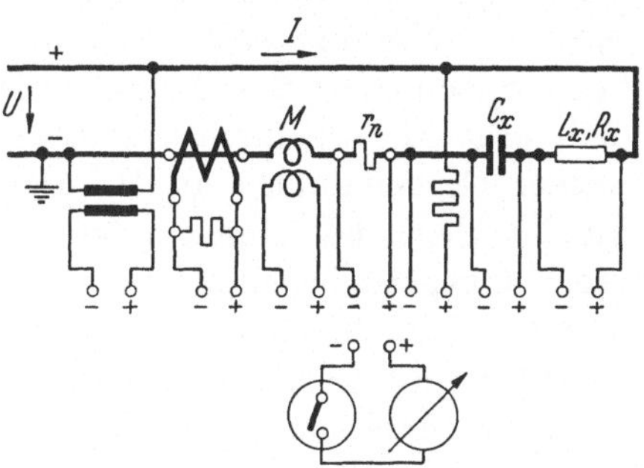

Abb. 188. Gleichsinniger Anschluß der Meßgrößen zur eindeutigen Messung der Phasenbeziehungen.

Spannung als äußere eingeprägte Spannung zu behandeln, z. B. die Schwirrspannung § 92 oder die Restspannung bei nicht vollständig abgeglichenen Brückenschaltungen[1].

Liegen wie in Abb. 188 mehrere Wechselstromwiderstände (teils zu messende, teils Meßwiderstände) in Reihe, so sind alle wie in Abb. 188 gleichsinnig an das Meßinstrument bzw. den Meßkreiswähler anzuschließen. Arbeitet man nicht mit einem einzigen, durch einen Wähler auf die verschiedenen Meßstellen umschaltbaren, sondern mit mehreren, für jede Meßstelle getrennten Meßkontakten, so müssen vor der Messung mit Hilfe einer gemeinsamen Bezugsgröße letztere in Phasenübereinstimmung gebracht werden. Die Annahme der positiven Stromrichtung ist bei Wechselstrom an sich willkürlich, man wird sie, wenn eine Stelle des Stromkreises geerdet ist (z. B. bei Hochspannung) gern so wählen, daß die Richtung zur Erde hin positiv ist. Bei Wandlern und Gegeninduktivitäten muß der Wickelsinn berücksichtigt werden (Prüfung nach § 62). Unter der Voraussetzung, daß der Anschluß aller Meßgrößen nach Abb. 188 gleichsinnig erfolgt, gilt die Regel:

„Eine Meßgröße B eilt gegenüber einer Bezugsgröße A nach, wenn die Nullstellung von B gegenüber der Nullstellung von A zu *späteren Zeiten* verschoben ist und umgekehrt.‟

---

[1] Schering, H.: ETZ Bd. 52 (1931) S. 1133.

Man kann diese Regel, wenn nicht die Nullstellung, sondern der Maximalausschlag ins Auge gefaßt wird, auch folgendermaßen formulieren:

„Eine Meßgröße B bzw. die Komponente einer Meßgröße B eilt gegenüber einer Bezugsgröße A nach, wenn der von ihr hervorgerufene Maximalausschlag bei *verspäteter* Kontaktphase g l e i c h e Richtung hat wie der Maximalausschlag der Bezugsgröße A und umgekehrt."

Als Nullstellung ist dabei nach Abb. 184 bei allen Meßgrößen der *gleiche*, beispielsweise der *aufsteigende* Nulldurchgang (der bei verspäteter Kontaktphase positive Instrumentausschläge ergibt) zu wählen. Die Spannungen, die man nach obiger Regel mißt, sind dann die *äußeren eingeprägten Spannungen U*, nicht die (im Vorzeichen entgegengesetzten) inneren Spannungen E; d. h. man mißt an einem Kondensator eine gegen I (d. h. gegen den Spannungsabfall an r_n) um $90°$ nacheilende Spannung, an einer Gegeninduktivität M (wenn der Wicklungssinn primär und sekundär gleich ist) eine um $90°$ voreilende Spannung. Im Fall des motorisch angetriebenen Meßkontaktes, bei dem die Phasenschwenkung mit dem Kontaktgehäuse vorgenommen wird, heißt „Verspätung": Schwenken des Gehäuses im Umlaufsinn des Motors. Im Fall des Schwinggleichrichters mit vorgeschaltetem Phasendreher heißt „Verspätung": Verstellung der den Meßkontakt speisenden Wicklung, z. B. der Rotorwicklung, in Richtung des Drehfeldes. Ob eine Schwenkung der Kontaktphase „Verspätung" oder „Verfrühung" ist, entscheidet man in Zweifelsfällen durch Messung einer bekannten Phasenverschiebung oder mit dem Oszillographen (Abb. 177).

Eine zusätzliche Willkür in der Festlegung der Stromrichtung tritt bei vermaschten Stromkreisen, z. B. bei der Brücke in Abb. 48 auf. Hier bleibt nach Festlegung der positiven Richtung für die vier Brückenwiderstände die positive Richtung für den Brückenzweig selbst willkürlich wählbar (aber natürlich für Rechnung und Messung gleich!)

Oft wird man die Richtung der Phasenverschiebung im voraus kennen (Kondensator, Induktivität) und daher auf richtige Polung der Anschlüsse nicht zu achten brauchen. Es gibt aber auch Fälle, in denen sie nicht bekannt ist (z. B. Fehlwinkel eines hochohmigen Widerstandes). Man kann dann, wenn man sich nicht allein auf den Richtungssinn der Anschlüsse verlassen will oder letzterer (wie bei der Messung des Brückenstromes in Abb. 48b) nicht direkte Rückschlüsse auf das Meßobjekt zuläßt, die Phasenverschiebung des Meßobjektes durch Parallel- oder Reihenschaltung von C oder L künstlich verändern und aus der beobachteten Änderung des gemessenen Phasenwinkels bzw. der gemessenen Komponente auf die Richtung der Phasenverschiebung schließen (z. B. Abb. 166b).

Bei Geräten mit Stromwender im Instrumentkreis bestimme man *eine Stellung* des Stromwenders als positiv und schalte nur *vorübergehend* zur Ablesung negativer Ausschläge auf die andere Stellung um. Bei symmetrischen Meßgrößen kann man den Instrumentausschlag auch durch *vorübergehende* Schwenkung der Kontaktphase um 180° positiv machen. Will man bei unsymmetrischen Meßgrößen die absolute Stromrichtung einer der Halbwellen feststellen, (was bei symmetrischen Meßgrößen im allgemeinen nicht notwendig ist) so schaltet man, ohne die Kontaktphase zu ändern, auf eine Gleichspannung bekannter Polarität oder bestimmt die Stromrichtung aus der Polaritätsangabe an den Klemmen des Drehspulinstrumentes. Mit Gleichspannung kann man auch prüfen, ob die verschiedenen Bereiche eines Meßbereichwählers unter sich gleichsinnig angeschaltet sind.

102. Störspannungen und Ströme. Bei Gleichstrommessungen spielen nur Gleichspannungen als Störgrößen eine Rolle, bei Wechselstrommessungen mit Vibrationsgalvanometern, Telephon usw. nur Wechselspannungen, beim Meßkontakt dagegen sowohl Gleichspannungen als auch Wechselspannungen. Dazu kommen zusätzlich einige für den Meßkontakt charakteristische Störursachen, wie die durch Rähmchenvibration induzierte Spannung oder der durch das Schalten bedingte Ausgleichstrom. Dadurch wird das Störproblem komplizierter als bei reinem Gleichstrom oder reinem Wechselstrom. Man benutze daher niemals ein empfindlicheres Anzeigeinstrument als unbedingt notwendig ist. Bei Messungen mit Instrumenten 60 mV 20 Ohm oder ähnlichen Typen spielen Störspannungen in der Regel noch keine Rolle. Aber schon bei Galvanometern 10 mV 100 Ohm treten sie in Erscheinung. Bei Lichtmarken- oder Spiegelgalvanometern könen sie bei ungeschicktem Schaltungsaufbau leicht größer werden als die Meßgröße selbst! Die in Frage kommenden Störgrößen lassen sich in vier Gruppen einteilen:

A. *Kriechströme* bei mangelndem Isolationswiderstand R_i oder Ströme durch ungewollte kapazitive Kopplungen C_i. Gewöhnlich ist R_i bzw. $\dfrac{1}{\omega C_i}$ sehr groß gegenüber den Widerständen des Meßkreises, so daß letzterem ein Störstrom bestimmter Größe eingeprägt wird. Bei $R_i \geqq 10^8\,\Omega$ und $U = 220$ V wird $i_i \leqq 2{,}2 \cdot 10^{-6}$ A. Bei $C_i \leqq 10$ pF und $U = 220$ V wird $i_i \leqq 0{,}7 \cdot 10^{-6}$ A. Instrumente mit $i_{glvoll} = 10^{-3}$ A (60 mV 20 Ohm) werden durch diese Ströme im allgemeinen noch nicht gestört, Spiegelgalvanometer mit $i_{glvoll} = 10^{-6}$ A (Tab. 17) dagegen sehr stark. Bei Hochspannung können die Störströme erheblich größer werden.

B. *Ungewollte induktive Spannungen.* Sie haben die Größe $u_i = w q \dfrac{dB_i}{dt}$ oder $u_i = M_i \dfrac{dI}{dt}$, bei Sinusform $u_i = \omega\, M_i\, I$. Die ungewollte Gegeninduktivität M_i zwischen dem störenden Strom und dem Meßkreis kann sehr verschieden groß sein. Im Abstand a von einem geraden Strom-

leiter ist bei einem Windungsquerschnitt $w\,q$ der auffangenden Meßleitung:

$$M_i = w\,q\,\mu_0\,\frac{H}{I} = w\,q\,\mu_0\,\frac{1}{2\,\pi\,a}\quad[\text{H}]\,.\qquad(1)$$

Mit $a = 10$ cm, $w\,q = 10$ cm², $I = 10$ A wird $M_i = 0{,}2\cdot10^{-8}$ H und
$u_i = \omega\,M_i\,I = 6{,}1\cdot10^{-6}$ V. Eine Kreiswindung mit dem Radius R und
mit n Windungen bildet mit einer kleinen Meßschleife $w\,q$ im Abstand a
von ihrer Mitte $(a > R)$ nach Gl. (44.1) eine Gegeninduktivität:

$$M_i = w\,q\,\mu_0\,\frac{H}{I} \approx w\,q\,\mu_0\,0{,}5\,n\,\frac{R^2}{a^3}\quad[\text{H}]\,.\qquad(2)$$

Für $w\,q = 10$ cm², $n = 100$, $R = 3$ cm, $a = 30$ cm wird nach Gl. (2)
$M_i = 0{,}21\cdot10^{-8}$ H, bei $I = 10$ A also die Störspannung $u_i = 6{,}6\cdot10^{-6}$V.
Bei Hochstrom können die Störspannungen erheblich größer werden.
Ein Sonderfall ist die von Fremdfeldern im Drehspulsystem selbst indu-
zierte Spannung; ferner die vom Erregerfeld des Antriebmotors in die
Zuleitungen zum Meßkontakt induzierte Spannung (das hierfür zustän-
dige M_i ändert sich mit der Schwenkung des Kontaktgehäuses u. U. von
positiven zu negativen Werten).

C. *Thermospannungen und Voltaspannung.* Thermospannungen sind
von der Größenordnung $0\cdots100\cdot10^{-6}$ V, können also bei 30° Tempe-
raturdifferenz in die Größenordnung 1 mV kommen. An der Berührungs-
stelle des Kontaktes können außerdem, wenn *verschiedene* Metalle für
beide Kontakte verwendet werden und sich halbleitende Schichten (z. B.
eine Wasserhaut) zwischen ihnen befinden, Voltaspannungen bis zu 1 V
auftreten.

D. *Ausgleichströme und Gleichstromaufladung.* Sie treten bei Induktivität oder Kapazität im Meßkreis durch das Schalten des Kontaktes
auf und können bei ungeeigneten Schaltungen die Messung fälschen oder
unmöglich machen (§§ 76 und 77).

Zur Vermeidung ungewollter induzierter Spannungen müssen alle
Leitungen, und zwar stromführende u n d Meßleitungen, bifilar oder ver-
drillt verlegt werden. Hochstromleitungen und streuende Umspanner
oder Drosseln sind in genügender Entfernung vom Meßplatz, insbesondere
vom Drehspulinstrument, zu halten, Drosseln zur Glättung des Instrumentstromes (§ 94) magnetisch abzuschirmen und erschütterungsfrei
(Erdfeld!) aufzustellen. Gegeninduktivitäten baue man an einer feld-
und eisenfreien Stelle des Raumes auf oder führe sie astatisch aus. In
Galvanometern eingebaute Beleuchtungslampen betreibe man nicht mit
Wechselstrom, sondern mit Gleichstrom. Brücken- und Kompensations-
schaltungen baue man nach Abb. 189 bifilar auf. Zur Vermeidung von
Kriechströmen und kapazitiven Kopplungen sind je nach den Erforder-
nissen des Einzelfalles Erdungen und elektrostatische Abschirmungen

anzuwenden. Abb. 190a zeigt als Beispiel eine Schaltung zur Messung des Stromes einer Mumetalldrossel Dr mit hoher Windungszahl bei kleiner Spannung (Anfangspermeabilität), für die ein empfindliches Galvanometer G gebraucht wird. Die primäre Spannung U des Umspanners bedeutet für die Meßanordnung „Hochspannung" im Verhältnis zur Meßgröße, d. h. zum Spannungsabfall an r_n. Über die Wicklungskapazität C_1 fließt ein Strom durch den Meßkontakt bzw. durch das

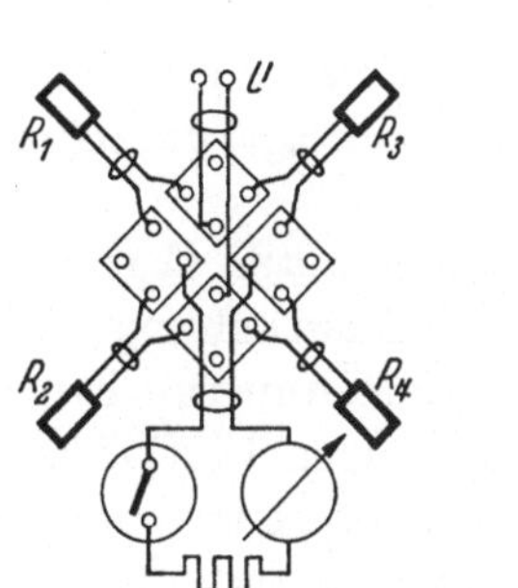

Abb. 189. Bifilarer Aufbau einer Wechselstrombrücke (mit vierteiligem Klemmklötzchen).

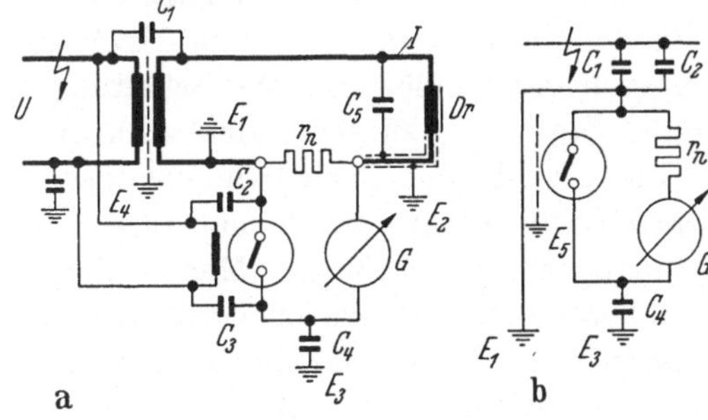

Abb. 190 a u. b. Beispiel für die Ausschaltung von Störspannungen bei der Messung kleiner Ströme.

Galvanometer und über ihre Erdkapazität C_4 zur Erde E_3 (Abb. 190b). Durch eine Erde E_1 wird dieser Strom an G vorbeigeleitet, also unschädlich gemacht. Stattdessen könnte der Umspanner auch mit einer geerdeten Schirmwicklung E_4 versehen sein. Auch der über die Kapazität C_2 von der Erregerwicklung zum Meßkontakt fließende Strom wird durch E_1 zur Erde geleitet. Die Erregerwicklung schirmt man zweckmäßig gegen die Meßkontaktleitungen elektrostatisch ab (E_5 in Abb. 190b), C_2 und C_3 liegen dann zwischen Meßkontakt und Erde statt

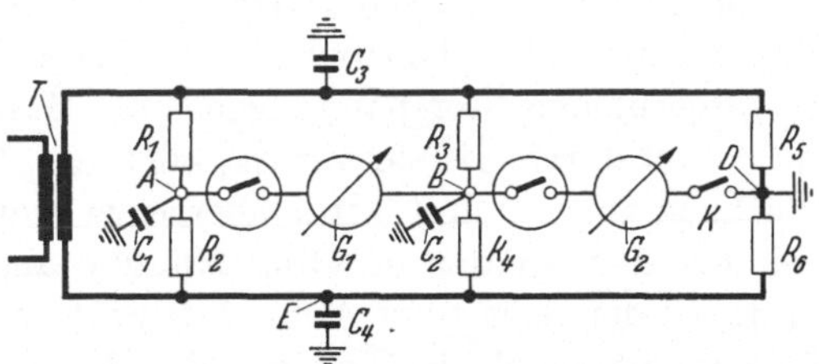

Abb. 191. WAGNERscher Hilfskreis R_5/R_6 zur Unterdrückung von Erdströmen zu den Brückenpunkten A und B.

zwischen Meßkontakt und „Hochspannung" U, bleiben also stromlos. Die Leitung von der Drossel Dr nach r_n führt man kurz und notfalls geschirmt aus, damit sie keine Ströme über C_5 oder über entsprechende Isolationswiderstände auffängt.

Abb. 191 zeigt als Beispiel für die Ausschaltung von Erdströmen eine Brückenschaltung mit WAGNERschem Hilfskreis R_5/R_6. Ohne diesen Kreis würden über die Wechselstromwiderstände R_1 bis R_4 Störströme durch C_1 und C_2 (und durch parallel liegende Isolationswiderstände) zur Erde fließen und das Brückengleichgewicht beeinflussen. Gleicht man nacheinander G_1 und G_2 auf Stromlosigkeit ab, so hat A und B Erdpotential wie D, d. h. C_1 und C_2 bleiben stromlos. An R_5/R_6 werden dabei keine Anforderungen bezüglich Präzision gestellt. Die Schaltung verlangt einen Isoliertransformator T. Bei der eigentlichen Messung öffnet man K. In einfachen Fällen genügt auch eine Erdung der Brücke bei E, wenn nämlich die Teilspannung an R_2 bzw. R_4 so klein ist, daß C_1 und C_2 praktisch spannungslos bleiben. Parallel zu R_1 bis R_4 liegen (in der Abbildung nicht gezeichnete) Kapazitäten und Ableitwiderstände, die bei hochohmigen Meßobjekten durch Abschirmung definiert und gesondert gemessen werden müssen[1]. Der Schaltungsaufbau erfolgt, um induzierte Fremdspannungen zu vermeiden, nach Abb. 189.

Die Grundregel: „Wiederholung der Messung unter abgeänderten Versuchsbedingungen" gilt besonders bezüglich der Ausschaltung von Störspannungen und -Strömen. Man variiert am Schaltungsaufbau alles, was, wenn keine Störgrößen vorhanden wären, keinen Einfluß auf das Meßergebnis haben würde und beseitigt die dabei zutage tretenden Störeinflüsse soweit, bis innerhalb der gewünschten Meßgenauigkeit das Meßergebnis unabhängig vom Schaltungsaufbau ist. Zur Variation des Schaltungsaufbaus gehört: Umpolung, Änderung der Leitungsführung, Reihen- und Parallelschaltung von Meßkontakt und Instrument, Änderung der Erdung, Austauschen der Meßwiderstände, vor allem aber die Prüfung, ob bei verschwindender Meßgröße auch der Instrumentausschlag verschwindet. Abb. 192 zeigt letzteres am Beispiel der Strommessung nach Abb. 190. Nach Öffnen von K_1 oder K_2 muß bei jeder Kontaktphase der Instrumentausschlag $\alpha = 0$ sein. Da bei offenem K_1 oder K_2 der Umspanner T stromlos ist, fallen dabei die von seinem Streufeld hervorgerufenen Störspannungen fort. Man wiederhole daher die Probe auf $\alpha = 0$ durch Öffnen von K_3 oder K_4. Da hierbei das Streufeld des Prüflings abgeschaltet wird, überzeuge man sich auch durch Schließen von K_5, d. h. in der in Abb. 192b u. c angedeuteten Weise, ob $\alpha = 0$ wird. In der Schaltung Abb. 192d prüfe man schließlich, ob induzierte Spannungen in M_1, in G oder in der sie verbindenden Leiterschleife vorhanden sind. Eine Spannung in G gibt sich dadurch zu erkennen, daß der Instrumentausschlag beim Vertauschen der Instrumentanschlüsse *seine Richtung nicht ändert*. Eine Spannung in M_1, herrührend vom Erregerfeld des Antriebmotors, hat bei Meßkontakten nach § 86 wegen der schon erwähnten Änderung der Gegeninduktivität M_i beim Schwenken des Kontaktgehäuses doppelte Frequenz des Störausschlages $\alpha_i = f(\tau)$ zur Folge.

Läßt sich der Störausschlag nicht ganz beseitigen, kann er in bekannter Weise durch Umpolen und Mittelwertbildung eliminiert werden.

---

[1] KRÖNERT, J.: Meßbrücken und Kompensatoren 1 S. 145 ff. Verlag Oldenbourg 1935 (mit weiterer Literatur).

Manchmal kann man auch den gemessenen Störausschlag α_i vom Gesamtausschlag α' abziehen und erhält für die Meßgröße $\alpha = \alpha' - \alpha_i$. Thermokräfte findet man durch Überbrücken des Meßkontaktes mit K_6. Man beseitigt sie durch Verwendung geeigneter Metalle (Kupfer, Gold,

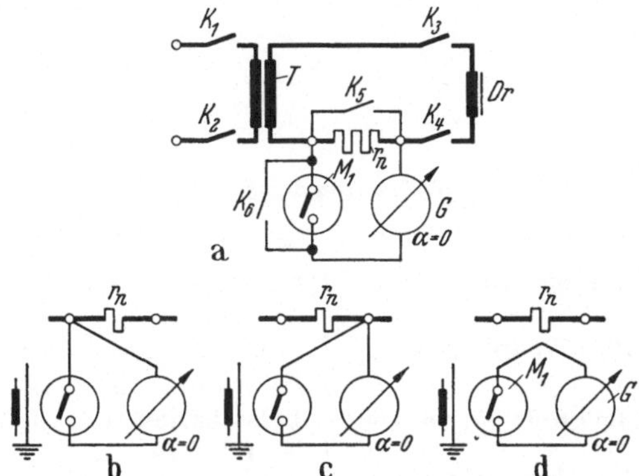

Abb. 192a—d. Beispiele für die Prüfung der Störspannungsbeseitigung durch Ausschalten der Meßgröße.

Silber, Manganin; kein Eisen, Platin, Nickel, Konstantan) für Klemmen, Verbindungen usw.. Klemmstellen decke man (mit Watte) gegen Wärmeeinflüsse ab.

Eine Reihe von Störeinflüssen läßt sich bei Vollwellenschaltungen leichter beseitigen als bei Halbwellenschaltungen (§ 92). Erstere sind jedoch in anderer Hinsicht lästiger als die einfache Halbwellenschaltung.

Sachverzeichnis.